普通高等教育基础课系列教材

高等数学

上册

主　编　樊　艮
副主编　何家玉　戴付莉
参　编　黄　益　汪　琴

机械工业出版社

本书以培养学生数学思维和解决实际问题的能力为核心，系统阐述高等数学的核心理论与应用方法. 本书涵盖函数与极限、导数与微分、微分中值定理与导数的应用、不定积分、定积分、微分方程等内容，编排上注重知识体系的逻辑性，结合分层次教学需求，将选修内容以 * 号标注，便于灵活选用. 本书突出理论与实践融合，通过大量跨学科应用案例阐释抽象概念，强调数形结合思想. 每章设置知识导航、知识汇总和习题，章末附自测题及精选考研、竞赛真题，辅以二维码视频讲解，助力知识巩固与拓展.

本书适用于理工科、经济管理类等专业的本科生，也可作为相关领域从业人员的参考书籍. 对于不同专业的读者，可以根据自身需求选择重点学习的内容.

图书在版编目（CIP）数据

高等数学. 上册/樊艮主编. -- 北京：机械工业出版社，2025. 9. --（普通高等教育基础课系列教材）.
ISBN 978-7-111-78434-0

Ⅰ. O13

中国国家版本馆 CIP 数据核字第 2025JX3092 号

机械工业出版社（北京市百万庄大街 22 号　邮政编码 100037）
策划编辑：汤　嘉　　　　责任编辑：汤　嘉　张金奎
责任校对：王荣庆　张　薇　　封面设计：张　静
责任印制：张　博
北京新华印刷有限公司印刷
2025 年 9 月第 1 版第 1 次印刷
184mm×260mm · 15.25 印张 · 387 千字
标准书号：ISBN 978-7-111-78434-0
定价：49.00 元

电话服务
客服电话：010-88361066
010-88379833
010-68326294

网络服务
机　工　官　网：www.cmpbook.com
机　工　官　博：weibo.com/cmp1952
金　书　网：www.golden-book.com
机工教育服务网：www.cmpedu.com

前　言

数学作为一门基础学科，其重要性日益凸显. 高等数学作为数学领域的重要分支，为众多学科的发展提供了坚实的理论基础和强大的工具支持. 它不仅在自然科学、工程技术领域发挥着关键作用，还在经济、管理、生物医学等诸多领域展现出实在的应用价值. 本书的编写旨在为读者提供一本系统、全面且易于理解的高等数学学习资料，帮助读者深入掌握高等数学的核心概念、基本理论和方法技巧，培养学生的数学思维能力和解决实际问题的能力.

本套书分为上、下两册. 上册包含函数与极限、导数与微分、微分中值定理与导数的应用、不定积分、定积分、微分方程等内容. 下册包含向量与空间解析几何、多元函数微分学、多元函数微分学的应用、重积分、曲线积分与曲面积分、无穷级数等内容.

本书在讲解理论知识的同时，引入大量的实际应用案例，帮助读者理解高等数学在不同领域的具体应用. 在数学思想和方法的讲解过程中，注重数形结合，并与实践应用背景相结合，强调应用能力的培养. 为了适应分层次教学的需要，将选修内容用 * 号标出. 书中，概念、定理及理论叙述准确、精练，符号使用标准、规范，知识点突出，难点分散，证明和计算过程严谨，例题、习题等具有代表性和启发性. 每节后配有难度和题量适中的习题，便于教师课堂教学. 书中每章配有知识导航、知识汇总，便于学生掌握知识的前后联系，并且每章后配有自测题，便于学生巩固知识. 为了兼顾学生的考研和竞赛需求，书中还挑选了考研真题和竞赛真题中的经典题型，并提供了教学视频，学生可以通过扫描书中的二维码反复学习知识点.

本书受到学校及出版社相关领导的鼓励和支持，并获得了多位专家、教授和同事的悉心指导和帮助. 编写分工如下：第 1 章由戴付莉编写、第 2 章由何家玉编写、第 3 章由黄益编写、第 4 ~ 5 章由汪琴编写、第 6 章由樊艮编写.

书中难免有不足之处，希望使用本书的教师和学生提出宝贵意见或建议.

编　者

目　录

第 1 章 函数与极限

在数学、自然科学、工程学、经济学等领域的研究中，经常会遇到函数关系，而所谓函数关系，就是变量之间的依存关系. 在初等数学中，我们已经学习过函数的相关知识，知道初等数学的研究对象基本上是不变的量，而高等数学的研究对象则是变动的量. 函数作为各种变量依存关系的一种抽象化的结果，是我们现阶段学习和研究的主要对象. 极限方法是研究变量的一种基本方法. 本章将介绍映射、函数、极限和函数的连续性等基本概念以及它们的一些性质.

1.1 映射与函数

1.1.1 集合、区间与邻域

集合是数学中的一个最基本的概念，它在现代数学和工程技术中有着非常重要的作用. 一般地，具有某种特定性质的事物的总体称为集合，简称集. 组成这个集合的事物称为该集合的元素. 例如，中国公民的全体组成一个集合，其中的每一个公民为该集合的一个元素；自然数的全体构成自然数集合，每个自然数是它的元素等.

通常用大写的英文字母 $A,B,C,\cdots$ 表示集合；用小写的英文字母 $a,b,c,\cdots$ 表示集合中的元素. 若 a 是集合 A 的元素，则称 a 属于 A，记作 $a\in A$；否则称 a 不属于 A，记作 $a\notin A$（或 $a\,\overline{\in}\,A$）.

含有有限个元素的集合称为有限集；含有无限个元素的集合称为无限集；不含任何元素的集合称为空集，用 $\varnothing$ 表示. 例如，某大学一年级学生的全体组成的集合是有限集；全体实数组成的集合是无限集；方程 $x^2+1=0$ 的实根构成的集合是空集.

集合的表示方法主要有列举法和描述法.

列举法是将集合的元素一一列举出来，写在一个花括号内. 例如，所有正整数组成的集合可以表示为 $\mathbb{N}_+=\{1,2,\cdots,n,\cdots\}$.

描述法是指明集合元素所具有的性质，即将具有某种性质特征的元素 x 所组成的集合 A 记作

$$A=\{x\mid x\text{ 具有某种性质特征}\}.$$

例如，有理数集 $\mathbb{Q}$ 可表示成

$$\mathbb{Q}=\left\{\frac{p}{q}\,\middle|\,p\in\mathbb{Z},q\in\mathbb{N}^{+},p\text{ 与 }q\text{ 互质}\right\}.$$

所有实数的集合可表示成

$$\mathbb{R}=\{x\mid x\text{ 为实数}\}.$$

xOy 平面单位圆周上点的集合可表示为

$$A=\{(x,y)\mid x^2+y^2=1,x,y\text{ 为实数}\}.$$

本书中用到的集合主要是数集，如果没有特别说明，以后提到的数都是实数.

区间是用得较多的一类数集. 设 a 和 b 都是实数，且 $a<b$，表 1-1 为各种区间与数集的对应关系.

表 1-1　区间

分类		图示
有限区间	开区间：$(a,b)=\{x\mid a<x<b\}$	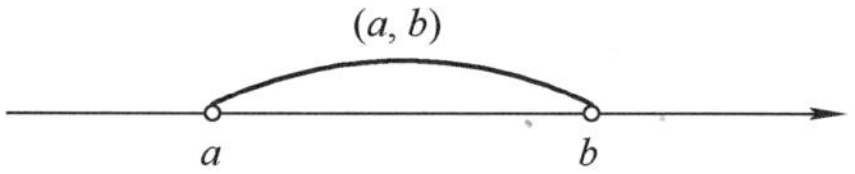
	闭区间：$[a,b]=\{x\mid a\leqslant x\leqslant b\}$	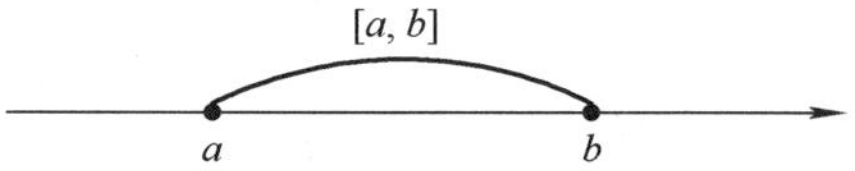
	半开半闭区间：$(a,b]=\{x\mid a<x\leqslant b\}$　$[a,b)=\{x\mid a\leqslant x<b\}$	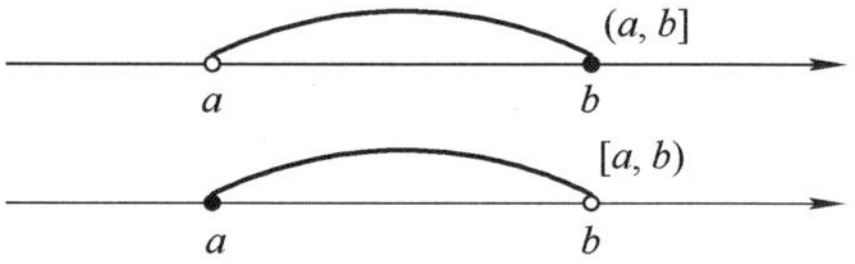
无限区间	$[a,+\infty)=\{x\mid a\leqslant x<+\infty\}$	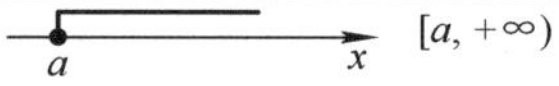
	$(a,+\infty)=\{x\mid a<x<+\infty\}$	
	$(-\infty,b]=\{x\mid -\infty<x\leqslant b\}$	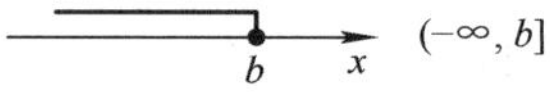
	$(-\infty,b)=\{x\mid -\infty<x<b\}$	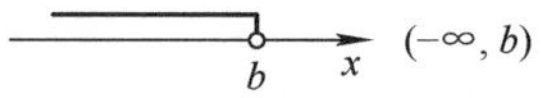
	$(-\infty,+\infty)=\{x\mid -\infty<x<+\infty\}=\mathbb{R}$	

这里记号“$-\infty$”与“$+\infty$”分别表示“负无穷大”与“正无穷大”.

邻域也是常用的一类数集，是一个经常用到的概念.

设 x_0 是一个给定的实数，δ 是某一正数，称数集

$$\{x\mid x_0-\delta<x<x_0+\delta\}$$

为点 x_0 的 δ **邻域**，记作 $U(x_0,\delta)$. 称点 x_0 为该**邻域的中心**，δ 为这**邻域的半径**(见图 1-1).

注：邻域 $U(x_0,\delta)$ 也就是开区间 $(x_0-\delta,x_0+\delta)$，该开区间以点 x_0 为中心，长度为 2δ.

图　1-1

若把邻域 $U(x_0,\delta)$ 的中心去掉，所得到的邻域称为点 x_0 的去心 δ 邻域，记作 $\mathring{U}(x_0,\delta)$. 即

$$\mathring{U}(x_0,\delta)=\{x\mid 0<|x-x_0|<\delta\}.$$

注：不等式 $0<|x-x_0|$ 意味着 $x\neq x_0$. 即 $\mathring{U}(x_0,\delta)=U(x_0,\delta)\setminus\{x_0\}$.

类似地，我们称 $U(x_0^-,\delta)=\{x\mid x_0-\delta<x\leqslant x_0\}$ 为 x_0 的左邻域，称 $U(x_0^+,\delta)=\{x\mid x_0\leqslant x<x_0+\delta\}$ 为 x_0 的右邻域，称 $\mathring{U}(x_0^-,\delta)=\{x\mid x_0-\delta<x<x_0\}$ 为 x_0 的左去心 δ 邻域，称 $\mathring{U}(x_0^+,\delta)=\{x\mid x_0<x<x_0+\delta\}$ 为 x_0 的右去心 δ 邻域.

1.1.2 映射

1. 映射的概念

定义 1-1　设 X，Y 是两个非空集合，如果存在一个法则 f，使得对 X 中每个元素 x，按法则 f，在 Y 中有唯一确定的元素 y 与之对应，那么称 f 为从 X 到 Y 的映射，记作

$$f:X\to Y,$$

其中 y 称为元素 x 在映射 f 下的**像**，并记作 $f(x)$，即

$$y=f(x),$$

而元素 x 称为元素 y 在映射 f 下的一个**原像**；集合 X 称为映射 f 的定义域，记作 D_f；X 中所有元素的像所组成的集合称为映射 f 的值域，记作 R_f 或 $f(X)$.

由上述定义不难看出，构成一个映射（见图 1-2）必须具备三个要素：定义域 D_f；值域的范围 $Y\supset R_f$；对应法则 f.

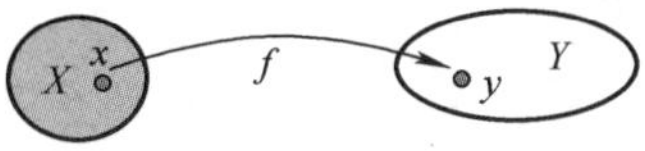

图　1-2

根据对应法则的特性，我们将映射分为单射、满射、一一映射（也称双射）等类型. 如果值域 $R_f=f(X)=Y$，即 Y 中任一元素都是 X 中某元素的像，则称 f 为 X 到 Y 上的映射或满射（见图 1-3a）；若对于任意的 x_1，$x_2\in X$，$x_1\neq x_2$，有 $f(x_1)\neq f(x_2)$，则称 f 为 X 到 Y 的单射（见图 1-3b）；若映射 f 既是单射，又是满射，则称 f 为一一映射（或双射）.

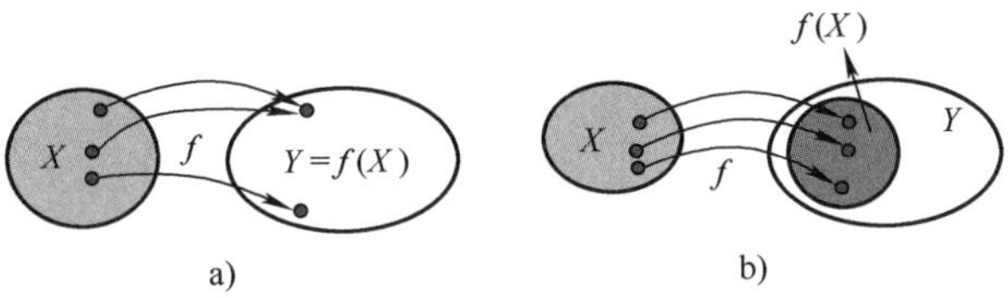

图　1-3

例 1-1　设f: $\mathbb{R}\to\mathbb{R}$，对每个$x\in\mathbb{R}$，$f(x)=\sin x$. 显然f是一个映射，其定义域$D_f=\mathbb{R}$，值域$R_f=[-1,1]\subset\mathbb{R}$. 值域中任意元素$y$的原像都是不唯一的，比如$y=0$的原像有$x=k\pi$，$k=0,\pm1,\pm2,\cdots$. 该映射既不是满射，也不是单射.

若将例 1-1 中映射f改为$f:\mathbb{R}\to[-1,1]$，则新的映射为满射.

例 1-2　设$f:[1,2]\to[0,4]$，对每个$x\in[1,2]$，$f(x)=x^2$. 显然f是一个映射，其定义域$D_f=[1,2]$，值域$R_f=[1,4]\subset[0,4]$. 定义域中任意两个不同的元素的像都是不同的，因此f是单射. 而$[0,4]\backslash R_f=[0,1)$中的元素都没有原像，因此$f$不是满射.

若将例 1-2 中映射f改为$f:[1,2]\to[1,4]$，则新的映射为一一映射.

2. 逆映射与复合映射

对于单射f，每个$y\in R_f$，都有唯一的$x\in X$与之对应，因此我们可以定义一个新的映射

$$g:R_f\to X,$$

对每个$y\in R_f$，规定$g(y)=x$，这里x满足. 称这个映射g为f的逆映射(见图 1-4)，记作f^{-1}. 其定义域$D_{f^{-1}}=R_f$，其值域$R_{f^{-1}}=D_f$.

在例 1-2 中，f的逆映射为$f^{-1}:[1,4]\to[1,2]$，对每个$y\in[1,4]$，$x=f^{-1}(y)=\sqrt{y}$.

设有两个映射

$$g:X\to U_1,f:U_2\to Y,$$

其中$U_1\cap U_2\neq\varnothing$，$R_g=g(X)\subset U_2$，则由映射$g$和$f$可以定义出一个从$X$到$Y$的对应法则，称这个映射为映射$g$和$f$构成的复合映射$f\circ g:X\to Y$，对每个$x\in X$，有唯一确定的

$$y=(f\circ g)(x)=f(g(x))\in Y$$

与之对应.

如图 1-5 所示，g和f构成复合映射的条件是：g的值域R_g必须包含在f的定义域D_f内，即$R_g\subset D_f$.

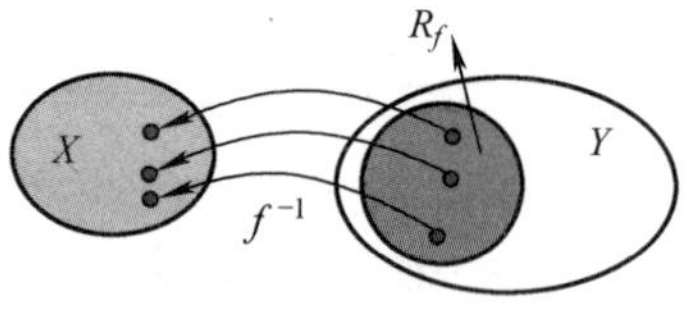

图　1-4

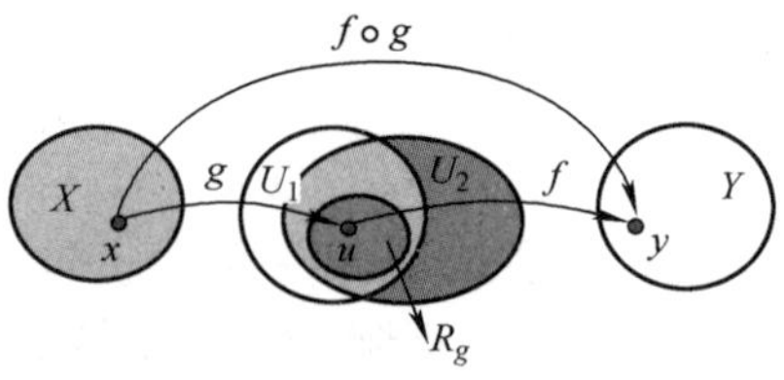

图　1-5

例 1-3　设映射$g:[-1,1]\to[0,1]$，对每个$x\in[-1,1]$，$g(x)=1-x^2$；映射$f:[0,+\infty)\to[0,+\infty)$，对每个$u\in[0,+\infty)$，$f(u)=\sqrt{u}$，则映射$g$和$f$构成的复合映射$f\circ g:[-1,1]\to[0,+\infty)$，对每个$x\in[-1,1]$，有

$$(f\circ g)(x)=f(g(x))=f(1-x^2)=\sqrt{1-x^2}.$$

1.1.3 函数

1. 函数的概念

在一个自然现象或某个研究过程中，往往同时存在几个变量在变化的情况，这几个变量的变化通常不是孤立无关的，而是相互联系并遵循着一定变化规律的．这里我们仅就两个变量之间的关系举几个例子．

例 1-4　半径为 R 的圆的面积为

$$A=\pi R^2,$$

当半径 R 在区间 $(0,+\infty)$ 内任取一个值时，由上式就可以确定一个圆的面积值 A.

例 1-5　一个物体以 v_0 为初速度做匀加速运动，加速度为 a，经过时间间隔 t 后，物体的速度为

$$v=v_0+at.$$

这里开始计时，记 $t=0$，此时速度值为 v_0，加速度 a 是常数，时间 t 在区间 $[0,T]$ 内任取一个值时，就可以确定这个时刻 t 物体的速度值 v.

可以看出，这种描述变量间相互依存关系，刻画客观世界中事物变化的内在规律的数学模型就是函数.

定义 1-2　设数集 $D\subset\mathbb{R}$，如果对于每个数 $x\in D$，按照对应法则 f 总有确定的数值 y 和它对应，则称 y 是 x 的**函数**，记作 $y=f(x)$，数集 D 称为函数的**定义域**，记为 D_f，x 称为**自变量**，y 称为**因变量**.

当自变量 x 遍取 D 的所有数值时，对应的函数值 $f(x)$ 的全体组成的集合称为函数 f 的**值域**，记为 R_f．即

$$R_f=\{y\mid y=f(x),x\in D\}.$$

表示函数的记号可以任意选取，函数 $y=f(x)$ 中表示对应法则的记号 f 也常用其他字母，如 g，h，φ 或 F，G，Φ 等，相应地，函数可记作 $y=g(x)$，$y=F(x)$，$y=\varphi(x)$ 等．在解决实际问题过程中，需要先设定函数的记号．在同一个问题中，讨论到不同的函数时，为了以示区别，必须用不同的记号来表示.

对照映射的定义，不难看出，函数实际上是实数集 D 到实数域 $\mathbb{R}$ 的映射，因此定义域 D_f、对应法则 f、值域 R_f 是确定函数关系的三个要素．如果两个函数的定义域、对应法则、值域都相同，则认为这两个函数是相同的，至于自变量和因变量用什么字母表示则无关紧要．而函数的值域由定义域和对应法则确定，在判定两个函数是否相同时，只需比较两个函数的定义域和对应法则.

在实际问题中，函数的定义域是由问题的实际意义确定的，在例 1-4 中定义域为 $(0,+\infty)$，在例 1-5 中定义域为 $[0,T]$．在数学中，对于抽象的

函数表达式，我们通常约定：函数的定义域就是使函数表达式有意义的自变量的取值范围.

例 1-6　求下列函数的定义域：

(1) $y=\sqrt{1-x^2}$；　　(2) $y=\dfrac{1}{\ln(5x-4)}$；

(3) $y=\dfrac{1}{\sqrt{x^2+x-6}}$；　　(4) $y=\sqrt{4-x^2}+\dfrac{1}{\sqrt{x-1}}$.

解　(1) x 应满足 $1-x^2\geqslant 0$，故定义域为 $[-1,1]$；

(2) x 应满足 $\begin{cases}5x-4>0,\\5x-4\neq 1,\end{cases}$ 故定义域为 $\left(\dfrac{4}{5},1\right)\cup(1,+\infty)$；

(3) x 应满足 $x^2+x-6>0$，即 $(x-2)(x+3)>0$，故定义域为 $(-\infty,-3)\cup(2,+\infty)$；

(4) x 应满足 $\begin{cases}4-x^2\geqslant 0,\\x-1>0,\end{cases}$ 即 $\begin{cases}|x|\leqslant 2,\\x>1.\end{cases}$ 因此函数的定义域为 $(1,2]$.

例 1-7　下列各对函数是否相同？

(1) $f(x)=x+1$，$g(x)=\dfrac{x^2-1}{x-1}$；　　(2) $f(x)=|x|$，$g(x)=\sqrt{x^2}$；

(3) $y=x$ 与 $y=\dfrac{x^2}{x}$；　　(4) $y=1$ 与 $y=\sin^2x+\cos^2x$；

(5) $y=2x+1$ 与 $x=2y+1$.

解　(1) 不相同. $f(x)=x+1$ 的定义域为 $(-\infty,+\infty)$，$g(x)=\dfrac{x^2-1}{x-1}$ 的定义域为 $(-\infty,1)\cup(1,+\infty)$，因此 $f(x)$ 和 $g(x)$ 的定义域不相同，故不是相同的函数.

(2) 相同. 因 $f(x)$ 和 $g(x)$ 的定义域相同，均为 $(-\infty,+\infty)$，而且对应法则也相同，所以是相同的函数.

(3) 不相同. $y=x$ 的定义域是 $(-\infty,+\infty)$，而 $y=\dfrac{x^2}{x}$ 的定义域是 $x\neq 0$，即 $(-\infty,0)\cup(0,+\infty)$.

(4) 相同. 虽然这两个函数的表现形式不同，但它们的定义域 $(-\infty,+\infty)$ 与对应法则均相同，所以这两个函数相同.

(5) 相同. 虽然它们的自变量与因变量所用的字母不同，但其定义域 $(-\infty,+\infty)$ 和对应法则均相同，所以这两个函数相同.

函数常见的表示方法有三种：**表格法**、**图形法**、**解析法**（也称为**公式法**）. 例如常用的标准正态分布函数，利用了表格法表示随机变量的取值与其概率之间的对应关系. 由于表格法无法全面展示函数在整个定义域内的变化情况，本教材主要使用图形法和解析法，且会结合两种方法共同研究函数的性质.

函数的图形是指平面直角坐标系中的平面点集

$$C=\{(x,y)\mid y=f(x),x\in D\}.$$

函数 $y=f(x)$ 的图形通常是一条曲线（见图 1-6），$y=f(x)$ 也称为这条曲线的方程.

例 1-8　函数 $y=x$ 的图形是一条直线，且是Ⅰ、Ⅲ象限的角平分线，如图 1-7 所示.

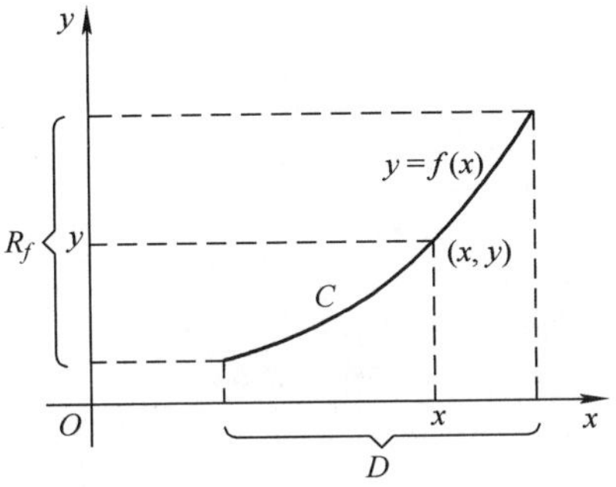

图　1-6

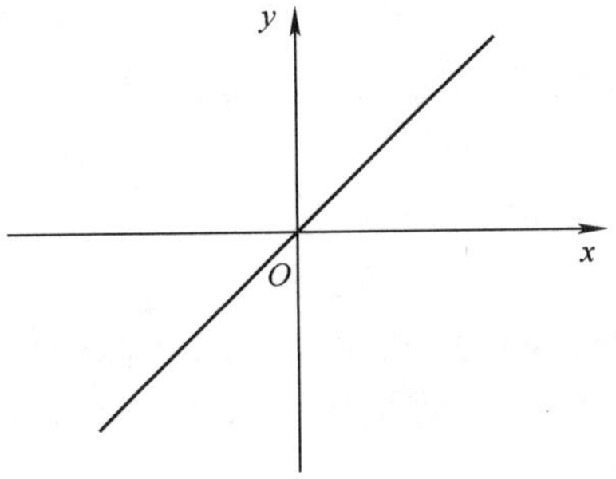

图　1-7

2. 分段函数

有时，一个函数在其定义域的不同子集上要用不同的表达式来表示其对应法则，这种函数称为**分段函数**. 下面给出一些今后常用的分段函数.

例 1-9　绝对值函数

$$y=|x|=\begin{cases} x, x\geqslant 0, \\ -x, x<0 \end{cases}$$

的定义域 $D_f=(-\infty,+\infty)$，值域 $R_f=[0,+\infty)$，如图 1-8 所示.

例 1-10　符号函数

$$y=\operatorname{sgn} x=\begin{cases} -1, & x<0, \\ 0, & x=0, \\ 1, & x>0 \end{cases}$$

的定义域 $D_f=(-\infty,+\infty)$，值域 $R_f=\{-1,0,1\}$，如图 1-9 所示.

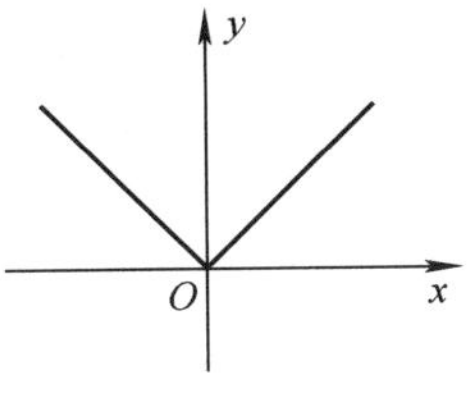

图　1-8

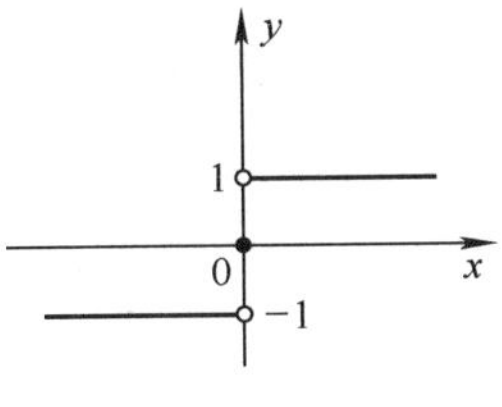

图　1-9

例 1-11　**取整函数** $y=[x]$，其中 $[x]$ 表示不超过 x 的最大整数. 例如，$[-3.14]=-4$，$[0]=0$，$[\sqrt{2}]=1$，$[\pi]=3$ 等. 函数 $y=[x]$ 的定义域 $D_f=(-\infty,+\infty)$，值域 $R_f=\mathbb{Z}$. 一般地，$y=[x]=n$，$n\leqslant x<n+1$，$n=0,\pm1,\pm2,\cdots$，如图 1-10 所示.

3. 函数的几何特性

（1）函数的有界性　设函数 $f(x)$ 的定义域为 D. 如果存在数 M_1，使得

$$f(x) \leqslant M_1$$

对任一 $x \in D$ 都成立，那么称函数 $f(x)$ 在 D 上有上界，而 M_1 称为函数 $f(x)$ 在 D 上的一个上界. 如果存在数 M_2，使得

$$f(x) \geqslant M_2$$

对任一 $x \in D$ 都成立，那么称函数 $f(x)$ 在 D 上有下界，而 M_2 称为函数 $f(x)$ 在 D 上的一个下界. 如果存在一个常数 $M>0$，使得对于一切 $x \in D$，其对应的函数值都满足不等式

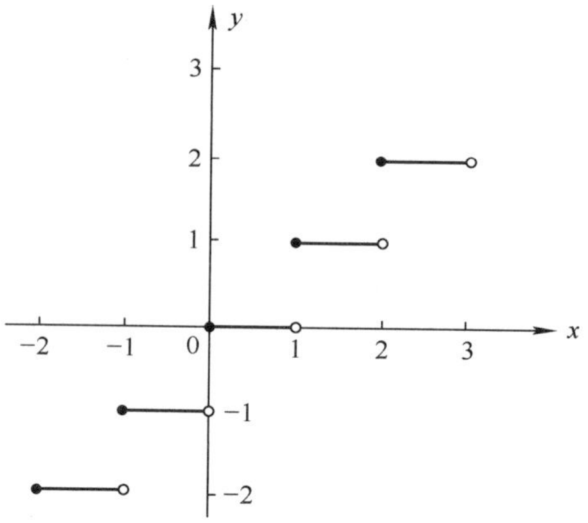

图　1-10

$$|f(x)| \leqslant M$$

就称函数 $f(x)$ 在 D 上有界. 如果不存在这样的 M，就称函数 $f(x)$ 在 X 上无界，也就是说，对任何正数 M，无论 M 的值有多大，总可以找到 X 中的点 x_1，使 $|f(x_1)|>M$，那么函数 $f(x)$ 在 X 上无界.

注：若函数 $f(x)$ 的值域包含无限区间，则 $f(x)$ 就是无界的.

例如，函数 $y=\sin x$ 无论 x 取任何实数，总有 $|\sin x| \leqslant 1$ 成立，这里 $M=1$（或为大于 1 的任何常数均可），所以 $y=\sin x$ 在 $(-\infty,+\infty)$ 内是有界的. 又如函数 $f(x)=\dfrac{1}{x}$ 在半开区间 $[1,+\infty)$ 上是有界的，因为对一切 $x \in [1,+\infty)$，总有 $|f(x)|=\left|\dfrac{1}{x}\right| \leqslant 1$. 但 $f(x)=\dfrac{1}{x}$ 在开区间 $(0,1)$ 内是无界的，因为不存在这样的常数 M，使得对所有 $x \in (0,1)$，有不等式 $|f(x)|=\left|\dfrac{1}{x}\right| \leqslant M$ 成立. 事实上，对于任意取定的正数 M，不妨设 $M>1$，则 $\dfrac{1}{2M} \in (0,1)$，当取 $x_1=\dfrac{1}{2M}$ 时，$|f(x_1)|=\left|\dfrac{1}{x_1}\right|=2M>M$. 因此，可以进一步看到，同一个函数在不同区间上的有界性可能不同.

当一个函数是有界函数时，它的图形是介于两条水平直线 $y=M$ 及 $y=-M(M>0)$ 之间的曲线. 如图 1-11 所示.

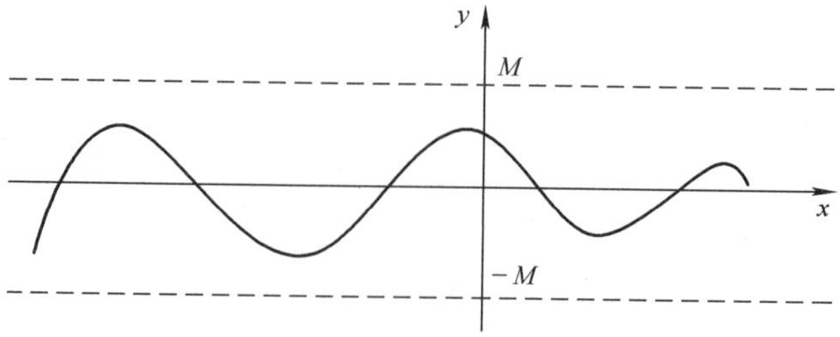

图　1-11

（2）函数的单调性　设函数 $f(x)$ 的定义域为 D，区间 $I\subset D$，若对任意两点 x_1，$x_2\in I$，当 $x_1<x_2$ 时，有 $f(x_1)<f(x_2)$ 成立，则称函数 $f(x)$ 在区间 I 上是单调增加的；而当 $x_1<x_2$ 时，有 $f(x_1)>f(x_2)$ 成立，则称函数 $f(x)$ 在区间 I 上是单调减少的.

注：每个单调区间都必须独立分开写，即单调性相同的不同区间用“和”或逗号等分开.

单调增加和单调减少的函数统称为单调函数. 当函数单调增加时，它的图形是随 x 的增加而上升的曲线；而函数单调减少时，它的图形是随着 x 的增加而下降的曲线.

例如，函数 $y=x^2$ 在区间 $[0,+\infty)$ 上单调增加，在区间 $(-\infty,0]$ 上是单调减少的，所以在区间 $(-\infty,+\infty)$ 内，函数 $y=x^2$ 不是单调函数，如图 1-12所示. 又如，函数 $y=x^3$ 在 $(-\infty,+\infty)$ 内是单调增加的函数，如图 1-13所示.

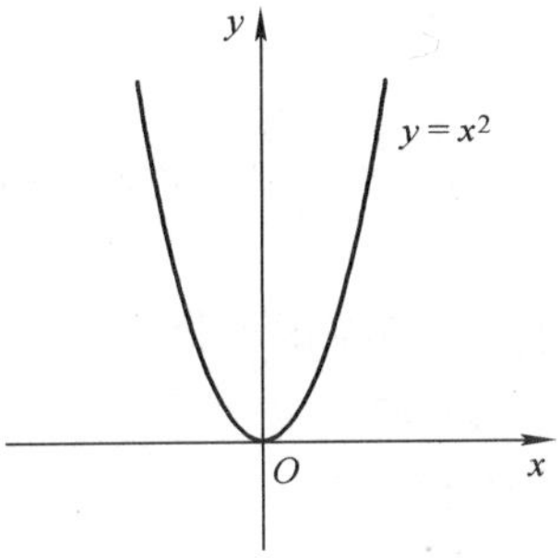

图　1-12

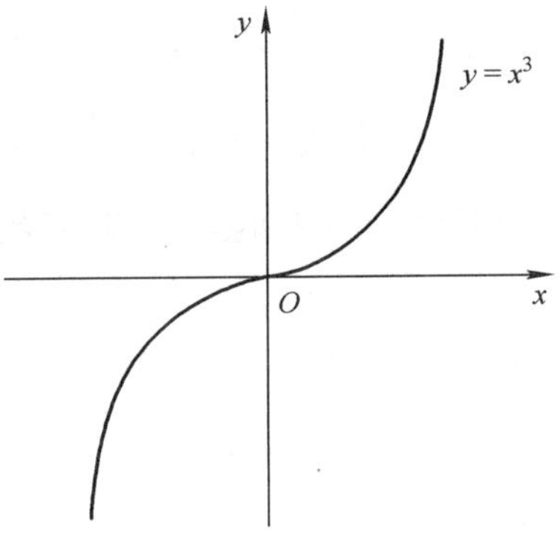

图　1-13

（3）函数的奇偶性　设函数 $f(x)$ 的定义域 D 关于原点对称，如果对于任一个 $x\in D$，总有 $f(-x)=f(x)$，则称 $f(x)$ 为偶函数；如果对于任一个 $x\in D$，总有 $f(-x)=-f(x)$，则称 $f(x)$ 为奇函数.

偶函数的图形关于 y 轴是对称的，因为若 $f(x)$ 是偶函数，则 $f(-x)=f(x)$，那么对应于 x 及 $-x$ 的两个点 $A(x,f(x))$ 及 $A'(-x,f(x))$ 都在函数的图形上，并关于 y 轴对称，如图 1-14a 所示.

奇函数的图形关于原点是对称的，因为若 $f(x)$ 是奇函数，则 $f(-x)=-f(x)$，那么对应于 x 及 $-x$ 的两个点 $A(x,f(x))$ 及 $A'(-x,-f(x))$ 都在函数的图形上，并关于原点对称，如图 1-14b 所示.

函数 $y=x^2+1$，$y=\cos x$，$y=\dfrac{1}{\sqrt[3]{x^2}}$，$y=\dfrac{e^x+e^{-x}}{2}$ 等皆为偶函数；而函数 $y=\sqrt[3]{x}$，$y=x^2\sin x$，$y=\dfrac{x}{1+x^2}$，$y=\dfrac{e^x-e^{-x}}{2}$ 等皆为奇函数. 函数 $y=\sin x+\cos x$ 及 $y=x+x^2$ 既非奇函数，也非偶函数.

（4）函数的周期性　设函数 $f(x)$ 的定义域为 D，如果存在一个正数 l，使得对于任一 $x\in D$，有 $(x\pm l)\in D$，且 $f(x+l)=f(x)$ 成立，则称 $f(x)$ 为周

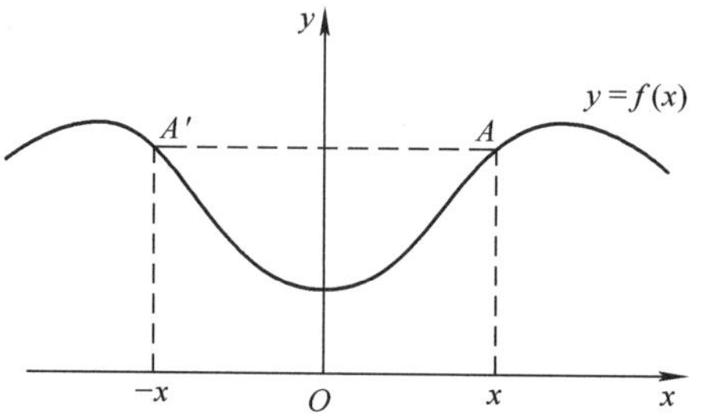

a)

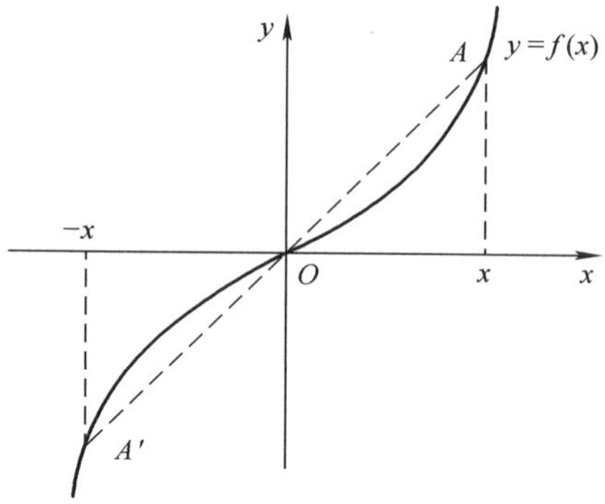

b)

图　1-14

期函数，l 称为 $f(x)$ 的一个周期. 通常，我们所说的周期函数的周期是指最小正周期.

例如，函数 $y=\sin x$，$y=\cos x$ 都是以 2π 为周期的周期函数；函数 $y=\sin\omega t$ 是以 $\dfrac{2\pi}{\omega}$ 为周期的函数.

一个周期为 l 的周期函数，其函数图形在每个长度为 l 的区间上都有相同的形状.

但并不是每个周期函数都有最小正周期，狄利克雷函数

$$D(x)=\begin{cases}1, & \text{当 } x \text{ 为有理数},\\ 0, & \text{当 } x \text{ 为无理数}\end{cases}$$

就属于这种情形. 若 x 为有理数，对任一有理数 γ，$x+\gamma$ 也是有理数，因而 $D(x+\gamma)=D(x)=1$；若 x 为无理数，对上述有理数 γ，$x+\gamma$ 也是无理数，所以 $D(x+\gamma)=D(x)=0$. 这样，任何有理数 γ 均是 $D(x)$ 的周期，但在有理数集中没有最小的正有理数，也就是说，函数 $D(x)$ 没有最小正周期.

4. 反函数与复合函数

(1) 反函数

定义 1-3　设函数 $y=f(x)$ 的定义域为 D，值域为 R_f. 如果对于 R_f 中的任一数值 y，都有 D 中唯一的一个 x 值，满足 $f(x)=y$，将 y 与 x 对应，则所确定的以 y 为自变量的函数 $x=\varphi(y)$ 称为函数 $y=f(x)$ 的**反函数**. 记作 $x=f^{-1}(y)$，$y\in R_f$. 相对于反函数而言，原来的函数叫作**直接函数**.

显然，反函数是逆映射的一个特例. 反函数 $x=\varphi(y)$ 的定义域恰好是函数 f 的值域，反函数 $\varphi(y)$ 的值域恰好是函数 f 的定义域.

由于函数的表示法只与定义域和对应法则有关，而与自变量和因变量用什么字母表示无关，且习惯上常用字母 x 表示自变量，用字母 y 表示因变量，这样 $y=f(x)$ 的反函数通常写为 $y=f^{-1}(x)$.

在平面坐标系中，函数 $y=f(x)$ 的图形与其反函数 $y=f^{-1}(x)$ 的图形关于直线 $y=x$ 对称(见图 1-15). 这是由于互为反函数的两个函数因变量与自变量互换的缘故，若 (x_0,y_0) 是 $y=f(x)$ 的图形上的一点，则 (y_0,x_0) 就是 $y=f^{-1}(x)$ 的图形上的点，而 xOy 平面上点 (x_0,y_0) 与点 (y_0,x_0) 关于直线 $y=x$ 对称.

利用这一特性，由函数 $y=f(x)$ 的图形就很容易作出它的反函数 $y=f^{-1}(x)$ 的图形. 例如，$y=x^3$ 与 $y=\sqrt[3]{x}$ 互为反函数，它们的图形如图 1-16 所示.

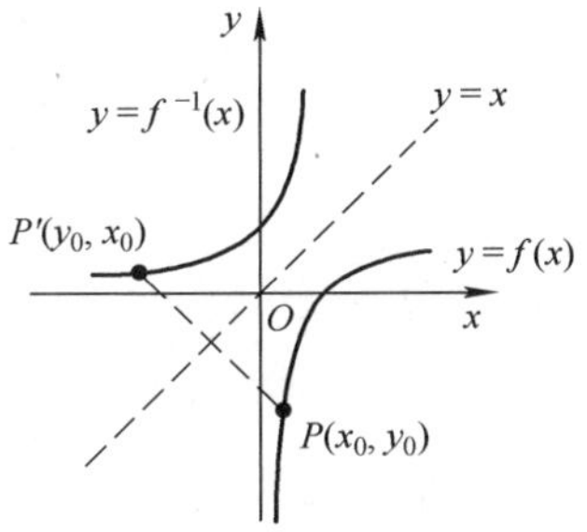

图　1-15

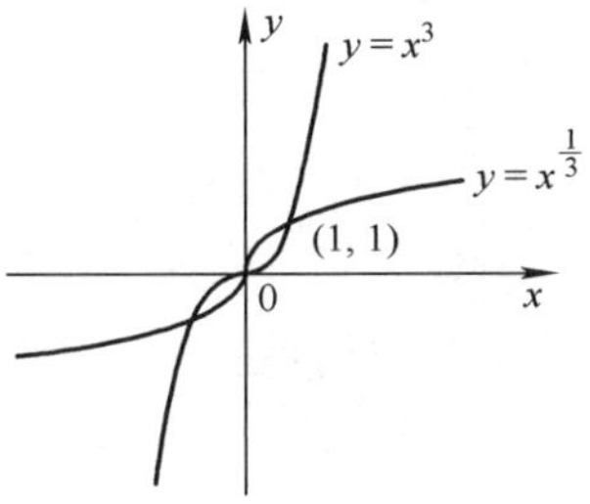

图　1-16

反函数视频讲解

值得注意的是，并不是所有函数都存在反函数，例如，函数 $y=x^2$ 的定义域为 $(-\infty,+\infty)$，值域为 $[0,+\infty)$，但对每一个 $y\in(0,+\infty)$，有两个 x 值(即 $x_1=\sqrt{y}$ 和 $x_2=-\sqrt{y}$)与之对应，因此 x 不是 y 的函数，从而 $y=x^2$ 不存在反函数.

容易看出，单调函数 $y=f(x)$ 必存在单调的反函数 $y=f^{-1}(x)$，且具有相同的单调性.

例如，函数 $y=x^2$ 在 $(-\infty,0]$ 单调减少，其反函数为 $y=-\sqrt{x}$，也是单调减少；$y=x^2$ 在 $[0,+\infty)$ 单调增加，其反函数 $y=\sqrt{x}$ 在 $[0,+\infty)$ 也是单调增加.

求反函数的一般步骤为：由方程 $y=f(x)$ 解出 $x=f^{-1}(y)$，再将 x 与 y 对换，即得所求的反函数为 $y=f^{-1}(x)$.

(2) 复合函数

先看一个例子. 设 $y=\sqrt{u}$，而 $u=1-x^2$，以 $1-x^2$ 代替第一式中的 u，得 $y=\sqrt{1-x^2}$，这时函数 $y=\sqrt{1-x^2}$ 就是由 $y=\sqrt{u}$ 及 $u=1-x^2$ 复合而成的复合函数.

定义 1-4　设函数 $y=f(u)$ 的定义域为 D_f，值域为 R_f；而函数 $u=g(x)$ 的定义域为 D_g，值域为 $R_g\subset D_f$，则对任一 $x\in D_g$，通过 $u=g(x)$ 有唯一的 $u\in R_g\subset D_g$ 与 x 对应，再通过 $y=f(u)$ 又有唯一的 $y\in R_f$ 与 u 对应. 这样，对任意 $x\in D_g$，通过 u，有唯一的 $y\in R_f$ 与之对应. 因此 y 是 x 的函数，称这个函数为 $y=f(u)$ 与 $u=g(x)$ 的**复合函数**，记作

$$y=(f\circ g)(x)=f(g(x)),x\in D_g,$$

u 称为**中间变量**.

例如，函数 $y=\sin^2x$ 就可看作由 $y=u^2$ 及 $u=\sin x$ 复合而成的，这个函数的定义域为 $(-\infty,+\infty)$，这也正是函数 $u=\sin x$ 的定义域；又如，$y=\sqrt{x^2}$ 可看作由 $y=\sqrt{u}$ 及 $u=x^2$ 复合而成的函数，这个函数实际就是 $y=|x|$，这时 $y=\sqrt{x^2}$ 的定义域与 $u=x^2$ 的定义域相同，都是 $(-\infty,+\infty)$.

必须注意，不是任何两个函数都可以复合成一个复合函数的. 例如 $y=\arcsin u$ 及 $u=2+x^2$，因为对于 $u=2+x^2$，无论 x 取什么实数，总有 $u\geqslant 2$，因而不能使 $y=\arcsin u$ 有意义，所以这两个函数不能复合成一个复合函数. 而在前面已经见到的函数 $y=\sqrt{1-x^2}$，复合前的函数 $u=1-x^2$ 的定义域为 $(-\infty,+\infty)$，值域 R_1 为 $(-\infty,1]$，这显然不完全符合函数 $y=\sqrt{u}$ 的定义域 D_2 的要求，也就是说，定义中的条件 $R_1\subset D_2$ 不成立，但由于 $R_1\cap D_2\neq\varnothing$，所以适当限制 x 的取值范围后，函数 $y=\sqrt{u}$ 与 $u=1-x^2$ 才能复合成一个复合函数 $y=\sqrt{1-x^2}$，即在 $u=1-x^2$ 中，x 的取值范围必须限制为 $[-1,1]$，或其子集.

复合函数也可由两个以上的函数经过复合构成. 例如，$y=\ln\sqrt{3+x^2}$，就是由 $y=\ln u$，$u=\sqrt{v}$ 和 $v=3+x^2$ 三个函数复合而成的，其中 u 和 v 都是中间变量. 函数 $y=\cos^2u$，$u=\sqrt{v}$，$v=x^2-1$ 可以构成复合函数 $y=(\cos\sqrt{x^2-1})^2$，这里 u 和 v 都是中间变量.

5. 基本初等函数、初等函数

基本初等函数是指下列五类函数：

（1）幂函数 $y=x^{\mu}$（μ 为常数）；

（2）指数函数 $y=a^x$（$a>0$，$a\neq 1$）；

（3）对数函数 $y=\log_a x$（$a>0$，$a\neq 1$. 当 $a=\mathrm{e}$ 时，记为 $\ln x$；当 $a=10$ 时，记为 $\lg x$）.

（4）三角函数 $y=\sin x$，$y=\cos x$，$y=\tan x$，$y=\cot x$，$y=\sec x$，$y=\csc x$.

（5）反三角函数 $y=\arcsin x$，$y=\arccos x$，$y=\arctan x$，$y=\operatorname{arccot} x$.

如表 1-2 所示.

表 1-2　基本初等函数

对应法则	定义域		值域	图形
幂函数 $y=x^{\mu}$	随 μ 而异	$\mu=2$ 时，$x\in\mathbb{R}$	$y\geqslant 0$	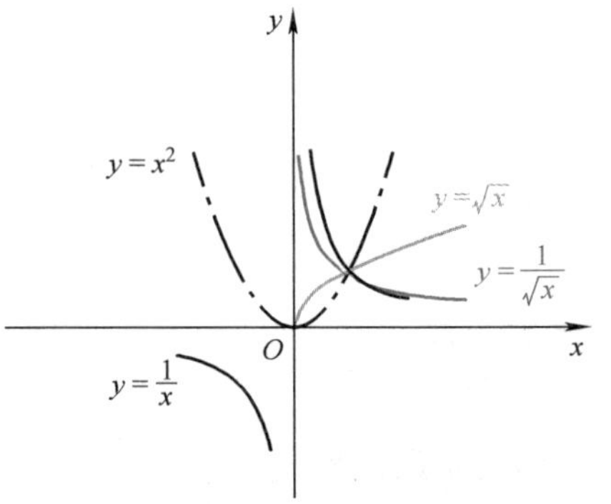
		$\mu=\frac{1}{2}$ 时，$x\geqslant 0$	$y\geqslant 0$	
		$\mu=-\frac{1}{2}$ 时，$x>0$	$y>0$	
		$\mu=-1$ 时，$x\neq 0$	$y\neq 0$	

（续）

对应法则	定义域	值域	图形
指数函数 $y=a^x$	$x\in\mathbb{R}$	$y>0$	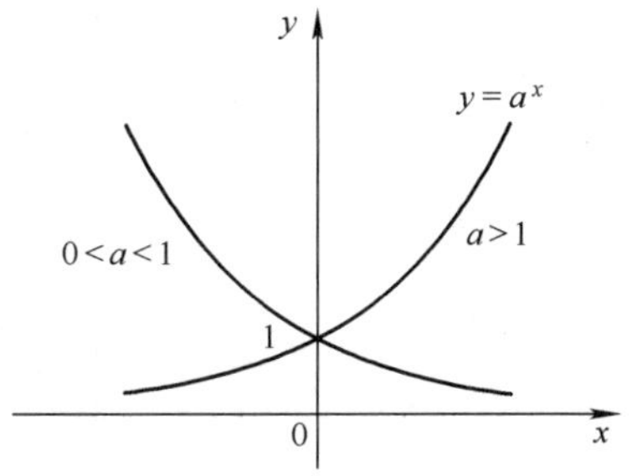
对数函数 $y=\log_a x$	$x>0$	$y\in\mathbb{R}$	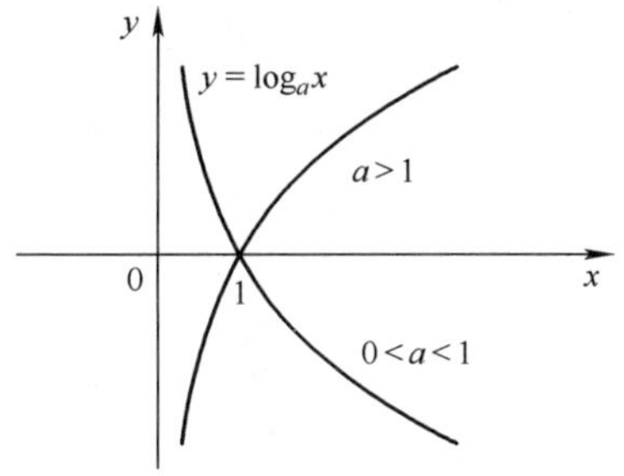
三角函数 正弦函数 $y=\sin x$	$x\in\mathbb{R}$	$[-1,1]$	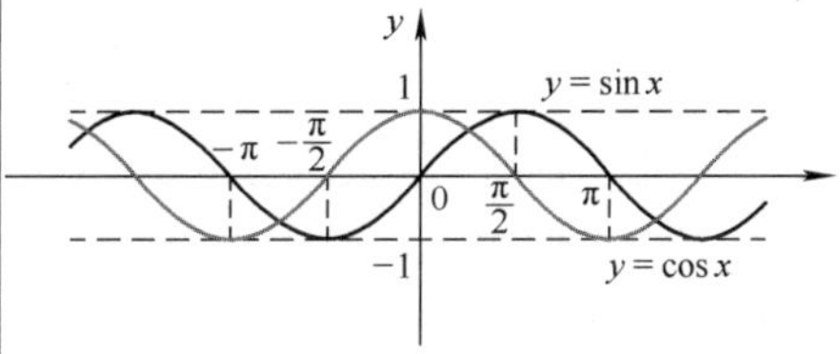
三角函数 余弦函数 $y=\cos x$			
三角函数 正切函数 $y=\tan x$	$x\neq(2n+1)\frac{\pi}{2}$， n 为整数	$y=\mathbb{R}$	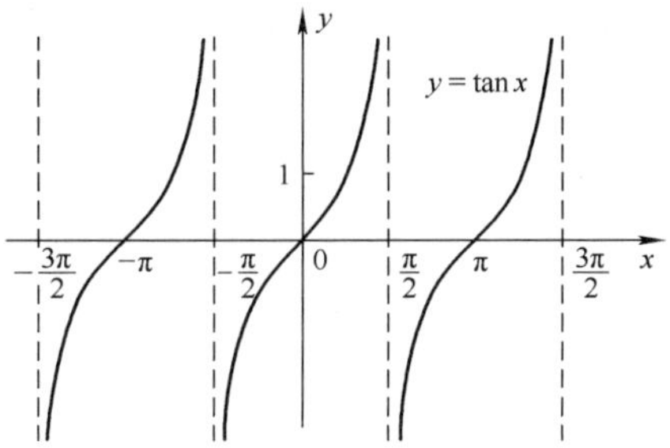
三角函数 余切函数 $y=\cot x$	$x\neq n\pi$，n 为整数		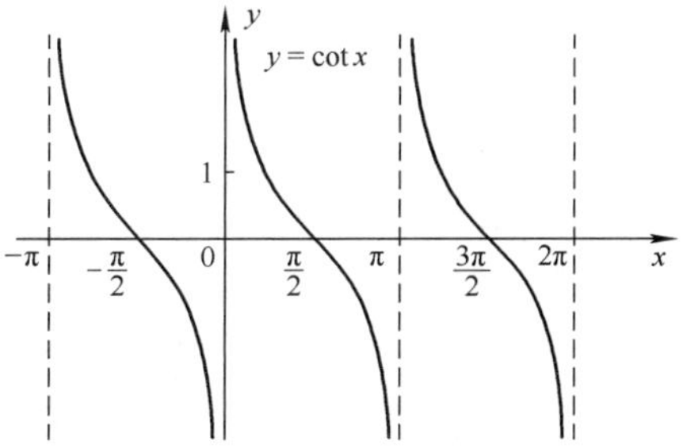

（续）

对应法则		定义域	值域	图形
反三角函数	反正弦函数 $y=\arcsin x$	$[-1,1]$	$\left[-\frac{\pi}{2},\frac{\pi}{2}\right]$	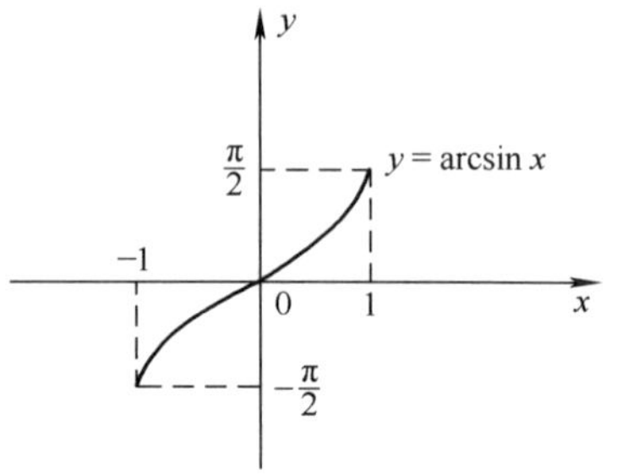
	反余弦函数 $y=\arccos x$	$[-1,1]$	$[0,\pi]$	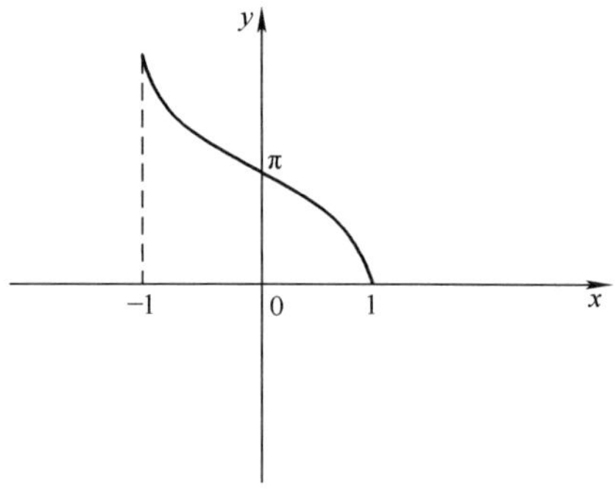$y=\arccos x$
	反正切函数 $y=\arctan x$	$x\in\mathbb{R}$	$\left(-\frac{\pi}{2},\frac{\pi}{2}\right)$	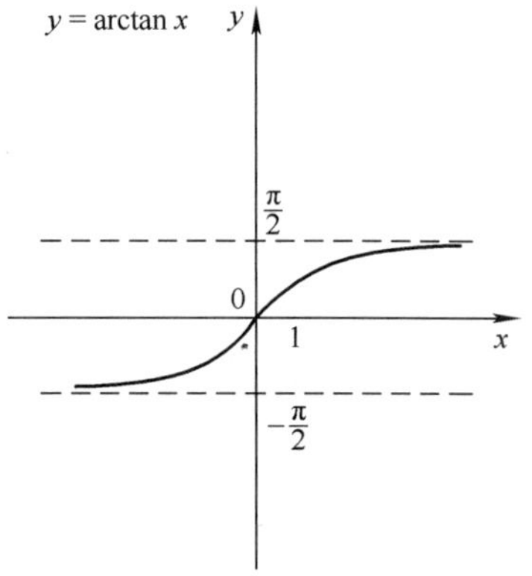
	反余切函数 $y=\operatorname{arccot} x$	$x\in\mathbb{R}$	$(0,\pi)$	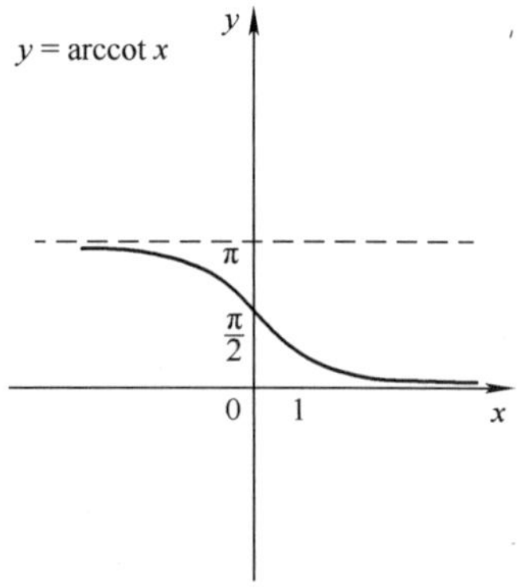

由以上五种基本初等函数和常数经过有限次四则运算和有限次的函数复合而构成的可以用一个式子表示的函数称为**初等函数**.

例如，$y=\sqrt{1-x^2}$，$y=\sin^2 x$，$y=\sqrt{\cot\frac{x}{2}}$都是初等函数，而诸如

$$f(x)=\begin{cases}x^2, & x>0,\\ \sin x, & x\leqslant 0,\end{cases}$$

这种分段函数往往不是初等函数. 但分段函数

$$f(x)=\begin{cases}x, & x\geqslant 0,\\ -x, & x<0\end{cases}$$

是初等函数，因为它是绝对值函数，可看作由 $y=\sqrt{u}$，$u=x^2$ 复合而成.

双曲函数与其反函数反双曲函数是工程、物理等领域中常用的两类初等函数. 具体定义如下：

双曲正弦　$\operatorname{sh} x=\dfrac{e^x-e^{-x}}{2}$，　$x\in(-\infty,+\infty)$，

双曲余弦　$\operatorname{ch} x=\dfrac{e^x+e^{-x}}{2}$，　$x\in(-\infty,+\infty)$，

双曲正切　$\operatorname{th} x=\dfrac{\operatorname{sh} x}{\operatorname{ch} x}=\dfrac{e^x-e^{-x}}{e^x+e^{-x}}$，　$x\in(-\infty,+\infty)$，

反双曲正弦　$\operatorname{arsh} x=\ln(x+\sqrt{x^2+1})$，　$x\in(-\infty,+\infty)$，

反双曲余弦　$\operatorname{arch} x=\ln(x+\sqrt{x^2-1})$，　$x\in[1,+\infty)$，

反双曲正切　$\operatorname{arth} x=\dfrac{1}{2}\ln\dfrac{1+x}{1-x}$，　$x\in(-1,1)$，

其图像如图 1-17 所示.

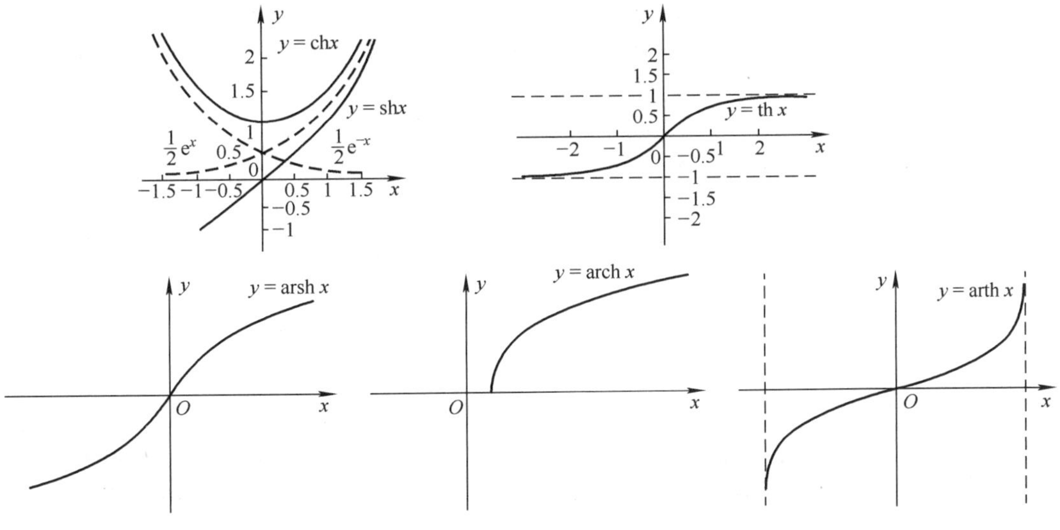

图　1-17

容易验证，双曲正弦函数、反双曲正弦函数都是奇函数，且在$(-\infty,+\infty)$上单调增加.

双曲余弦函数则是偶函数，在$(-\infty,0)$内单调减少，在$(0,+\infty)$内单调增加，这里反双曲余弦函数是根据双曲余弦函数在$[0,+\infty)$上的函数关系确定的.

双曲正切函数是奇函数，在$(-\infty,+\infty)$上单调增加；反双曲正切函数也是奇函数在$(-1,1)$上单调增加.

根据双曲函数的定义，可以推导出类似三角函数的恒等式、和差化积公式以及倍角公式：

$$\mathrm{ch}^2x-\mathrm{sh}^2x=1,$$

$$\mathrm{sh}(x\pm y)=\mathrm{sh}\,x\mathrm{ch}\,y\pm\mathrm{ch}\,x\mathrm{sh}\,y,$$

$$\mathrm{ch}(x\pm y)=\mathrm{ch}\,x\mathrm{ch}\,y\pm\mathrm{sh}\,x\mathrm{sh}\,y,$$

$$\mathrm{sh}2x=2\mathrm{sh}\,x\mathrm{ch}\,x,$$

$$\mathrm{ch}2x=\mathrm{ch}^2x+\mathrm{sh}^2x=1+2\mathrm{sh}^2\,x=2\mathrm{ch}^2x-1.$$

6. 函数的应用举例

例 1-12　火车站收取行李费的规定如下：当行李不超过 50kg 时，按基本运费计算. 如从上海到某地每千克以 0.15 元计算基本运费，当超过50kg时，超重部分按每千克 0.25 元收费. 试求上海到该地的行李费 y(元)与重量 x(kg)之间的函数关系式，并画出函数的图像.

解　当$0<x\leqslant 50$时，

$$y=0.15x;$$

当$x>50$时，

$$y=0.15\times 50+0.25(x-50).$$

所以函数关系式为

$$y=\begin{cases}0.15x, & 0<x\leqslant 50;\\ 7.5+0.25(x-50), & x>50.\end{cases}$$

这是一个分段函数，其图像如图 1-18 所示.

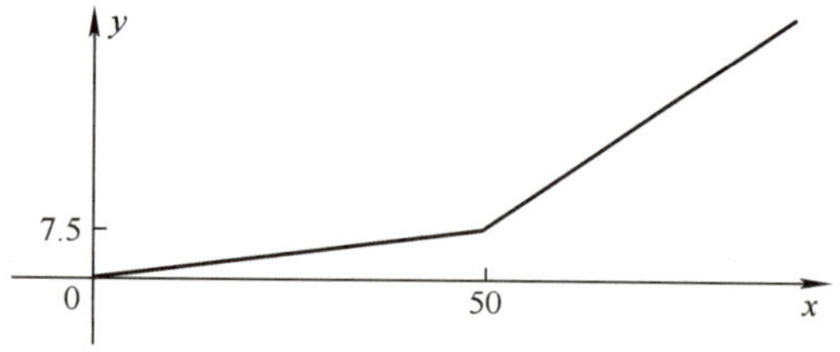

图　1-18

例 1-13　某人每天上午到培训基地 A 学习，下午到超市 B 工作，晚饭后再到酒店 C 做服务生，早饭、晚饭在宿舍吃，中午带饭在学习或工作的地方吃. A，B，C 位于一条平直的马路一侧，且酒店在基地与超市之间，基地与酒店相距 3km，酒店与超市相距 5km，问该人在这条马路的 A 与 B 之间何处找一宿舍(设随处可找到)，才能使每天往返的路程最短?

解　如图 1-19 所示，设所找宿舍 D 与基地 A 的距离为 x(km)，用 $f(x)$表示每天往返的路程函数.

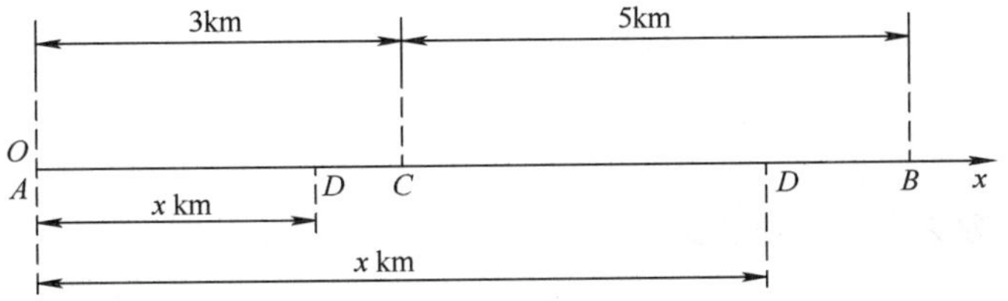

图　1-19

当 D 位于 A 与 C 之间，即 $0\leqslant x\leqslant 3$ 时，易知

$$f(x)=x+8+(8-x)+2(3-x)=22-2x,$$

当 D 位于 C 与 B 之间，即 $3<x\leqslant 8$ 时，则

$$f(x)=x+8+(8-x)+2(x-3)=10+2x.$$

所以

$$f(x)=\begin{cases}22-2x, & 0\leqslant x\leqslant 3,\\ 10+2x, & 3<x\leqslant 8.\end{cases}$$

这是一个分段函数，如图 1-20 所示，在 $[0,3]$ 上，$f(x)$ 单调减少；在 $[3,8]$ 上，$f(x)$ 单调增加. 从图像可知，在 $x=3$ 处，函数值最小. 这说明，在酒店 C 处找宿舍，每天走的路程最短.

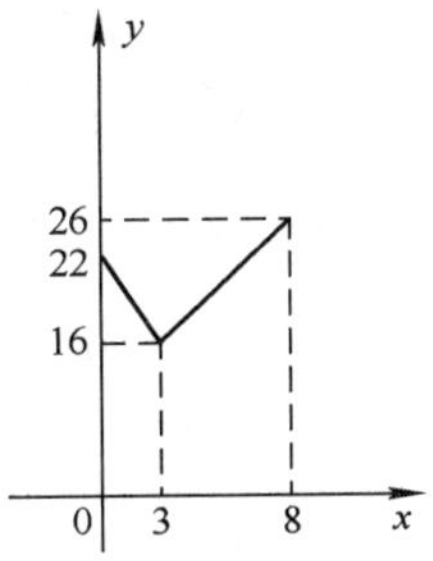

图　1-20

习题 1-1

1. 求下列函数的定义域：

(1) $y=\sqrt{2-x}+\arcsin\dfrac{1}{x}$；

(2) $y=\sqrt{x+3}+\dfrac{1}{\ln(1-x)}$；

(3) $y=\arcsin(2\cos x)$；

(4) $f(x)=\ln(x^2-1)+\arccos\dfrac{x-1}{3}$；

(5) $y=\sqrt{9-x^2}+\dfrac{1}{\sqrt{x-1}}$；

(6) $\dfrac{e^{\frac{1}{x}}+1}{e^{\frac{1}{x}}-1}$.

2. 指出下列复合函数的复合过程：

(1) $y=\sqrt{1+x^2}$；　(2) $y=\sqrt{\sin x^2}$；

(3) $y=2^{\tan 2x}$

3. 设 $f\left(\dfrac{x+1}{x-1}\right)=3f(x)-2x$，求 $f(x)$.

4. 求函数 $y=\dfrac{1-\sqrt{1+4x}}{1+\sqrt{1+4x}}$ 的反函数.

5. 设函数 $f(x+1)=\dfrac{x}{x+1}\ (x\neq -1)$，求 $f^{-1}(x+1)$.

6. 判断下列函数在定义域内的有界性及单调性：

(1) $y=\dfrac{x}{1+x^2}$；　(2) $y=x+\ln x$.

7. 邮局规定国内的平信，每 20g 付邮资 0.80 元，不足 20g 按 20g 计算，信件重量不得超过 2kg，试确定邮资 y 与重量 x 的关系.

8. 某运输公司规定某种货物的运输收费标准为不超过 200km，每千米收费 6 元；200km 以上但不超过 500km，超出部分每千米收费 4 元；超出 500km 以上每千米收费 3 元. 试将总运费表示为路程的函数.

1.2 数列的极限

极限概念是在探求某些实际问题精确解答的过程中产生的，极限是微积分的基石，是研究函数连续性、可微性、可积性等性质的基础，极限思想贯穿了众多数学分支，使数学形成一个整体，它也广泛应用于自然科学领域、工程技术领域、社会科学领域. 为了便于读者理解函数极限的概念，本节先介绍一种特殊形式的函数——数列的极限.

1.2.1 数列极限的定义

数列是定义在正自然数集$\mathbb{N}_+$上的函数，记为 $x_n=f(n)\quad(n=1,2,3,\cdots)$. 数列就是按下标 n 从小到大排列的有序数组：

$$x_1,x_2,x_3,\cdots,x_n,\cdots$$

简记为$\{x_n\}$. 数列中的每个数称为数列的**项**，其中 x_n 称为数列的**一般项**或**通项**.

以下是几个常用的数列：

常数列$\{c\}$：$c,c,c,\cdots,c,\cdots$

调和数列$\left\{\dfrac{1}{n}\right\}$：$1,\dfrac{1}{2},\dfrac{1}{3},\cdots,\dfrac{1}{n},\cdots\ (n\in\mathbb{N}_+)$

等比数列$\{aq^{n-1}\}$：$a,aq,aq^2,\cdots,aq^{n-1},\cdots\ (a\neq0,n\in\mathbb{N}_+)$

摆动数列$\{(-1)^{n-1}\}$：$1,-1,1,\cdots,(-1)^{n-1},\cdots\ (n\in\mathbb{N}_+)$

观察调和数列$\left\{\dfrac{1}{n}\right\}$，不难发现随 n 增大时，$\dfrac{1}{n}$越来越接近 0，也就意味着$\dfrac{1}{n}$与 0 的距离越来越小，即$\left|\dfrac{1}{n}-0\right|$越来越小，如图 1-21a 所示. 而摆动数列$\{(-1)^{n-1}\}$的奇数项都为 1，偶数项都为 -1，因此 n 增大时，$(-1)^{n-1}$整体没有统一的趋势(见图 1-21b).

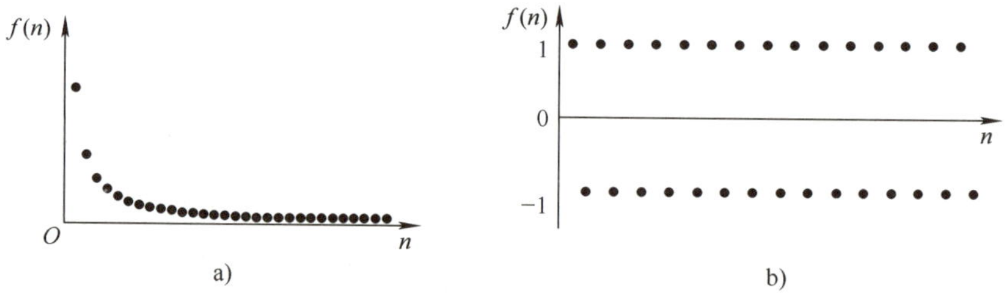

图　1-21

对于上述两个数列在 n 无限增大时不同的变化趋势，我们给出数列极限的一种定性描述.

定义 1-5　对于数列$\{x_n\}$，如果当 n 无限增大时，一般项 x_n 的值无限接近于一个确定的常数 a，则称 a 为数列$\{x_n\}$当 n 趋向于无穷大时的**极限**，记为

$$\lim_{n\to\infty}x_n=a，或者\ x_n\to a(n\to\infty).$$

此时，也称数列$\{x_n\}$**收敛**于 a，而称$\{x_n\}$为**收敛数列**. 如果数列的极限不存在，则称它为**发散数列**.

本节的主要问题就是，对于一般数列$\{x_n\}$，当 n 无限增大时(记为 $n\to$

∞，符号"→"读作"趋于"），如何判定 x_n 能否无限接近于某个确定的数值？如果能够无限接近某确定的数值，这个数值等于多少？

为了回答这些问题，我们对数列

$$2,\frac{1}{2},\frac{4}{3},\frac{3}{4},\cdots\frac{n+(-1)^{n-1}}{n},\cdots$$

进行分析. 不难发现，该数列通项为

$$x_n=\frac{n+(-1)^{n-1}}{n}=1+\frac{(-1)^{n-1}}{n}.$$

我们先观察一下该数列的分布情况，如图 1-22 所示.

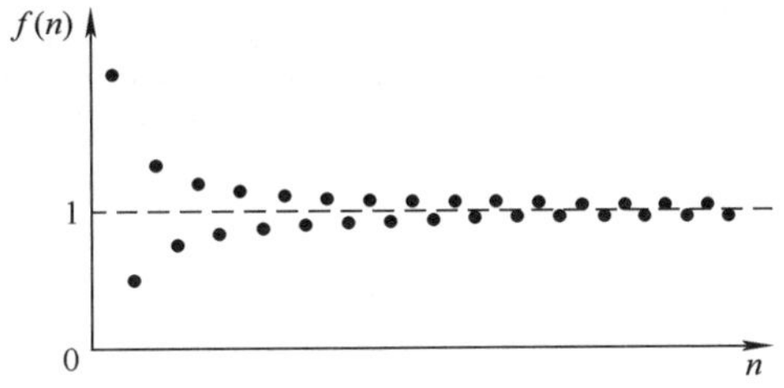

图　1-22

注意到，x_n 与 1 的距离为

$$|x_n-1|=\left|\frac{(-1)^{n-1}}{n}\right|=\frac{1}{n},$$

随着 n 的增大，x_n 与 1 的距离越小，从而 x_n 就越接近于 1，只要 n 足够大，$|x_n-1|=\frac{1}{n}$可以小于任意小的正数. 比如给定10^{-2}，则从第 101 项开始，

$$|x_n-1|=\frac{1}{n}<10^{-2},$$

再比如给定 10^{-4}，则从第 10001 项开始，

$$|x_n-1|=\frac{1}{n}<10^{-4}.$$

一般地，我们给定任意小的正数 ε，则从第$\left[\frac{1}{\varepsilon}\right]+1$（记为 N）项开始，总有

$$|x_n-1|=\frac{1}{n}<\varepsilon.$$

这就是数列 $x_n=\frac{n+(-1)^{n-1}}{n}$在 $n\to\infty$ 时，无限接近于 1 的实质，我们称这样的数 1 为数列 $x_n=\frac{n+(-1)^{n-1}}{n}$当 $n\to\infty$ 时的极限.

定义 1-6　如果对于任意给定的正数 ε，总存在正整数 N，使得对于 $n>N$ 的一切 x_n，都有不等式

$$|x_n-a|<\varepsilon$$

成立，则称常数 a 为数列$\{x_n\}$当 $n\to\infty$ 时的**极限**，或称数列$\{x_n\}$收敛于 a. 记为

$$\lim_{n\to\infty}x_n=a$$

或者

$$x_n\to a(n\to\infty).$$

注：定义 1-6 称为数列极限的"ε-N"语言，虽然比较抽象，但只要抓

住要点，可以精确描述和论证相关数列的极限.

下面给出数列极限的几何意义.

将数列$\{x_n\}$中的每一项$x_1,x_2,\cdots$都用数轴上的对应点来表示. 若数列$\{x_n\}$的极限为a，则对于任意给定的正数ε，总存在正整数N，使数列从第$N+1$项开始，后面所有的项x_n均满足不等式$|x_n-a|<\varepsilon$，即$a-\varepsilon<x_n<a+\varepsilon$，所以数列在数轴上的对应点中有无穷多个点$x_{N+1},x_{N+2},\cdots$都落在开区间$(a-\varepsilon,a+\varepsilon)$内，而在开区间以外，至多只有有限个点$x_1,x_2,\cdots,x_N$(见图 1-23).

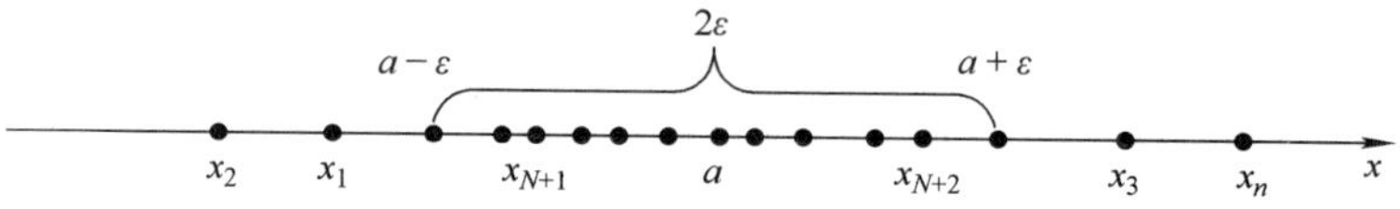

图 1-23

为了以后表达方便，这里引入几个符号：符号“$\forall$”表示“对于任意的”、“对于所有的”或“对于每一个”；符号“$\exists$”表示“存在”.

下面举两个用精确定义证明极限的例子.

例 1-14 证明：常数列$\{C\}$以C为极限.

证 令$x_n=C(n\in\mathbb{N})$，任给$\varepsilon>0$，可取$N=1$，当$n>N$时，能使不等式

$$|x_n-C|=|C-C|=0<\varepsilon$$

成立. 所以$\lim\limits_{n\to\infty}C=C$.

例 1-15 证明：$\lim\limits_{n\to\infty}\dfrac{n+1}{n}=1$.

证 任给$\varepsilon>0$，欲使不等式

$$|x_n-a|=\left|\frac{n+1}{n}-1\right|=\frac{1}{n}<\varepsilon,$$

即不等式$\dfrac{1}{\varepsilon}<n$在某个N之后恒成立，只需取N为大于$\dfrac{1}{\varepsilon}$的自然数即可. 例如，取$N=1+\left[\dfrac{1}{\varepsilon}\right]\left(\left[\dfrac{1}{\varepsilon}\right]\text{为}\dfrac{1}{\varepsilon}\text{的整数部分}\right)$，则当$n>N$时，有

$$|x_n-a|=\left|\frac{n+1}{n}-1\right|=\frac{1}{n}<\frac{1}{N}<\frac{1}{1/\varepsilon}=\varepsilon.$$

故从定义知$\lim\limits_{n\to\infty}\dfrac{n+1}{n}=1$.

例 1-16 设$|q|<1$，证明：等比数列$1,q,q^2,\cdots,q^{n-1},\cdots$的极限是零.

证 任意给定$\varepsilon>0$，因为$|x_n-a|=|q^{n-1}-0|=|q|^{n-1}$，要使$|x_n-a|<\varepsilon$，只要$|q|^{n-1}<\varepsilon$，取自然对数得$(n-1)\ln|q|<\ln\varepsilon$. 因为$|q|<1$，$\ln|q|<0$，故$n>1+\dfrac{\ln\varepsilon}{\ln|q|}$，取$N=\left[1+\dfrac{\ln\varepsilon}{\ln|q|}\right]$，则当$n>N$时，就有$|q^{n-1}-0|<\varepsilon$，即$\lim\limits_{n\to\infty}q^{n-1}=0$.

1.2.2 数列极限的性质

定理 1-1(极限的唯一性)　如果数列$\{x_n\}$收敛，那么它的极限唯一.

证(反证法)　假设同时有 $x_n \to a$ 及 $x_n \to b$ 且 $a<b$，取 $\varepsilon=\frac{b-a}{2}$，因为 $\lim\limits_{n\to\infty}x_n=a$，故存在正整数 N_1，当 $n>N_1$ 时，不等式

$$|x_n-a|<\frac{b-a}{2} \tag{1-1}$$

成立. 同理，因为$\lim\limits_{n\to\infty}x_n=b$，故存在正整数 N_2，当 $n>N_2$ 时，不等式

$$|x_n-b|<\frac{b-a}{2} \tag{1-2}$$

成立. 取 $N=\max\{N_1,N_2\}$，则当 $n>N$ 时，式(1-1)与式(1-2)同时成立. 但由式(1-1)有 $x_n<\frac{a+b}{2}$，由式(1-2)有 $x_n>\frac{a+b}{2}$，这是不可能的，所以定理 1-1 成立.

基于函数有界性的概念，这里给出数列有界性的具体概念.

设有数列$\{x_n\}$，若 $\exists M>0$，使对一切 $n=1,2,\cdots$,有

$$|x_n|\leqslant M,$$

则称数列$\{x_n\}$是**有界**的；如果 $\forall M>0$，总是 $\exists N_0>0$，有

$$|x_{N_0}|>M,$$

则称它是**无界**的.

例如，数列$\left\{\frac{1}{n^2+1}\right\}$，$\{(-1)^n\}$有界；数列$\{n^2\}$有无界.

定理 1-2(收敛数列的有界性)　若数列$\{x_n\}$收敛，则数列$\{x_n\}$有界.

证　设$\lim\limits_{n\to\infty}x_n=a$，由极限定义，$\forall\varepsilon\in(0,1)$，$\exists$正整数 N，当 $n>N$ 时，$|x_n-a|<\varepsilon<1$，从而$|x_n|<1+|a|$.

取 $M=\max\{1+|a|,|x_1|,|x_2|,\cdots,|x_N|\}$，则有$|x_n|\leqslant M$，对一切 $n=1,2,3,\cdots$，成立，即$\{x_n\}$有界.

定理 1-2 的逆命题不成立，即有界数列不一定收敛. 例如数列$\{(-1)^n\}$有界，但它不收敛. 所以数列有界是数列收敛的必要条件，而不是充分条件.

推论 1-1　无界数列必发散.

定理 1-3(收敛数列的保号性)　如果$\lim\limits_{n\to\infty}x_n=a$，且 $a>0$(或 $a<0$)，那么存在正整数 $N>0$，当 $n>N$ 时，都有 $x_n>0$ (或 $x_n<0$).

证　由极限定义，对 $\varepsilon=\frac{a}{2}>0$，∃正整数 N，当 $n>N$ 时，$|x_n-a|<\frac{a}{2}$，即 $\frac{a}{2}<x_n<\frac{3}{2}a$，故当 $n>N$ 时，$x_n>\frac{a}{2}>0$.

类似可证 $a<0$ 的情形.

推论 1-2　如果数列 $\{x_n\}$ 从某项起有 $x_n\geqslant 0$(或 $x_n\leqslant 0$)，且 $\lim\limits_{n\to\infty}x_n=a$，那么 $a\geqslant 0$(或 $a\leqslant 0$).

证　设数列 $\{x_n\}$ 从第 N_1 项起，即当 $n>N_1$ 时有 $x_n\geqslant 0$. 现在用反证法证明. 若 $\lim\limits_{n\to\infty}x_n=a<0$，则由定理 1-3 知，存在正整数 $N_2>0$，当 $n>N_2$ 时，有 $x_n<0$. 取 $N=\max\{N_1,N_2\}$，当 $n>N$ 时，按假定有 $x_n\geqslant 0$，按定理 1-3 有 $x_n<0$，这引起矛盾，所以必有 $a\geqslant 0$.

数列 $\{x_n\}$ 从某项起有 $x_n\leqslant 0$ 的情形，可以类似地证明.

注：在推论 1-2 中，我们只能推出 $a\geqslant 0$（或 $a\leqslant 0$），而不能由 $x_n>0$（或 $x_n<0$）推出其极限(若存在)也大于 0(或小于 0). 例如 $x_n=\frac{1}{n}>0$，但 $\lim\limits_{n\to\infty}x_n=\lim\limits_{n\to\infty}\frac{1}{n}=0$.

下面我们给出数列的子列的概念.

在数列 $\{x_n\}$ 中，保持原有的次序自左向右任意选取无穷多项构成一个新的数列，称它为 $\{x_n\}$ 的一个**子列**.

在选出的子列中，记第 1 项为 x_{n_1}，第 2 项为 x_{n_2}，…，第 k 项为 x_{n_k}，…，则数列 $\{x_n\}$ 的子列可记为 $\{x_{n_k}\}$. k 表示 x_{n_k} 在子列 $\{x_{n_k}\}$ 中的项数，n_k 表示 x_{n_k} 在原数列 $\{x_n\}$ 中是第 n_k 项.

***定理 1-4**　$\lim\limits_{n\to\infty}x_n=a$ **的充要条件是：**$\{x_n\}$ **的任何子列** $\{x_{n_k}\}$ **都收敛，且都以** a **为极限.**

证　先证充分性(⇐). 由于 $\{x_n\}$ 本身也可看成它的一个子列，故由条件得证.

下面证明必要性(⇒). 由 $\lim\limits_{n\to\infty}x_n=a$，$\forall\varepsilon>0$，$\exists N>0$，当 $n>N$ 时，有

$$|x_n-a|<\varepsilon.$$

取 $K=N$，则当 $k>K$ 时，有 $n_k>n_K=n_N\geqslant N$，于是

$$|x_{n_k}-a|<\varepsilon.$$

故有

$$\lim_{k\to+\infty}x_{n_k}=a.$$

定理 1-4 用来判别数列 $\{x_n\}$ 发散，有时是很方便的. 如果在数列 $\{x_n\}$

中有一个子列发散，或者有两个子列不收敛于同一个极限值，那么可以断言$\{x_n\}$是发散的. 例如，数列$\{(-1)^n\}$的奇数项构成的子列为$\{(-1)^{2k-1}\}$，偶数项构成的子列为$\{(-1)^{2k}\}$. 其奇数子列收敛于-1，其偶数子列收敛于1，因此$\{(-1)^n\}$是发散的.

习题 1-2

1. 观察下列数列的变化趋势，写出其极限：

(1) $x_n = \dfrac{n}{n+1}$；

(2) $x_n = 2-(-1)^n$；

(3) $x_n = 3+(-1)^n\dfrac{1}{n}$；

(4) $x_n = \dfrac{1}{n^2}-1$.

2. 下列说法是否正确：

(1) 收敛数列一定有界；

(2) 有界数列一定收敛；

(3) 无界数列一定发散；

(4) 极限大于 0 的数列的通项也一定大于 0.

*3. 用数列极限的精确定义证明下列极限：

(1) $\lim\limits_{n\to\infty}\dfrac{n+(-1)^{n-1}}{n}=1$；

(2) $\lim\limits_{n\to\infty}\dfrac{n^2-2}{n^2+n+1}=1$；

(3) $\lim\limits_{n\to\infty}\dfrac{5+2n}{1-3n}=-\dfrac{2}{3}$.

*4. 判别数列$\left\{x_n=\sin\dfrac{n\pi}{8}\right\}(n\in\mathbb{N}_+)$的收敛性.

1.3　函数的极限

因为数列$\{x_n\}$是以n为自变量的函数$f(n)$，数列$\{x_n\}$的极限为a就是当自变量n取正整数而无限增大(即$n\to\infty$)时，对应的函数值$f(n)$无限接近于确定的数a. 将数列极限概念中的函数$f(n)$的定义域以及自变量的变化过程$n\to\infty$等特殊性抛开就可以引出函数极限的一般概念：在自变量的某个变化过程中，如果对应的函数值无限接近于某个确定的数，那么这个确定的数就叫作在这一变化过程中函数的极限. 下面讲述自变量的变化过程为其他情形时函数$f(x)$的极限，主要研究两种情形：

(1) 自变量x的绝对值$|x|$无限增大即趋于无穷大(记作$x\to\infty$)时，对应的函数值$f(x)$的变化情形；

(2) 自变量x任意地接近于有限值x_0或者说趋于有限值x_0(记作$x\to x_0$)时，对应的函数值$f(x)$的变化情形；

1.3.1　自变量趋于无穷大时函数的极限

自变量趋于无穷大，包括三种情况：$x>0$且无限增大，则记作$x\to+\infty$；$x<0$且$|x|$无限增大，则记作$x\to-\infty$；如果x既可以取正值，又可以取负值且$|x|$无限增大，则记作$x\to\infty$.

我们先观察函数$y=\arctan x$和$y=\dfrac{1}{x}$的图像(见图 1-24 和图 1-25). 当$x\to+\infty$时，$y=\arctan x$无限接近$\dfrac{\pi}{2}$，$y=\dfrac{1}{x}$无限接近0. 记为$\lim\limits_{x\to+\infty}\arctan x=\dfrac{\pi}{2}$，$\lim\limits_{x\to+\infty}\dfrac{1}{x}=\dfrac{\pi}{2}$.

一般地，当 x 无限增大时，若 $f(x)$ 无限接近于某个确定的常数 A，则称 A 为函数 $f(x)$ 在 x 趋向于正无穷大的极限，或称 $f(x)$ 收敛于 A，记作 $\lim\limits_{x\to+\infty} f(x)=A$，或 $f(x)\to A$，$(x\to+\infty)$. 精确地说，就有如下定义.

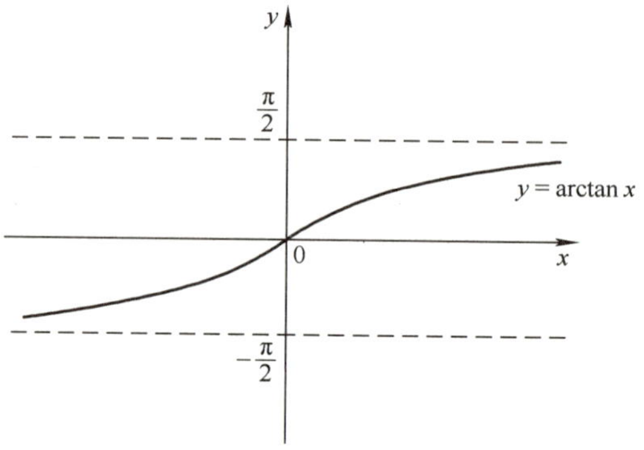

图　1-24

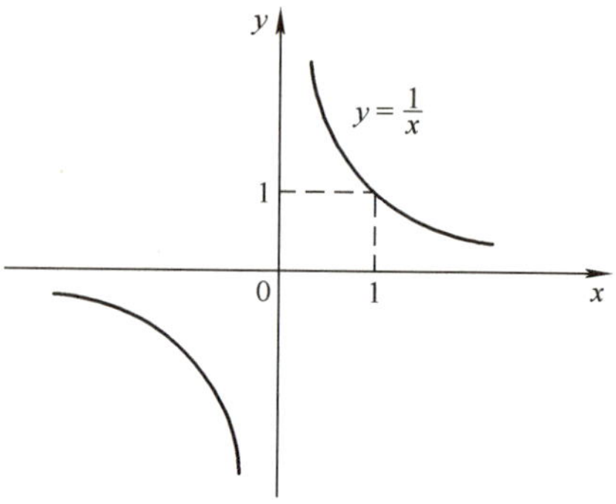

图　1-25

定义 1-7　设函数 $f(x)$ 当 x 大于某一正数时有定义，A 为一常数. 若 $\forall\varepsilon>0$，

$$\exists X>0,\ 当\ x>X$$

时，都有不等式

$$|f(x)-A|<\varepsilon$$

成立，则称常数 A 为**函数 $f(x)$ 当 $x\to+\infty$ 时的极限**，记为

$$\lim_{x\to+\infty} f(x)=A \quad 或者 \quad f(x)\to A \quad (当\ x\to+\infty).$$

容易看出，当 $x\to-\infty$ 时，$y=\arctan x$ 无限接近 $-\frac{\pi}{2}$，$y=\frac{1}{x}$ 无限接近0. 这时记为 $\lim\limits_{x\to-\infty}\arctan x=-\frac{\pi}{2}$，$\lim\limits_{x\to-\infty}\frac{1}{x}=0$.

将定义 1-7 中的 $x>X$ 改为 $x<-X$ 即可给出 $x\to-\infty$ 时函数极限的定义.

若 $\forall\varepsilon>0$，$\exists X>0$，当 $x<-X$ 时，都有不等式 $|f(x)-A|<\varepsilon$ 成立，则称常数 A 为**函数 $f(x)$ 当 $x\to-\infty$ 时的极限**，记为 $\lim\limits_{x\to-\infty} f(x)=A$.

极限 $\lim\limits_{x\to+\infty} f(x)$ 与 $\lim\limits_{x\to-\infty} f(x)$ 称为**单侧极限**

特别地，当 $\lim\limits_{x\to+\infty} f(x)=\lim\limits_{x\to-\infty} f(x)=A$ 时，称常数 A 为**函数 $f(x)$ 当 $x\to\infty$ 时的极限**，记作

$$\lim_{x\to\infty} f(x)=A \quad 或者 \quad f(x)\to A \quad (当\ x\to\infty).$$

也就是说，若 $\forall\varepsilon>0$，$\exists X>0$，当 $|x|>X$ 时，都有不等式

$$|f(x)-A|<\varepsilon$$

成立.

定理 1-5　$\lim\limits_{x\to\infty} f(x)=A$ **的充分必要条件是** $\lim\limits_{x\to+\infty} f(x)=\lim\limits_{x\to-\infty} f(x)=A$.

下面给出$\lim\limits_{x\to\infty}f(x)=A$的几何意义：

对于任给的正数ε，存在正数X，当点$(x,f(x))$的横坐标x落入区间$(-\infty,-X)$及$(X,+\infty)$以内时，纵坐标$f(x)$的值必定落入区间$(A-\varepsilon,A+\varepsilon)$之内，此时，函数$y=f(x)$的图形就介于两平行直线$y=A-\varepsilon$与$y=A+\varepsilon$之间(见图 1-26).

函数极限的几何意义

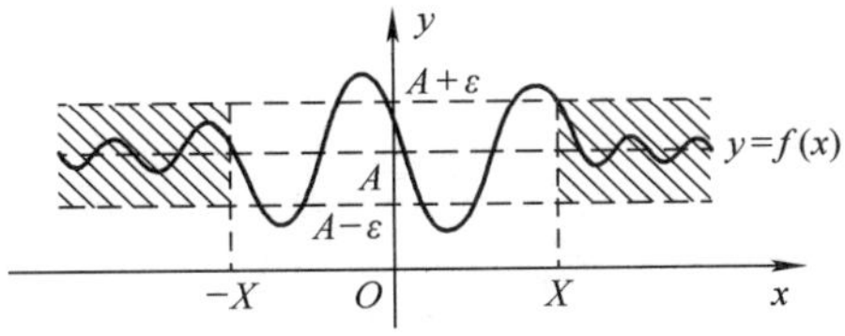

图　1-26

例 1-17　证明：$\lim\limits_{x\to\infty}\frac{1}{x^2}=0$.

证　对任给正数ε，欲使不等式$\left|\frac{1}{x^2}-0\right|=\frac{1}{x^2}\varepsilon$成立，相当于$\frac{1}{\sqrt{\varepsilon}}x$成立，故只要取$X=\frac{1}{\sqrt{\varepsilon}}$，则当$|x|>X$时，$\left|\frac{1}{x^2}-0\right|<\varepsilon$，即$\frac{1}{x^2}\to0(x\to\infty)$.

类似地可以给出当$x\to+\infty$和$x\to-\infty$时，函数$f(x)$以A为极限的定义. 这只要将定义 1-7 中的$|x|>X$分别改为$x>X$与$x<-X$即可.

定义 1-8　若$\forall\varepsilon>0$，$\exists X>0$，当$x>X$时，都有不等式$|f(x)-A|<\varepsilon$成立，则称常数A为**函数$f(x)$当$x\to+\infty$时的极限**，记为$\lim\limits_{x\to+\infty}f(x)=A$.

若$\forall\varepsilon>0$，$\exists X>0$，当$x<-X$时，都有不等式$|f(x)-A|<\varepsilon$成立，则称常数A为**函数$f(x)$当$x\to-\infty$时的极限**，记为$\lim\limits_{x\to-\infty}f(x)=A$.

极限$\lim\limits_{x\to+\infty}f(x)=A$与$\lim\limits_{x\to-\infty}f(x)=A$称为**单侧极限**.

由定义 1-7、定义 1-8 及绝对值性质可得下面的定理.

定理 1-6　$\lim\limits_{x\to\infty}f(x)=A$ **的充分必要条件是** $\lim\limits_{x\to+\infty}f(x)=\lim\limits_{x\to-\infty}f(x)=A$.

例 1-18　考察下列极限是否存在：

(1) $\lim\limits_{x\to\infty}\arctan x$；　　(2) $\lim\limits_{x\to\infty}\frac{1}{x}$.

解　(1) 因为$\lim\limits_{x\to+\infty}\arctan x=\frac{\pi}{2}$，$\lim\limits_{x\to-\infty}\arctan x=-\frac{\pi}{2}$，所以由定理 1-6 知$\lim\limits_{x\to\infty}\arctan x$不存在(见图 1-27).

(2) 因为$\lim\limits_{x\to-\infty}\frac{1}{x}=0$，$\lim\limits_{x\to+\infty}\frac{1}{x}=0$，所以$\lim\limits_{x\to\infty}\frac{1}{x}=0$(见图 1-28).

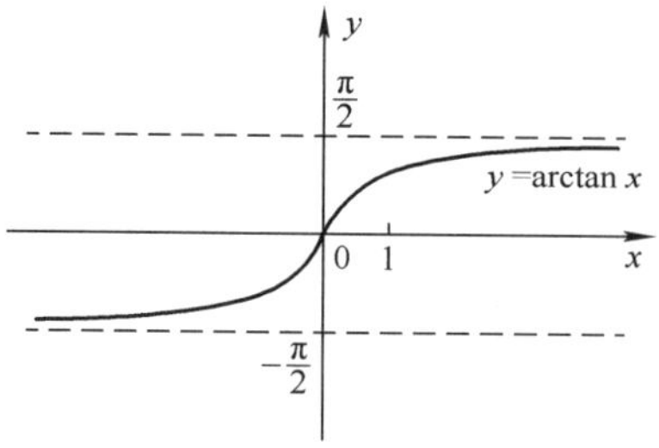

图 1-27

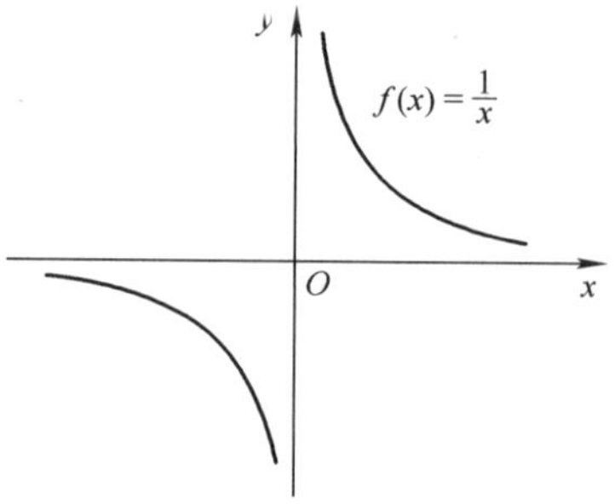

图 1-28

1.3.2 自变量趋于有限值时函数的极限

现讨论当 $x \to x_0$ 时函数 $f(x)$ 的极限问题. 它与 $x \to \infty$ 时函数的极限类似，只是 x 的趋向不同，因此只需对 x 无限接近 x_0 时 $f(x)$ 的变化趋势做出确切的描述即可.

首先观察函数 $y = x + 1$ 的图像(见图1-29)，当 x 趋向 1 时，$y = x + 1$ 无限接近 2.

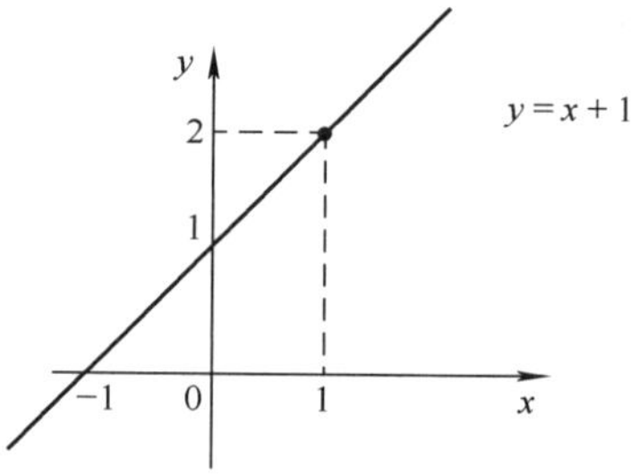

图 1-29

一般地，当 $x \to x_0$ 时，若 $f(x)$ 无限接近于某个确定的常数 A，则称 A 为函数 $f(x)$ 在 $x \to x_0$ 时的极限. 其精确定义如下.

定义 1-9 设函数 $f(x)$ 在点 x_0 的某一去心邻域内有定义，如果存在常数 A，对于任意给定的正数 ε(不论它多么小)，总存在正数 δ，使得当 x 满足不等式 $0 < |x - x_0| < \delta$ 时，对应的函数值 $f(x)$ 都满足不等式

$$|f(x) - A| < \varepsilon$$

那么常数 A 就叫作函数 $f(x)$ 当 $x \to x_0$ 时的极限，记作

$$\lim_{x \to x_0} f(x) = A \quad \text{或} \quad f(x) \to A(\text{当 } x \to x_0)$$

注：定义 1-9 称为函数极限的“ε-δ”语言. 研究 $f(x)$ 当 $x \to x_0$ 的极限时，我们关心的是 x 无限趋近 x_0 时 $f(x)$ 的变化趋势，而不关心 $f(x)$ 在 $x = x_0$ 处有无定义，大小如何，因此定义中使用去心邻域.

函数 $f(x)$ 当 $x \to x_0$ 时的极限为 A 的几何解释如下：任意给定一正数 ε，在平面直角坐标系中作平行于 x 轴的两条直线 $y = A + \varepsilon$ 和 $y = A - \varepsilon$，介于这两条直线之间是一横条区域. 根据定义，对于给定的 ε，存在点 x_0 的一个 δ 邻域 $(x_0 - \delta, x_0 + \delta)$，当 $y = f(x)$ 的图形上的点的横坐标 x 在邻域 $(x_0 - \delta, x_0 + \delta)$ 内，且 $x \neq x_0$ 时，这些点的纵坐标 $f(x)$ 满足不等式

$$|f(x) - A| < \varepsilon \quad \text{或} \quad A - \varepsilon < f(x) < A + \varepsilon.$$

即这些点落在横条区域内，如图 1-30 所示.

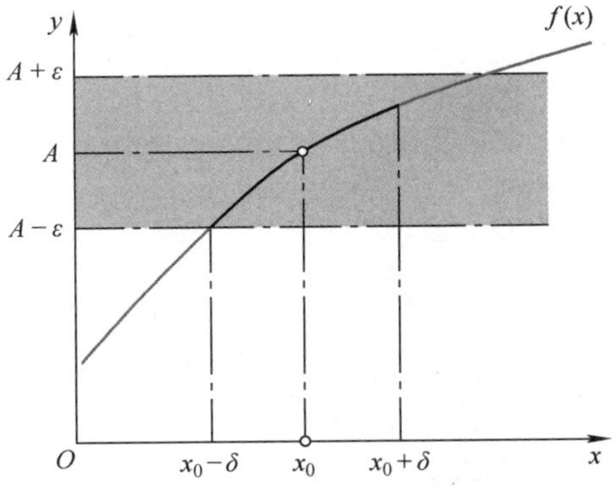

图　1-30

例 1-19　利用定义证明$\lim\limits_{x \to 2}(3x+9)=15$.

证　设$f(x)=3x+9$，对于任意给定的 $\varepsilon>0$，要使

$$|f(x)-15|=|(3x+9)-15|=3|x-2|<\varepsilon$$

只要取 $|x-2|<\frac{\varepsilon}{3}$就可以了. 因此，对于任意给定的 $\varepsilon>0$，取 $\delta=\frac{\varepsilon}{3}$，当$0<|x-2|<\delta$ 时

$$|f(x)-15|<\varepsilon$$

恒成立，所以$\lim\limits_{x \to 2}(3x+9)=15$.

注：不难发现，当 $x \to 2$ 时$f(x)=3x+9$ 的极限就是$f(x)$在 $x_0=2$ 处的函数值$f(x_0)$. 这种求极限的方法称为“代入法”. 当$f(x)$为初等函数，且$f(x)$在 x_0 处有定义，则$\lim\limits_{x \to x_0}f(x)=f(x_0)$.

例 1-20　证明：$\lim\limits_{x \to 1}\frac{x^2-1}{x-1}=2$.

证　函数$f(x)=\frac{x^2-1}{x-1}$在 $x=1$ 处无定义.

$\forall \varepsilon>0$，要找 $\delta>0$，使 $0<|x-1|<\delta$ 时，$\left|\frac{x^2-1}{x-1}-2\right|=|x-1|<\varepsilon$成立. 因此，$\forall \varepsilon>0$，$\exists \delta=\varepsilon$，当$0<|x-1|<\delta$ 时，$\left|\frac{x^2-1}{x-1}-2\right|<\varepsilon$ 成立，故$\lim\limits_{x \to 1}\frac{x^2-1}{x-1}=2$.

注：不难看出，当分子分母约分后使用代入法计算的极限恰好是2. 这类有理分式函数在计算极限时，可以先观察、分子分母是否可约分. 若能化简，则先约分再使用代入法进行计算.

例 1-21　设$f(x)=\begin{cases}1, & x \neq 0, \\ 0, & x=0,\end{cases}$ 讨论$\lim\limits_{x \to 0}f(x)$的存在性.

解　由于$f(x)$当 $x \to 0$ 时的极限与$f(x)$在 $x=0$ 的值无关，而$f(x)$在

$x=0$的去心邻域内是常量，所以$\lim\limits_{x\to 0}f(x)=1$.

前面讲了$x\to x_0$时$f(x)$的极限，在前面的情形中x是以任意方式趋近于x_0的. 但是，有时我们还需要知道x仅从x_0的左侧$(x<x_0)$或仅从x_0的右侧$(x>x_0)$趋于x_0时，$f(x)$的变化趋势. 于是，就要引入左极限与右极限的概念.

定义 1-10 如果当x从x_0的左侧$(x<x_0)$趋于x_0时，$f(x)$以A为极限，即对于任意给定的$\varepsilon>0$，总存在一个正数δ，使$0<x_0-x<\delta$时，

$$|f(x)-A|<\varepsilon$$

恒成立，则称A为$x\to x_0$时$f(x)$的**左极限**. 记作

$$\lim_{x\to x_0^-}f(x)=A \quad 或 \quad f(x_0^-)=A.$$

如果当x从x_0的右侧$(x>x_0)$趋于x_0时，$f(x)$以A为极限，即对于任意给定的$\varepsilon>0$，总存在一个正数δ，使当$0<x-x_0<\delta$时，

$$|f(x)-A|<\varepsilon$$

恒成立，则称A为$x\to x_0$时$f(x)$的**右极限**. 记作

$$\lim_{x\to x_0^+}f(x)=A \quad 或 \quad f(x_0^+)=A.$$

左极限和右极限统称为单侧极限. 根据左、右极限的定义，显然可得下列定理.

定理 1-7 极限$\lim\limits_{x\to x_0}f(x)=A$存在的充分必要条件是

$$\lim_{x\to x_0^+}f(x)=\lim_{x\to x_0^-}f(x)=A.$$

例 1-22 讨论极限$\lim\limits_{x\to 0}\dfrac{|x|}{x}$是否存在？

解 记$f(x)=\dfrac{|x|}{x}$，因$x>0$时$f(x)\equiv 1$，故$f(0^+)=1$；而当$x<0$时$f(x)\equiv -1$，故$f(0^-)=-1$. 因此$f(0^+)\neq f(0^-)$，故由定理1-7知所讨论的极限不存在.

例 1-23 证明：当$x\to 0$时，函数$f(x)=\begin{cases}x-1, & x<0,\\ 0, & x=0,\\ x+1, & x>0\end{cases}$的极限不存在.

证 仿例1-22可证当$x\to 0$时$f(x)$的左极限是$\lim\limits_{x\to 0^-}f(x)=\lim\limits_{x\to 0^-}(x-1)=-1$，而右极限是$\lim\limits_{x\to 0^+}f(x)=\lim\limits_{x\to 0^+}(x+1)=1$.

因为左、右极限不相等，所以当$x\to 0$时，$f(x)$的极限不存在.

例 1-24 设$f(x)=\begin{cases}e^x, & x>0,\\ x+b, & x\leqslant 0.\end{cases}$问$b$取何值时，可使极限$\lim\limits_{x\to 0}f(x)$存在？

解　利用左极限和右极限的定义容易证明

$$\lim_{x\to 0^+} f(x) = \lim_{x\to 0^+} e^x = 1,$$

$$\lim_{x\to 0^-} f(x) = \lim_{x\to 0^-} (x+b) = b.$$

由定理 1-7 可知，要使$\lim\limits_{x\to 0} f(x)$存在，必须有 $\lim\limits_{x\to 0^+} f(x) = \lim\limits_{x\to 0^-} f(x)$，因此 $b=1$.

为方便读者，极限的精确定义汇总为表 1-3.

表　1-3

记号	对于任给的	总存在	使得对于一切	不等式总成立	结论
$\lim\limits_{n\to\infty} x_n = A$	$\varepsilon>0$	正整数 N	$n>N$	$\lvert x_n - A\rvert<\varepsilon$	数列 x_n 以 A 为极限
$\lim\limits_{x\to x_0} f(x) = A$	$\varepsilon>0$	正数 δ	$0<\lvert x-x_0\rvert<\delta$	$\lvert f(x)-A\rvert<\varepsilon$	当 $x\to x_0$ 时，$f(x)$以 A 为极限
$\lim\limits_{x\to x_0^-} f(x) = A$	$\varepsilon>0$	正数 δ	$x_0-\delta<x<x_0$	$\lvert f(x)-A\rvert<\varepsilon$	当 $x\to x_0^-$ 时，$f(x)$以 A 为极限
$\lim\limits_{x\to x_0^+} f(x) = A$	$\varepsilon>0$	正数 δ	$x_0<x<x_0+\delta$	$\lvert f(x)-A\rvert<\varepsilon$	当 $x\to x_0^+$ 时，$f(x)$以 A 为极限
$\lim\limits_{x\to\infty} f(x) = A$	$\varepsilon>0$	正数 X	$\lvert x\rvert>X$	$\lvert f(x)-A\rvert<\varepsilon$	当 $x\to\infty$ 时，$f(x)$以 A 为极限

1.3.3　函数极限的性质

类比收敛数列的性质，可得函数极限的相应性质. 它们都可以根据函数极限的定义，运用类似于证明收敛数列性质的方法加以证明. 由于函数极限的定义按自变量的变化过程不同有各种形式，下面以$\lim\limits_{x\to *} f(x)$这种形式表示任一极限过程.

定理 1-8(函数极限的唯一性)　如果极限 $\lim\limits_{x\to *} f(x)$存在，那么极限值唯一.

定理 1-9(函数极限的局部有界性)　如果极限$\lim\limits_{x\to x_0} f(x)=A$，那么存在常数 $M>0$ 和 $\delta>0$，使得当 $0<\lvert x-a\rvert<\delta$ 时，有$\lvert f(x)\rvert\leqslant M$.

证　因为$\lim\limits_{x\to x_0} f(x)=A$，取 $\varepsilon=1$，则 $\exists\delta>0$，当 $0<\lvert x-x_0\rvert<\delta$ 时，有

$$\lvert f(x)-A\rvert<1,$$

而

$$\lvert f(x)\rvert = \lvert f(x)-A+A\rvert\leqslant\lvert f(x)-A\rvert+\lvert A\rvert<\lvert A\rvert+1,$$

记 $M=\lvert A\rvert+1$，故

$$\lvert f(x)\rvert\leqslant M.$$

类似可证：如果$\lim\limits_{x\to\infty}f(x)=A$，那么存在正常数 M 和 X，使得当$|x|>X$时，有

$$|f(x)|\leqslant M.$$

对于单侧极限也有类似的结论. 另外，该定理的逆命题是不成立的. 例如 $\sin x$ 为有界函数，但从函数 $y=\sin x$ 的图像容易看出$\lim\limits_{x\to\infty}\sin x$不存在.

定理 1-10（函数极限的局部保号性） 若$\lim\limits_{x\to x_0}f(x)=A>0$（或$<0$），则存在常数$\delta>0$，使得当$0<|x-x_0|<\delta$时，有$f(x)>0$（或$f(x)<0$）.

证 就$A>0$的情形证明.

因为$\lim\limits_{x\to x_0}f(x)=A>0$，所以，取$\varepsilon=\dfrac{A}{2}>0$，则$\exists\delta>0$，当$0<|x-x_0|<\delta$时，有

$$|f(x)-A|<\frac{A}{2}\Rightarrow f(x)>A-\frac{A}{2}=\frac{A}{2}>0.$$

同理可证$A<0$的情形.

若$\lim\limits_{x\to\infty}f(x)=A$，且$A>0$（或$A<0$），则存在$X>0$，使得对一切满足不等式$|x|>X$的$x$，有$f(x)>0$（或$f(x)<0$）.

从定理 1-10 的证明中可知，在定理 1-10 的条件下，可得下面更强的结论：

定理 1-11 如果$\lim\limits_{x\to x_0}f(x)=A(A\neq0)$，那么就存在着 x_0 的某一去心邻域$\mathring{U}(x_0,\delta)$，当$x\in\mathring{U}(x_0,\delta)$时，就有$|f(x)|>\dfrac{|A|}{2}$.

类似地，也可以给出$\lim\limits_{x\to\infty}f(x)=A$情形下相应地结论.

推论 1-3 若$\lim\limits_{x\to *}f(x)=A$，而且$f(x)\geqslant0$（或$f(x)\leqslant0$），则$A\geqslant0$（或$A\leqslant0$）.

证 用反证法. 仅就$x\to x_0$的情形证明，其他情形类似可证.

设$f(x)\geqslant0$，假设定理的结论不成立，即设$A<0$. 因为$\lim\limits_{x\to x_0}f(x)=A$，由定理 1-10 知，存在 x_0 的某一去心邻域，对该邻域内的任一 x，都有$f(x)<0$，这与$f(x)\geqslant0$的假设矛盾. 所以$A\geqslant0$.

同理可证当$f(x)\leqslant0$时，也有$A\leqslant0$.

***定理 1-12（函数极限与数列极限的关系）** 若$\lim\limits_{x\to x_0}f(x)=A$，$\{x_n\}$是$f(x)$的定义域内任一收敛于 x_0 的一个数列，且满足：$x_n\neq x_0(n\in\mathbb{N}^+)$，那么相应的函数值数列$\{f(x_n)\}$必收敛，且$\lim\limits_{n\to\infty}f(x_n)=\lim\limits_{x\to x_0}f(x)$.

习题 1-3

1. 利用函数图像，观察变化趋势，写出下列极限：

(1) $\lim\limits_{x\to\infty}\frac{1}{x^2}$；　(2) $\lim\limits_{x\to-\infty}e^x$；

(3) $\lim\limits_{x\to+\infty}e^{-x}$；　(4) $\lim\limits_{x\to+\infty}\operatorname{arccot}x$；

(5) $\lim\limits_{x\to\infty}2$ ；　(6) $\lim\limits_{x\to-2}(x^2+1)$；

(7) $\lim\limits_{x\to1}(\ln x+1)$；　(8) $\lim\limits_{x\to\pi}(\cos x-1)$.

2. 设 $f(x)=\begin{cases}x^2+1, & x<0,\\ x, & x\geqslant0,\end{cases}$ 画出 $f(x)$ 的图像，求 $\lim\limits_{x\to0^+}f(x)$ 与 $\lim\limits_{x\to0^-}f(x)$ 并判断 $\lim\limits_{x\to0}f(x)$ 是否存在？

3. 设 $f(x)=\frac{x}{x}$，$\varphi(x)=\frac{|x|}{x}$，当 $x\to0$ 时，分别求 $f(x)$ 与 $\varphi(x)$ 的左、右极限，问 $\lim\limits_{x\to0}f(x)$ 与 $\lim\limits_{x\to0}\varphi(x)$ 是否存在？

4. 用极限的精确定义证明下列极限：

(1) $\lim\limits_{x\to\infty}\frac{1-x}{x+1}=-1$；　(2) $\lim\limits_{x\to-1}\frac{x^2-1}{x+1}=-2$；

(3) $\lim\limits_{x\to0}x\sin\frac{1}{x}=0$.　(4) $\lim\limits_{x\to\infty}\frac{\sin x}{x}=0$.

1.4 极限的运算法则

前面介绍了极限的定义，但用极限的定义只能验证某个常数是否是某个变量的极限，而无法求出变量的极限. 本节将介绍极限的四则运算法则和复合函数的极限运算法则，并利用这些法则去求一些变量的极限.

1.4.1 极限的四则运算法则

定理 1-13　若 $\lim\limits_{x\to *}f(x)=A$，$\lim\limits_{x\to *}g(x)=B$，则

(1) $\lim\limits_{x\to *}[f(x)\pm g(x)]=A\pm B=\lim\limits_{x\to *}f(x)\pm\lim\limits_{x\to *}g(x)$；

(2) $\lim\limits_{x\to *}[f(x)\cdot g(x)]=A\cdot B=\lim\limits_{x\to *}f(x)\cdot\lim\limits_{x\to *}g(x)$；

(3) $\lim\limits_{x\to *}\frac{f(x)}{g(x)}=\frac{A}{B}=\frac{\lim\limits_{x\to *}f(x)}{\lim\limits_{x\to *}g(x)}\ (B\neq0)$.

推论 1-4　若 $\lim\limits_{x\to *}f(x)$ 存在，C 为常数，则

$$\lim_{x\to *}Cf(x)=C\lim_{x\to *}f(x).$$

推论 1-5　若 $\lim\limits_{x\to *}f(x)$ 存在，k 为正整数，则

$$\lim_{x\to *}[f(x)]^k=[\lim_{x\to *}f(x)]^k,$$

$$\lim_{x\to *}(f(x))^{\frac{1}{k}}=(\lim_{x\to *}f(x))^{\frac{1}{k}}.$$

例 1-25　计算下列极限.

(1) $\lim\limits_{x\to2}(x^2-2x+5)$；　(2) $\lim\limits_{x\to2}\frac{x^2-2x+5}{x^2+7}$.

解　(1) 原式 $=\lim\limits_{x\to 2}x^2-\lim\limits_{x\to 2}2x+\lim\limits_{x\to 2}5$

$$=(\lim_{x\to 2}x)^2-2\lim_{x\to 2}x+\lim_{x\to 2}5$$

$$=2^2-2\times 2+5=5;$$

(2) 原式 $=\dfrac{\lim\limits_{x\to 2}(x^2-2x+5)}{\lim\limits_{x\to 2}(x^2+7)}=\dfrac{2^2-2\times 2+5}{2^2+7}=\dfrac{5}{11}.$

例 1-26　$\lim\limits_{x\to 2}\dfrac{x^2-3x+2}{x^2-4}.$

解　原式 $=\lim\limits_{x\to 2}\dfrac{(x-2)(x-1)}{(x-2)(x+2)}=\lim\limits_{x\to 2}\dfrac{x-1}{x+2}=\dfrac{2-1}{2+2}=\dfrac{1}{4}.$

例 1-27　计算下列极限.

(1) $\lim\limits_{x\to 2}\dfrac{\sqrt{x+7}-3}{x-2}$;　　(2) $\lim\limits_{x\to\infty}\dfrac{3x^2+x+2}{2x^2-x+3}$;

(3) $\lim\limits_{x\to 1}\left(\dfrac{1}{1-x}-\dfrac{3}{1-x^3}\right)$;　(4) $\lim\limits_{x\to+\infty}(\sqrt{x^2+x}-\sqrt{x^2+1})$.

解　(1) 当 $x\to 2$ 时，其分子、分母均为 0，这种情形称为"$\dfrac{0}{0}$"型，不能运用商的极限运算法则. 对分子进行有理化得

$$\text{原式}=\lim_{x\to 2}\frac{(\sqrt{x+7}-3)(\sqrt{x+7}+3)}{(x-2)(\sqrt{x+7}+3)}$$

$$=\lim_{x\to 2}\frac{x-2}{(x-2)(\sqrt{x+7}+3)}$$

$$=\lim_{x\to 2}\frac{1}{\sqrt{x+7}+3}=\frac{1}{6};$$

(2) 当 $x\to\infty$ 时，其分子、分母均为无穷大，这种情形称为"$\dfrac{\infty}{\infty}$"型. 所以不能运用商的极限运算法则，通常应设法将其变形.

$$\lim_{x\to\infty}\frac{3x^2+x+2}{2x^2-x+3}=\lim_{x\to\infty}\frac{3+\dfrac{1}{x}+\dfrac{2}{x^2}}{2-\dfrac{1}{x}+\dfrac{3}{x^2}}=\frac{\lim\limits_{x\to\infty}\left(3+\dfrac{1}{x}+\dfrac{2}{x^2}\right)}{\lim\limits_{x\to\infty}\left(2-\dfrac{1}{x}+\dfrac{3}{x^2}\right)}=\frac{3}{2};$$

(3) 当 $x\to 1$ 时，上式的两项均为无穷大，这种情形称为"$\infty-\infty$"型，不能用差的极限运算法则，但是可以先通分，再求极限

$$\lim_{x\to 1}\left(\frac{1}{1-x}-\frac{3}{1-x^3}\right)=\lim_{x\to 1}\frac{1+x+x^2-3}{1-x^3}.$$

$$=\lim_{x\to 1}\frac{(x-1)(x+2)}{(1-x)(1+x+x^2)}$$

$$=\lim_{x\to 1}\frac{-(x+2)}{1+x+x^2}=-1;$$

(4) $\lim\limits_{x\to+\infty}(\sqrt{x^2+x}-\sqrt{x^2+1})=\lim\limits_{x\to+\infty}\dfrac{(x-1)\cdot\dfrac{1}{x}}{(\sqrt{x^2+x}+\sqrt{x^2+1})\cdot\dfrac{1}{x}}$

$$=\lim_{x\to+\infty}\frac{1-\dfrac{1}{x}}{\sqrt{1+\dfrac{1}{x}}+\sqrt{1+\dfrac{1}{x^2}}}$$

$$=\frac{1}{2}.$$

例 1-28　求 $\lim\limits_{n\to\infty}\left(\dfrac{1}{n^2}+\dfrac{2}{n^2}+\cdots+\dfrac{n}{n^2}\right)$.

解　因为有无穷多项，所以不能用和的极限运算法则，但可以经过变形再求出极限

$$\lim_{n\to\infty}\left(\frac{1}{n^2}+\frac{2}{n^2}+\cdots+\frac{n}{n^2}\right)=\lim_{n\to\infty}\frac{1+2+\cdots+n}{n^2}$$

$$=\lim_{n\to\infty}\frac{\frac{1}{2}n(n+1)}{n^2}=\frac{1}{2}\lim_{n\to\infty}\left(1+\frac{1}{n}\right)=\frac{1}{2}.$$

例 1-29　求 $\lim\limits_{n\to\infty}\left(\dfrac{1}{1\cdot2}+\dfrac{1}{2\cdot3}+\cdots+\dfrac{1}{n(n+1)}\right)$.

解　原式 $=\lim\limits_{n\to\infty}\left(1-\dfrac{1}{2}+\dfrac{1}{2}-\dfrac{1}{3}+\cdots+\dfrac{1}{n}-\dfrac{1}{n+1}\right)=\lim\limits_{n\to\infty}\left(1-\dfrac{1}{n+1}\right)=1.$

例 1-30　求 $\lim\limits_{x\to0}\dfrac{\sqrt[n]{1+x}-1}{x}$（$n$ 为自然数）.

解　记 $f(x)=\dfrac{\sqrt[n]{1+x}-1}{x}$，其中所含根式不易处理，可做代换 $t=\sqrt[n]{1+x}$，即 $x=t^n-1$，再进行化简（此时 $x\to0$ 对应成 $t\to1$）.

$$原式=\lim_{t\to1}\frac{t-1}{t^n-1}=\lim_{t\to1}\frac{1}{1+t+t^2+\cdots+t^{n-1}}=\frac{1}{n}.$$

例 1-31　求 $\lim\limits_{x\to1^+}\left(\sqrt{\dfrac{1}{x-1}+1}-\sqrt{\dfrac{1}{x-1}-1}\right)$.

解　做代换 $t=\dfrac{1}{x-1}$，则 $x\to1^+$ 对应成 $t\to+\infty$，故有

$$原式=\lim_{t\to+\infty}(\sqrt{t+1}-\sqrt{t-1})=\lim_{t\to+\infty}\frac{2}{\sqrt{t+1}+\sqrt{t-1}}=0.$$

1.4.2　复合函数的极限

定理 1-14　设函数 $y=f(\varphi(x))$ 是由 $y=f(u)$，$u=\varphi(x)$ 复合而成，如果 $\lim\limits_{x\to x_0}\varphi(x)=u_0$，且在 x_0 的某个去心邻域内，$\varphi(x)\neq u_0$，又 $\lim\limits_{u\to u_0}f(u)=A$，则

$$\lim_{x\to x_0}f(\varphi(x))=A=\lim_{u\to u_0}f(u).$$

证 按函数极限的定义，只需证明：$\forall \varepsilon>0$，$\exists \delta>0$ 使得当 $0<|x-x_0|<\delta$ 时，

$$|f(\varphi(x))-A|<\varepsilon$$

成立.

由于 $\lim\limits_{u\to u_0}f(u)=A$，$\forall \varepsilon>0$，$\exists \eta>0$，当 $0<|u-u_0|<\eta$ 时，

$$|f(u)-A|<\varepsilon$$

成立.

又由于 $\lim\limits_{x\to x_0}\varphi(x)=u_0$，对于上面得到的 $\eta>0$，$\exists \delta_1>0$，当 $0<|x-x_0|<\delta_1$ 时，

$$|\varphi(x)-u_0|<\eta$$

成立.

由假设，当 $x\in \mathring{U}(x_0,\delta_0)$ 时，$\varphi(x)\neq u_0$，取 $\delta=\min\{\delta_0,\delta_1\}$，则当 $0<|x-x_0|<\delta$ 时，$|\varphi(x)-u_0|<\eta$ 及 $|\varphi(x)-u_0|\neq 0$ 同时成立，即 $0<|\varphi(x)-u_0|<\eta$ 成立，从而

$$|f(\varphi(x))-A|=|f(u)-A|<\varepsilon$$

成立.

由极限定义知

$$\lim_{x\to x_0}f(\varphi(x))=A=\lim_{u\to u_0}f(u).$$

在定理 1-14 中，把 $\lim\limits_{x\to x_0}\varphi(x)=u_0$ 换成 $\lim\limits_{x\to x_0}\varphi(x)=\infty$ 或 $\lim\limits_{x\to\infty}\varphi(x)=\infty$，而把 $\lim\limits_{u\to u_0}f(u)=A$ 换成 $\lim\limits_{u\to\infty}f(u)=A$，可得类似的定理.

定理 1-14 表示，如果函数 $f(u)$ 和 $\varphi(x)$ 满足该定理的条件，那么做代换 $u=\varphi(x)$ 可把求 $\lim\limits_{x\to x_0}f(\varphi(x))$ 化为求 $\lim\limits_{u\to u_0}f(u)$，这里 $u_0=\lim\limits_{x\to x_0}\varphi(x)$.

定理 1-14 表明，在一定条件下，可运用换元法计算极限.

例 1-32 计算下列极限.

(1) $\lim\limits_{x\to 0}e^{\sin x}$； (2) $\lim\limits_{x\to 1}\sin(\ln x)$； (3) $\lim\limits_{x\to 8}\dfrac{\sqrt[3]{x}-2}{x-8}$.

解 (1) 因为 $\lim\limits_{x\to 0}\sin x=0$，$\lim\limits_{u\to 0}e^{u}=1$，故

$$\lim_{x\to 0}e^{\sin x}=1;$$

(2) 因为 $\lim\limits_{x\to 1}\ln x=0$，$\lim\limits_{u\to 0}\sin u=0$，故 $\lim\limits_{x\to 1}\sin(\ln x)=0$；

(3) 令 $u=\sqrt[3]{x}$，因为 $x\to 8$ 时，$u\to 2$，故

$$\lim_{x\to 8}\frac{\sqrt[3]{x}-2}{x-8}=\lim_{u\to 2}\frac{u-2}{u^3-8}$$

$$=\lim_{u\to 2}\frac{u-2}{(u-2)(u^2+2u+4)}$$

$$=\lim_{u\to 2}\frac{1}{u^2+2u+4}=\frac{1}{12}.$$

例 1-33　求$\lim\limits_{x\to\infty}a^{\frac{1}{x}}(a>0)$.

解　令 $u=\dfrac{1}{x}$，$\lim\limits_{x\to\infty}a^{\frac{1}{x}}=\lim\limits_{u\to0}a^{u}=a^{\lim\limits_{u\to0}u}=1$.

注：该极限常应用于数列极限$\lim\limits_{n\to\infty}\sqrt[n]{a}=1$.

习题 1-4

1. 计算下列极限：

(1) $\lim\limits_{x\to\infty}\dfrac{(3x-1)^{20}(2x+3)^{30}}{(7x+1)^{50}}$；

(2) $\lim\limits_{n\to\infty}\dfrac{2^{n+1}+3^{n+1}}{2^{n}+3^{n}}$；

(3) $\lim\limits_{h\to0}\dfrac{(x+h)^{3}-x^{3}}{h}$；

(4) $\lim\limits_{x\to1}\left(\dfrac{1}{x-1}-\dfrac{2}{x^{2}-1}\right)$；

(5) $\lim\limits_{x\to\infty}\left(\dfrac{x^{3}}{2x^{2}-1}-\dfrac{x^{2}}{2x+1}\right)$；

(6) $\lim\limits_{x\to\infty}\dfrac{(x^{2}-x)\operatorname{arccot}x}{x^{3}-x-5}$；

(7) $\lim\limits_{n\to\infty}\dfrac{1+\frac{1}{3}+\frac{1}{9}+\cdots+\frac{1}{3^{n}}}{1+\frac{1}{2}+\frac{1}{4}+\cdots+\frac{1}{2^{n}}}$；

(8) $\lim\limits_{n\to\infty}\left(\dfrac{1+2+3+\cdots+n}{n+2}-\dfrac{n}{2}\right)$；

(9) $\lim\limits_{x\to1}\ln\left[\dfrac{x^{2}-1}{2(x-1)}\right]$.

2. 已知$f(x)=\begin{cases}x-1, & x<0,\\ \dfrac{x^{2}+3x-1}{x^{3}+1}, & x\geqslant0,\end{cases}$ 求$\lim\limits_{x\to0}f(x)$，$\lim\limits_{x\to+\infty}f(x)$，$\lim\limits_{x\to-\infty}f(x)$.

3. 已知$\lim\limits_{x\to+\infty}(5x-\sqrt{ax^{2}-bx+c})=2$，求 a，b 的值.

1.5　极限存在准则与两个重要极限

有些函数的极限不能(或者难以)直接应用极限运算法则求得，往往需要先判定极限存在，然后再用其他方法求得. 下面介绍几个常用的判定函数极限存在的定理.

1.5.1　极限存在准则

准则 I (数列的夹逼准则)　如果数列$\{a_n\}$，$\{b_n\}$及$\{x_n\}$满足下列条件：

(1) $a_n\leqslant x_n\leqslant b_n(n=1,2,3,\cdots)$；

(2) $\lim\limits_{n\to\infty}a_n=\lim\limits_{n\to\infty}b_n=l$.

那么数列$\{x_n\}$的极限存在，且$\lim\limits_{n\to\infty}x_n=l$.

证　因 $a_n\to l$，$b_n\to l$，所以根据数列极限的定义，对于任意给定的 $\varepsilon>0$，存在正整数 N_1，当 $n>N_1$ 时，有$|a_n-l|<\varepsilon$；又存在正整数 N_2，当 $n>N_2$ 时，有$|b_n-l|<\varepsilon$，现在取 $N=\max\{N_1,N_2\}$，则当 $n>N$ 时，有

$$|a_n-l|<\varepsilon,\quad |b_n-l|<\varepsilon$$

同时成立，即

$$l-\varepsilon<a_n<l+\varepsilon,\quad l-\varepsilon<b_n<l+\varepsilon$$

同时成立. 又因 x_n 介于 a_n 和 b_n 之间，所以当 $n>N$ 时，有

$$l-\varepsilon<a_n\leqslant x_n\leqslant b_n<l+\varepsilon,$$

即

$$|x_n-l|<\varepsilon$$

成立，这就证明了 $\lim\limits_{n\to\infty}x_n=l$.

例 1-34　证明：$x_n=\dfrac{n}{n^2+1}+\dfrac{n}{n^2+2}+\cdots+\dfrac{n}{n^2+n}$ 收敛并求其极限.

证　将分母进行放大及缩小得

$$\frac{n^2}{n^2+n}=\frac{n}{n^2+n}+\frac{n}{n^2+n}+\cdots+\frac{n}{n^2+n}<x_n<\frac{n}{n^2+1}+\frac{n}{n^2+1}+\cdots+\frac{n}{n^2+1}=\frac{n^2}{n^2+1}$$

由于 $n\to\infty$ 时，$\dfrac{n^2}{n^2+n}=\dfrac{1}{1+1/n}\to1$，$\dfrac{n^2}{n^2+1}=\dfrac{1}{1+1/n^2}\to1$，故由夹逼准则得 $\{x_n\}$ 收敛且极限为 1.

准则 I 也可推广到函数极限，它可以用来计算一些重要的函数极限.

准则 I′(函数的夹逼准则)　如果对于 x_0 的某一去心邻域内的一切 x，都有 $g(x)\leqslant f(x)\leqslant h(x)$，且 $\lim\limits_{x\to x_0}g(x)=A$，$\lim\limits_{x\to x_0}h(x)=A$，则 $\lim\limits_{x\to x_0}f(x)=A$.

证　因为 $\lim\limits_{x\to x_0}g(x)=A$，$\lim\limits_{x\to x_0}h(x)=A$，所以对于任意给定的正数 ε，

$\exists\delta_1$，当 $0<|x-x_0|<\delta_1$ 时，有 $|g(x)-A|<\varepsilon$ 成立；

$\exists\delta_2$，当 $0<|x-x_0|<\delta_2$ 时，有 $|h(x)-A|<\varepsilon$ 成立.

取 $\delta=\min\{\delta_1,\delta_2\}$，则当 $0<|x-x_0|<\delta$ 时，同时有

$$|g(x)-A|<\varepsilon \text{ 和 } |h(x)-A|<\varepsilon$$

成立. 即

$$A-\varepsilon<g(x)<A+\varepsilon \quad \text{且} \quad A-\varepsilon<h(x)<A+\varepsilon,$$

所以，当 $0<|x-x_0|<\delta$ 时，有

$$A-\varepsilon<g(x)\leqslant f(x)\leqslant h(x)<A+\varepsilon,$$

从而 $|f(x)-A|<\varepsilon$ 成立. 故

$$\lim_{x\to x_0}f(x)=A.$$

夹逼定理虽然只对 $x\to x_0$ 的情形做了叙述和证明，但是将 $x\to x_0$ 换成其他的极限过程，定理仍成立.

在 1.2 节中，已经知道收敛数列一定有界，但有界数列不一定收敛，如果数列有界再加上单调增加或者单调减少的条件，那么就可以保证其收敛.

准则 II(单调有界收敛准则)　单调有界数列必有极限.

该准则的证明涉及较多的基础理论，在此略去证明.

例 1-35　设

$$a_n=1+\frac{1}{2^\alpha}+\frac{1}{3^\alpha}+\cdots+\frac{1}{n^\alpha}\quad(n=1,2,\cdots)$$

其中实数 $\alpha \geqslant 2$，证明：数列$\{a_n\}$收敛.

证　显然$\{a_n\}$是递增的，下证$\{a_n\}$有上界. 事实上

$$\begin{aligned}a_n &\leqslant 1+\frac{1}{2^2}+\frac{1}{3^2}+\cdots+\frac{1}{n^2}\leqslant 1+\frac{1}{1\cdot 2}+\frac{1}{2\cdot 3}+\cdots+\frac{1}{(n-1)n}\\&=1+\left(1-\frac{1}{2}\right)+\left(\frac{1}{2}-\frac{1}{3}\right)+\cdots+\left(\frac{1}{n-1}-\frac{1}{n}\right)\\&=2-\frac{1}{n}<2 \qquad (n=1,2,\cdots)\end{aligned}$$

于是由单调有界定理，$\{a_n\}$收敛.

例 1-36　证明：数列$\left\{\left(1+\frac{1}{n}\right)^n\right\}$收敛.

证　只需证明$\left\{\left(1+\frac{1}{n}\right)^n\right\}$单调增加且有上界.

当 $a>b>0$ 时，有

$$a^{n+1}-b^{n+1}=(a-b)(a^n+a^{n-1}b+\cdots+ab^{n-1}+b^n)<(n+1)(a-b)a^n,$$

即

$$a^n[(n+1)b-na]<b^{n+1}.$$

取 $a=1+\frac{1}{n}$，$b=1+\frac{1}{n+1}$代入上式，得

$$\left(1+\frac{1}{n}\right)^n<\left(1+\frac{1}{n+1}\right)^{n+1},$$

即数列$\left\{\left(1+\frac{1}{n}\right)^n\right\}$是单调增加的.

取 $a=1+\frac{1}{2n}$，$b=1$ 代入，则得

$$\left(1+\frac{1}{2n}\right)^n<2,$$

从而$\left(1+\frac{1}{2n}\right)^{2n}<4$，$n=1,2,\cdots$，又由于

$$\left(1+\frac{1}{2n-1}\right)^{2n-1}<\left(1+\frac{1}{2n}\right)^{2n}<4,$$

所以$\left(1+\frac{1}{n}\right)^n<4$ 对一切 $n=1,2,\cdots$成立，即数列$\left\{\left(1+\frac{1}{n}\right)^n\right\}$有界.

由收敛准则可知$\left\{\left(1+\frac{1}{n}\right)^n\right\}$收敛.

相应于单调有界数列收敛准则，函数极限也有类似的准则. 对于自变量的不同变化过程($x\to x_0^-$, $x\to x_0^+$, $x\to-\infty$, $x\to+\infty$)，准则有不同的形式. 下面以 $x\to x_0^-$ 为例，给出相应的准则：

准则Ⅱ′(单调有界函数极限存在准则)　设函数 $f(x)$ 在点 x_0 的某个左邻域内单调并且有界，则 $f(x)$ 在 x_0 的左极限 $f(x_0^-)$ 必定存在.

很多收敛数列并不是单调的，因此准则Ⅱ只是数列收敛的充分条件.

下面给出数列收敛的充分必要条件.

***准则Ⅲ(柯西收敛准则)**　数列$\{x_n\}$收敛的充分必要条件是：对于任意给定的正数ε，存在正整数N，使得当$m>N$，$n>N$时，有

$$|x_n-x_m|<\varepsilon.$$

类似地，函数极限收敛的充分必要条件如下：

***准则Ⅲ′(柯西收敛准则)**　$\lim\limits_{x\to x_0}f(x)=A$的充分必要条件是：$\forall\varepsilon>0$，$\exists\delta>0$，当$x_1$，$x_2\in D_f$，且$x_1$，$x_2\in\mathring{U}(x_0,\delta)$，时，有$|f(x_1)-f(x_2)|<\varepsilon$.

若准则Ⅲ′中极限过程改为$x\to+\infty$，$x\to-\infty$或$x\to\infty$时，可建立相应的收敛准则.

两个重要极限

1.5.2　两个重要极限

利用上述极限存在准则，可得两个非常重要的极限.

1. 第一个重要极限：$\lim\limits_{x\to0}\dfrac{\sin x}{x}=1$.

证　首先证明$\lim\limits_{x\to0^+}\dfrac{\sin x}{x}=1$. 因为$x\to0^+$，可设$x\in\left(0,\dfrac{\pi}{2}\right)$. 如图1-31所示，其中，$\overset{\frown}{EAB}$为单位圆弧，且

$$OA=OB=1,\ \angle AOB=x,$$

则$OC=\cos x$，$AC=\sin x$，$DB=\tan x$，又ΔAOC的面积<扇形OAB的面积<ΔDOB的面积，即

$$\cos x\sin x<x<\tan x.$$

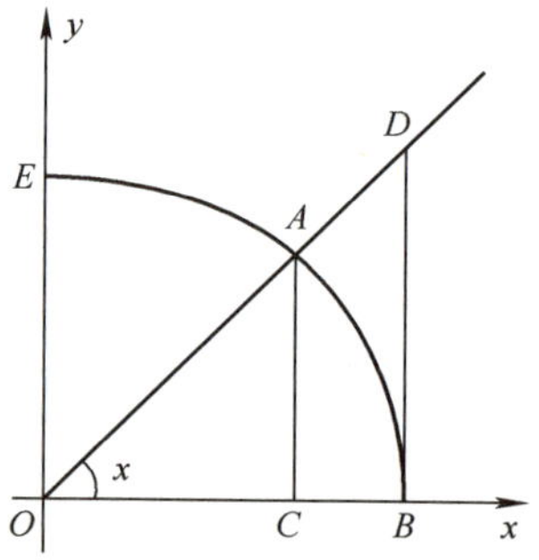

图　1-31

因为$x\in\left(0,\dfrac{\pi}{2}\right)$，则$\cos x>0$，$\sin x>0$，故上式可写为

$$\cos x<\frac{\sin x}{x}<\frac{1}{\cos x}.$$

由$\lim\limits_{x\to0}\cos x=1$，$\lim\limits_{x\to0}\dfrac{1}{\cos x}=1$，运用夹逼定理得

$$\lim_{x\to0^+}\frac{\sin x}{x}=1.$$

注意到$\dfrac{\sin x}{x}$是偶函数，从而有

$$\lim_{x\to0^-}\frac{\sin x}{x}=\lim_{x\to0^-}\frac{\sin(-x)}{-x}=\lim_{u\to0^+}\frac{\sin u}{u}=1.$$

综上所述，得

$$\lim_{x\to 0}\frac{\sin x}{x}=1. \tag{1-3}$$

例 1-37 求$\lim\limits_{x\to 0}\dfrac{\tan x}{x}$.

解 $\lim\limits_{x\to 0}\dfrac{\tan x}{x}=\lim\limits_{x\to 0}\dfrac{\sin x}{x}\cdot\dfrac{1}{\cos x}=\lim\limits_{x\to 0}\dfrac{\sin x}{x}\cdot\lim\limits_{x\to 0}\dfrac{1}{\cos x}=1.$

例 1-38 求$\lim\limits_{x\to 0}\dfrac{\sin 3x}{x}$.

解 设 $3x=t$. 则当 $x\to 0$ 时，有 $t\to 0$，于是

$$\lim_{x\to 0}\frac{\sin 3x}{x}=\lim_{t\to 0}3\cdot\frac{\sin 3x}{3x}=3\lim_{t\to 0}\frac{\sin t}{t}=3\times 1=3.$$

例 1-39 求$\lim\limits_{x\to 0}\dfrac{1-\cos x}{x^2}$.

解 $$\lim_{x\to 0}\frac{1-\cos x}{x^2}=\lim_{x\to 0}\frac{2\sin^2\frac{x}{2}}{x^2}=\frac{1}{2}\lim_{x\to 0}\frac{\sin^2\frac{x}{2}}{\left(\frac{x}{2}\right)^2}=\frac{1}{2}\lim_{x\to 0}\left(\frac{\sin\frac{x}{2}}{\frac{x}{2}}\right)^2$$

$$=\frac{1}{2}\left(\lim_{x\to 0}\frac{\sin\frac{x}{2}}{\frac{x}{2}}\right)^2=\frac{1}{2}\times 1^2=\frac{1}{2}.$$

例 1-40 求$\lim\limits_{x\to 0}\dfrac{\tan x-\sin x}{x^3}$.

解 $\lim\limits_{x\to 0}\dfrac{\tan x-\sin x}{x^3}=\lim\limits_{x\to 0}\dfrac{\sin x(1-\cos x)}{x^3\cos x}=\lim\limits_{x\to 0}\dfrac{\sin x}{x}\cdot\dfrac{1-\cos x}{x^2}\cdot\dfrac{1}{\cos x}=\dfrac{1}{2}.$

例 1-41 求$\lim\limits_{n\to\infty}n\cdot\sin\dfrac{\pi}{n}$.

解 当 $n\to\infty$ 时，有$\dfrac{\pi}{n}\to 0$，因此

$$\lim_{n\to\infty}n\cdot\sin\frac{\pi}{n}=\lim_{n\to\infty}\pi\cdot\frac{\sin\frac{\pi}{n}}{\frac{\pi}{n}}=\pi\cdot 1=\pi.$$

2. 第二个重要极限：$\lim\limits_{x\to\infty}\left(1+\dfrac{1}{x}\right)^x=\mathrm{e}$.

在例 1-36 中，我们已证明了$\lim\limits_{n\to\infty}\left(1+\dfrac{1}{n}\right)^n$存在. 通常用英文字母 e 代表该数列的极限，即

$$\lim_{n\to\infty}\left(1+\frac{1}{n}\right)^n=\mathrm{e}.$$

它是一个无理数，取其前 13 位数字是 $\mathrm{e}\approx 2.718281828459$.

对于任意正实数 x，取 $n=[x]$，则有 $n\leqslant x<n+1$，$1+\dfrac{1}{n+1}<1+\dfrac{1}{x}\leqslant 1+\dfrac{1}{n}$，及

$$\left(1+\frac{1}{n+1}\right)^n<\left(1+\frac{1}{x}\right)^x<\left(1+\frac{1}{n}\right)^{n+1}.$$

由于 $x\to+\infty$ 时，有 $n\to\infty$，而

$$\lim_{n\to\infty}\left(1+\frac{1}{n}\right)^{n+1}=\lim_{n\to\infty}\left(1+\frac{1}{n}\right)^n\left(1+\frac{1}{n}\right)=\mathrm{e},$$

$$\lim_{n\to\infty}\left(1+\frac{1}{n}\right)^{n+1}=\lim_{n\to\infty}\left(1+\frac{1}{n}\right)^n\left(1+\frac{1}{n}\right)=\mathrm{e}$$

由夹逼准则可得 $\lim\limits_{x\to+\infty}\left(1+\dfrac{1}{x}\right)^x=\mathrm{e}$.

对于任意负实数 x，做代换 $x=-(t+1)$，则

$$\lim_{x\to-\infty}\left(1+\frac{1}{x}\right)^x=\lim_{t\to+\infty}\left(1-\frac{1}{t+1}\right)^{-(t+1)}=\lim_{t\to+\infty}\left(\frac{t}{t+1}\right)^{-(t+1)}$$

$$=\lim_{t\to+\infty}\left(\frac{t+1}{t}\right)^{t+1}=\lim_{t\to+\infty}\left(1+\frac{1}{t}\right)^t\cdot\left(\frac{t+1}{t}\right)=\mathrm{e}.$$

综上可得

$$\lim_{x\to\infty}\left(1+\frac{1}{x}\right)^x=\mathrm{e}. \tag{1-4}$$

在式(1-4)中，令 $t=\dfrac{1}{x}$，则当 $x\to\infty$ 时，$t\to0$，这时式(1-4)变为

$$\lim_{t\to0}(1+t)^{\frac{1}{t}}=\mathrm{e}. \tag{1-5}$$

为了方便地使用式(1-4)和式(1-5)，将它们记为下列形式：

(1) 在某极限过程中，若 $\lim\limits_{x\to*}u(x)=\infty$，则

$$\lim_{x\to*}\left[1+\frac{1}{u(x)}\right]^{u(x)}=\mathrm{e};$$

(2) 在某极限过程中，若 $\lim\limits_{x\to*}u(x)=0$ 且 $u(x)\neq0$，则

$$\lim_{x\to*}[1+u(x)]^{\frac{1}{u(x)}}=\mathrm{e}.$$

例 1-42　求 $\lim\limits_{x\to\infty}\left(1+\dfrac{2}{x}\right)^x$.

解　$\lim\limits_{x\to\infty}\left(1+\dfrac{2}{x}\right)^x=\lim\limits_{x\to\infty}\left[\left(1+\dfrac{1}{\frac{x}{2}}\right)^{\frac{x}{2}}\right]^2$.

令 $\dfrac{x}{2}=t$，则当 $x\to\infty$ 时，有 $t\to\infty$，所以

$$\lim_{x\to\infty}\left(1+\frac{2}{x}\right)^x=\lim_{t\to\infty}\left[\left(1+\frac{1}{t}\right)^t\right]^2=\mathrm{e}^2.$$

例 1-43　求$\lim\limits_{x\to\infty}\left(1-\frac{1}{x}\right)^{3x+2}$.

解　令$-x=t$，则当$x\to\infty$时，有$t\to\infty$，所以

$$\lim_{x\to\infty}\left(1-\frac{1}{x}\right)^{3x+2}=\lim_{t\to\infty}\left(1+\frac{1}{t}\right)^{-3t+2}$$

$$=\lim_{t\to\infty}\left(1+\frac{1}{t}\right)^{2}\cdot\lim_{t\to\infty}\left[\left(1+\frac{1}{t}\right)^{t}\right]^{-3}=1^{2}\cdot e^{-3}=e^{-3}.$$

一般地，若$\lim\limits_{\substack{x\to x_0\\(x\to\infty)}}f(x)=A(A>0)$，$\lim\limits_{\substack{x\to x_0\\(x\to\infty)}}g(x)=B$. 则有

$$\lim_{\substack{x\to x_0\\(x\to\infty)}}f(x)^{g(x)}=A^{B}.$$

例 1-44　求极限$\lim\limits_{x\to\frac{\pi}{4}}(\tan x)^{\tan 2x}$.

解　令$t=\tan x-1$，则$\tan x=t+1$，当$x\to\frac{\pi}{4}$时，$t\to0$，又

$$\tan 2x=\frac{2\tan x}{1-\tan^2 x}=\frac{2(t+1)}{1-(t+1)^2}=-\frac{1}{t}\cdot\frac{2(t+1)}{t+2}.$$

故$\lim\limits_{x\to\frac{\pi}{4}}(\tan x)^{\tan 2x}=\lim\limits_{t\to0}(1+t)^{-\frac{1}{t}\cdot\frac{2(t+1)}{t+2}}=\lim\limits_{t\to0}\left[(1+t)^{\frac{1}{t}}\right]^{\frac{-2(t+1)}{t+2}}$

$$=\left[\lim_{t\to0}(1+t)^{\frac{1}{t}}\right]^{\lim\limits_{t\to0}\frac{-2(t+1)}{t+2}}=e^{-1}.$$

例 1-45　求极限$\lim\limits_{x\to0}\frac{\ln(1+x)}{x}$.

解　原式$=\lim\limits_{x\to0}\ln(1+x)^{\frac{1}{x}}=\ln\lim\limits_{x\to0}(1+x)^{\frac{1}{x}}=\ln e=1$.

习题 1-5

1. 求下列函数的极限：

(1) $\lim\limits_{n\to\infty}\frac{n}{2}R^2\sin\frac{2\pi}{n}$；　(2) $\lim\limits_{x\to\pi}\frac{\sin x}{\pi-x}$；

(3) $\lim\limits_{x\to0}\frac{\arctan 3x}{\sin 2x}$；　(4) $\lim\limits_{x\to0^+}\frac{x}{\sqrt{1-\cos x}}$；

(5) $\lim\limits_{x\to0}\frac{1-\cos 4x}{x\sin x}$；　(6) $\lim\limits_{x\to1}\frac{\sin(x-1)}{x^2-1}$.

2. 求下列函数的极限：

(1) $\lim\limits_{x\to\infty}\left(\frac{x}{1+x}\right)^{x-3}$；　(2) $\lim\limits_{x\to\infty}\left(\frac{2x+1}{2x-1}\right)^{x}$；

(3) $\lim\limits_{x\to0}(1+2\tan x)^{\cot x}$；(4) $\lim\limits_{x\to\frac{\pi}{2}}(1+\cos x)^{3\sec x}$.

1.6　无穷小与无穷大

本节将着重研究两类特殊的变量：趋于零的变量(无穷小量)以及趋于无穷大的变量(无穷大量).

1.6.1　无穷小的概念

对于无穷小的认识，可以远溯到古希腊，那时阿基米德就曾用无限小量的方法得到许多重要的数学结果，但他认为无限小量方法存在着不合理

的地方．直到1821年，法国数学家柯西在他的《分析教程》中才对无限小(即这里所说的无穷小)这一概念给出了明确的回答．而有关无穷小的理论就是在柯西的理论基础上发展起来的．

定义1-11 若$\lim\limits_{x\to *}\alpha(x)=0$，则称$\alpha(x)$为该极限过程中的一个**无穷小量**．简称**无穷小**．

例如$\lim\limits_{x\to 0}\sin x=0$，所以当$x\to 0$，函数$\sin x$是无穷小．

又如，$\lim\limits_{x\to\infty}\dfrac{1}{x}=0$，所以当$x\to\infty$时，函数$\dfrac{1}{x}$是无穷小．

注：简言之，无穷小是极限为0的量．无穷小是相对某极限过程而言的，不能认为无穷小就是很小很小的量．

下面的定理说明了无穷小量与函数极限的关系．

定理1-15 $\lim\limits_{x\to *}f(x)=A$的充要条件是$f(x)=A+\alpha(x)$，其中$\alpha(x)$为该极限过程中的无穷小量．

证 仅对$x\to x_0$的情形证明，其他极限过程可仿此进行．

必要性 设$\lim\limits_{x\to x_0}f(x)=A$，记$\alpha(x)=f(x)-A$，则$\forall\varepsilon>0$，$\exists\delta>0$，当$x\in\mathring{U}(x_0,\delta)$时，有

$$|f(x)-A|<\varepsilon,\ \text{即}\ |\alpha(x)-0|<\varepsilon.$$

由极限定义可知，$\lim\limits_{x\to x_0}\alpha(x)=0$，即$\alpha(x)$是$x\to x_0$时的无穷小量，且

$$f(x)=A+\alpha(x).$$

充分性 若当$x\to x_0$时，$\alpha(x)$是无穷小量，则$\forall\varepsilon>0$，$\exists\delta>0$，当$x\in\mathring{U}(x_0,\delta)$时，有

$$|\alpha(x)-0|<\varepsilon,\ \text{即}\ |f(x)-A|<\varepsilon,$$

由极限的定义可知，$\lim\limits_{x\to x_0}f(x)=A$．

1.6.2 无穷小的性质

性质1-1 两个无穷小的和仍为无穷小．

证 只证两个无穷小的和的情形即可．设$\alpha(x)$及$\beta(x)$都是$x\to x_0$的无穷小，即

$$\lim_{x\to x_0}\alpha(x)=0,\ \lim_{x\to x_0}\beta(x)=0.$$

则$\forall\varepsilon>0$，$\exists\delta_1>0$，当$0<|x-x_0|<\delta_1$时，$|\alpha(x)|<\dfrac{\varepsilon}{2}$；$\exists\delta_2>0$，当$0<|x-x_0|<\delta_2$时，$|\beta(x)|<\dfrac{\varepsilon}{2}$．

取$\delta=\min\{\delta_1,\delta_2\}$，于是当$0<|x-x_0|<\delta$时，

$$|\alpha(x)+\beta(x)|\leqslant|\alpha(x)|+|\beta(x)|<\frac{\varepsilon}{2}+\frac{\varepsilon}{2}=\varepsilon,$$

故当 $x\to x_0$ 时，$\alpha(x)+\beta(x)$ 是一无穷小.

用数学归纳法可证：有限个无穷小之和也是无穷小.

性质 1-2　有界函数与无穷小的乘积是一个无穷小.

证　只证 $x\to\infty$ 时的情形，其他情形证法类似.

设 $f(x)$ 为 $x\to\infty$ 时的有界函数，则 $\exists M>0$，当 $|x|>X_1>0$ 时，$|f(x)|<M$.

设 $\lim\limits_{x\to\infty}\alpha(x)=0$，则 $\forall\varepsilon>0$，对 $\dfrac{\varepsilon}{M}$ 来说，$\exists X_2>0$，当 $|x|>X_2$ 时，$|\alpha(x)|<\dfrac{\varepsilon}{M}$，取 $X=\max\{X_1,X_2\}$，则当 $|x|>X$ 时，有

$$|f(x)\cdot\alpha(x)|=|f(x)|\cdot|\alpha(x)|<\frac{\varepsilon}{M}\cdot M=\varepsilon.$$

这就证明了当 $x\to\infty$ 时，$f(x)\cdot\alpha(x)$ 是无穷小量.

这里给出常用的无穷小的等价关系：当 $x\to 0$ 时，

$$\sin x\sim x,\ \tan x\sim x,\ \arcsin x\sim x,\ \arctan x\sim x,$$

$$1-\cos x\sim\frac{1}{2}x^2,\ \mathrm{e}^x-1\sim x,\ \ln(1+x)\sim x,$$

$$\sqrt{1+x}-1\sim\frac{x}{2},\ (1+x)^\alpha-1\sim\alpha x\quad(\alpha\in\mathbb{R}).$$

若选定一个无穷小量作为共同的比较对象，则可以对无穷小量做出更细致的刻画.

定义 1-12　设 $x\to x_0$ 时，$\alpha(x)\sim c(x-x_0)^r(c\neq 0,r>0)$，则说 $\alpha(x)$ 是关于无穷小 $x-x_0$ 的 r 阶无穷小，简称为 r 阶无穷小，r 称为 $\alpha(x)$ 的阶数.

例 1-46　求 $\lim\limits_{x\to\infty}\dfrac{1}{x}\sin x$.

解　因为 $\forall x\in(-\infty,+\infty)$，$|\sin x|\leqslant 1$，且 $\lim\limits_{x\to\infty}\dfrac{1}{x}=0$，故得

$$\lim_{x\to\infty}\frac{1}{x}\sin x=0.$$

由性质 1-2 可以推出下面结论.

推论 1-6　常数与无穷小的乘积为无穷小.

推论 1-7　有限个无穷小的乘积为无穷小.

1.6.3　无穷小的比较

考察同一极限过程中的无穷小量趋于零的速度，例如，当 $x\to 0$ 时，函数 x^2，$2x$，$\sin x$ 都是无穷小，但是

$$\lim_{x\to0}\frac{x^2}{2x}=\lim_{x\to0}\frac{x}{2}=0,$$

$$\lim_{x\to0}\frac{2x}{x^2}=\lim_{x\to0}\frac{2}{x}=\infty,$$

$$\lim_{x\to0}\frac{\sin x}{2x}=\frac{1}{2}\lim_{x\to0}\frac{\sin x}{x}=\frac{1}{2}.$$

这说明 $x^2\to0$ 比 $2x\to0$“快些”，或者反过来说 $2x\to0$ 比 $x^2\to0$“慢些”，而 $\sin x\to0$ 与 $2x\to0$“快”“慢”差不多.

由此可见，无穷小虽然都是以零为极限的变量，但是它们趋向于零的速度却不相同，为了反映无穷小趋向于零的快慢程度，需要引入无穷小的阶的概念.

定义 1-13　设 $\alpha(x)$，$\beta(x)$是同一极限过程中的两个无穷小量：

$$\lim_{x\to\infty}\alpha(x)=0,\ \lim_{x\to\infty}\beta(x)=0$$

（1）如果$\lim\limits_{x\to\infty}\frac{\beta(x)}{\alpha(x)}=0$，则称 $\beta(x)$是比 $\alpha(x)$**高阶的无穷小**，记作 $\beta=o(\alpha)$；

（2）如果$\lim\limits_{x\to\infty}\frac{\beta(x)}{\alpha(x)}=\infty$，则称$\beta(x)$是比 $\alpha(x)$**低阶的无穷小**；

（3）如果$\lim\limits_{x\to\infty}\frac{\beta(x)}{\alpha(x)}=C(C\neq0)$，则称 $\alpha(x)$与 $\beta(x)$为**同阶无穷小**，记作$\beta=O(\alpha)$.

特别地，当常数 $C=1$ 时，称 $\alpha(x)$与$\beta(x)$为**等价无穷小**，记作 $\alpha(x)\sim\beta(x)$.

例如，因为$\lim\limits_{x\to0}\frac{x^2}{2x}=0$，所以 $x^2=o(2x)\quad(x\to0)$；

因为$\lim\limits_{x\to0}\frac{\sin x}{x}=1$，所以 $\sin x\sim x\quad(x\to0)$；

因为$\lim\limits_{x\to1}\frac{x-1}{x^2-1}=\lim\limits_{x\to1}\frac{1}{x+1}=\frac{1}{2}$，所以当 $x\to1$ 时，$(x-1)=O(x^2-1)$.

例 1-47　当 $x\to1$ 时，将下列各量与无穷小量 $x-1$ 进行比较.

（1）x^3-3x+2；　　（2）x^2-3x+2；　　（3）$(x-1)\sin\frac{1}{x-1}$.

解　（1）因为$\lim\limits_{x\to1}(x^3-3x+2)=0$，所以当 $x\to1$ 时，x^3-3x+2 是无穷小量，又因为

$$\lim_{x\to1}\frac{x^3-3x+2}{x-1}=\lim_{x\to1}\frac{(x-1)^2(x+2)}{(x-1)}=0.$$

所以 x^3-3x+2 是比 $x-1$ 高阶的无穷小量；

（2）因为$\lim\limits_{x\to1}(x^2-3x+2)=0$，所以当 $x\to1$ 时，x^2-3x+2 是无穷小量，又

$$\lim_{x\to1}\frac{x^2-3x+2}{x-1}=\lim_{x\to1}\frac{(x-1)(x-2)}{x-1}=-1.$$

所以 x^2-3x+2 是关于 $x-1$ 的同阶无穷小量；

（3）由$\lim\limits_{x\to1}(x-1)\sin\dfrac{1}{x-1}=0$，知当$x\to1$时，$(x-1)\sin\dfrac{1}{x-1}$是无穷小量，但是$\lim\limits_{x\to1}\dfrac{(x-1)\cdot\sin\dfrac{1}{x-1}}{x-1}=\lim\limits_{x\to1}\sin\dfrac{1}{x-1}$不存在. 所以，$(x-1)\sin\dfrac{1}{x-1}$与$x-1$不能比较. 利用等价无穷小可以简化某些极限的计算，所以它在极限计算中有重要作用，有下面的定理.

定理 1-16（等价代换法则）　设$\alpha\sim\alpha'$，$\beta\sim\beta'$，若$\lim\limits_{x\to\infty}\dfrac{\alpha}{\beta}$存在，则

$$\lim_{x\to\infty}\frac{\alpha'}{\beta'}=\lim_{x\to\infty}\frac{\alpha}{\beta}.$$

证　因为$\alpha\sim\alpha'$，$\beta\sim\beta'$，则$\lim\limits_{x\to\infty}\dfrac{\alpha'}{\alpha}=1$，$\lim\limits_{x\to\infty}\dfrac{\beta'}{\beta}=1$，由于$\dfrac{\alpha'}{\beta'}=\dfrac{\alpha'}{\alpha}\cdot\dfrac{\alpha}{\beta}\cdot\dfrac{\beta}{\beta'}$，又$\lim\limits_{x\to\infty}\dfrac{\alpha}{\beta}$存在，所以

$$\lim_{x\to\infty}\frac{\alpha'}{\beta'}=\lim_{x\to\infty}\frac{\alpha'}{\alpha}\lim_{x\to\infty}\frac{\alpha}{\beta}\lim_{x\to\infty}\frac{\beta}{\beta'}=\lim_{x\to\infty}\frac{\alpha}{\beta}.$$

上述定理表明，在求极限的乘除运算中，无穷小量因子可用其等价无穷小量替代.

例 1-48　求$\lim\limits_{x\to0}\dfrac{\sin 3x}{\tan 2x}$.

解　当$x\to0$时，$\sin 3x\sim3x$，$\tan 2x\sim2x$，

故
$$\lim_{x\to0}\frac{\sin 3x}{\tan 2x}=\lim_{x\to0}\frac{3x}{2x}=\frac{3}{2}.$$

例 1-49　求$\lim\limits_{x\to\infty}x^2\ln\left(1+\dfrac{3}{x^2}\right)$.

解　当$x\to\infty$时，$\ln\left(1+\dfrac{3}{x^2}\right)\sim\dfrac{3}{x^2}$，故

$$\lim_{x\to\infty}x^2\ln\left(1+\frac{3}{x^2}\right)=\lim_{x\to\infty}\left(x^2\cdot\frac{3}{x^2}\right)=3.$$

例 1-50　求$\lim\limits_{x\to0}\dfrac{(1+x^2)^{\frac{1}{3}}-1}{\cos x-1}$.

解　当$x\to0$时，$(1+x^2)^{\frac{1}{3}}-1\sim\dfrac{1}{3}x^2$，$\cos x-1\sim-\dfrac{1}{2}x^2$，

$$\text{故}\lim_{x\to0}\frac{(1+x^2)^{\frac{1}{3}}-1}{\cos x-1}=\lim_{x\to0}\frac{\frac{1}{3}x^2}{-\frac{1}{2}x^2}=-\frac{2}{3}.$$

例 1-51　求$\lim\limits_{x\to0}\dfrac{\sqrt{1+\tan x}-\sqrt{1-\tan x}}{\sqrt{1+2x}-1}$.

解 由于 $x\to0$ 时，$\sqrt{1+2x}-1\sim x$，$\tan x\sim x$，故

$$\lim_{x\to0}\frac{\sqrt{1+\tan x}-\sqrt{1-\tan x}}{\sqrt{1+2x}-1}=\lim_{x\to0}\frac{2\tan x}{x(\sqrt{1+\tan x}+\sqrt{1-\tan x})}$$

$$=\lim_{x\to0}\frac{2}{\sqrt{1+\tan x}+\sqrt{1-\tan x}}=1$$

例 1-52 计算 $\lim\limits_{x\to0}\dfrac{e^x-e^{x\cos x}}{x\ln(1+x^2)}$.

解 注意到当 $x\to0$ 时，$\ln(1+x^2)\sim x^2$，$e^{x-x\cos x}-1\sim x-x\cos x$，所以

$$\lim_{x\to0}\frac{e^x-e^{x\cos x}}{x\ln(1+x^2)}=\lim_{x\to0}\frac{e^{x\cos x}(e^{x-x\cos x}-1)}{x\ln(1+x^2)}$$

$$=\lim_{x\to0}\frac{e^{x\cos x}(x-x\cos x)}{x\cdot x^2}$$

$$=\lim_{x\to0}\frac{e^{x\cos x}(1-\cos x)}{x^2}=\frac{1}{2}.$$

例 1-53 求 $\lim\limits_{x\to0}\dfrac{\ln(1+x+x^2)+\ln(1-x+x^2)}{\sec x-\cos x}$.

解 先用对数性质化简分子，得原式 $=\lim\limits_{x\to0}\dfrac{\ln(1+x^2+x^4)}{\sec x-\cos x}$，因为当 $x\to0$ 时，有

$$\ln(1+x^2+x^4)\sim x^2+x^4,\quad \sec x-\cos x=\frac{1-\cos^2x}{\cos x}=\frac{\sin^2x}{\cos x}\sim x^2.$$

所以原式 $=\lim\limits_{x\to0}\dfrac{\ln(1+x^2+x^4)}{\sec x-\cos x}=\lim\limits_{x\to0}\dfrac{x^2+x^4}{x^2}=1$.

1.6.4 无穷大的概念

在 $\lim\limits_{x\to\infty}f(x)$ 不存在的各种情形下，有一种情形较有规律，即在某极限过程中，$|f(x)|$ 无限增大. 例如，函数 $f(x)=\dfrac{1}{x-1}$，当 $x\to1$ 时，$|f(x)|=\left|\dfrac{1}{x-1}\right|$ 无限增大（见图 1-32），确切地说，$\forall M>0$（无论它多么大），总 $\exists\delta>0$，当 $x\in\mathring{U}(1,\delta)$ 时，$|f(x)|>M$，这就是下面要介绍的无穷大量.

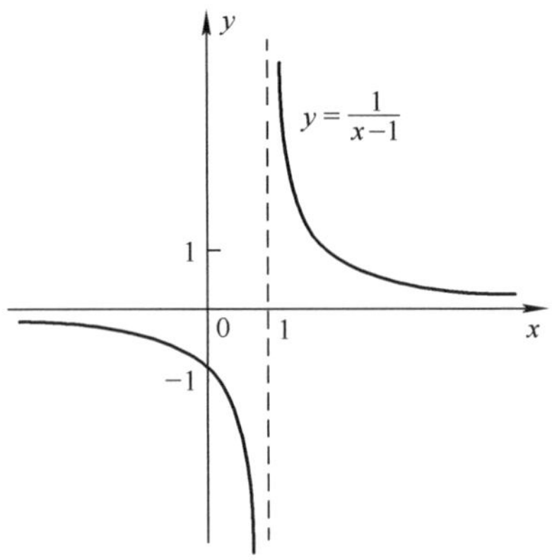

图 1-32

定义 1-14 设函数 $f(x)$ 在 x_0 的某一去心邻域内有定义（或 $|x|$ 大于某一正数时有定义）. 如果对于任意给定的正数 M（不论它多么大），总存在

正数 δ(或正数 X)，只要 x 适合不等式 $0<|x-x_0|<\delta$(或 $|x|>X$)，对应的函数值 $f(x)$ 总满足不等式

$$|f(x)|>M$$

则称函数 $f(x)$ 为当 $x\to x_0$(或 $x\to\infty$)时的**无穷大**.

当 $x\to x_0$(或 $x\to\infty$)时为无穷大的函数 $f(x)$，按函数极限定义来说，极限是不存在的，但为了便于叙述函数的这一性态，我们也说"函数的极限是无穷大"，并记作

$$\lim_{x\to x_0} f(x)=\infty \quad (\text{或} \lim_{x\to\infty} f(x)=\infty)$$

如果在无穷大的定义中，把 $|f(x)|>M$ 换成 $f(x)>M$(或 $f(x)<-M$)，就记作

$$\lim_{\substack{x\to x_0 \\ (x\to\infty)}} f(x)=+\infty \quad (\text{或} \lim_{\substack{x\to x_0 \\ (x\to\infty)}} f(x)=-\infty)$$

例 1-54 $\lim\limits_{x\to+\infty} e^x=+\infty$，即当 $x\to+\infty$ 时，e^x 是正无穷大.

$\lim\limits_{x\to 0^+}\ln x=-\infty$，即 $x\to 0^+$ 时，$\ln x$ 是负无穷大.

$\lim\limits_{x\to\frac{\pi}{2}^-}\tan x=+\infty$，$\lim\limits_{x\to\frac{\pi}{2}^+}\tan x=-\infty$.

注：称一个函数为无穷大量时，必须明确地指出自变量的变化趋势. 对于一个函数，一般来说，自变量趋向不同会导致函数值的趋向不同. 例如，函数 $y=\tan x$，当 $x\to\dfrac{\pi}{2}$ 时，它是一个无穷大量，而当 $x\to 0$ 时，它趋于零.

由无穷大的定义可知，在某一极限过程中的无穷大量必是无界变量，但其逆命题不成立. 例如，当 $n\to\infty$ 时，$x_n=[1+(-1)^n]^n$ 是无界变量，但它不是无穷大量.

在同一变化过程中，无穷小与无穷大之间类似于例数关系，即

在某极限过程中，若 $f(x)$ 为无穷大量；则 $\dfrac{1}{f(x)}$ 为无穷小量；反之，若 $f(x)$ 为无穷小量，且 $f(x)\neq 0$，则 $\dfrac{1}{f(x)}$ 为无穷大量.

证 仅对 $x\to x_0$ 的情形证明，其他情形仿此可证.

设 $\lim\limits_{x\to x_0} f(x)=\infty$，则 $\forall\varepsilon>0$，令 $M=\dfrac{1}{\varepsilon}$，则 $\exists\delta>0$，当 $x\in\mathring{U}(x_0,\delta)$ 时，$|f(x)|>M=\dfrac{1}{\varepsilon}$，即 $\left|\dfrac{1}{f(x)}\right|<\varepsilon$，故 $\dfrac{1}{f(x)}$ 为 $x\to x_0$ 时的无穷小量.

反之，若 $\lim\limits_{x\to x_0} f(x)=0$，且 $f(x)\neq 0$，则 $\forall M>0$，令 $\varepsilon=\dfrac{1}{M}$，则 $\exists\delta>0$，当 $x\in\mathring{U}(x_0,\delta)$ 时，$|f(x)|<\varepsilon=\dfrac{1}{M}$，即 $\left|\dfrac{1}{f(x)}\right|>M$，故 $\dfrac{1}{f(x)}$ 为 $x\to x_0$ 时的无穷大量.

例 1-55　求 $\lim\limits_{x\to1}\dfrac{1}{\sqrt{x}-1}$.

解　因为 $\lim\limits_{x\to1}(\sqrt{x}-1)=0$，所以 $\lim\limits_{x\to1}\dfrac{1}{\sqrt{x}-1}=\infty$.

习题 1-6

1. 选择题.

（1）当 $x\to0$ 时，$1-\cos x$ 与 $x\tan x$ 相比较(　　).

A. 是低阶无穷小量　　B. 是同阶无穷小量

C. 是等阶无穷小量　　D. 是高阶无穷小量

（2）当 $n\to\infty$ 时，$\sin\dfrac{1}{n}$ 与 $\dfrac{1}{n^k}$ 为等价无穷小，则 $k=$(　　).

A. $\dfrac{1}{2}$　　B. 1　　C. 2　　D. -2

（3）当 $x\to+0$ 时，(　　)无穷小量.

A. $x\cos\dfrac{1}{x}$　　B. $2^{\frac{1}{x}}$　　C. $\lg x$　　D. $\dfrac{1}{x}\sin x$

2. 当 $x\to0$ 时，$2x-x^2$ 与 x^2-x^3 相比，哪个是高阶无穷小量？

3. 当 $x\to1$ 时，无穷小量 $1-x$ 与(1)$1-x^3$；(2)$\dfrac{1}{2}(1-x^2)$是否同阶？是否等价？

4. 利用等价无穷小，求下列极限：

（1）$\lim\limits_{x\to0^+}\dfrac{\sin ax}{\sqrt{1-\cos x}}$；

（2）$\lim\limits_{x\to0}\dfrac{\cos ax-\cos bx}{x^2}$；

（3）$\lim\limits_{x\to0}\dfrac{\arctan x^2}{\sin\dfrac{x}{2}\arcsin x}$；

（4）$\lim\limits_{x\to0}\dfrac{\dfrac{x}{\sqrt{1-x^2}}}{\ln(1-x)}$；

（5）$\lim\limits_{x\to0}\dfrac{1-\cos 4x}{2\sin^2x+x\tan^2x}$；

（6）$\lim\limits_{x\to0}\dfrac{\ln(\sin^2x+e^x)-x}{\ln(x^2+e^{2x})-2x}$.

5. 试确定 k 的值，使 $f(x)=2x+5x^3-x^6$ 在 $x\to\infty$ 时为 x^k 的同阶无穷大.

1.7　函数的连续与间断

1.7.1　函数连续的定义

自然界中许多变量都是连续变化的，如气温的变化，作物的生长，放射性物质存量的减少等，其特点是当时间的变化很微小时，这些量的变化也很微小，反映在数学上就是函数的连续性.

定义 1-15　设函数 $y=f(x)$在点 x_0 的某个邻域内有定义，当自变量从 x_0 变到 x，相应的函数值从 $f(x_0)$变到 $f(x)$，则称 $x-x_0$ 为**自变量的改变量**(或增量)，记作 $\Delta x=x-x_0$(它可正可负)，称 $f(x)-f(x_0)$为**函数的改变量**(或增量)，记作 Δy，即
$$\Delta y=f(x)-f(x_0)\text{或}\Delta y=f(x_0+\Delta x)-f(x_0).$$

几何上，函数的改变量表示当自变量从 x_0 变到 $x_0+\Delta x$ 时，曲线上相应点的纵坐标的改变量(见图 1-33).

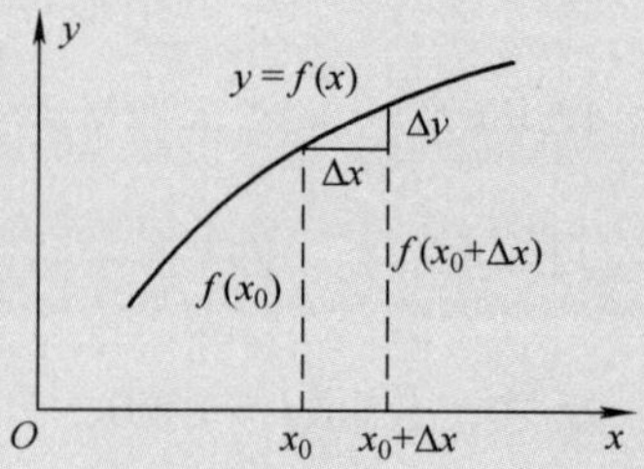

图　1-33

注：改变量可能为正，可能为负，还可能为零.

例 1-56　求函数 $y=x^2$，当 $x_0=1$，$\Delta x=0.1$ 时的改变量.

解

$$\begin{aligned}\Delta y&=f(x_0+\Delta x)-f(x_0)=f(1+0.1)-f(1)\\&=f(1.1)-f(1)=1.1^2-1^2=0.21.\end{aligned}$$

定义 1-16　设函数 $f(x)$ 在点 x_0 的某个邻域内有定义，如果

$$\lim_{\Delta x\to 0}\Delta y=\lim_{\Delta x\to 0}[f(x_0+\Delta x)-f(x_0)]=0, \tag{1-6}$$

则称函数 $y=f(x)$ 在点 x_0 处连续，x_0 称为函数 $f(x)$ 的**连续点**.

上述定义中，设 $x_0+\Delta x=x$，当 $\Delta x\to 0$ 时，有 $x\to x_0$，而

$$\Delta y=f(x_0+\Delta x)-f(x_0)=f(x)-f(x_0),$$

因此式(1-6)也可以写为

$$\lim_{\Delta x\to 0}\Delta y=\lim_{x\to x_0}[f(x)-f(x_0)]=0.$$

即

$$\lim_{x\to x_0}f(x)=f(x_0).$$

所以函数 $y=f(x)$ 在点 x_0 处连续的定义又可以叙述为

定义 1-17　设函数 $f(x)$ 在点 x_0 的某个邻域内有定义，如果

$$\lim_{x\to x_0}f(x)=f(x_0),$$

则称函数 $y=f(x)$ 在点 x_0 处连续.

例 1-57　证明：函数 $f(x)=3x^2-1$ 在 $x=1$ 处连续.

证　因为 $f(1)=3\times 1-1=2$，且

$$\lim_{x\to 1}f(x)=\lim_{x\to 1}(3x^2-1)=2,$$

故函数 $f(x)=3x^2-1$ 在 $x=1$ 处连续.

有时需要考虑函数在某点 x_0 一侧的连续性，结合前面的左、右极限可给出函数左、右连续的概念.

由函数的极限与其左、右极限的关系，容易得到函数的连续性与其左、右连续性的关系.

定理 1-17　函数 $f(x)$ 在点 x_0 连续的充要条件是 $f(x)$ 在点 x_0 左连续且右连续.

例 1-58　设函数

$$f(x)=\begin{cases}x^2+3, & x\geqslant 0,\\ a-x, & x<0,\end{cases}$$

问 a 为何值时，函数 $y=f(x)$ 在点 $x=0$ 处连续？

函数连续的定义

解　因为 $f(0)=3$，且

$$\lim_{x\to 0^-}f(x)=\lim_{x\to 0^-}(a-x)=a,$$

$$\lim_{x\to 0^+}f(x)=\lim_{x\to 0^+}(x^2+3)=3,$$

故由定理 1-17 知 $a=3$ 时，$y=f(x)$ 在点 $x=0$ 处连续.

定理 1-18　如果函数 $f(x)$ 在开区间 (a,b) 内每一点都连续，则称函数 $f(x)$ 在**区间 (a,b) 内连续**，记为 $f(x)\in C(a,b)$. 其中 $C(a,b)$ 表示区间 (a,b) 内的所有连续函数的集合.

如果 $f(x)$ 在区间 (a,b) 内连续，且在 $x=a$ 处右连续，又在 $x=b$ 处左连续，则称函数 $f(x)$ 在**闭区间 $[a,b]$ 上连续**，记为 $f(x)\in C[a,b]$. 其中 $C[a,b]$ 表示区间 $[a,b]$ 上的所有连续函数的集合.

函数 $y=f(x)$ 的连续点全体所构成的区间称为**函数的连续区间**. 在连续区间上，连续函数的图形是一条连绵不断的曲线.

例 1-59　证明：函数 $f(x)=x^2-2x+3$ 在 $(-\infty,+\infty)$ 内连续.

证　设 $x=0$ 为 $(-\infty,+\infty)$ 内任意给定的点，由极限运算法则可知

$$\lim_{x\to x_0}f(x)=\lim_{x\to x_0}(x^2-2x+3)=x_0^2-2x_0+3=f(x_0),$$

故 $f(x)=x^2-2x+3$ 在点 x_0 处连续. 由 x_0 的任意性可知，$f(x)=x^2-2x+3$ 在 $(-\infty,+\infty)$ 内连续.

例 1-60　证明：函数 $y=\sin x$ 在定义域 $(-\infty,+\infty)$ 内是连续函数.

证　对于任意 $x\in(-\infty,+\infty)$，

$$\Delta y=\sin(x+\Delta x)-\sin x=2\sin\frac{\Delta x}{2}\cos\left(x+\frac{\Delta x}{2}\right).$$

当 $\Delta x\to 0$ 时，有 $\sin\dfrac{\Delta x}{2}\to 0$，且 $\left|\cos\left(x+\dfrac{\Delta x}{2}\right)\right|\leqslant 1$，根据无穷小与有界函数的乘积仍为无穷小这一结论，有

$$\lim_{\Delta x\to 0}\Delta y=2\lim_{\Delta x\to 0}\sin\frac{\Delta x}{2}\cos\left(x+\frac{\Delta x}{2}\right)=0.$$

由于 x 为任意点，所以 $y=\sin x$ 在 $(-\infty,+\infty)$ 内连续.

1.7.2　函数的间断点

函数的间断点

定义 1-18　如果函数 $f(x)$ 在 x_0 的某去心邻域内有定义，但在点 x_0 处不连续，就称函数 $f(x)$ 在点 x_0 处**间断**，$x=x_0$ 称为函数 $y=f(x)$ 的**间断点或不连续点**.

由函数 $f(x)$ 在点 x_0 处连续的定义可知，$f(x)$ 在点 x_0 处连续必须同时满足以下三个条件：

(1) 函数 $f(x)$ 在点 x_0 处有定义 $(x_0\in D)$；

(2) $\lim\limits_{x\to x_0}f(x)$ 存在；

(3) $\lim\limits_{x\to x_0}f(x)=f(x_0)$.

如果函数 $f(x)$ 不满足三个条件中的任何一个，那么 $x=x_0$ 就是函数 $f(x)$ 的一个间断点.

函数的间断点可分为以下几种类型：

（1）如果函数$f(x)$在点x_0处的左、右极限$f(x_0-0)$与$f(x_0+0)$都存在，则称$x=x_0$为函数$f(x)$的**第一类间断点**.

如果$f(x)$在点x_0处的左、右极限存在且相等，即$\lim\limits_{x\to x_0}f(x)$存在，但不等于该点处的函数值，即$\lim\limits_{x\to x_0}f(x)=A\neq f(x_0)$；或者$\lim\limits_{x\to x_0}f(x)$存在，但函数在$x_0$处无定义，则称$x=x_0$为函数的**可去间断点**.

如果$f(x)$在点x_0处的左、右极限存在但不相等，则称$x=x_0$为函数$f(x)$的**跳跃间断点**.

（2）如果函数$f(x)$在点x_0处的左、右极限$f(x_0-0)$与$f(x_0+0)$中至少有一个不存在，则称$x=x_0$为函数$f(x)$的**第二类间断点**.

例 1-61　函数$f(x)=\dfrac{x^3-1}{x-1}$在$x=1$处没有定义，所以$x=1$是$f(x)$的间断点，又因为$\lim\limits_{x\to1}f(x)=\lim\limits_{x\to1}\dfrac{x^3-1}{x-1}=\lim\limits_{x\to1}(x^2+x+1)=3$，所以，$x=1$为函数$f(x)$的可去间断点.

例 1-62　讨论函数

$$y=\begin{cases}2x, & x\neq0,\\ 1, & x=0\end{cases}$$

在点$x_0=0$处的连续性.

解　由于$\lim\limits_{x\to0}y=\lim\limits_{x\to0}2x=0$，而$y\big|_{x=0}=1$，由定义知函数$y$在点$x_0=0$处不连续．$x=0$为函数$f(x)$的可去间断点．若修改函数$y$在$x_0=0$的定义，令$f(x_0)=0$，则函数

$$f(x)=\begin{cases}2x, & x\neq0,\\ 0, & x=0\end{cases}$$

在点$x_0=0$处连续(见图 1-34).

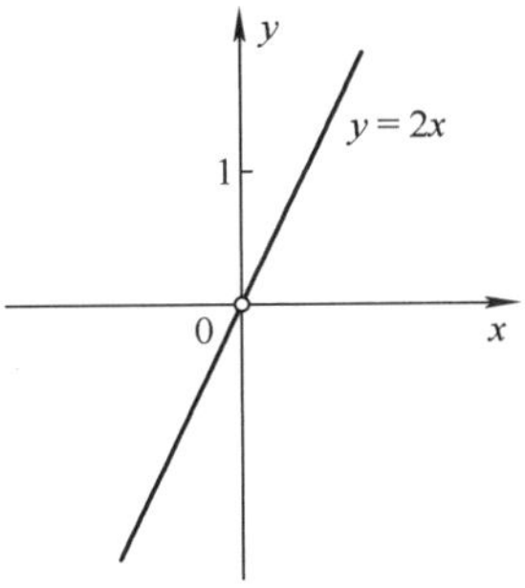

图　1-34

由于函数在可去间断点x_0处的极限存在，函数在点x_0处不连续的原因是它的极限不等于该点的函数值$f(x_0)$，或者是$f(x)$在点x_0处无定义，所以我们可以补充或改变函数在点x_0处的定义，若令$f(x_0)=\lim\limits_{x\to x_0}f(x)$，就能

使点 x_0 成为连续点. 如在例 1-61 中可补充定义 $f(1)=3$，例 1-62 中可改变函数在 $x=0$ 处的定义，令 $f(0)=0$，则分别使两例中的函数在 $x=1$ 与 $x=0$ 处连续.

例 1-63　讨论函数 $f(x)=\begin{cases}x+1, & x<0,\\ 0, & x=0,\\ x-1, & x>0\end{cases}$ 在 $x=0$ 的连续性.

因为 $\lim\limits_{x\to 0^-}f(x)=\lim\limits_{x\to 0^-}(x+1)=1$，$\lim\limits_{x\to 0^+}f(x)=\lim\limits_{x\to 0^+}(x-1)=-1$，所以，$x=0$ 为 $f(x)$ 的跳跃间断点（见图 1-35）.

例 1-64　函数 $f(x)=\dfrac{1}{x-1}$ 在 $x=1$ 处无定义，所以 $x=1$ 为 $f(x)$ 的间断点. 因为 $\lim\limits_{x\to 1}f(x)=\infty$，所以 $x=1$ 为 $f(x)$ 的第二类间断点.

由于 $\lim\limits_{x\to 1}f(x)=\infty$，又称 $x=1$ 为无穷间断点.

例 1-65　函数 $f(x)=\sin\dfrac{1}{x}$ 在点 $x=0$ 处无定义，所以 $x=0$ 为 $f(x)$ 的间断点. 当 $x\to 0$ 时，$f(x)=\sin\dfrac{1}{x}$ 的值在 -1 与 1 之间无限次地振荡，因而不能趋向于某一定值，于是 $\lim\limits_{x\to 0}\sin\dfrac{1}{x}$ 不存在，所以 $x=0$ 是 $f(x)$ 的第二类间断点（见图 1-36）. 此时也称 $x=0$ 为振荡间断点.

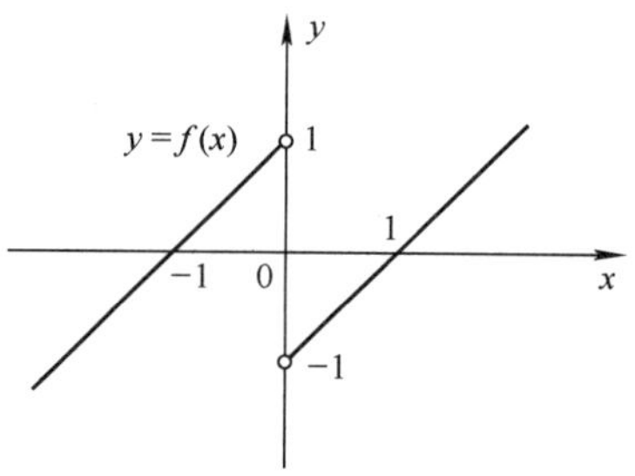

图　1-35

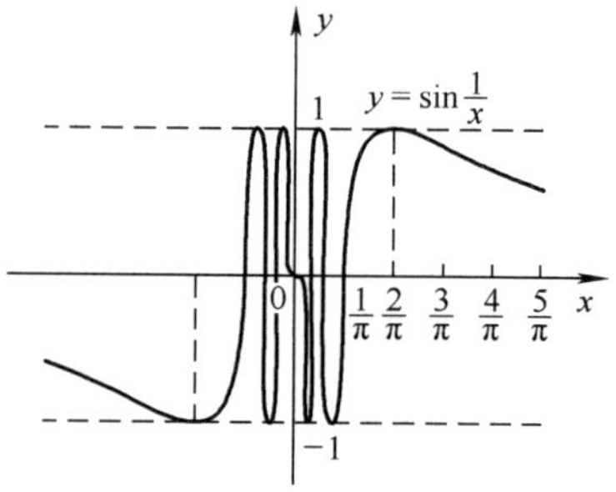

图　1-36

1.7.3　连续函数的运算与初等函数的连续性

函数的连续性是通过极限来定义的，因此由极限运算法则和连续性定义可得下列连续函数的运算法则.

定理 1-19（连续函数的四则运算）　设函数 $f(x)$，$g(x)$ 均在点 x_0 连续，则 $f(x)\pm g(x)$，$f(x)\cdot g(x)$，$\dfrac{f(x)}{g(x)}(g(x)\neq 0)$ 都在点 x_0 处连续.

这个法则说明连续函数的和、差、积、商（分母不为零）都是连续函数.

定理 1-20（反函数的连续性） 设 $y=f(x)$ 在区间 I_x 上单调增加（或减少）且在点 $x_0\in I_x$ 处连续，则 $y=f(x)$ 的反函数 $x=f^{-1}(y)$ 也在对应的区间 $I_y=\{y\,|\,y=f(x),\ x\in I_x\}$ 上单调增加（或减少）且在点 $y_0=f(x_0)\in I_y$ 连续.

定理 1-21（复合函数的连续性） 设函数 $y=f(u)$ 在点 u_0 处连续，又函数 $u=\varphi(x)$ 在点 x_0 处连续，且 $u_0=\varphi(x_0)$，则复合函数 $y=f(\varphi(x))$ 在点 x_0 处连续.

这个法则说明连续函数的复合函数仍为连续函数，并可得到如下结论：

如果 $\lim\limits_{x\to x_0}\varphi(x)=\varphi(x_0)$，$\lim\limits_{u\to u_0}f(u)=f(u_0)$，且 $u_0=\varphi(x_0)$，则

$$\lim_{x\to x_0}f(\varphi(x))=f(\varphi(x_0)).$$

即 $\lim\limits_{x\to x_0}f(\varphi(x))=f(\lim\limits_{x\to x_0}\varphi(x))$.

这表示极限符号与复合函数的符号 f 可以交换次序.

例 1-66 求 $\lim\limits_{x\to 0}\dfrac{\ln(1+x)}{x}$.

解 $\lim\limits_{x\to 0}\dfrac{\ln(1+x)}{x}=\lim\limits_{x\to 0}\ln(1+x)^{\frac{1}{x}}$.

令 $u=(1+x)^{\frac{1}{x}}$，当 $x\to 0$ 时，$u\to \mathrm{e}$，而 $y=\ln u$ 在 $u=\mathrm{e}$ 处是连续的，所以有

$$\lim_{x\to 0}\ln(1+x)^{\frac{1}{x}}=\ln\left[\lim_{x\to 0}(1+x)^{\frac{1}{x}}\right]=\ln \mathrm{e}=1.$$

例 1-67 求 $\lim\limits_{x\to\infty}\arctan\dfrac{x-2}{x-3}$.

解 因为 $u=\dfrac{x-2}{x-3}$，当 $x\to\infty$ 时，极限为 1，而 $y=\arctan u$ 在 $u=1$ 处连续，故

$$\lim_{x\to\infty}\arctan\frac{x-2}{x-3}=\arctan\lim_{x\to\infty}\frac{x-2}{x-3}=\arctan 1=\frac{\pi}{4}.$$

以上定理中点 x_0 换成相应的连续区间，结论仍成立.

由函数极限的讨论及函数的连续性的定义可知基本初等函数在其定义域内是连续的. 由连续函数的定义及运算法则可得

定理 1-22 初等函数在其定义区间内是连续的.

注：对初等函数在其有定义的区间的点求极限时，只需求相应函数值即可，也就是 1.3 节中总结的“代入法”.

例 1-68 求函数 $f(x)=\sqrt{1-x^2}$ 的连续区间，并求 $\lim\limits_{x\to\frac{1}{2}}\sqrt{1-x^2}$.

解 函数 $y=\sqrt{1-x^2}$ 的定义域为 $[-1,1]$，所以 $f(x)$ 的连续区间也为 $[-1,1]$，而 $\frac{1}{2}\in[-1,1]$，所以

$$\lim_{x\to\frac{1}{2}}\sqrt{1-x^2}=\sqrt{1-\left(\frac{1}{2}\right)^2}=\frac{\sqrt{3}}{2}.$$

习题 1-7

1. 研究下列函数的连续性，并画出图形：

(1) $f(x)=\begin{cases}x^2, & 0\leqslant x\leqslant 1,\\ 2-x, & 1<x<2;\end{cases}$

(2) $f(x)=\begin{cases}x, & |x|\leqslant 1,\\ 1, & |x|>1;\end{cases}$

(3) $f(x)=\lim\limits_{n\to\infty}\frac{1-x^{2n}}{1+x^{2n}}x.$

2. 下列函数在指定点处间断，说明它们属于哪一类间断点，如果是可去间断点，则补充或改变函数的定义使它连续：

(1) $y=\frac{x^2-1}{x^2-3x+2}$，$x=1$，$x=2$；

(2) $y=\frac{x}{\tan x}$，$x=k\pi$，$x=k\pi+\frac{\pi}{2}$，$k=0$，±1，±2，$\cdots$.

3. 当 $x=0$ 时，下列函数无定义，试定义 $f(0)$ 的值，使得函数在点 $x=0$ 处连续：

(1) $f(x)=\frac{\sqrt{1+x}-1}{\sqrt[3]{1+x}-1}$； (2) $f(x)=\frac{\tan 2x}{x}$.

4. 选取 a，b 的值，使得下列函数在 $(-\infty,+\infty)$ 内连续：

(1) $f(x)=\begin{cases}e^x, & x<0,\\ a+x, & x\geqslant 0;\end{cases}$

(2) $f(x)=\begin{cases}ax+1, & x<\frac{\pi}{2},\\ \sin x+b, & x\geqslant\frac{\pi}{2}.\end{cases}$

5. 求下列幂指函数的极限：

(1) $\lim\limits_{x\to0}(e^x+x)^{\frac{1}{x}}$；

(2) $\lim\limits_{x\to0}\left(\frac{a^x+b^x+c^x}{3}\right)^{\frac{1}{x}}$；

(3) $\lim\limits_{x\to\infty}\left(\sin\frac{1}{x}+\cos\frac{1}{x}\right)^x$；

(4) $\lim\limits_{x\to\infty}\left(1+\frac{1}{x^2}\right)^x$；

(5) $\lim\limits_{x\to0}(\cos 2x)^{\frac{3}{x^2}}$.

1.8 闭区间上连续函数的性质

在闭区间上连续的函数有一些重要性质，下面以定理的形式详细说明.

1.8.1 有界性与最大(小)值定理

定理 1-23(有界性与最大(小)值定理) 设函数 $f(x)$ 在闭区间 $[a,b]$ 上连续，则在 $[a,b]$ 上至少存在两点 x_1,x_2，使得对于任何 $x\in[a,b]$，都有

$$f(x_1)\leqslant f(x)\leqslant f(x_2).$$

这里，$f(x_2)$ 和 $f(x_1)$ 分别称为函数 $f(x)$ 在闭区间 $[a,b]$ 上的最大值和最小值(见图 1-37).

注：(1) 对于开区间内的连续函数或在闭区间上有间断点的函数，定理 1-23 的结论不一定成立. 例如，函数 $y=x^2$ 在开区间 $(0,1)$ 内连续，但

它在(0,1)内不存在最大值和最小值. 又如函数

$$f(x)=\begin{cases}x+1, & -1\leqslant x<0,\\ 0, & x=0,\\ x-1, & 0<x\leqslant 1.\end{cases}$$

在闭区间$[-1,1]$上有间断点$x=0$, $f(x)$在闭区间$[-1,1]$上也不存在最大值和最小值(见图1-38);

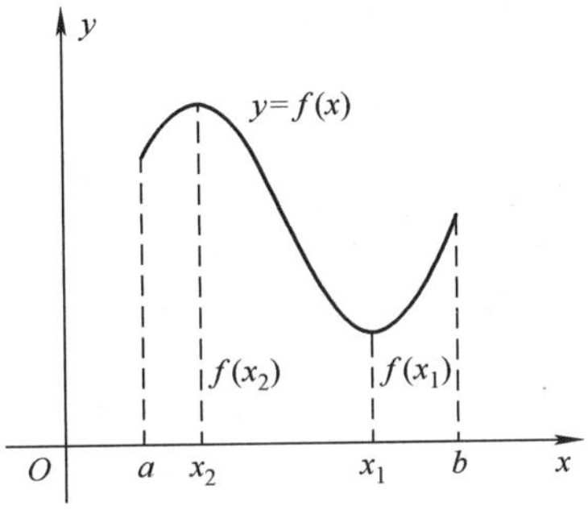

图 1-37

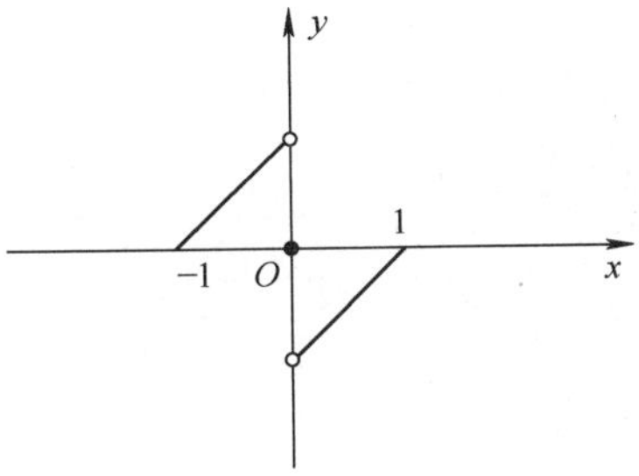

图 1-38

(2) 定理1-23中达到最大值和最小值的点也可能是区间$[a,b]$的端点，例如，函数$y=2x+1$在$[-1,2]$上连续，其最大值为$f(2)=5$；最小值为$f(-1)=-1$. 均在区间$[-1,2]$的端点上取得.

1.8.2　零点定理与介值定理

定理1-24(零点定理)　若函数$f(x)$在闭区间$[a,b]$上连续，且$f(a)\cdot f(b)<0$，则至少存在一点$\xi\in(a,b)$，使得$f(\xi)=0$. $x=\xi$称为函数$y=f(x)$的**零点**.

由零点存在定理可知，$x=\xi$为方程$f(x)=0$的一个根，且ξ位于开区间(a,b)内，所以利用零点存在定理可以判断方程$f(x)=0$在某个开区间内存在实根. 故零点存在定理也称为**方程实根的存在定理**，它的几何意义是当连续曲线$y=f(x)$的端点A, B在x轴的两侧时，曲线$y=f(x)$与x轴至少有一个交点(见图1-39).

定理1-25(介值定理)　设函数$f(x)$在闭区间$[a,b]$上连续，且$f(a)\neq f(b)$，则对介于$f(a)$与$f(b)$之间任一实数μ，至少有一点$\xi\in(a,b)$，使得$f(\xi)=\mu$.

推论1-8　设函数$f(x)$在闭区间$[a,b]$上连续，M和m分别是$f(x)$在$[a,b]$上的最大值和最小值，则对于满足$m\leqslant\mu\leqslant M$的任何实数μ，至少存在一点$\xi\in[a,b]$，使得

$$f(\xi)=\mu.$$

介值定理的几何意义是闭区间上的连续曲线 $y=f(x)$ 与水平直线 $y=\mu$ $(m\leqslant\mu\leqslant M)$ 至少有一个交点(见图 1-40).

推论 1-8 表明闭区间 $[a,b]$ 上的连续函数 $f(x)$ 可以取遍 m 与 M 之间的一切数值，即 $f(x)$ 的值域为闭区间 $[m,M]$.

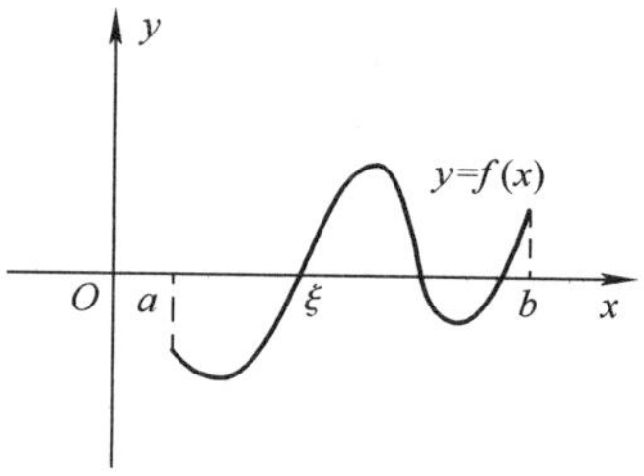

图 1-39

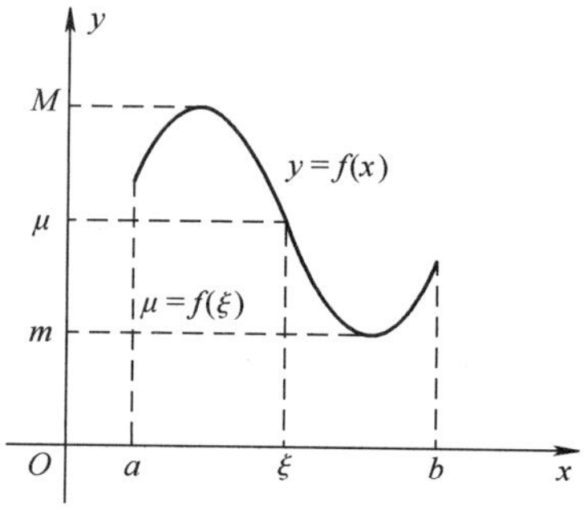

图 1-40

例 1-69 证明：四次代数方程 $x^4+1=5x^2$ 在区间 $(0,1)$ 内至少有一个实根.

证 设 $f(x)=x^4-5x^2+1$. 因为函数 $f(x)$ 在闭区间 $[0,1]$ 上连续，又有

$$f(0)=1,\ f(1)=-3,$$

故 $f(0)\cdot f(1)<0$.

根据零点存在定理知，至少存在一点 $\xi\in(0,1)$，使 $f(\xi)=0$，即

$$\xi^4-5\xi^2+1=0.$$

因此，方程 $x^4+1=5x^2$ 在 $(0,1)$ 内至少有一个实根 ξ.

例 1-70 证明：方程 $\ln(1+e^x)=2x$ 至少有一个小于 1 的正根.

证 设 $f(x)=\ln(1+e^x)-2x$，则显然 $f(x)\in C[0,1]$，又

$$f(0)=\ln2>0,\ f(1)=\ln(1+e)-2=\ln(1+e)-\ln e^2<0,$$

由方程实根的存在定理知，至少存在一点 $x_0\in(0,1)$，使 $f(x_0)=0$. 即方程 $\ln(1+e^x)=2x$ 至少有一个小于 1 的正根.

习题 1-8

1. 证明：方程 $2^x=x^2$ 在 $(-1,1)$ 内必有实根.

2. 证明：方程 $x=a\sin x+b$ 至少有一个正根，并且它不大于 $a+b$(其中 $a>0$，$b>0$).

3. 设 a 为正常数，函数 $f(x)$ 在 $[0,2a]$ 上连续，且 $f(0)=f(2a)$，证明：方程 $f(x)=f(x+a)$ 在 $[0,a]$ 上至少有一根.

4. 设函数 $f(x)$ 在区间 $[a,b]$ 上连续，且

$$f(a)<a,\ f(b)>b$$

证明：存在 $\xi\in(a,b)$，使得 $f(\xi)=\xi$.

5. 证明：方程

$$\frac{1}{x-1}+\frac{1}{x-2}+\frac{1}{x-3}=0$$

有分别包含于 $(1,2)$，$(2,3)$ 内的两个实根.

本章小结

知识导航

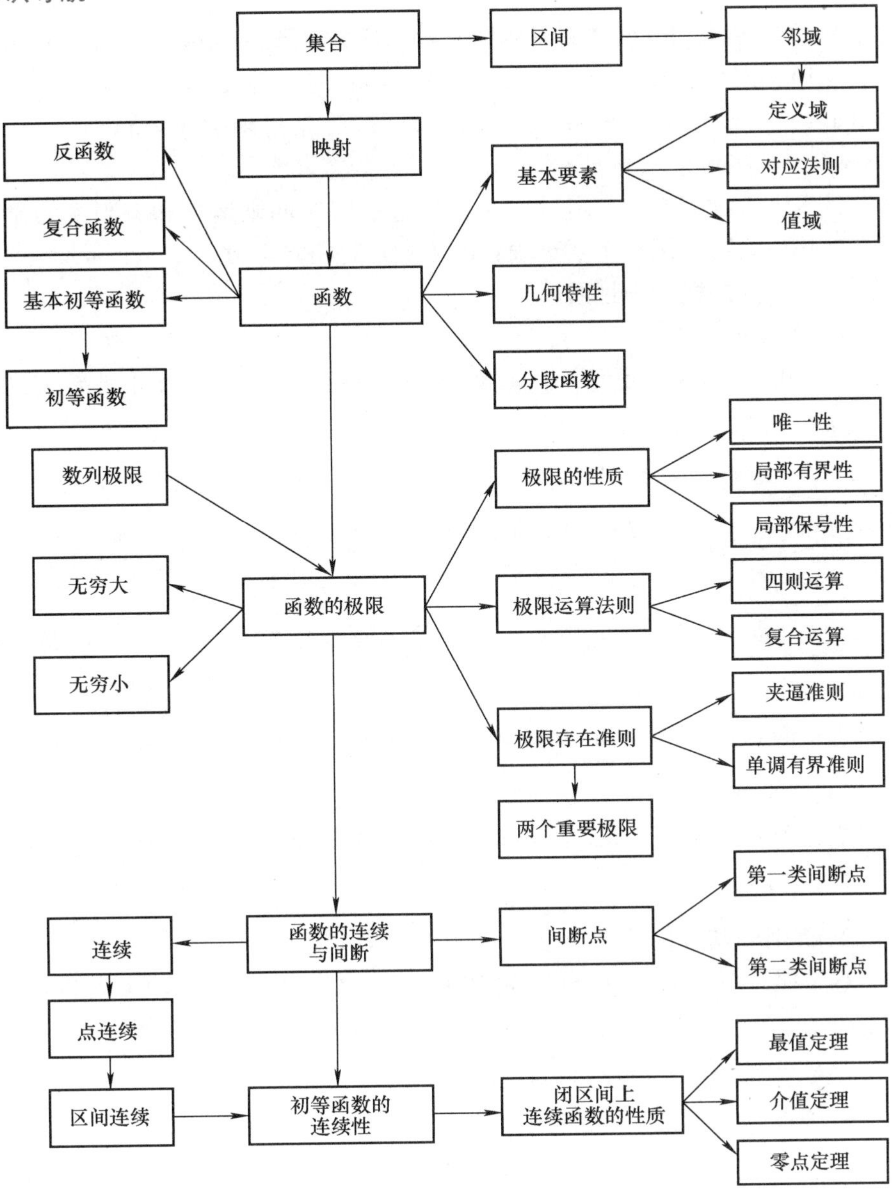

本章主要知识汇总

一、函数的概念及特性

1. 函数的三个基本要素：定义域 D_f、对应法则 f、值域 R_f.

2. 分段函数：在定义域的不同子集上用不同的表达式来表示其对应法则的函数. 分段函数有可能是初等函数，也可能不是.

3. 反函数与复合函数

(1) 反函数：单调函数 $y=f(x)$ 必存在单调的反函数 $y=f^{-1}(x)$，且具有相同的单调性.

（2）复合函数：当 $x\to\infty$ 的值域 R_g 与 $x\to x_0$ 的定义域 D_f 有非空交集时，$x\to\infty$ 与 $x\to x_0$ 可构成复合函数 $y=(f\circ g)(x)=f(g(x))$，$x\in\{x|u(x)\in D_f\}$.

4. 五类基本初等函数：幂函数 $y=x^\mu$（μ 为常数）；指数函数 $y=a^x$（$a>0$，$a\neq1$）；对数函数 $y=\log_a x$（$a>0$，$a\neq1$）；三角函数 $y=\sin x$，$y=\cos x$，$y=\tan x$，$y=\cot x$，$y=\sec x$，$y=\csc x$；反三角函数 $y=\arcsin x$，$y=\arccos x$，$y=\arctan x$，$y=\mathrm{arccot}\ x$.

由以上五种基本初等函数和常数经过有限次四则运算和有限次的函数复合而构成的可以用一个式子表示的函数称为**初等函数**.

二、极限的概念与性质

1. 极限的定义

（1）$\lim\limits_{n\to\infty}x_n=A$，数列 $\{x_n\}$ 收敛于 A：任给正数 ε，存在正整数 N，当 $n>N$ 时，有 $|x_n-A|<\varepsilon$.

（2）$\lim\limits_{x\to\infty}f(x)=A$：$\forall\varepsilon>0$，$\exists X>0$，当 $|x|>X$ 时，有 $|f(x)-A|<\varepsilon$.

$\lim\limits_{x\to+\infty}f(x)=A$：$\forall\varepsilon>0$，$\exists X>0$，当 $x>X$ 时，有 $|f(x)-A|<\varepsilon$.

$\lim\limits_{x\to-\infty}f(x)=A$：$\forall\varepsilon>0$，$\exists X>0$，当 $x<-X$ 时，有 $|f(x)-A|<\varepsilon$.

（3）$\lim\limits_{x\to x_0}f(x)=A$：$\forall\varepsilon>0$，$\exists\delta>0$，当 $0<|x-x_0|<\delta$ 时，有 $|f(x)-A|<\varepsilon$.

左极限 $f(x_0-0)=\lim\limits_{x\to x_0^-}f(x)=A$：$\forall\varepsilon>0$，$\exists\delta>0$，当 $-\delta<x-x_0<0$ 时，有 $|f(x)-A|<\varepsilon$.

右极限 $f(x_0+0)=\lim\limits_{x\to x_0^+}f(x)=A$：$\forall\varepsilon>0$，$\exists\delta>0$，当 $0<x-x_0<\delta$ 时，有 $|f(x)-A|<\varepsilon$.

2. 极限的基本性质

（1）唯一性：若 $\lim f(x)=A$（或 $\lim\limits_{n\to\infty}x_n=A$），$\lim f(x)=B$（或 $\lim\limits_{n\to\infty}x_n=B$）则 $A=B$.

（2）有界性：收敛数列必有界.

若函数极限存在，则当自变量变化一定后函数有界.

（3）保号性：若函数极限为正（或负），则在极限变化某过程中函数也为正（或负）.

（4）$\lim\limits_{x\to\infty}f(x)=A\Leftrightarrow\lim\limits_{x\to+\infty}f(x)=\lim\limits_{x\to-\infty}f(x)=A$.

（5）$\lim\limits_{x\to x_0}f(x)=A\Leftrightarrow\lim\limits_{x\to x_0^-}f(x)=\lim\limits_{x\to x_0^+}f(x)=A$.

三、无穷小量

1. 无穷小（量）：极限为 0 的量.

2. 无穷大（量）：若在某极限过程中，$|f(x)|$ 无限地增大，称 $f(x)$ 为该极限过程的无穷大.

3. 无穷小与无穷大的关系：在同一极限过程中，若 $f(x)$ 为无穷大，则 $\frac{1}{f(x)}$ 为无穷小；若 $f(x)$ 为无穷小且 $f(x)\neq 0$，则 $\frac{1}{f(x)}$ 为无穷大.

4. 无穷小与极限的关系：$\lim\limits_{x\to\infty} f(x)=A \Leftrightarrow f(x)=A+\alpha(x)$，其中 $\lim\alpha(x)=0$.

5. 两个无穷小的比较

设 $\lim\alpha(x)=0$，$\lim\beta(x)=0$，且 $\lim\frac{\beta(x)}{\alpha(x)}=C$.

(1) 若 $C=0$，称 $\beta(x)$ 是比 $\alpha(x)$ 高阶的无穷小，记作 $\beta=o(\alpha)$；也称 $\alpha(x)$ 是比 $\beta(x)$ 低阶的无穷小；

(2) 若 $C\neq 0$，称 $\alpha(x)$ 与 $\beta(x)$ 为同阶无穷小；

(3) 若 $C=1$，称 $\alpha(x)$ 与 $\beta(x)$ 为等价无穷小，记作 $\alpha(x)\sim\beta(x)$.

6. 重要的等价无穷小

当 $x\to 0$ 时，$\sin x\sim x$，$\tan x\sim x$，$\arcsin x\sim x$，$\arctan x\sim x$，$1-\cos x\sim\frac{1}{2}x^2$，$e^x-1\sim x$，$\ln(1+x)\sim x$，$\sqrt{1+x}-1\sim\frac{x}{2}$，$(1+x)^a-1\sim\alpha x \quad (\alpha\in\mathbb{R})$.

四、求极限的方法

1. 利用极限的四则运算和幂指数运算法则

若 $\lim f(x)=A$，$\lim g(x)=B$，则

(1) $\lim[f(x)\pm g(x)]=A\pm B$；

(2) $\lim[f(x)\cdot g(x)]=A\cdot B$；

(3) $\lim\frac{f(x)}{g(x)}=\frac{A}{B}(B\neq 0)$；

(4) $\lim[f(x)]^{g(x)}=A^B \quad (A>0)$.

2. 利用函数的连续性求极限

(1) 代入法：对连续函数求极限可用代入法求函数值. 若 a 在初等函数 $f(x)$ 的定义区间内，则 $\lim\limits_{x\to a}f(x)=f(a)$.

(2) 利用复合函数的连续性：$\lim\limits_{x\to x_0}f(\varphi(x))=f(\lim\limits_{x\to x_0}\varphi(x))$.

3. 两个重要极限和变量替换法并用

(1) $\lim\limits_{x\to 0}\frac{\sin x}{x}=1$，$\lim\limits_{u(x)\to 0}\frac{\sin u(x)}{u(x)}=1$.

(2) $\lim\limits_{n\to\infty}\left(1+\frac{1}{n}\right)^n=e$，$\lim\limits_{x\to\infty}\left(1+\frac{1}{x}\right)^x=e$，$\lim\limits_{t\to 0}(1+t)^{\frac{1}{t}}=e$.

4. 利用无穷小的重要性质和等价无穷小代换

(1) 无穷小的重要性质：有界变量与无穷小的乘积是一个无穷小.

(2) 等价无穷小代换：设 $\alpha\sim\alpha'$，$\beta\sim\beta'$，若 $\lim\frac{\alpha}{\beta}$ 存在，则 $\lim\frac{\alpha'}{\beta'}=\lim\frac{\alpha}{\beta}$.

五、函数连续性

1. $f(x)$在点 x_0 处连续$\Leftrightarrow \lim\limits_{x \to x_0} f(x)=f(x_0) \Leftrightarrow \lim\limits_{\Delta x \to 0} \Delta y$

$$= \lim_{\Delta x \to 0}(f(x)-f(x_0))=0$$

$$\Leftrightarrow \lim_{x \to x_0^-} f(x)=\lim_{x \to x_0^+} f(x)=f(x_0)$$

2. 函数的间断点及其分类

	定义（三种情形之一）	分类	
		第一类	第二类
间断点	(1) $f(x)$在点 x_0 处无定义 (2) $\lim\limits_{x \to x_0} f(x)$不存在 (3) $\lim\limits_{x \to x_0} f(x) \neq f(x_0)$	可去间断点： $f(x_0^-)=f(x_0^+)$ 跳跃间断点： $f(x_0^-) \neq f(x_0^+)$	无穷间断点： $\lim\limits_{x \to x_0} f(x)=\infty$ 振荡间断点 其他间断点

3. 初等函数的连续性

(1) 在区间 I 连续的函数的和、差、积、商(分母不为0)，在区间 I 也连续.

(2) 连续函数的复合函数仍为连续函数.

(3) 单调连续函数的反函数在其对应区间上也连续且单调.

(4) 基本初等函数在其定义域内连续.

(5) 初等函数在其定义区间内连续.

4. 闭区间上连续函数的性质

设$f(x)$在闭区间$[a,b]$上连续，则有如下性质：

(1) 最大值和最小值定理：$f(x)$在$[a,b]$上必有最大值 M 和最小值 m.

(2) 零点存在定理(方程实根的存在定理)：若$f(a) \cdot f(b)<0$，则至少存在一点 $\xi \in (a,b)$，使得$f(\xi)=0$.

(3) 介值定理：对于满足 $m \leqslant \mu \leqslant M$ 的任何实数 μ，至少存在一点 $\xi \in [a,b]$，使得$f(\xi)=\mu$.

自测题 1

1. 单项选择题.

(1) 设 $x_n=\frac{n}{2}[1+(-1)^n]$，则(　　).

A. $\{x_n\}$有界

B. $\{x_n\}$无界

C. $\{x_n\}$单调增加

D. $n \to \infty$ 时，x_n 为无穷大

(2) 若$f(x)$在点 x_0处的极限存在，则(　　).

A. $f(x_0)$必存在且等于极限值

B. $f(x_0)$存在但不一定等于极限值

C. $f(x_0)$在 x_0 处的函数值可以不存在

D. 如果$f(x_0)$存在，则必等于极限值

(3) 函数$f(x)=\frac{|x|\sin(x-1)}{x(x-1)(x-2)}$在下列区间有界的是(　　).

A. $(0,1)$　　B. $(1,2)$

C. $(0,2)$　　D. $(2,3)$

(4) 函数$f(x)=\frac{x^3-x}{\sin \pi x}$的可去间断点的个数为(　　).

A. 1　　B. 2　　C. 3　　D. 无穷多个

(5) 函数 $f(x)=\lim\limits_{n \to \infty} \frac{1+x}{1+x^{2n}}$ 的间断点情况

是(　　).

A. 不存在间断点

B. 存在间断点 $x=1$

C. 存在间断点 $x=0$

D. 存在间断点 $x=-1$

2. 指出下列运算中的错误，并给出正确解法：

(1) $\lim\limits_{x\to1}\dfrac{x^2-1}{x-1}=\dfrac{\lim\limits_{x\to1}(x^2-1)}{\lim\limits_{x\to1}(x-1)}=\dfrac{0}{0}=1$；

(2) $\lim\limits_{x\to2}\dfrac{x^2-1}{x-2}=\dfrac{\lim\limits_{x\to2}(x^2-1)}{\lim\limits_{x\to2}(x-2)}=\dfrac{3}{0}=\infty$；

(3) $\lim\limits_{x\to2}\left(\dfrac{1}{x-2}-\dfrac{4}{x^2-4}\right)=\lim\limits_{x\to2}\dfrac{1}{x-2}-\lim\limits_{x\to2}\dfrac{4}{x^2-4}=\infty-\infty=0$；

(4) $\lim\limits_{x\to0}\dfrac{\sqrt{1+x}-1}{\sqrt[3]{1+x}-1}=\dfrac{\lim\limits_{x\to0}(\sqrt{1+x}-1)}{\lim\limits_{x\to0}(\sqrt[3]{1+x}-1)}=\dfrac{0}{0}=1$.

3. 求下列极限：

(1) $\lim\limits_{n\to\infty}\dfrac{(n+1)(2n+2)(3n+3)}{2n^3}$；

(2) $\lim\limits_{n\to\infty}\left[\dfrac{1+3+\cdots+(2n-1)}{n+1}-\dfrac{2n+1}{2}\right]$；

(3) $\lim\limits_{x\to\infty}\dfrac{2x-\sin x}{5x+\sin x}$；

(4) $\lim\limits_{x\to+\infty}(\sqrt{(x+1)(x+2)}-x)$；

(5) $\lim\limits_{x\to4}\dfrac{2-\sqrt{x}}{3-\sqrt{2x+1}}$；

(6) $\lim\limits_{x\to0}\ln\dfrac{\sin 2x}{x}$；

(7) $\lim\limits_{x\to0}\dfrac{e^{2x}-1}{\ln(1+6x)}$；

(8) $\lim\limits_{x\to0}(2\csc 2x-\cot x)$；

(9) $\lim\limits_{x\to\infty}\left(\dfrac{x+1}{x-1}\right)^x$；

(10) $\lim\limits_{x\to+\infty}\left(1-\dfrac{1}{x}\right)^{\sqrt{x}}$；

(11) $\lim\limits_{x\to0}(1+2x)^{\frac{3}{\sin x}}$；

(12) $\lim\limits_{x\to0}\dfrac{1-\cos x}{(e^x-1)\ln(1+x)}$.

4. 求下列函数的间断点，并判断其类型. 如果是可去间断点，则补充或改变函数的定义，使其在该点连续：

(1) $y=\begin{cases}x-1, & x\leqslant1\\ 3-x, & x>1\end{cases}$；

(2) $y=y=\dfrac{x^2-x}{|x|(x^2-1)}$.

5. 设 $f(x)=f(x)=\begin{cases}\dfrac{\cos x}{x+2}, & x\geqslant0,\\ \dfrac{\sqrt{a}-\sqrt{a-x}}{x}, & x<0\quad(a>0).\end{cases}$

(1) 当 a 为何值时，$x=0$ 是 $f(x)$ 的连续点？

(2) 当 a 为何值时，$x=0$ 是 $f(x)$ 的间断点？是什么类型的间断点？

6. 试证：方程 $x\cdot2^x=1$ 至少有一个小于 1 的正根.

7. 讨论极限 $\lim\limits_{x\to0}\dfrac{1-2^{\frac{1}{x}}}{1+2^{\frac{1}{x}}}$ 是否存在？

8. 问 a，b 为何值时，$\lim\limits_{x\to0}\dfrac{\sin x}{a-e^x}(b-\cos x)=2$.

9. 问 a 为何值时，函数 $f(x)=\begin{cases}x^2+1, & |x|\leqslant a,\\ \dfrac{2}{|x|}, & |x|>a\end{cases}$ 连续.

10. 设 $f(x)$ 在 $[a,+\infty)$ 上连续，$f(a)>0$，且
$$\lim_{x\to+\infty}f(x)=A<0,$$
证明：在 $[a,+\infty)$ 上至少有一点 ξ，使 $f(\xi)=0$.

考研真题解析

1. (2024，数二) 函数 $f(x)=|x|^{\frac{1}{(1-x)(x-2)}}$ 的第一类间断点的个数是

A. 3

B. 2

C. 1

D. 0

解　$f(x)$ 的所有间断点为 0,1,2. 且不难得到

$$\lim_{x\to1}f(x)=\lim_{x\to1}\exp\left(\frac{\ln x}{(1-x)(x-2)}\right)=\lim_{x\to1}\exp\left(\frac{x-1}{(1-x)(x-2)}\right)=e$$

$$\lim_{x\to2^-}f(x)=+\infty,\quad \lim_{x\to0^+}f(x)=+\infty$$

所以 $f(x)$ 的第一类间断点只有 $x=1$，选 C.

2. (2024，数二) 已知数列 $\{a_n\}$ $(a_n\neq0)$，若 $\{a_n\}$ 发散，则(　　).

A. $\left\{a_n+\dfrac{1}{a_n}\right\}$发散　　B. $\left\{a_n-\dfrac{1}{a_n}\right\}$发散

C. $\left\{e^{a_n}+\dfrac{1}{e^{a_n}}\right\}$发散　　D. $\left\{e^{a_n}-\dfrac{1}{e^{a_n}}\right\}$发散

解　对于 A 和 C 选项可取反例 $a_n=2^{(-1)^n}$，对于 B 选项可取反例 $a_n=(-1)^n$，正确答案选 D.

3.（2023，数二）已知$\{x_n\}$，$\{y_n\}$满足：$x_1=y_1=\dfrac{1}{2}$，$x_{n+1}=\sin x_n$，$y_{n+1}=y_n^2(n=1,2,\cdots)$，则当 $n\to\infty$ 时，(　　)

A. x_n 是 y_n 的高阶无穷小

B. x_n 是 y_n 的高阶无穷小

C. x_n 是 y_n 是等价无穷小

D. x_n 是 y_n 是同阶但不等价的无穷小

解　不难得到 x_n 和 y_n 都是单调递减趋于 0 的. 当$0<x<\dfrac{\pi}{2}$时，有 $\sin x>\dfrac{2}{\pi}x$，于是 $x_{n+1}=\sin x_n>\dfrac{2}{\pi}x_n$. 而 $y_{n+1}=y_n^2<\dfrac{1}{2}y_n$，所以$\dfrac{y_{n+1}}{x_{n+1}}<\dfrac{\frac{1}{2}y_n}{\frac{2}{\pi}x_n}=\dfrac{\pi}{4}\cdot\dfrac{y_n}{x_n}<\cdots<\left(\dfrac{\pi}{4}\right)^n\dfrac{y_1}{x_1}=\left(\dfrac{\pi}{4}\right)^n\to 0$，因此选 B.

4.（2022，数二）　$x\to0$ 时，$\alpha(x)$，$\beta(x)$是非零无穷小量，给出以下 4 个命题：

(1) 若$\alpha(x)\sim\beta(x)$，则 $\alpha^2(x)\sim\beta^2(x)$；

(2) 若 $\alpha^2(x)\sim\beta^2(x)$，则 $\alpha(x)\sim\beta(x)$；

(3) 若$\alpha(x)\sim\beta(x)$，则$\alpha(x)-\beta(x)=o(\alpha(x))$；

(4) 若$\alpha(x)\sim\beta(x)=o(\alpha(x))$，则$\alpha(x)\sim\beta(x)$；

其中真命题是(　　).

A. (1)(3)　　B. (1)(4)　　C. (1)(3)(4)　　D. (2)(3)(4)

解　如果$\lim\limits_{x\to0}\dfrac{\alpha(x)}{\beta(x)}=1$，那么$\lim\limits_{x\to0}\dfrac{\alpha^2(x)}{\beta^2(x)}=1$，但反之是不成立的，比如可取反例 $\alpha(x)=x$，$\beta(x)=-x$，因此(1)对而(2)错. 且

$$\alpha(x)\sim\beta(x)\Leftrightarrow\lim_{x\to0}\frac{\beta(x)}{\alpha(x)}=1\Leftrightarrow\lim_{x\to0}\frac{\alpha(x)-\beta(x)}{\alpha(x)}=0\Leftrightarrow\alpha(x)-\beta(x)=o(\alpha(x)).$$

因此(3)和(4)都对，选 C.

5.（2022，数二）设有数列，其中 x_n 满足 $-\dfrac{\pi}{2}\leqslant x_n\leqslant\dfrac{\pi}{2}$，则

A. 若 $\lim\limits_{n\to\infty}\cos(\sin x_n)$存在，则 $\lim\limits_{n\to\infty}x_n$ 存在

B. 若 $\lim\limits_{n\to\infty}\sin(\cos x_n)$存在，则 $\lim\limits_{n\to\infty}x_n$ 存在

C. 若 $\lim\limits_{n\to\infty}\cos(\sin x_n)$存在，则 $\lim\limits_{n\to\infty}\sin x_n$ 存在，但 $\lim\limits_{n\to\infty}x_n$ 不一定存在

D. 若 $\lim\limits_{n\to\infty}\sin(\cos x_n)$存在，则 $\lim\limits_{n\to\infty}\cos x_n$ 存在，但 $\lim\limits_{n\to\infty}x_n$ 不一定存在

解　这题只需要注意到 $\sin x$ 在$\left[-\dfrac{\pi}{2},\dfrac{\pi}{2}\right]$上单调递增，而 $\cos x$ 在$\left[-\dfrac{\pi}{2},\dfrac{\pi}{2}\right]$上不是单调的，那么容易得到正确答案选 D. 要说明 A，B，C 选项的错误，只需取反例 $x_n=(-1)^n$ 即可.

竞赛真题赏析

1.（第十三届）设 $x_1=2021$，$x_n^2-2(x_n+1)x_{n+1}+2021=0(n\geqslant1)$. 证明：数列$\{x_n\}$收敛，并求极限 $\lim\limits_{n\to\infty}x_n$.

解　考虑函数$f(x)=\dfrac{x}{2}+\dfrac{a}{x}(x>0)$，其中 $a=1011$，再令 $y_n=1+x_n$，则 $y_1=2a$，且当 $n\geqslant1$ 时，有 $y_{n+1}=f(y_n)$. 易知，当 $x>\sqrt{2a}$时，$x>f(x)>\sqrt{2a}$，所以$\{y_n\}$是单调减少且以$\sqrt{2a}$为下界的数列，因而收敛. 由此可推知$\{x_n\}$收敛.

令$\lim\limits_{n\to\infty}y_n=A$，则$A>0$. 由 $y_{n+1}=f(y_n)$及$f(x)$的连续性，知 $A=f(A)$，解得 $A=\sqrt{2a}$. 因此$\lim\limits_{n\to\infty}x_n=\sqrt{2a}-1=\sqrt{2022}-1$.

2.（第十二届）设$f(x)$，$g(x)$ 在 $x=0$ 的某一邻域 U 内有定义，对任意 $x\in U$，$f(x)\neq g(x)$，且 $\lim\limits_{x\to0}f(x)=\lim\limits_{x\to0}g(x)=a>0$，则$\lim\limits_{x\to0}\dfrac{[f(x)]^{g(x)}-[g(x)]^{g(x)}}{f(x)-g(x)}=$________.

解　由极限的保号性，存在 $x=0$ 的去心邻域 U_1，当$x\in U_1$时，$f(x)>0$，$g(x)>0$. 因此

$$\begin{aligned}
\text{原式}&=\lim_{x\to0}[g(x)]^{g(x)}\frac{\left[\dfrac{f(x)}{g(x)}\right]^{g(x)}-1}{f(x)-g(x)}=a^a\lim_{x\to0}\frac{e^{g(x)\ln\frac{f(x)}{g(x)}}-1}{f(x)-g(x)}\\
&=a^a\lim_{x\to0}\frac{g(x)\ln\dfrac{f(x)}{g(x)}}{f(x)-g(x)}=a^a\lim_{x\to0}\frac{g(x)\ln\left[1+\dfrac{f(x)}{g(x)}-1\right]}{f(x)-g(x)}\\
&=a^a\lim_{x\to0}\frac{g(x)\left[\dfrac{f(x)}{g(x)}-1\right]}{f(x)-g(x)}=a^a.
\end{aligned}$$

第 2 章

导数与微分

微分学包含导数与微分. 从历史的角度来看，微分学的起源比积分学要晚得多. 求任意曲线的切线、物体的瞬时速度以及函数的极值等问题是推动微分学发展的重要动力.

17 世纪上半叶，天文学中望远镜的光程设计涉及求任意曲线的切线问题；物理学中非匀速运动涉及求物体的瞬时速度问题；军事上确定炮弹的最大射程涉及求函数的极值问题. 这些问题的研究不可避免地推动了微分学的发展. 当时很多优秀的数学家在不同领域中做出了一系列关键的前驱工作，如笛卡儿、沃利斯、巴罗和费马等.

直到 17 世纪中叶，牛顿和莱布尼茨站在更高的理论高度，系统整合了先前数学家们的零散工作成果从而创立了微积分.

2.1 导数的概念

引例

我们先讨论两个问题：**切线问题**和**瞬时速度问题**. 这两个问题都与导数概念的形成有密切的关系.

1. 切线问题

如图 2-1 所示，给定平面曲线 C：$y=f(x)$，设点 $P_0(x_0,y_0)$ 是 C 上的一点，求过点 P_0 的切线 P_0T.

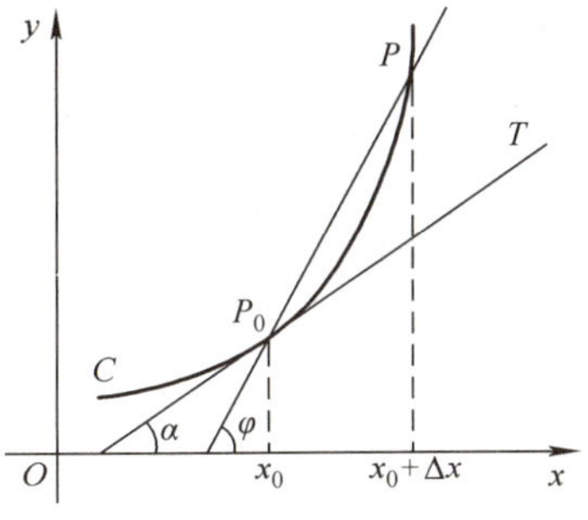

图 2-1

函数的切线

在 C 上取一点 $P(x_0+\Delta x,y_0+\Delta y)$，当 P 趋近于 P_0 时，割线 PP_0 所趋近的确定位置即为切线 P_0T. 由于割线 PP_0 的斜率为

$$\tan\varphi=\frac{\Delta y}{\Delta x}=\frac{f(x_0+\Delta x)-f(x_0)}{\Delta x},$$

所以当 P 趋近于 P_0，即 $\Delta x\to 0$ 时，切线 P_0T 的斜率就是极限

$$k=\lim_{\Delta x\to 0}\frac{\Delta y}{\Delta x}=\lim_{\Delta x\to 0}\frac{f(x_0+\Delta x)-f(x_0)}{\Delta x} \tag{2-1}$$

故切线 P_0T 的方程为

$$y-y_0=k(x-x_0).$$

若 $k=\pm\infty$ 时，P_0T 的方程为 $x=x_0$，即此时的切线是竖直切线.

2. 瞬时速度问题

物体在做非匀速运动时，每一时刻的速度都不相同，如何求物体在某时刻 t_0 的瞬时速度呢？

设物体所经过的路程 s 是时间 t 的函数：$s=s(t)$. 任取接近于 t_0 的时刻 $t_0+\Delta t$，则物体在这段时间内所经过的路程为

$$\Delta s=s(t_0+\Delta t)-s(t_0),$$

而物体在这段时间内的平均速度为

$$\bar{v}=\frac{\Delta s}{\Delta t}=\frac{s(t_0+\Delta t)-s(t_0)}{\Delta t}.$$

显然，Δt 越小，平均速度 $\bar{v}$ 就与 t_0 时刻的瞬时速度 $v(t_0)$ 越接近. 因此，当 $\Delta t\to 0$ 时，平均速度 $\bar{v}$ 的极限值称为 t_0 时刻的瞬时速度 $v(t_0)$，即

$$v(t_0)=\lim_{\Delta t\to 0}\frac{\Delta s}{\Delta t}=\lim_{\Delta t\to 0}\frac{s(t_0+\Delta t)-s(t_0)}{\Delta t}. \tag{2-2}$$

通过上述两个例子，不难发现切线就是割线在取极限以后的结果，类似地，瞬时速度也是平均速度在取极限以后的结果. 抛开例子的具体背景仅看数学概念，这两种极限都具有相同的数学形式，即

$$\lim_{\Delta x\to 0}\frac{\Delta y}{\Delta x},$$

我们把这种形式的极限称之为导数.

2.1.1　导数的定义

数学里的导数概念一般包含两种情况：一种是函数在一点处的导数，另一种是函数的导函数.

定义 2-1　设函数 $y=f(x)$ 在点 x_0 的某邻域 $U(x_0)$ 内有定义，当自变量 x 在点 x_0 处取得增量 $\Delta x\,(x_0+\Delta x\in U(x_0))$ 时，相应地，因变量 y 取得增量

$$\Delta y=f(x_0+\Delta x)-f(x_0).$$

若极限

$$\lim_{\Delta x\to 0}\frac{\Delta y}{\Delta x}=\lim_{\Delta x\to 0}\frac{f(x_0+\Delta x)-f(x_0)}{\Delta x}$$

存在，则称函数 $y=f(x)$ 在点 x_0 处**可导**，并称此极限值为函数 $y=f(x)$ **在点 x_0 处的导数**，记为

$$f'(x_0)=\lim_{\Delta x\to 0}\frac{f(x_0+\Delta x)-f(x_0)}{\Delta x}, \tag{2-3}$$

也可记作

$$y'\big|_{x=x_0},\ \frac{\mathrm{d}y}{\mathrm{d}x}\bigg|_{x=x_0}\text{或}\frac{\mathrm{d}f(x)}{\mathrm{d}x}\bigg|_{x=x_0}.$$

函数 $y=f(x)$ 在点 x_0 可导有时也说成函数 $y=f(x)$ 在点 x_0 处**具有导数**或**导数存在**. 如果极限式(2-3)不存在，则称函数 $y=f(x)$ 在点 x_0 处**不可导**.

注：函数不可导时，若 $f'(x_0)=\lim\limits_{\Delta x\to 0}\dfrac{\Delta y}{\Delta x}=\infty$，也可以说成 $y=f(x)$ 在点 x_0 的导数为无穷大.

导数的定义式(2-4)也可用其他形式表示，常见的有

$$f'(x_0)=\lim_{x\to x_0}\frac{f(x)-f(x_0)}{x-x_0} \tag{2-4}$$

和

$$f'(x_0)=\lim_{h\to 0}\frac{f(x_0+h)-f(x_0)}{h} \tag{2-5}$$

在数学上，导数所描述的是函数的变化率问题. 在该问题中，因变量增量与自变量增量之比 $\dfrac{\Delta y}{\Delta x}$ 表示的是平均变化率，而导数 $f'(x_0)=\lim\limits_{\Delta x\to 0}\dfrac{\Delta y}{\Delta x}$ 则是因变量 y 在点 x_0 处的变化率. 对于变化率，一般多用变化得“快慢”来进行描述.

例 2-1　求函数 $y=x^2$ 在 $x=1$ 处的导数 $y'\big|_{x=1}$.

解　x：$1\to 1+\Delta x$，y：$1^2\to(1+\Delta x)^2$

于是，

$$\Delta x=(1+\Delta x)-1=\Delta x,\ \Delta y=(1+\Delta x)^2-1^2=(\Delta x)^2+2\Delta x.$$

从而，

$$y'\Big|_{x=1}=\lim_{\Delta x\to 0}\frac{\Delta y}{\Delta x}=\lim_{\Delta x\to 0}\frac{(\Delta x)^2+2\Delta x}{\Delta x}=\lim_{\Delta x\to 0}\Delta x+2=2.$$

例 2-2　已知 $f'(x_0)=2$，求 $\lim\limits_{h\to 0}\dfrac{f(x_0+h)-f(x_0-h)}{h}$ 的值.

解
$$\lim_{h\to 0}\frac{f(x_0+h)-f(x_0-h)}{h}=\lim_{h\to 0}\frac{f(x_0+h)-f(x_0)+f(x_0)-f(x_0-h)}{h}$$
$$=\lim_{h\to 0}\frac{f(x_0+h)-f(x_0)}{h}+\lim_{-h\to 0}\frac{f(x_0-h)-f(x_0)}{-h}=2f'(x_0)=4.$$

左导数和右导数

根据导数的定义

$$f'(x_0)=\lim_{\Delta x\to 0}\frac{f(x_0+\Delta x)-f(x_0)}{\Delta x},$$

可知，导数本质上是一种极限，而极限又可分为左极限与右极限，从而导数 $f'(x_0)$ 也可以分为左导数和右导数.

$$f'_-(x_0)=\lim_{\Delta x\to 0^-}\frac{f(x_0+\Delta x)-f(x_0)}{\Delta x}, \tag{2-6}$$

$$f'_+(x_0)=\lim_{\Delta x\to 0^+}\frac{f(x_0+\Delta x)-f(x_0)}{\Delta x}. \tag{2-7}$$

式(2-6)和式(2-7)分别称为函数$f(x)$在x_0处的**左导数**和**右导数**.

有时也会把左导数和右导数写成下面的形式

$$f'_-(x_0)=\lim_{x\to x_0^-}\frac{f(x)-f(x_0)}{x-x_0}\text{与}f'_+(x_0)=\lim_{x\to x_0^+}\frac{f(x)-f(x_0)}{x-x_0}.$$

由于极限存在的充要条件是左、右极限都存在且相等，因此导数$f'(x_0)$**存在的充要条件是左导数$f'_-(x_0)$和右导数$f'_+(x_0)$都存在且相等.**

左导数和右导数统称为**单侧导数**. 常用来判断分段函数在分段点是否可导.

例 2-3 讨论函数$f(x)=|x|$在$x=0$处的可导性.

解 $f'_-(0)=\lim\limits_{\Delta x\to 0^-}\dfrac{f(0+\Delta x)-f(0)}{\Delta x}=\lim\limits_{\Delta x\to 0^-}\dfrac{|\Delta x|}{\Delta x}=\lim\limits_{\Delta x\to 0^-}\dfrac{-\Delta x}{\Delta x}=-1,$

$f'_+(0)=\lim\limits_{\Delta x\to 0^+}\dfrac{f(0+\Delta x)-f(0)}{\Delta x}=\lim\limits_{\Delta x\to 0^+}\dfrac{|\Delta x|}{\Delta x}=\lim\limits_{\Delta x\to 0^+}\dfrac{\Delta x}{\Delta x}=1.$

由于$f'_-(0)\neq f'_+(0)$，因此$f'(x_0)$不存在，即$f(x)=|x|$在$x=0$处不可导.

注：实际上，若画出函数$f(x)=|x|$的图像，则可发现在点$x=0$处出现了“尖点”，这是不可导的一个常见标志.

例 2-4 讨论函数$f(x)=\begin{cases}x, & x<0,\\ \ln(1+x), & x\geqslant 0\end{cases}$在$x=0$处的可导性.

解 $f'_-(0)=\lim\limits_{\Delta x\to 0^-}\dfrac{f(0+\Delta x)-f(0)}{\Delta x}=\lim\limits_{\Delta x\to 0^-}\dfrac{\Delta x}{\Delta x}=1,$

$f'_+(0)=\lim\limits_{\Delta x\to 0^+}\dfrac{f(0+\Delta x)-f(0)}{\Delta x}=\lim\limits_{\Delta x\to 0^+}\dfrac{\ln(1+\Delta x)}{\Delta x}=1.$

由于$f'_-(0)=f'_+(0)$，因此$f(x)$在$x=0$处可导.

注：导数是一种极限，因此计算导数也是在计算极限，那么之前所学习的极限计算方法同样可以使用在计算导数的题目中，如本题则使用了等价无穷小的一个结论$\ln(1+x)\sim x(x\to 0)$.

2.1.2 导数的几何意义

通过引例可知：**导数$f'(x_0)$在几何上表示曲线$y=f(x)$在点(x_0,y_0)处的切线的斜率.**

当$f'(x_0)$存在时，曲线$y=f(x)$在点(x_0,y_0)处的切线方程为

$$y-y_0=f'(x_0)(x-x_0). \tag{2-8}$$

若$f'(x_0)=\pm\infty$，则曲线$y=f(x)$在点(x_0,y_0)有垂直于x轴的切线$x=x_0$.

过切点(x_0,y_0)且与切线垂直的直线称为曲线$y=f(x)$在点(x_0,y_0)的**法线**. 故相对应的法线方程为

$$y-y_0=-\frac{1}{f'(x_0)}(x-x_0)\quad (f'(x_0)\neq 0). \tag{2-9}$$

例 2-5　求等边双曲线 $y=\dfrac{1}{x}$ 在点 $\left(\dfrac{1}{3},3\right)$ 处的切线的斜率，并写出在该点处的切线方程和法线方程.

解　切线斜率为

$$k_1=\lim_{h\to 0}\frac{f\left(\frac{1}{3}+h\right)-f\left(\frac{1}{3}\right)}{h}=\lim_{h\to 0}\frac{\frac{1}{\frac{1}{3}+h}-3}{h}=\lim_{h\to 0}\frac{-9}{1+3h}=-9.$$

法线斜率为 $k_2=\dfrac{1}{9}$.

切线方程为 $y-3=-9\left(x-\dfrac{1}{3}\right)$，即 $9x+y-6=0$

法线方程为 $y-3=\dfrac{1}{9}\left(x-\dfrac{1}{3}\right)$，即 $3x-27y+80=0$.

注：本题的导数暂时是用定义来计算，待 2.2 节学习导函数的知识后，可简化计算.

2.1.3　可导与连续的关系

可导与连续是函数的两个常见性质，两者间存在密切关系．若 $y=f(x)$ **在点 x_0 可导，则 $f(x)$ 在点 x_0 必连续.**

证　由于 $f(x)$ 在点 x_0 可导，即

$$\lim_{\Delta x\to 0}\frac{\Delta y}{\Delta x}=f'(x_0)$$

存在．由无穷小量与函数极限的关系得

$$\frac{\Delta y}{\Delta x}=f'(x_0)+\alpha,$$

其中 $\alpha\to 0(\Delta x\to 0)$，从而

$$\Delta y=f'(x_0)\Delta x+\alpha\Delta x,$$

故

$$\lim_{\Delta x\to 0}\Delta y=\lim_{\Delta x\to 0}(f'(x_0)\Delta x+\alpha\Delta x)=0.$$

于是

$$\lim_{x\to x_0}(f(x)-f(x_0))=0,$$

即

$$\lim_{x\to x_0}f(x)=f(x_0).$$

故 $f(x)$ 在点 x_0 处连续.

反之，函数在某点连续但不一定可导.　如函数 $f(x)=\sqrt[3]{x}$ 在点 $x=0$ 处连续，但极限 $\lim\limits_{\Delta x\to 0}\dfrac{\sqrt[3]{\Delta x}}{\Delta x}$ 不存在，故不可导.

例 2-6

讨论函数 $f(x)=\begin{cases} x\sin\dfrac{1}{x}, & x\neq 0, \\ 0, & x=0 \end{cases}$ 在 $x=0$ 处的连续性与可导性.

解 先考察连续性，由于

$$\lim_{x\to 0}f(x)=\lim_{x\to 0}x\sin\frac{1}{x}=0=f(0).$$

于是 $f(x)$ 在 $x=0$ 处连续，再考虑可导性

$$\lim_{x\to 0}\frac{f(x)-f(0)}{x-0}=\lim_{x\to 0}\frac{x\sin\dfrac{1}{x}}{x}=\lim_{x\to 0}\sin\frac{1}{x}$$

不存在. 因此，$f(x)$ 在 $x=0$ 处不可导.

注：当一道题中既出现连续又出现可导时，多选用式(2-4)表示导数.

习题 2-1

1. 设函数 $s=\frac{1}{2}gt^2$，求 $\left.\frac{\mathrm{d}s}{\mathrm{d}t}\right|_{t=2}$.

2. 下列各题中均假定 $f'(x_0)=1$，按照导数定义观察下列极限，求 A 的值：

(1) $\lim\limits_{\Delta x\to 0}\dfrac{f(x_0-\Delta x)-f(x_0)}{\Delta x}=A$;

(2) $f(x_0)=0$，$\lim\limits_{x\to x_0}\dfrac{f(x)}{x_0-x}=A$.

3. 设 $f(x)=x(x-1)(x-2)\cdots(x-n)$，求 $f'(0)$.

4. 讨论函数 $y=\sqrt[3]{x}$ 在 $x=0$ 点处的连续性和可导性.

5. 设函数

$$f(x)=\begin{cases} x^2, & x\leqslant 1, \\ ax+b, & x>1. \end{cases}$$

为了使函数 $f(x)$ 在 $x=1$ 点处连续且可导，a，b 应取什么值?

2.2 导数的计算

导函数

如果函数 $y=f(x)$ 在开区间 (a,b) 内的每一点处都可导，则称 $f(x)$ 在开区间 (a,b) 内可导；若右导数 $f'_+(a)$ 和左导数 $f'_-(b)$ 都存在，则称 $f(x)$ 在闭区间 $[a,b]$ 上可导. 由这些导数构成的新函数 $f'(x)$ 称为函数 $f(x)$ 的导函数，简称导数，有时也记为 y'，$\dfrac{\mathrm{d}y}{\mathrm{d}x}$，$\dfrac{\mathrm{d}f(x)}{\mathrm{d}x}$.

那么对于导函数有

$$f'(x)=\lim_{\Delta x\to 0}\frac{f(x+\Delta x)-f(x)}{\Delta x},\ x\in(a,b) \tag{2-10}$$

而导函数 $f'(x)$ 在点 $x=x_0$ 处的函数值就是 $f(x)$ 在点 x_0 处的导数 $f'(x_0)$，即

$$f'(x)\big|_{x=x_0}=f'(x_0). \tag{2-11}$$

上式说明了在某一点的导数和导函数的关系，通常在求解已知函数在一点处的导数时，都会先计算出函数的导函数，再把该点代入导函数从而求得此点处的导数. 为此我们来计算一些常用的初等函数的导函数. 为了

方便，下面内容中的导函数均用导数来代替.

2.2.1 用定义计算导数

例 2-7 求常数函数 $f(x)=C$(C 为常数)的导数.

解 $f'(x)=\lim\limits_{h\to 0}\dfrac{f(x+h)-f(x)}{h}=\lim\limits_{h\to 0}\dfrac{C-C}{h}=0$,

即 $(C)'=0$.

例 2-8 求幂函数 $f(x)=x^{\mu}$($\mu\in\mathbb{R}$)的导数.

解 $f'(x)=\lim\limits_{h\to 0}\dfrac{(x+h)^{\mu}-x^{\mu}}{h}=\lim\limits_{h\to 0}x^{\mu-1}\dfrac{\left(1+\dfrac{h}{x}\right)^{\mu}-1}{\dfrac{h}{x}}$.

利用等价无穷小 $(1+x)^{\alpha}-1\sim\alpha x(x\to 0)$ 的结论可得

$$f'(x)=\lim_{h\to 0}x^{\mu-1}\cdot\mu=\mu x^{\mu-1},$$

即 $(x^{\mu})'=\mu x^{\mu-1}$.

当 $\mu=\dfrac{1}{2}$ 时 $(\sqrt{x})'=\dfrac{1}{2\sqrt{x}}$；当 $\mu=-1$ 时 $\left(\dfrac{1}{x}\right)'=-\dfrac{1}{x^2}$.

在 2.1 节例 2-5 中，利用公式 $\left(\dfrac{1}{x}\right)'=-\dfrac{1}{x^2}$ 可以快速计算出 $k_1=-\dfrac{1}{x^2}\Big|_{x=\frac{1}{3}}=-9$.

例 2-9 求函数 $f(x)=\sin x$ 的导数.

解 $f'(x)=\lim\limits_{h\to 0}\dfrac{\sin(x+h)-\sin x}{h}$,

利用和差化积公式和等价无穷小公式可得

$$f'(x)=\lim_{h\to 0}\frac{2\cos\left(x+\dfrac{h}{2}\right)\cdot\sin\dfrac{h}{2}}{h}=\lim_{h\to 0}\cos\left(x+\frac{h}{2}\right)\frac{\sin\dfrac{h}{2}}{\dfrac{h}{2}}=\cos x,$$

即 $(\sin x)'=\cos x$，类似可得 $(\cos x)'=-\sin x$.

例 2-10 求函数 $f(x)=a^x(a>0,a\neq 1)$的导数.

解 $f'(x)=\lim\limits_{h\to 0}\dfrac{a^{x+h}-a^x}{h}=a^x\lim\limits_{h\to 0}\dfrac{a^h-1}{h}=a^x\lim\limits_{h\to 0}\dfrac{e^{h\ln a}-1}{h}=a^x\ln a$,

利用等价无穷小 $e^x-1\sim x(x\to 0)$ 的结论可得

$$f'(x)=a^x\lim_{h\to 0}\frac{h\ln a}{h}=a^x\ln a,$$

即 $(a^x)'=a^x\ln a$，特别地，当 $a=e$ 时，$(e^x)'=e^x$.

例 2-11 求函数 $y=\log_a x(a>0,\ a\neq 1)$的导数.

解 $f'(x)=\lim\limits_{h\to 0}\dfrac{\log_a(x+h)-\log_a x}{h}=\lim\limits_{h\to 0}\dfrac{\log_a\left(1+\dfrac{h}{x}\right)}{\dfrac{h}{x}}\cdot\dfrac{1}{x}$

$$=\frac{1}{x}\lim_{h\to 0}\log_a\left(1+\frac{h}{x}\right)^{\frac{x}{h}}$$

$$=\frac{1}{x}\log_a\lim_{h\to 0}\left(1+\frac{h}{x}\right)^{\frac{x}{h}}=\frac{1}{x}\log_a \mathrm{e}=\frac{1}{x\ln a},$$

即$(\log_a x)'=\dfrac{1}{x\ln a}$，特别地，当 $a=\mathrm{e}$ 时，$(\ln x)'=\dfrac{1}{x}$.

2.2.2 导数的四则运算法则

定理 2-1 如果函数 $u=u(x)$，$v=v(x)$在点 x 均可导，那么它们的和、差、积、商在点 x 也可导，且

(1) $(u\pm v)'=u'\pm v'$;

(2) $(uv)'=u'v+uv'$;

(3) $\left(\dfrac{u}{v}\right)'=\dfrac{u'v-uv'}{v^2}(v\neq 0)$. (2-12)

证 (1) $(u+v)'=\lim\limits_{h\to 0}\dfrac{[u(x+h)+v(x+h)]-[u(x)+v(x)]}{h}$

$$=\lim_{h\to 0}\frac{u(x+h)-u(x)}{h}+\lim_{h\to 0}\frac{v(x+h)-v(x)}{h}=u'+v'.$$

类似可证$(u-v)'=u'-v'$.

(2) $(uv)'=\lim\limits_{h\to 0}\dfrac{u(x+h)\cdot v(x+h)-u(x)\cdot v(x)}{h}$

$$=\lim_{h\to 0}\left[\frac{u(x+h)-u(x)}{h}\cdot v(x+h)+u(x)\frac{v(x+h)-v(x)}{h}\right]$$

$$=\lim_{h\to 0}\frac{u(x+h)-u(x)}{h}\cdot\lim_{h\to 0}v(x+h)+u(x)\cdot\lim_{h\to 0}\frac{v(x+h)-v(x)}{h}.$$

$$=\lim_{h\to 0}\frac{u(x+h)-u(x)}{h}\cdot v(x)+u(x)\cdot\lim_{h\to 0}\frac{v(x+h)-v(x)}{h}$$

$$=u'v+uv'.$$

特别地，$(cu)'=cu'$，c 为常数.

(3) $\left(\dfrac{u}{v}\right)'=\lim\limits_{h\to 0}\dfrac{\dfrac{u(x+h)}{v(x+h)}-\dfrac{u(x)}{v(x)}}{h}=\lim\limits_{h\to 0}\dfrac{u(x+h)v(x)-u(x)v(x+h)}{v(x)v(x+h)h}$

$$=\lim_{h\to 0}\frac{\dfrac{[u(x+h)-u(x)]}{h}v(x)-u(x)\dfrac{[v(x+h)-v(x)]}{h}}{v(x)v(x+h)}$$

$$=\frac{u'v-uv'}{v^2}.$$

注：定理 2-1(1)和(2)均可推广到有限多个函数的情形，以定理 2-1(2)为例有

$$(u_1u_2\cdots u_n)'=u_1'u_2\cdots u_n+u_1u_2'\cdots u_n+\cdots+u_1u_2\cdots u_n'.$$

利用导数的四则运算法则，可以得到更多常用函数的导数.

例 2-12　验证下列公式

(1) $(\tan x)'=\sec^2 x$;

(2) $(\cot x)'=-\csc^2 x$;

(3) $(\sec x)'=\sec x\tan x$;

(4) $(\csc x)'=-\csc x\cot x$.

证　(1) $(\tan x)'=\left(\dfrac{\sin x}{\cos x}\right)'=\dfrac{(\sin x)'\cos x-\sin x(\cos x)'}{\cos^2 x}$,

$$=\frac{\cos^2 x+\sin^2 x}{\cos^2 x}=\frac{1}{\cos^2 x}=\sec^2 x.$$

同理可推出(2) $(\cot x)'=-\csc^2 x$.

(3) $(\sec x)'=\left(\dfrac{1}{\cos x}\right)'=\dfrac{-(\cos x)'}{\cos^2 x}=\dfrac{\sin x}{\cos^2 x}=\sec x\tan x$.

同理可推出(4) $(\csc x)'=-\csc x\cot x$.

例 2-13　求 $y=e^x-4x^3+2\sin x+\ln 5$ 的导数.

解　$y'=(e^x)'-4(x^3)'+2(\sin x)'+(\ln 5)'=e^x-12x^2+2\cos x$.

例 2-14　求 $f(x)=2\sqrt{x}\cos x$ 的导数，并求 $f'\left(\dfrac{\pi}{2}\right)$.

解　$f'(x)=(2\sqrt{x}\cos x)'=2(\sqrt{x}\cos x)'$

$$=2[(\sqrt{x})'\cos x+\sqrt{x}(\cos x)']=2\left(\frac{1}{2\sqrt{x}}\cos x-\sqrt{x}\sin x\right)$$

$$=\frac{1}{\sqrt{x}}\cos x-2\sqrt{x}\sin x.$$

$$f'\left(\frac{\pi}{2}\right)=\left[\frac{1}{\sqrt{x}}\cos x-2\sqrt{x}\sin x\right]_{x=\frac{\pi}{2}}=-\sqrt{2\pi}.$$

2.2.3　反函数的求导法则

定理 2-2　设函数 $x=\varphi(y)$ 在区间 I_y 内单调、可导且 $\varphi'(y)\neq 0$. 则其反函数 $y=f(x)$ 在对应的区间 I_x 内也可导，且

$$f'(x)=\frac{1}{\varphi'(y)}\quad 或\quad \frac{dy}{dx}=\frac{1}{\frac{dx}{dy}}. \tag{2-13}$$

略去定理的证明，利用反函数求导法则可以得到反三角函数的导数.

例 2-15　求函数 $y=\arcsin x$ 的导数.

解　因为 $x=\sin y$ 在 $J=\left(-\frac{\pi}{2},\frac{\pi}{2}\right)$ 内单调、可导，且 $(\sin y)'=\cos y>0$，因此在对应区间 $I=(-1,1)$ 内有

$$(\arcsin x)'=\frac{1}{(\sin y)'}=\frac{1}{\cos y}=\frac{1}{\sqrt{1-\sin^2 y}}=\frac{1}{\sqrt{1-x^2}}.$$

类似可得

$$(\arccos x)'=-\frac{1}{\sqrt{1-x^2}},\ (\arctan x)'=\frac{1}{1+x^2},\ (\text{arccot}\ x)'=-\frac{1}{1+x^2}.$$

至此，基本初等函数的求导公式已经完成.

(1) $(C)'=0$；　(2) $(x^\mu)'=\mu x^{\mu-1}$；

(3) $(a^x)'=a^x\ln a$；　(4) $(e^x)'=e^x$；

(5) $(\log_a x)'=\frac{1}{x\ln a}$；　(6) $(\ln x)'=\frac{1}{x}$；

(7) $(\sin x)'=\cos x$；　(8) $(\cos x)'=-\sin x$；

(9) $(\tan x)'=\sec^2 x$；　(10) $(\cot x)'=-\csc^2 x$；

(11) $(\sec x)'=\sec x\tan x$；　(12) $(\csc x)'=-\csc x\cot x$；

(13) $(\arcsin x)'=\frac{1}{\sqrt{1-x^2}}$；　(14) $(\arccos x)'=-\frac{1}{\sqrt{1-x^2}}$；

(15) $(\arctan x)'=\frac{1}{1+x^2}$；　(16) $(\text{arccot}\ x)'=-\frac{1}{1+x^2}$.

2.2.4　复合函数的求导法则

定理 2-3(链式法则)　若函数 $u=g(x)$ 在点 x 处可导，而 $y=f(u)$ 在点 $u=g(x)$ 处可导，则复合函数 $y=f[g(x)]$ 在点 x 处可导，且其导数为

$$\frac{dy}{dx}=f'(u)\cdot g'(x)\quad 或\quad \frac{dy}{dx}=\frac{dy}{du}\cdot\frac{du}{dx} \tag{2-14}$$

证　由于 $y=f(u)$ 在点 u 可导，故

$$\lim_{\Delta u\to 0}\frac{\Delta y}{\Delta u}=f'(u).$$

令

$$\alpha=\alpha(\Delta u)=\begin{cases}\frac{\Delta y}{\Delta u}-f'(u), & \Delta u\neq 0,\\ 0, & \Delta u=0.\end{cases}$$

因 $u=g(x)$ 可导，故 $u=g(x)$ 连续，从而 $\lim\limits_{\Delta x\to 0}\Delta u=0$，所以 $\lim\limits_{\Delta x\to 0}\alpha=0$，且

$$\Delta y=f'(u)\Delta u+\alpha\cdot\Delta u.$$

(当 $\Delta u=0$ 时，上式右边为零，左边 $\Delta y=f(u+\Delta u)-f(u)=0$，故上式也成立).

由于 $y=f[g(x)]$，$\Delta y=f(g(x+\Delta x))-f(g(x))$，因此

$$\frac{\mathrm{d}y}{\mathrm{d}x}=\lim_{\Delta x\to 0}\frac{\Delta y}{\Delta x}=\lim_{\Delta x\to 0}\left[f'(u)\frac{\Delta u}{\Delta x}+\alpha\cdot\frac{\Delta u}{\Delta x}\right]=f'(u)\cdot g'(x).$$

注：该法则可推广到有限多个函数的情形，以三层复合函数为例若 $y=f(u(v(x)))$ 有

$$\frac{\mathrm{d}y}{\mathrm{d}x}=f'(u)\cdot u'(v)\cdot v'(x)\quad 或\quad \frac{\mathrm{d}y}{\mathrm{d}x}=\frac{\mathrm{d}y}{\mathrm{d}u}\cdot\frac{\mathrm{d}u}{\mathrm{d}v}\cdot\frac{\mathrm{d}v}{\mathrm{d}x}.$$

例 2-16　求函数 $y=\mathrm{e}^{x^2}$ 的导数.

解　先进行复合函数分解 $y=\mathrm{e}^u$，$u=x^2$，再利用链式法则

$$\frac{\mathrm{d}y}{\mathrm{d}x}=\frac{\mathrm{d}y}{\mathrm{d}u}\cdot\frac{\mathrm{d}u}{\mathrm{d}x}=\mathrm{e}^u\cdot 2x=\mathrm{e}^{x^2}\cdot 2x=2x\mathrm{e}^{x^2}.$$

例 2-17　求函数 $y=\ln\sin x$ 的导数.

解　设 $y=\ln u$，$u=\sin x$ 则

$$\frac{\mathrm{d}y}{\mathrm{d}x}=\frac{\mathrm{d}y}{\mathrm{d}u}\cdot\frac{\mathrm{d}u}{\mathrm{d}x}=\frac{1}{u}\cdot\cos x=\frac{\cos x}{\sin x}=\cot x.$$

注：复合函数求导要先对其进行分解，了解函数的复合链路. 求导时要“由外及里，逐层求导”. 在熟练之后，可以省略中间步骤，做到“心中换元”.

例 2-18　求 $y=\arctan\dfrac{1}{x}$ 的导数.

解　$$y'=\left(\arctan\frac{1}{x}\right)'=\frac{1}{1+\left(\frac{1}{x}\right)^2}\cdot\left(\frac{1}{x}\right)'=\frac{x^2}{1+x^2}\cdot\left(-\frac{1}{x^2}\right)=-\frac{1}{1+x^2}.$$

例 2-19　求函数 $y=\arcsin\sqrt{\sin x}$ 的导数.

解　$$y'=\frac{1}{\sqrt{1-(\sqrt{\sin x})^2}}\cdot\frac{1}{2\sqrt{\sin x}}\cdot\cos x=\frac{\cos x}{2\sqrt{\sin x(1-\sin x)}}.$$

例 2-20　求函数 $y=\mathrm{e}^{\sqrt{\sin(2x+1)}}$ 的导数.

解　$$y'=\mathrm{e}^{\sqrt{\sin(2x+1)}}\cdot\frac{1}{2\sqrt{\sin(2x+1)}}\cdot\cos(2x+1)\cdot 2$$
$$=\frac{\mathrm{e}^{\sqrt{\sin(2x+1)}}\cos(2x+1)}{\sqrt{\sin(2x+1)}}.$$

例 2-21　已知 $f(u)$，$g(v)$ 可导，求函数 $y=f[g(\ln x)]$ 的导数.

解　$$y'=f'[g(\ln x)]\cdot g'(\ln x)\cdot\frac{1}{x}=\frac{f'[g(\ln x)]g'(\ln x)}{x}.$$

例 2-22　求 $y=f(x^2)+[f(x)]^2$ 导数，其中 $f(x)$ 可导.

解　$y'=f'(x^2)\cdot 2x+2[f(x)]\cdot f'(x)=2xf'(x^2)+2f(x)f'(x).$

2.2.5　隐函数的求导法则

前面所讨论的均为形如 $y=f(x)$ 的函数，如 $y=\mathrm{e}^{\sin x}$，$y=x\ln x-\sqrt{x}$ 等，

其特点为等号左边是因变量，含有自变量的式子都在等号右边. 这种形式的函数称为**显函数**. 实际上有时还会用其他方式来表示函数，如方程 $x^2+y^3-1=0$，也可以用来表示函数，这种形式的函数就叫作**隐函数**. 一般地，如果变量 x 和 y 满足一个方程 $F(x,y)=0$，在一定条件下，当 x 取某区间内的任一值时，相应地总有满足这个方程的唯一的 x 值存在，那么就说方程在该区间内确定了一个隐函数. 把一个隐函数化成显函数的过程，叫作**隐函数的显化**，由于不是所有的隐函数都可以显化，因此我们需要一种可以对隐函数直接求导的方法. 下面通过一些例子来介绍该方法.

例 2-23　求由方程 $xy+\mathrm{e}^x-\mathrm{e}^y=0$ 所确定的隐函数 y 的导数 y'.

解　方程两边对 x 求导，得

$$y+xy'-\mathrm{e}^x-\mathrm{e}^y\cdot y'=0.$$

整理，得

$$(x-\mathrm{e}^y)y'=\mathrm{e}^x-y.$$

于是

$$y'=\frac{\mathrm{e}^x-y}{x-\mathrm{e}^y}\quad(x-\mathrm{e}^y\neq 0).$$

注：隐函数求导时需要注意含有 y 的项，如对本题中的 e^y，由于 y 是关于 x 的函数，因此 e^y 不同于 e^x，它是复合函数，需要使用链式法则进行求导.

例 2-24　求由方程 $x^3-3xy+y^3-4=0$ 所确定的曲线 $y=f(x)$ 在点 $(2,2)$ 处的切线方程.

解　对隐函数求导，得

$$3x^2-3y-3xy'+3y^2y'=0,$$

解得 $y'=\dfrac{y-x^2}{y^2-x}$.

在点 $(2,2)$ 处，$y'|_{(2,2)}=-1$，于是，在点 $(2,2)$ 处的切线方程为

$$y-2=-(x-2)\text{，即 }x+y-4=0.$$

下面再介绍一种函数的求导，由于在其求导过程中使用了隐函数求导，故将其放在此处. 此类函数叫作**幂指函数**，一般形式为 $y=u(x)^{v(x)}$，$u(x)>0$，如 $y=x^x(x>0)$，$y=x^{\sin x}\quad(x>0)$ 等. 幂指函数虽然是显函数，但不易直接求导，因此需要在求导前先做一些处理，即取对数，利用对数的性质进行化简后再求导，因此这个方法也叫作**对数求导法**. 下面用例题演示.

例 2-25　求函数 $y=x^x(x>0)$ 的导数 y'.

解　两边取对数，得

$$\ln y=x\cdot\ln x.$$

对隐函数求导，得

$$\frac{1}{y}y'=\ln x+x\cdot\frac{1}{x},$$

故　$y' = y(\ln x + 1) = x^x(\ln x + 1)$.

注：实际上该题还有另外一种解法，即考虑到恒等变形 $x = e^{\ln x}(x > 0)$，于是还可以有 $y' = (x^x)' = (e^{\ln x^x})' = (e^{x\ln x})' = e^{x\ln x} \cdot \left(\ln x + x \cdot \dfrac{1}{x}\right) = x^x(\ln x + 1)$.

例 2-26　求函数 $y = \dfrac{(x+2)^2(2x+3)^3}{(3x+4)^4(4x+5)^5}$ 的导数 y'.

解　两边取对数，得

$$\ln y = 2\ln(x+2) + 3\ln(2x+3) - 4\ln(3x+4) - 5\ln(4x+5).$$

对隐函数求导，得

$$\frac{1}{y}y' = \frac{2}{x+2} + \frac{2 \cdot 3}{2x+3} - \frac{3 \cdot 4}{3x+4} - \frac{4 \cdot 5}{4x+5}.$$

于是

$$y' = 2\frac{(x+2)^2(2x+3)^3}{(3x+4)^4(4x+5)^5}\left(\frac{1}{x+2} + \frac{3}{2x+3} - \frac{6}{3x+4} - \frac{10}{4x+5}\right).$$

注：对于本题这种连乘项比较多的函数，对数求导法主要起到了简化计算的作用，实际上也可以用例 2-25 注里的方法求解此题，请感兴趣的读者自行尝试.

2.2.6　参数方程的求导法则

除了隐函数之外，还可以用**参数方程**来表示函数关系，一般形式如下：

$$\begin{cases} x = x(t), \\ y = y(t). \end{cases}$$

一般来说，只要消除参数 t，就可以把参数方程转化为显函数，但实际上这往往很困难，因此也需要研究一种专门针对参数方程的求导方法.

事实上，若函数 $x(t)$，$y(t)$ 可导且 $x'(t) \neq 0$，$x = x(t)$ 具有单调连续的反函数，且此反函数能与 $y = y(t)$ 构成 y 关于 x 的复合函数. 则由复合函数求导法则及反函数求导法则，可得参变量函数的导数公式为

$$\frac{dy}{dx} = \frac{\frac{dy}{dt}}{\frac{dx}{dt}} = \frac{y'(t)}{x'(t)}.$$

注：参数方程求导时用 $\dfrac{dy}{dx}$ 较恰当，可以避免 y' 与 $y'(t)$ 的混淆.

例 2-27　求由参数方程 $\begin{cases} x = e^t \sin t, \\ y = e^t \cos t \end{cases}$ 所表示的函数的导数 $\dfrac{dy}{dx}$.

解　$$\frac{dy}{dx} = \frac{\frac{dy}{dt}}{\frac{dx}{dt}} = \frac{y'(t)}{x'(t)} = \frac{e^t(\cos t - \sin t)}{e^t(\sin t + \cos t)} = \frac{\cos t - \sin t}{\sin t + \cos t}.$$

例 2-28　求摆线$\begin{cases}x=t-\sin t,\\ y=1-\cos t\end{cases}$在 $t=\frac{\pi}{2}$相应点处的切线方程.

解　$$\frac{dy}{dx}=\frac{\frac{dy}{dt}}{\frac{dx}{dt}}=\frac{y'(t)}{x'(t)}=\frac{(1-\cos t)'}{(t-\sin t)'}=\frac{\sin t}{1-\cos t}.$$

$t=\frac{\pi}{2}$时，切线斜率为$\left.\frac{dy}{dx}\right|_{t=\frac{\pi}{2}}=1$，$x\left(\frac{\pi}{2}\right)=\frac{\pi}{2}-1$，$y\left(\frac{\pi}{2}\right)=1$，即$\left(\frac{\pi}{2}-1,1\right)$

故所求切线方程为

$$y-1=x-\left(\frac{\pi}{2}-1\right)\text{ 即 }x-y=\frac{\pi}{2}-2.$$

习题 2-2

1. 计算下列函数的导数：

(1) $y=\frac{x^2\cdot\sqrt[3]{x^2}}{\sqrt{x^5}}$；　(2) $y=3\ln x+\sin\frac{\pi}{7}$；

(3) $y=\sqrt{x}\ln x$；　(4) $y=\frac{1-\sin x}{1-\cos x}$；

(5) $y=\frac{\sec x}{x}-3\sec x$；

(6) $y=(1-x^2)\cdot\sin x\cdot(1-\sin x)$.

2. 使用复合函数求导法则计算下列函数的导数：

(1) $y=e^{3x}$；

(2) $y=\arctan x^2$；

(3) $y=e^{\sqrt{2x+1}}$；

(4) $y=(1+x^2)\cdot\ln(x+\sqrt{1+x^2})$；

(5) $y=x^2\cdot\sin\frac{1}{x^2}$；

(6) $y=\cos^2(ax^3)$（a 为常数）；

(7) $y=\arccos\frac{1}{x}$；

(8) $y=\left(\arcsin\frac{x}{2}\right)^2$.

3. $y=\arccos\frac{x-3}{3}-2\sqrt{\frac{6-x}{x}}$，求$y'|_{x=3}$.

4. 试求曲线 $y=e^{-x}\cdot\sqrt[3]{x+1}$在点(0,1)及点(−1,0)处的切线方程和法线方程.

5. 求下列隐函数的导数：

(1) $x^3+y^3-3axy=0$；

(2) $x=y\ln(xy)$；

(3) $xe^y+ye^x=10$；

(4) $\ln(x^2+y^2)=2\arctan\frac{y}{x}$；

6. 用对数求导法求下列各函数的导数 y'：

(1) $y=(\sin x)^{\cos x}$；

(2) $y=\frac{e^{2x}(x+3)}{\sqrt{(x+5)(x-4)}}$.

7. 求下列参数方程所确定的函数的导数$\frac{dy}{dx}$：

(1) $\begin{cases}x=a\cos bt+b\sin at,\\ y=a\sin bt-b\cos at\end{cases}$（$a,b$ 为常数）；

(2) $\begin{cases}x=\theta(1-\sin\theta),\\ y=\theta\cos\theta.\end{cases}$

2.3　高阶导数

2.3.1　高阶导数的定义

$f'(x)$是函数$f(x)$的导数，同时它也是一个函数，如果$f'(x)$在点 x 处也可导，即

$$(f'(x))' = \lim_{\Delta x \to 0} \frac{f'(x+\Delta x) - f'(x)}{\Delta x}$$

存在，则称$(f'(x))'$为函数$f(x)$在点 x 处的**二阶导数**，记为

$$f''(x) \text{或} y'', \frac{d^2y}{dx^2}, \frac{d^2f(x)}{dx^2}.$$

类似地，二阶导数的导数称为**三阶导数**，三阶导数的导数称为**四阶导数**等. 一般地，$n-1$ 阶导数的导数称为 **n 阶导数**，分别记为

$$f'''(x), f^{(4)}(x), \cdots, f^{(n)}(x)$$

或

$$\frac{d^3y}{dx^3}, \frac{d^4y}{dx^4}, \cdots, \frac{d^ny}{dx^n}.$$

注：二阶和二阶以上的导数统称为**高阶导数**. 为了统一，把$f(x)$称为**零阶导数**，$f'(x)$称为**一阶导数**.

在物理学中，有一个常见的二阶导数应用：速度 $v(t)$是路程 $s(t)$对时间 t 的导数，即

$$v(t) = s'(t).$$

而加速度 $a(t)$则是速度 $v(t)$对于时间 t 的导数，即

$$a(t) = v'(t).$$

因此加速度 $a(t)$就是路程 $s(t)$对 t 的二阶导数，即

$$a(t) = s''(t).$$

例 2-29　设 $y = \arctan x$，求 y''.

解　$y' = \dfrac{1}{1+x^2}$，$y'' = \left(\dfrac{1}{1+x^2}\right)' = \dfrac{-2x}{(1+x^2)^2}$.

注：在求解$\left(\dfrac{1}{1+x^2}\right)'$时既可以选择四则运算的除法法则也可以使用链式法则.

例 2-30　设函数 $y=f(x)$二阶可导，$y=f(e^{-x})$，求$\dfrac{d^2y}{dx^2}$.

解　$\dfrac{dy}{dx} = [f(e^{-x})]' = f'(e^{-x}) \cdot (e^{-x})' = -e^{-x} \cdot f'(e^{-x})$，于是

$$\begin{aligned}\frac{d^2y}{dx^2} = \frac{d\left(\frac{dy}{dx}\right)}{dx} &= [-e^{-x} \cdot f'(e^{-x})]' = -(e^{-x})' \cdot f'(e^{-x}) - \\ &\quad e^{-x} \cdot f''(e^{-x}) \cdot (e^{-x})' \\ &= e^{-x} \cdot f'(e^{-x}) + e^{-2x} \cdot f''(e^{-x}).\end{aligned}$$

2.3.2　常用的 n 阶导数公式

由高阶导数的定义可以看出，高阶导数的计算并不需要新的求导公式. 如果函数$f(x)$有 n 阶导数，那么它一定有低于 n 的各阶导数，并且后一阶导数就是由其前一阶导数求导而来. 由此可见，高阶导数的求解方法就是

逐阶往上求导，但在逐阶求导的过程中善于发现其规律也是十分重要的，尤其是当 n 比较大时.

例 2-31 求幂函数 $y=x^{\mu}(\mu\in\mathbb{R})$ 的 n 阶导数 $y^{(n)}$.

解 $y'=\mu x^{\mu-1}$,

$$y''=(\mu x^{\mu-1})'=\mu(\mu-1)x^{\mu-2},$$

$$y'''=(y'')'=\mu(\mu-1)(\mu-2)x^{\mu-3},$$

$$\vdots$$

$$y^{(n)}=\mu(\mu-1)\cdots(\mu-n+1)x^{\mu-n},$$

当 $\mu=n$ 时，有 $y^{(n)}=(x^n)^{(n)}=n!$，而

$$(x^n)^{(n+k)}=0\quad(k=1,2,\cdots).$$

例 2-32 设 $y=\sin x$，求 $y^{(n)}$.

解 $y'=\cos x=\sin\left(x+\dfrac{\pi}{2}\right)$,

$$y''=(y')'=\cos\left(x+\frac{\pi}{2}\right)=\sin\left(x+\frac{\pi}{2}+\frac{\pi}{2}\right)=\sin\left(x+2\cdot\frac{\pi}{2}\right),$$

$$y'''=(y'')'=\cos\left(x+2\cdot\frac{\pi}{2}\right)=\sin\left(x+3\cdot\frac{\pi}{2}\right),$$

$$\vdots$$

$$y^{(n)}=\sin\left(x+n\cdot\frac{\pi}{2}\right),$$

即 $(\sin x)^{(n)}=\sin\left(x+\dfrac{n\pi}{2}\right)$.

类似可得如下公式:

$$(\cos x)^{(n)}=\cos\left(x+\frac{n\pi}{2}\right).$$

$$\left(\frac{1}{x}\right)^{(n)}=\frac{(-1)^n n!}{x^{n+1}}\quad(x\neq0).$$

$$(a^x)^{(n)}=a^x(\ln a)^n\quad(0<a\neq1),\ (e^x)^{(n)}=e^x.$$

以上公式在计算 n 阶导数时，均可作为结论使用.

例 2-33 设 $y=\ln(x^2+2x-3)\quad(x>1)$，求 $y^{(n)}$.

解 因为

$$y=\ln(x^2+2x-3)=\ln(x-1)+\ln(x+3).$$

从而

$$y^{(n)}=[\ln(x-1)]^{(n)}+[\ln(x+3)]^{(n)}.$$

于是

$$y^{(n)}=\left(\frac{1}{x-1}\right)^{(n-1)}+\left(\frac{1}{x+3}\right)^{(n-1)}.$$

利用公式 $\left(\dfrac{1}{x}\right)^{(n)}=\dfrac{(-1)^n n!}{x^{n+1}}$，可得

$$y^{(n)}=(-1)^{n-1}\cdot\frac{(n-1)!}{(x-1)^n}+(-1)^{n-1}\cdot\frac{(n-1)!}{(x+3)^n}$$
$$=(-1)^{n-1}\cdot(n-1)!\cdot\left[\frac{1}{(x-1)^n}+\frac{1}{(x+3)^n}\right].$$

设函数 $u=u(x)$ 和 $v=v(x)$ 在点 x 处都具有直到 n 阶的导数，则 $u(x)\pm v(x)$，$u(x)v(x)$ 在点 x 处也具有 n 阶导数，且

$$(u\pm v)^{(n)}=u^{(n)}\pm v^{(n)},$$
$$(u\cdot v)^{(n)}=u^{(n)}\cdot v+n\cdot u^{(n-1)}\cdot v'+\frac{n(n-1)}{2!}u^{(n-2)}v''+\cdots+\frac{n(n-1)\cdots(n-k+1)}{k!}u^{(n-k)}v^{(k)}+\cdots+uv^{(n)}$$
$$=\sum_{i=0}^{n}\mathrm{C}_n^i\cdot u^{(n-i)}\cdot v^{(i)},$$

其中 $u^{(0)}=u$，$v^{(0)}=v$，$\mathrm{C}_n^i=\dfrac{n(n-1)\cdots(n-i+1)}{i!}$.

上式称为**莱布尼茨(Leibniz)公式**，将它与二项展开式对比，只需将 k 次幂换成 k 阶导数就可以方便记住.

使用数学归纳法证明如下：

当 $n=1$ 时，由 $(uv)'=u'v+uv'$ 知公式成立.

设当 $n=k$ 时公式成立，即

$$y^{(k)}=\sum_{i=0}^{k}\mathrm{C}_k^i\cdot u^{(k-i)}\cdot v^{(i)}.$$

两边求导，得

$$y^{(k+1)}=u^{(k+1)}v+\sum_{i=0}^{k-1}(\mathrm{C}_k^{i+1}+\mathrm{C}_k^i)u^{(k-i)}v^{(i+1)}+uv^{(k+1)}$$
$$=\sum_{i=0}^{k+1}\mathrm{C}_{k+1}^i\cdot u^{(k+1-i)}\cdot v^{(i)},$$

即 $n=k+1$ 时上式也成立，从而对任意正整数 n 均成立. 原命题得证.

例 2-34　设 $y=x^2\cdot \mathrm{e}^{2x}$，求 $y^{(20)}$.

解　设 $u=\mathrm{e}^{2x}$，$v=x^2$，则

$$u^{(i)}=2^i\cdot \mathrm{e}^{2x}\quad(i=1,2,\cdots,20),$$
$$v'=2x,\ v''=2,\ v^{(i)}=0\quad(i=3,4,\cdots,20).$$

代入莱布尼茨公式，得

$$y^{(20)}=(x^2\cdot \mathrm{e}^{2x})^{(20)}$$
$$=2^{20}\cdot \mathrm{e}^{2x}\cdot x^2+20\cdot 2^{19}\cdot \mathrm{e}^{2x}\cdot 2x+\frac{20\cdot 19}{2!}\cdot 2^{18}\cdot \mathrm{e}^{2x}\cdot 2$$
$$=2^{20}\cdot \mathrm{e}^{2x}\cdot(x^2+20x+95).$$

2.3.3　隐函数和参数方程的二阶导数

隐函数和参数方程有时也需要计算高阶导数，一般以二阶为主，下面

通过例题分别展示.

例 2-35　已知函数 $y=y(x)$ 由方程 $y-x=\ln(x+y)$ 所确定，求 y''.

解　方程两边对 x 求导

$$y'-1=\frac{1}{x+y}(1+y'),$$

整理，得

$$y'=\frac{x+y+1}{x+y-1}=1+\frac{2}{x+y-1}.$$

两边对 x 再次求导

$$y''=-\frac{2}{(x+y-1)^2}(1+y'),$$

代入 y'，得

$$y''=-\frac{2}{(x+y-1)^2}\left(1+\frac{x+y+1}{x+y-1}\right)=-\frac{4(x+y)}{(x+y-1)^3}.$$

例 2-36　求由参数方程 $\begin{cases}x=t-\arctan t,\\ y=\ln(1+t^2)\end{cases}$ 所表示函数的二阶导数 $\frac{\mathrm{d}^2y}{\mathrm{d}x^2}$.

解　$$\frac{\mathrm{d}y}{\mathrm{d}x}=\frac{y'(t)}{x'(t)}=\frac{\frac{2t}{1+t^2}}{1-\frac{1}{1+t^2}}=\frac{2}{t},$$

$$\frac{\mathrm{d}^2y}{\mathrm{d}x^2}=\frac{\mathrm{d}\left(\frac{\mathrm{d}y}{\mathrm{d}x}\right)}{\mathrm{d}x}=\frac{\mathrm{d}\left(\frac{\mathrm{d}y}{\mathrm{d}x}\right)}{\mathrm{d}t}\Bigg/\frac{\mathrm{d}x}{\mathrm{d}t}=\frac{\mathrm{d}\left(\frac{2}{t}\right)}{\mathrm{d}t}\Bigg/\frac{\mathrm{d}x}{\mathrm{d}t}=\frac{-\frac{2}{t^2}}{1-\frac{1}{1+t^2}}=-\frac{2(1+t^2)}{t^4}.$$

注：在参数方程二阶导数的计算中，必须注意 $\frac{\mathrm{d}^2y}{\mathrm{d}x^2}=\frac{\mathrm{d}\left(\frac{\mathrm{d}y}{\mathrm{d}x}\right)}{\mathrm{d}x}=\frac{\mathrm{d}\left(\frac{\mathrm{d}y}{\mathrm{d}x}\right)}{\mathrm{d}t}\Big/\frac{\mathrm{d}x}{\mathrm{d}t}$.

习题 2-3

1. 求下列函数在指定点的高阶导数：

(1) $f(x)=\frac{x}{\sqrt{1+x^2}}$，求 $f''(x)$；

(2) $f(x)=\mathrm{e}^{2x-1}$，求 $f''(x)$，$f'''(x)$；

(3) $f(x)=(x+10)^6$，求 $f^{(5)}(0)$，$f^{(6)}(0)$.

2. 已知 $f''(x)$ 存在，求 $\frac{\mathrm{d}^2y}{\mathrm{d}x^2}$：

(1) $y=f(x^2)$；　　(2) $y=\ln f(x)$.

3. 求 n 次多项式 $y=a_0x^n+a_1x^{n-1}+\cdots+a_{n-1}x+a_n$ 的 n 阶导数.

4. 设 $n\in\mathbb{N}_+$ 且 $n\geqslant 2$，$f(x)=x\ln x$，求 $f^{(n)}(x)$.

5. 证明函数 $y=\mathrm{e}^x\sin x$ 满足关系式 $y''-2y'+2y=0$.

6. 求由下列方程所确定的隐函数 y 的二阶导数 $\frac{\mathrm{d}^2y}{\mathrm{d}x^2}$：

(1) $b^2x^2+a^2y^2=a^2b^2$　(a,b 为常数)；

(2) $y=1+x\mathrm{e}^y$；

(3) $y=\tan(x+y)$；

(4) $y^2+2\ln y=x^4$.

7. 对下列参数方程所确定的函数求 $\frac{\mathrm{d}^2y}{\mathrm{d}x^2}$：

(1) $\begin{cases}x=t^2-2t,\\ y=t^3-3t,\end{cases}$ $(t\neq 1)$.

(2) $\begin{cases}x=a(t-\sin t),\\ y=a(1-\cos t).\end{cases}$

2.4 微分及其运算

引例

微分与导数一样，都是微分学的重要概念. 它在研究当自变量发生微小变化而引起函数变化的近计算问题中起了重要作用. 可以说，微分与导数在不同领域里共同奠定了微积分的基础.

如图 2-2 所示的典型实例：一块边长为 x_0 的正方形薄片受热后，其边长增加了 Δx，从而其面积的改变量为

$$\Delta S=(x_0+\Delta x)^2-x_0^2=2x_0\cdot\Delta x+(\Delta x)^2.$$

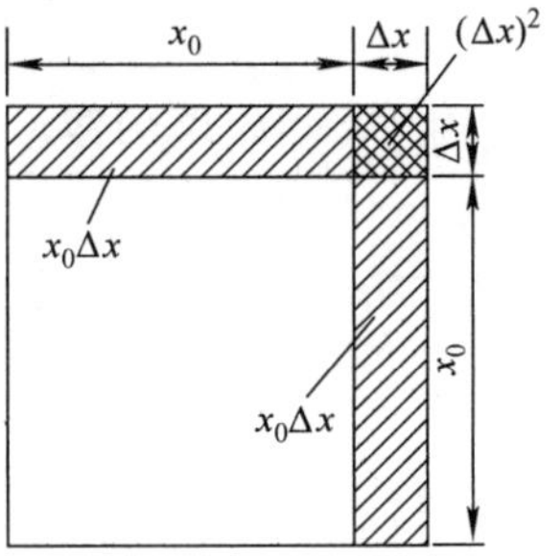

图　2-2

函数的微分

观察上式不难得出，ΔS 由 $2x_0\cdot\Delta x$ 与 $(\Delta x)^2$ 两部分组成，其中第一部分 $2x_0\cdot\Delta x$ 是 Δx 的线性函数，在图 2-2 中是两个画有斜线的矩形面积；第二部分 $(\Delta x)^2$ 是 Δx 的非线性函数，当 $\Delta x\to 0$ 时，它是 Δx 的高阶无穷小，在图中是带有交叉斜线的小正方形面积.

当 Δx 很小时，第二部分 $(\Delta x)^2$ 比 Δx 小很多，可以忽略，于是用第一部分 $2x_0\cdot\Delta x$ 近似地代替正方形薄片面积的改变量 ΔS，即

$$\Delta S\approx 2x_0\cdot\Delta x.$$

这个被留作近似的第一部分就是微分. 下面是微分的数学定义.

2.4.1 微分的定义

定义 2-2　设函数 $y=f(x)$ 在某邻域内有定义，x_0 及 $x_0+\Delta x$ 也在该邻域内，如果函数的增量

$$\Delta y=f(x_0+\Delta x)-f(x_0)$$

可表示为

$$\Delta y=A\cdot\Delta x+o(\Delta x), \tag{2-15}$$

其中 A 与 Δx 无关的常数，则称函数 $y=f(x)$ 在点 x_0 **可微**，且称 $A\cdot\Delta x$ 为函数 $y=f(x)$ 在点 x_0 的**微分**，记作 $\mathrm{d}y$，即

$$\mathrm{d}y=\mathrm{d}f(x_0)=A\cdot\Delta x.$$

注：由于 $\mathrm{d}y=A\cdot\Delta x$ 既是线性函数又是 Δy 的主部，也称 $\mathrm{d}y$ 为线性主部.

实际上微分与导数有着深层的联系，它与导数一样也包含了两种情况：一种是函数在一点处的微分，另一种是函数的微分. 限于篇幅，我们没有像介绍导数那样，把两种情况分别放在两个章节里，而是在本节中一并介绍，希望读者注意.

下面我们来介绍微分与导数的关系，从而揭示微分定义中的 A 究竟是什么.

2.4.2 可微与可导的关系

在微分的定义中，有 $\Delta y=A\cdot\Delta x+o(\Delta x)$. 于是，有

$$\frac{\Delta y}{\Delta x}=A+\frac{o(\Delta x)}{\Delta x}.$$

当 $\Delta x\to 0$ 时，有

$$\lim_{\Delta x\to 0}\frac{\Delta y}{\Delta x}=\lim_{\Delta x\to 0}\left[A+\frac{o(\Delta x)}{\Delta x}\right]=A.$$

上式表明**如果函数 $y=f(x)$ 在点 x_0 可微，那么在点 x_0 也一定可导**，且 $f'(x_0)=A$.

反之，如果 $y=f(x)$ 点 x_0 可导，即

$$\lim_{\Delta x\to 0}\frac{\Delta y}{\Delta x}=f'(x_0).$$

上式可写成

$$\frac{\Delta y}{\Delta x}=f'(x_0)+\alpha,$$

其中当 $\Delta x\to 0$ 时，$\alpha\to 0$，从而

$$\Delta y=f'(x_0)\Delta x+\alpha\Delta x.$$

由于 $\alpha\Delta x=o(\Delta x)$，且令 $f'(x_0)=A$，显然 $f'(x_0)$ 是不依赖于 Δx 的，于是

$$\Delta y=A\cdot\Delta x+o(\Delta x).$$

这表明**如果函数 $y=f(x)$ 在点 x_0 可导，那么在点 x_0 也一定可微**，且 $f'(x_0)=A$.

综上可得，**$f(x)$ 在点 x_0 可微的充要条件是 $f(x)$ 在点 x_0 可导，且**

$$dy=f'(x_0)\cdot\Delta x. \tag{2-16}$$

注：可微与可导具有等价性，两个概念非常相似，但并不相同，实际上导数研究的是变化率而微分研究的是变化量.

例 2-37 求函数 $y=x^3$ 当 x 由 1 改变到 1.01 的微分.

解 由题知 $x_0=1$，$\Delta x=1.01-1=0.01$.

故所求微分为 $dy=f'(x_0)\cdot\Delta x=3\times 1^2\times 0.01=0.03$.

例 2-38 求函数 $y=\ln x$ 在 $x_0=2$ 处的微分.

解 所求微分为 $dy=f'(x_0)\cdot\Delta x=(\ln x)'|_{x_0=2}\cdot\Delta x=\dfrac{\Delta x}{2}$.

2.4.3 微分的几何意义及其在近似计算中的应用

如图 2-3 所示，MP 是曲线 $y=f(x)$ 在点 $M(x_0,y_0)$ 的切线，其斜率为 $\tan\alpha=f'(x_0)$，则

$$QP=\tan\alpha\cdot\Delta x=f'(x_0)\Delta x=dy.$$

因此，函数 $y=f(x)$ 在点 x_0 的微分 dy 的几何意义就是曲线 $y=f(x)$ 过

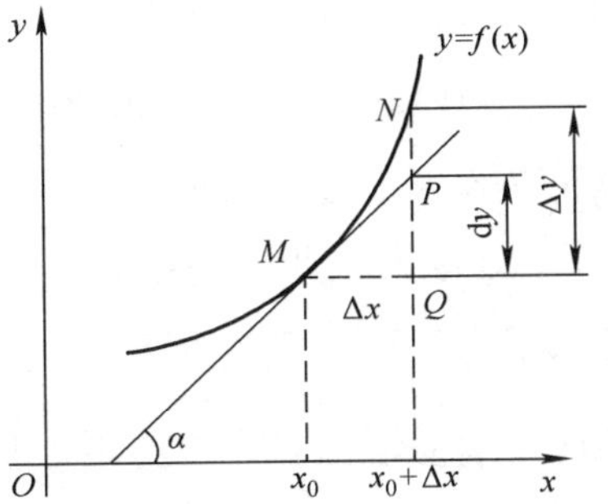

图　2-3

点 $M(x_0,y_0)$ 的切线纵坐标的增量.

若用线段 QP 近似代替线段 QN，即用 $\mathrm{d}y$ 近似代替 Δy，则有近似公式（当 $|\Delta x|$ 充分小时）：

$$\Delta y=f(x_0+\Delta x)-f(x_0)\approx f'(x_0)\cdot\Delta x=\mathrm{d}y \tag{2-17}$$

或

$$f(x_0+\Delta x)\approx f(x_0)+f'(x_0)\cdot\Delta x. \tag{2-18}$$

令 $\Delta x=x-x_0$，式(2-18)可改写为

$$f(x)\approx f(x_0)+f'(x_0)(x-x_0) \tag{2-19}$$

这种以切线段近似代替曲线段的方法在数学上称为非线性函数的局部线性化. 虽然这种以直代曲的方法精度有限，但因其简单实用依然得到了广泛的应用. 一般可用式(2-17)来近似计算 Δy，用式(2-18)来近似计算 $f(x_0+\Delta x)$，用式(2-19)来近似计算 $f(x)$.

在式(2-19)中，取 $x_0=0$，还可以得到形式更为简单的近似公式：

$$f(x)\approx f(0)+f'(0)\cdot x, \tag{2-20}$$

其中 $f(x)$ 在 $x_0=0$ 可微，$|x|$ 充分小.

应用公式(2-20)可推出下列常用的简易近似公式（$|x|$ 充分小）：

(1) $(1+x)^{\alpha}\approx 1+\alpha x$；

(2) $e^x\approx 1+x$；

(3) $\ln(1+x)\approx x$；

(4) $\sin x\approx x$；

(5) $\tan x\approx x$.

例 2-39　一块边长为 10cm 的正方形薄片受热后，其边长增加了 0.05cm，问面积大约增大了多少？

解　面积 $f(x)=x^2$，$x_0=10\text{cm}$，$\Delta x=0.05\text{cm}$. 由近似公式(2-17)，得

$$\Delta s\approx f'(x_0)\cdot\Delta x=2x\cdot\Delta x=2\times 10\times 0.05=1\text{cm}^2.$$

故面积大约增大了 1cm^2.（读者可计算其精确值并进行比较）

例 2-40　计算下列各数的近似值：

(1) $\sqrt[3]{1.06}$；　　(2) $e^{-0.02}$.

解 (1)利用常用简易近似公式$(1+x)^{\alpha}\approx 1+\alpha x$即得

$\sqrt[3]{1.06}=\sqrt[3]{1+0.06}\approx 1+\frac{1}{3}\times 0.06=1.02$.($\sqrt[3]{1.06}$实际精确值为1.01961…)

(2)利用常用简易近似公式$e^{x}\approx 1+x$即得

$$e^{-0.02}\approx 1-0.02=0.98.\ (e^{-0.02}\text{实际精确值为}0.980199\cdots)$$

例 2-41 计算$\sqrt[4]{17}$的近似值.

解 由于不能直接应用简易近似公式，需先变形

$$\sqrt[4]{17}=\sqrt[4]{16+1}=\sqrt[4]{16\left(1+\frac{1}{16}\right)}=2\sqrt[4]{1+\frac{1}{16}}.$$

利用常用简易近似公式$(1+x)^{\alpha}\approx 1+\alpha x$即得

$\sqrt[4]{17}=2\sqrt[4]{1+\frac{1}{16}}\approx 2\left(1+\frac{1}{4}\cdot\frac{1}{16}\right)=2.03125$.($\sqrt[4]{17}$实际精确值为2.03054…)

2.4.4 微分的计算

下面介绍微分的第二种情况，函数的微分.

函数$y=f(x)$在任意点x的微分称为函数$y=f(x)$的微分，记作dy或$df(x)$，即

$$dy=f'(x)\cdot\Delta x \tag{2-21}$$

当$y\equiv x$时，$dy=dx=\Delta x$. 因此，通常把自变量x的增量Δx称为自变量的微分dx. 于是函数$f(x)$的微分可写成

$$dy=f'(x)\cdot dx. \tag{2-22}$$

从而有

$$\frac{dy}{dx}=f'(x). \tag{2-23}$$

注：由于函数的导数等于函数的微分与自变量的微分的商. 因此，导数又称为微商.

微分公式$dy=y'dx$也给我们提供了一个新的通过导数求微分的途径，只要先求出导数y'，再乘以dx即可. 下面对照导数给出基本初等函数的微分公式及运算法则

1. 微分公式

(1) $dC=0$;

(2) $d(x^{\mu})=\mu x^{\mu-1}dx$;

(3) $d(a^{x})=a^{x}\ln a\,dx$;

(4) $d(e^{x})=e^{x}dx$;

(5) $d(\log_a x)=\frac{1}{x\ln a}dx$;

(6) $d(\ln x)=\frac{1}{x}dx$;

(7) $d(\sin x)=\cos x\,dx$;

(8) $d(\cos x)=-\sin x\,dx$;

(9) $d(\tan x)=\sec^2 x\,dx$;

(10) $d(\cot x)=-\csc^2 x\,dx$;

(11) $d(\sec x)=\sec x\tan x\,dx$;

(12) $d(\csc x)=-\csc x\cot x\,dx$;

(13) $d(\arcsin x)=\frac{1}{\sqrt{1-x^2}}dx$;

(14) $d(\arccos x)=-\frac{1}{\sqrt{1-x^2}}dx$;

(15) $d(\arctan x)=\frac{1}{1+x^2}dx$；　　(16) $d(\text{arccot}\, x)=-\frac{1}{1+x^2}dx$.

2. 四则运算法则(设 u,v 可微)

(1) $d(u\pm v)=du\pm dv$；　(α,β 为常数)

(2) $d(uv)=vdu+udv$；

(3) $d\left(\frac{u}{v}\right)=\frac{vdu-udv}{v^2}$　$(v\neq 0)$.

3. 链式法则

$$df(u)=f'(u)du.$$

该法则表明无论 u 是自变量还是中间变量，微分形式保持不变，这种性质称为一阶微分形式不变性.

例 2-42　求函数 $y=x^2e^{-x}$的微分.

解　方法 1　利用导数求微分

$$y'=(x^2e^{-x})'=2xe^{-x}-x^2e^{-x}=xe^{-x}(2-x).$$

所以　$dy=y'dx=xe^{-x}(2-x)dx$.

解　方法 2　利用微分运算法则

$$dy=e^{-x}d(x^2)+x^2d(e^{-x})=e^{-x}\cdot 2xdx+x^2\cdot(-e^{-x})dx=xe^{-x}(2-x)dx.$$

例 2-43　求函数 $y=\ln\sin x^2$ 的微分.

解　利用微分形式不变性直接得到

$$dy=\frac{1}{\sin x^2}d(\sin x^2)=\frac{\cos x^2}{\sin x^2}d(x^2)=\cot x^2\cdot 2xdx=2x\cot x^2dx.$$

例 2-44　用微分的运算法则求由方程 $xy+e^{-x}-e^y=0$ 所确定的隐函数的微分.

解　方程两边对 x 求微分

$$xdy+ydx-e^{-x}dx-e^ydy=0.$$

整理得　$(x-e^y)dy=(e^{-x}-y)dx$

于是　$dy=\frac{e^{-x}-y}{x-e^y}dx$.

习题 2-4

1. 根据下面所给的值，求函数 $y=x^2+1$ 的 Δy, dy 及 $\Delta y-dy$：

(1) 当 $x_0=1$，$\Delta x=0.1$ 时；

(2) 当 $x_0=1$，$\Delta x=0.01$ 时.

2. 求函数 $y=\sin 2x$ 在 $x_0=0$ 处的微分.

3. 利用微分求下列各数的近似值：

(1) $\sqrt[3]{8.1}$；　　(2) $\ln 0.99$；

(3) $\arctan 1.02$.

4. 求下列函数的微分：

(1) $y=xe^x$；

(2) $y=\frac{\ln x}{x}$；

(3) $y=\cos\sqrt{x}$；

(4) $y=5^{\ln\tan x}$；

(5) $y=8x^x-6e^{2x}$；

(6) $y=\sqrt{\arcsin x}+(\arctan x)^2$.

5. 求由下列方程确定的隐函数 $y=y(x)$ 的微分 dy：

(1) $y=1+xe^y$；　　(2) $y=x+\frac{1}{2}\sin y$；

本章小结

知识导航

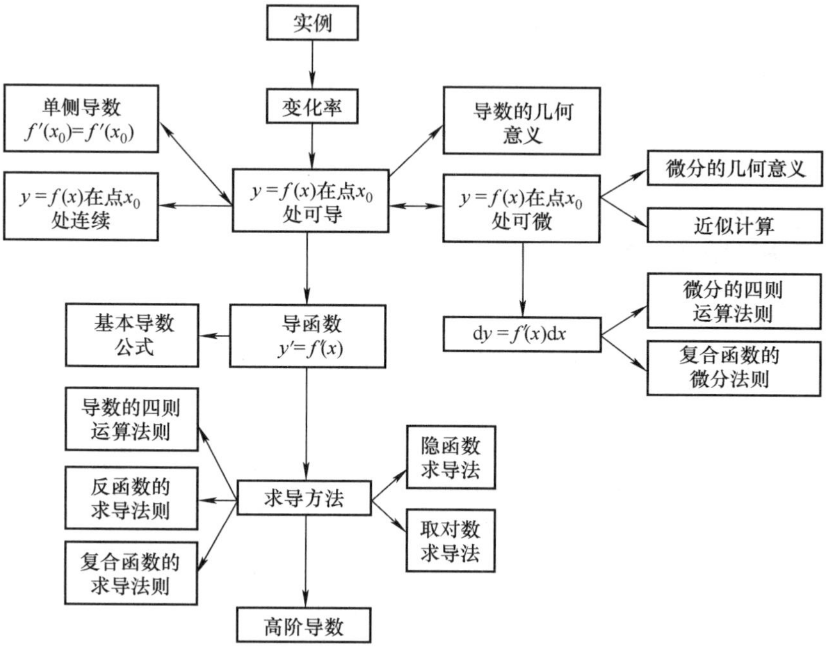

本章主要知识汇总

一、导数和微分的概念

1. 导数定义式

$$f'(x_0)=\lim_{\Delta x\to 0}\frac{f(x_0+\Delta x)-f(x_0)}{\Delta x},$$

$$f'(x_0)=\lim_{x\to x_0}\frac{f(x)-f(x_0)}{x-x_0}.$$

2. 左导数和右导数

$$f'_-(x_0)=\lim_{\Delta x\to 0^-}\frac{f(x_0+\Delta x)-f(x_0)}{\Delta x},$$

$$f'_+(x_0)=\lim_{\Delta x\to 0^+}\frac{f(x_0+\Delta x)-f(x_0)}{\Delta x}.$$

$f(x)$在点x_0处可导$\Leftrightarrow f(x)$在点x_0的左导数和右导数都存在且相等.

讨论分段函数在分段点的导数时，必须先讨论函数在分段点的左导数和右导数.

3. 导数的几何意义

导数$f'(x_0)$的几何意义为曲线$y=f(x)$在点(x_0,y_0)的切线斜率.

切线方程：$y-y_0=f'(x_0)(x-x_0)$；

法线方程：$y-y_0=-\dfrac{1}{f'(x_0)}(x-x_0)\quad(f'(x_0)\neq 0)$.

4. 函数的可导性与连续性之间的关系

若函数 $y=f(x)$ 在点 x_0 处可导，则 $y=f(x)$ 在 x_0 处一定连续；若 $y=f(x)$ 在 x_0 处连续，但 $y=f(x)$ 在点 x_0 处不一定可导.

5. 微分的定义、可微与可导的关系

函数 $f(x)$ 在点 x_0 的微分：$\mathrm{d}y=f'(x_0)\cdot\mathrm{d}x$；

函数 $f(x)$ 的微分：$\mathrm{d}y=f'(x)\cdot\mathrm{d}x$.

$f(x)$ 在点 x_0 可微$\Leftrightarrow f(x)$ 在点 x_0 可导.

6. 高阶导数的概念

如果函数 $y=f(x)$ 的导数 $f'(x)$ 在点 x 处也可导，则称 $(f'(x))'$ 为函数 $f(x)$ 在点 x 处的二阶导数，记为 $f''(x)$ 或 y''，$\dfrac{\mathrm{d}^2y}{\mathrm{d}x^2}$，$\dfrac{\mathrm{d}^2f(x)}{\mathrm{d}x^2}$.

一般地，$f(x)$ 的 $n-1$ 阶导数的导数称为 $f(x)$ 的 n 阶导数：$f^{(n)}(x)=(f^{(n-1)}(x))'$.

二、导数和微分的计算

1. 导数表和微分表

常数和基本初等函数的导数公式与微分公式

2. 导数和微分的四则运算

$(u\pm v)'=u'\pm v'$；

$(uv)'=u'v+uv'$；

$\left(\dfrac{u}{v}\right)'=\dfrac{u'v-uv'}{v^2}(v\neq0)$；

$\mathrm{d}(u\pm v)=\mathrm{d}u\pm\mathrm{d}v$；

$\mathrm{d}(uv)=v\mathrm{d}u+u\mathrm{d}v$；

$\mathrm{d}\left(\dfrac{u}{v}\right)=\dfrac{v\mathrm{d}u-u\mathrm{d}v}{v^2}\quad(v\neq0)$.

3. 复合函数微分法

链式法则：$\dfrac{\mathrm{d}y}{\mathrm{d}x}=\dfrac{\mathrm{d}y}{\mathrm{d}u}\cdot\dfrac{\mathrm{d}u}{\mathrm{d}x}$；

一阶微分形式的不变性：$\mathrm{d}f(u)=f'(u)\mathrm{d}u$.

4. 隐函数求导法

设 $y=y(x)$ 是由方程 $F(x,y)=0$ 所确定的函数，把 $F(x,y)=0$ 两边同时对 x 求导，利用复合函数求导法则，视 y 为中间变量，就可解出所求导数$\dfrac{\mathrm{d}y}{\mathrm{d}x}$.

5. 对数求导法

在所给函数式的两边取对数，利用对数的性质化简，等式两边同时对自变量 x 求导，最后解出所求导数.

对数求导法的对象：

(1) 幂指函数 $y=u(x)^{v(x)}$，$u(x)>0$；

(2) 由多个因子积(商)或开方.

6. 参变量函数的导数

由参数方程$\begin{cases}x=x(t),\\ y=y(t)\end{cases}$所确定的函数 $y=f(x)$ 的导数公式为

$$\frac{\mathrm{d}y}{\mathrm{d}x}=\frac{y'(t)}{x'(t)}(x'(t)\neq0).$$

自测题 2

1. 选择题.

(1) 设函数 $y(x)=(e^x-1)(e^{2x}-2)\cdots(e^{nx}-n)$，其中 n 是正整数，则 $y'(0)=(\quad)$.

A. $(-1)^{n-1}(n-1)!$　　B. $(-1)^n(n-1)!$

C. $(-1)^{n-1}n!$　　D. $(-1)^n n!$

(2) 设函数 $f(x)=x^2\sin\frac{1}{x}(0<x<+\infty)$，$g(x)$为其导函数，则$(\quad)$.

A. $g(x)$是 $x\to+\infty$ 过程的无穷小量

B. $g(x)$是 $x\to+\infty$ 过程的无穷大量

C. $g(x)$不是 $x\to+\infty$ 过程的无穷小量，但在$(0,+\infty)$内有界

D. $g(x)$不是 $x\to+\infty$ 过程的无穷大量，但在$(0,+\infty)$内无界

(3) 设函数$f(x)$在 $x=0$ 处连续，下列结论**错误的**是$(\quad)$.

A. 若$\lim\limits_{x\to0}\frac{f(x)}{x}$存在，则$f(0)=0$.

B. 若$\lim\limits_{x\to0}\frac{f(x)+f(-x)}{x}$存在，则$f(0)=0$.

C. 若$\lim\limits_{x\to0}\frac{f(x)}{x}$存在，则$f'(0)$存在

D. 若$\lim\limits_{x\to0}\frac{f(x)+f(-x)}{x}$存在，则$f'(0)$存在

(4) 设函数 $y=f(x)$具有二阶导数，且$f'(x)>0$，$f''(x)>0$，Δx 为自变量 x 在点 x_0 处的增量，Δy 与 dy 分别为 $f(x)$ 在点 x_0 处对应的增量与微分，若 $\Delta x>0$，则$(\quad)$.

A. $0<dy<\Delta y$　　B. $0<\Delta y<dy$

C. $\Delta y<dy<0$　　D. $dy<\Delta y<0$

(5) 设 $n\in\mathbb{N}_+$，函数 $f(x)=\lim\limits_{n\to\infty}\sqrt[n]{1+|x|^{3n}}$，则$f(x)$在$(-\infty,+\infty)$内$(\quad)$.

A. 处处可导

B. 恰有一个不可导点

C. 恰有两个不可导点

D. 至少有三个不可导点

2. 填空题.

(1) 已知 $f'(x_0)=k$（k 为常数），则 $\lim\limits_{h\to0}\frac{f(x_0+h)-f(x_0-2h)}{h}=$________.

(2) 已知函数 $f(x)=\begin{cases}x\arctan\frac{1}{x^2}, & x\neq0,\\ 0, & x=0,\end{cases}$ 则 $f'(0)=$________.

(3) 设 $f'(x)=\sqrt{1+x^4}$，$y=f(e^{2x})$，则 $dy|_{x=0}=$________.

(4) 设 $y=y(x)$是由方程 $e^y-\sin x+y=1$ 确定的隐函数，则$dy|_{x=0}=$________.

(5) 设$\begin{cases}x=\sin t,\\ y=t\sin t+\cos t\end{cases}$（$t$ 为参数），则$\left.\frac{d^2y}{dx^2}\right|_{t=\frac{\pi}{4}}=$________.

3. 计算题.

(1) $y=\sqrt{1+\ln^2x}$；　(2) $y=\frac{\sqrt{1+x}-\sqrt{1-x}}{\sqrt{1+x}+\sqrt{1-x}}$；

(3) $y=\arcsin\sqrt{\frac{1-x}{1+x}}$；

(4) 设 $y=f(\sin^2x)+f(\cos^2x)$，求$\frac{dy}{dx}$；

(5) $y=x\sin x+\frac{1}{2}\cos x$，求$\left.\frac{dy}{dx}\right|_{x=\frac{\pi}{4}}$.

4. 综合题.

(1) 讨论函数 $y=\begin{cases}x^2\sin\frac{1}{x}, & x\neq0,\\ 0, & x=0,\end{cases}$ 在$x=0$ 处的连续性与可导性.

(2) 求函数 $y=\sqrt{1+x^2}$的二阶微分 d^2y.

(3) 若$f'\left(\frac{\pi}{3}\right)=1$，$y=f\left(\arccos\frac{1}{x}\right)$，求$\left.\frac{dy}{dx}\right|_{x=2}$.

(4) 设 $y=f(x)$是由参数方程$\begin{cases}x=3t^2+2t+3,\\ y=e^y\sin t+1\end{cases}$所确定的隐函数，求$\left.\frac{d^2y}{dx^2}\right|_{t=0}$.

5. 应用题.

(1) 垂直向上抛某个物体，其上升高度 h(单位：m)与时间 t(单位：s)的关系式为 $h(t)=10t-\frac{1}{2}gt^2$，求：

1）物体从 $t=1$s 到 $t=1.2$s 的平均速度；

2）速度函数 $v(t)$；

3）物体到达最高点的时间.

(2) 设 $Q=Q(T)$表示重 1 单位的金属从 0℃ 加热到 T ℃所吸收的热量，当金属从 T ℃升温到$(T+\Delta T)$℃时，所需热量为 $\Delta Q=Q(T+\Delta T)-Q(T)$，$\Delta Q$ 与 ΔT 之比称为 T 到 $T+\Delta T$ 的平均比热.

1）如何定义在 T ℃时金属的比热？

2）当 $Q(T)=aT+bT^2$（a,b 均为常数）时，求比热.

考研真题解析

1.(2020 年，数一)设函数$f(x)$在$(-1,1)$上有定义，且$\lim\limits_{x\to0}f(x)=0$，则(　　).

A. 当$\lim\limits_{x\to0}\dfrac{f(x)}{\sqrt{|x|}}=0$时，$f(x)$在$x=0$处可导

B. 当$\lim\limits_{x\to0}\dfrac{f(x)}{x^2}=0$时，$f(x)$在$x=0$处可导

C. 当$f(x)$在$x=0$处可导时，$\lim\limits_{x\to0}\dfrac{f(x)}{\sqrt{|x|}}=0$

D. 当$f(x)$在$x=0$处可导时，$\lim\limits_{x\to0}\dfrac{f(x)}{x^2}=0$

解　方法 1　直接法

由$f(x)$在$x=0$处可导知，$f(x)$在该点连续，则

$$\lim_{x\to0}f(x)=f(0)=0,\ \lim_{x\to0}\frac{f(x)}{x}=f'(0),$$

则$\lim\limits_{x\to0}\dfrac{f(x)}{\sqrt{|x|}}=\lim\limits_{x\to0}\dfrac{f(x)}{x}\cdot\lim\limits_{x\to0}\dfrac{x}{\sqrt{|x|}}=f'(0)\cdot0=0$，故选 C.

方法 2　排除法

令$f(x)=\begin{cases}x^3, & x\neq0,\\ 1, & x=0.\end{cases}$ $\lim\limits_{x\to0}f(x)=0$，

$$\lim_{x\to0}\frac{f(x)}{\sqrt{|x|}}=\lim_{x\to0}\frac{x^3}{\sqrt{|x|}}=0,\ \lim_{x\to0}\frac{f(x)}{x^2}=\lim_{x\to0}\frac{x^3}{x^2}=0,$$

但$f(x)$在$x=0$处不可导，因为$f(x)$在$x=0$处不连续，则排除选项 A 与 B.

若令$f(x)=x$，显然有$\lim\limits_{x\to0}f(x)=0$，且$f(x)$在$x=0$处可导，但

$\lim\limits_{x\to0}\dfrac{f(x)}{x^2}=\lim\limits_{x\to0}\dfrac{x}{x^2}=\infty\neq0$则排除 D 选项，故选 C.

2.(2018 年，数二)下列函数中，在$x=0$处不可导的是(　　).

A. $f(x)=|x|\sin|x|$

B. $f(x)=|x|\sin\sqrt{|x|}$

C. $f(x)=\cos|x|$

D. $f(x)=\cos\sqrt{|x|}$

解　方法 1　直接法

若$f(x)=\cos\sqrt{|x|}$，则由导数定义知

$$f'(0)=\lim_{x\to0}\frac{\cos\sqrt{|x|}-1}{x}=\lim_{x\to0}\frac{-\frac{1}{2}(\sqrt{|x|})^2}{x}=\lim_{x\to0}\frac{-\frac{1}{2}|x|}{x}$$

该极限不存在，则$f(x)=\cos\sqrt{|x|}$在$x=0$处不可导，故选 D.

方法 2　排除法

若$f(x)=|x|\sin|x|$，则由导数的定义得

$$f'(0)=\lim_{x\to0}\frac{f(x)-f(0)}{x}=\lim_{x\to0}\frac{|x|\sin|x|}{x}.$$

当$x\to0$时，$\sin|x|$为无穷小，$\dfrac{|x|}{x}$有界，则

$$\lim_{x\to0}\frac{|x|\sin|x|}{x}=0,$$

即$f'(0)=0$，则排除 A. 同理排除 B.

若$f(x)=\cos|x|$，由于$\cos|x|=\cos x$，则$f'(0)$存在，从而排除 C 选 D.

3.(2020 年，数二)设$\begin{cases}x=\sqrt{t^2+1},\\ y=\ln(t+\sqrt{t^2+1}),\end{cases}$则$\left.\dfrac{d^2y}{dx^2}\right|_{t=1}=$________.

解　$$\frac{dy}{dx}=\frac{y'_t}{x'_t}=\frac{\frac{1}{\sqrt{t^2+1}}}{\frac{2t}{2\sqrt{t^2+1}}}=\frac{1}{t},\quad \left.\frac{dy}{dx}\right|_{t=1}=1.$$

$$\frac{d^2y}{dx^2}=\frac{d\left(\frac{1}{t}\right)}{dt}\cdot\frac{dt}{dx}=\left(-\frac{1}{t^2}\right)\frac{1}{\frac{dx}{dt}}$$

$$=\left(-\frac{1}{t^2}\right)\frac{1}{\frac{2t}{2\sqrt{t^2+1}}},\quad \left.\frac{d^2y}{dx^2}\right|_{t=1}=-\sqrt{2}.$$

4.(2007 年，数二)设函数$y=\dfrac{1}{2x+3}$，则$y^{(n)}(0)=$________.

解　$y=\dfrac{1}{2x+3}=(2x+3)^{-1}$,

$y'=(-1)(2x+3)^{-2}\cdot2$,

$y''=(-1)(-2)(2x+3)^{-3}\cdot2^2$,

由此归纳得

$$y^{(n)}=(-1)(-2)\cdots(-n)(2x+3)^{-(n+1)}\cdot 2^n$$
$$=(-1)^n n!\,2^n(2x+3)^{-(n+1)},$$
$$y^{(n)}(0)=\frac{(-1)^n 2^n n!}{3^{n+1}}.$$

5. (2015 年，数二)函数 $f(x)=x^2 2^x$ 在 $x=0$ 处的 n 阶导数 $f^{(n)}(0)=$________.

解 令 $u=x^2$，$v=2^x$，由公式 $(uv)^{(n)}=\sum\limits_{k=0}^{n}C_n^k u^{(k)}v^{(n-k)}$.

$u(0)=0$，$u'(0)=0$，$u''(0)=2$，$u'''(0)=0$，则 $f^{(n)}(0)=C_n^2 u''(0)v^{n-2}(0)$.

$v=2^x$，$v'=2^x\ln 2$，$v''=2^x(\ln 2)^2$，

$v^{(n-2)}=2^x(\ln 2)^{n-2}$，

$v^{(n-2)}(0)=(\ln 2)^{n-2}$.

$$f^{(n)}(0)=\frac{n(n-1)}{2!}\cdot 2\cdot(\ln 2)^{n-2}$$
$$=n(n-1)(\ln 2)^{n-2}.$$

竞赛真题赏析

1. (第八届)若 $f(1)=0$，$f'(1)$ 存在，则极限 $I=\lim\limits_{x\to 0}\dfrac{f(\sin^2 x+\cos x)\tan 3x}{(e^{x^2}-1)\sin x}=$________.

解 $$I=\lim_{x\to 0}\frac{f(\sin^2 x+\cos x)3x}{x^2\cdot x}=3\lim_{x\to 0}\frac{f(\sin^2 x+\cos x)}{x^2}$$
$$=3\lim_{x\to 0}\frac{f(\sin^2 x+\cos x)-f(1)}{\sin^2 x+\cos x-1}\cdot\frac{\sin^2 x+\cos x-1}{x^2}$$
$$=3f'(1)\cdot\lim_{x\to 0}\frac{\sin^2 x+\cos x-1}{x^2}$$
$$=3f'(1)\cdot\lim_{x\to 0}\left(\frac{\sin^2 x}{x^2}+\frac{\cos x-1}{x^2}\right)$$
$$=3f'(1)\cdot\left(1-\frac{1}{2}\right)=\frac{3}{2}f'(1).$$

2. (第十四届)设函数 $f(x)$ 在 $x=1$ 的某邻域内可微，且满足
$$f(1+x)-3f(1-x)=4+2x+o(x),$$
其中 $o(x)$ 是当 $x\to 0$ 时的高阶无穷小，则曲线 $y=f(x)$ 在点 $(1,f(1))$ 处的切线方程为________.

解 由于 $f(x)$ 在 $x=1$ 处可微，因而连续，故对所给等式求极限 $x\to 0$，得
$$-2f(1)=4，即 f(1)=-2.$$
再对所给等式做以下变形
$$\frac{f(1+x)-f(1)}{x}+3\frac{f(1-x)-f(1)}{-x}=2+\frac{o(x)}{x}.$$
两边取极限 $x\to 0$，根据导数的定义，可得
$$4f'(1)=2，即 f'(1)=\frac{1}{2}.$$
于是曲线 $y=f(x)$ 在点 $(1,-2)$ 处的切线方程为
$$y+2=\frac{1}{2}(x-1)，即 x-2y-5=0.$$

3. (第十一届)设 $f(x)=(x^2+2x-3)^n\arctan^2\dfrac{x}{3}$，其中 n 为正整数，则 $f^{(n)}(-3)=$________.

解 记 $g(x)=(x-1)^n\arctan^2\dfrac{x}{3}$，则 $f(x)=(x+3)^n g(x)$，

根据莱布尼茨公式，得
$$f^{(n)}(x)=n!g(x)+\sum_{k=0}^{n-1}C_n^k[(x+3)^n]^{(k)}g^{(n-k)}(x),$$

再对所给等式做以下变形
$$\frac{f(1+x)-f(1)}{x}+3\frac{f(1-x)-f(1)}{-x}=2+\frac{o(x)}{x}.$$
注意到上式右端的和式每一项都含有因子 $(x+3)^{n-k}(k=0,1,2,\cdots,n-1)$，于是
$$f^{(n)}(-3)=n!\,g(-3)=(-1)^n 4^{n-2}n!\,\pi^2.$$

第 3 章 微分中值定理与导数的应用

上一章我们从函数因变量相对于自变量的变化快慢出发，学习了导数概念，并讨论了导数的计算方法. 本章我们将应用导数来研究函数及曲线的某些性态，并利用这些知识解决一些实际问题. 为此，首先要介绍微分学的几个中值定理，它们是从函数局部性质推断整体性态的有力工具，是导数应用的理论基础.

3.1 微分中值定理

本节将介绍四个微分中值定理，它们揭示了函数在某区间的整体性质与该区间内部某一点的导数之间的关系，因而称为微分中值定理. 这些定理有明显的直观几何解释，且相互之间有着内在的联系.

3.1.1 罗尔中值定理

费马引理 设函数 $f(x)$ 在点 x_0 的某邻域 $U(x_0)$ 内有定义，并且在 x_0 处可导，如果对任意的 $x\in U(x_0)$，恒有 $f(x)\leqslant f(x_0)$（或 $f(x)\geqslant f(x_0)$），那么 $f'(x_0)=0$.

费马引理的几何意义：若 $y=f(x)$ 满足引理的条件，点 $(x_0,f(x_0))$ 位于曲线的顶峰或谷底，则曲线在该点处的切线一定是水平的.

证 先证对任意 $x\in U(x_0)$，$f(x)\leqslant f(x_0)$ 的情形，如图 3-1a 所示.

于是对于 $x_0+\Delta x\in U(x_0)$，有 $f(x_0+\Delta x)\leqslant f(x_0)$.

从而当 $\Delta x>0$ 时，$\dfrac{f(x_0+\Delta x)-f(x_0)}{\Delta x}\leqslant 0$；当 $\Delta x<0$ 时，$\dfrac{f(x_0+\Delta x)-f(x_0)}{\Delta x}\geqslant 0$.

由极限的保号性，

$$f'_+(x_0)=\lim_{\Delta x\to 0^+}\frac{f(x_0+\Delta x)-f(x_0)}{\Delta x}\leqslant 0,$$

$$f'_-(x_0)=\lim_{\Delta x\to 0^-}\frac{f(x_0+\Delta x)-f(x_0)}{\Delta x}\geqslant 0.$$

因为 $f(x)$ 在 x_0 处可导，所以 $f'(x_0)=f'_+(x_0)=f'_-(x_0)$，故必有 $f'(x_0)=0$.

对任意 $x\in U(x_0)$，$f(x)\geqslant f(x_0)$ 的情形，如图 3-1b 所示，可以类似地证明.

通常称导数等于零的点为函数的驻点(或稳定点、临界点).

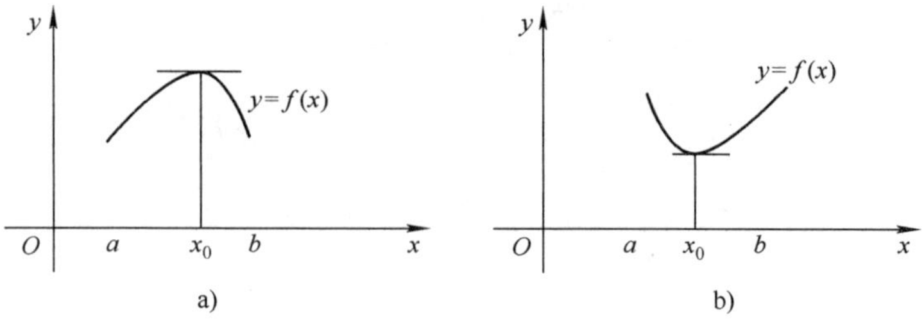

图 3-1

罗尔中值定理-视频

定理 3-1(罗尔(Rolle)中值定理) 如果函数$f(x)$同时满足三个条件:

(1) 在闭区间$[a,b]$上连续;

(2) 在开区间(a,b)内可导;

(3) 在区间端点处的函数值相等,即$f(a)=f(b)$.

则在(a,b)内至少存在一点$\xi(a<\xi<b)$,使得$f'(\xi)=0$.

罗尔中值定理的几何意义:若$y=f(x)$满足定理的条件,则其在$[a,b]$上对应的曲线弧是连续的、光滑的,那么该曲线段在(a,b)内至少存在一点具有水平切线,如图 3-2 所示.

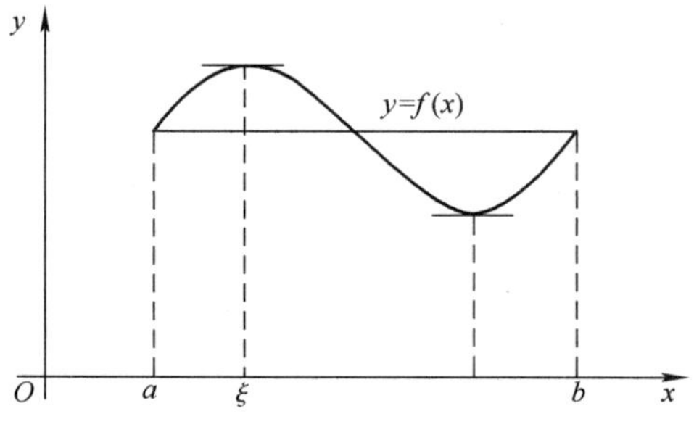

图 3-2

证 由$f(x)$在闭区间$[a,b]$上连续知,在$[a,b]$上必取得最大值M与最小值m.

(1) 若$M>m$,则M与m中至少有一个不等于$f(a)$. 不妨设$M\neq f(a)$(如果$m\neq f(a)$,证法类似). 由最值定理,必存在点$\xi\in(a,b)$,使得$f(\xi)=M$,因此,对任意$x\in[a,b]$,都有,$f(x)\leqslant f(\xi)$,从而由费马引理可得,$f'(\xi)=0$.

(2) 若$M=m$,则$f(x)$在$[a,b]$上恒为常数$f(x)=M$,由此,对任意$x\in(a,b)$,有$f'(x)=0$,故(a,b)内任一点都可成为ξ,使$f'(\xi)=0$.

注:罗尔中值定理的三个条件必须同时满足,结论才成立. 如果有一个条件不满足,定理的结论就可能不成立.

例 3-1　验证函数 $f(x)=\ln\sin x$ 在 $\left[\frac{\pi}{6},\frac{5\pi}{6}\right]$ 上满足罗尔中值定理的条件，并求出相应的 ξ，使 $f'(\xi)=0$.

解　显然 $f(x)$ 在闭区间 $\left[\frac{\pi}{6},\frac{5\pi}{6}\right]$ 上连续，在开区间 $\left(\frac{\pi}{6},\frac{5\pi}{6}\right)$ 内可导，其导数为 $f'(x)=\frac{\cos x}{\sin x}=\cot x$. 且 $f\left(\frac{\pi}{6}\right)=f\left(\frac{5\pi}{6}\right)=-\ln 2$，故函数 $f(x)$ 满足罗尔中值定理的条件.

由方程 $f'(\xi)=\cot\xi=0\quad\left(\frac{\pi}{6}<\xi<\frac{5\pi}{6}\right)$，可解得 $\xi=\frac{\pi}{2}$.

例 3-2　设函数 $f(x)=(x-1)(x-2)(x-3)$，不求导数，试判断方程 $f'(x)=0$ 有几个实根，分别在哪个区间?

解　因为 $f(x)$ 是连续的可导函数，且 $f(1)=f(2)=f(3)=0$，所以 $f(x)$ 在闭区间 $[1,2]$ 和 $[2,3]$ 上均满足罗尔定理的三个条件. 从而在 $(1,2)$ 内至少存在一点 ξ_1，使 $f'(\xi_1)=0$，即 ξ_1 是 $f'(x)$ 的一个实根；在 $(2,3)$ 内至少存在一点 ξ_2，使 $f'(\xi_2)=0$，即 ξ_2 是 $f'(x)$ 的一个实根.

又因为 $f'(x)=0$ 是二次方程，所以最多只能有两个实根，从而 $f'(x)=0$ 恰好有两个实根，分别在区间 $(1,2)$ 和 $(2,3)$ 内.

3.1.2　拉格朗日中值定理

罗尔中值定理的条件 $f(a)=f(b)$ 相当特殊，它使罗尔中值定理的应用受到限制. 如果去掉 $f(a)=f(b)$ 这个条件的限制，仍保留其余两个条件，则可以得到微分学中非常重要的拉格朗日中值定理.

定理 3-2（拉格朗日（Lagrange）中值定理）　若函数 $f(x)$ 同时满足：

（1）在闭区间 $[a,b]$ 上连续；

（2）在开区间 (a,b) 内可导，

则在 (a,b) 内至少存在一点 $\xi(a<\xi<b)$，使得

$$f'(\xi)=\frac{f(b)-f(a)}{b-a}.$$

即

$$f(b)-f(a)=f'(\xi)(b-a). \tag{3-1}$$

拉格朗日中值定理的几何意义：若 $y=f(x)$ 满足定理的条件，则其在 $[a,b]$ 上对应的曲线段是连续的、光滑的，且在除端点外处处有不垂直于 x 轴的切线，那么至少有一点 C 使得曲线在该点处的切线平行于弦 $\overline{AB}$，如图 3-3所示. 显然，罗尔中值定理是拉格朗日中值定理的特殊情形.

证　在区间 $[a,b]$ 上曲线段 $y=f(x)$ 和直线段 $\overline{AB}$ 的函数之差满足罗尔中值定理的三个条件，直线 $\overline{AB}$ 的方程为 $y-f(a)=\frac{f(b)-f(a)}{b-a}(x-a)$，即

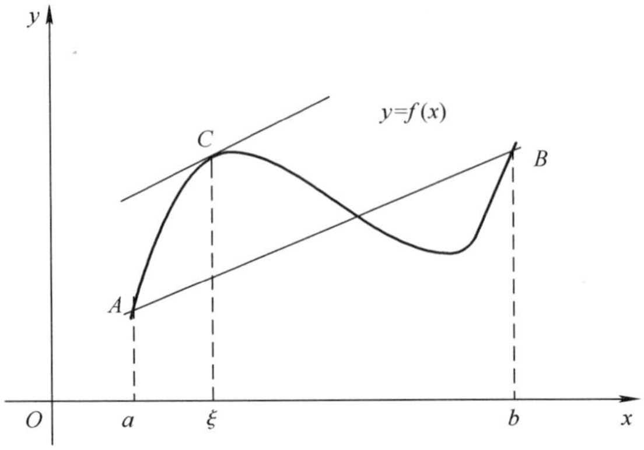

图 3-3

$y=f(a)+\dfrac{f(b)-f(a)}{b-a}(x-a)$.

由此构造辅助函数 $\Phi(x)=f(x)-\left[f(a)+\dfrac{f(b)-f(a)}{b-a}(x-a)\right]$.

易验证 $\Phi(x)$ 在闭区间 $[a,b]$ 上连续，在开区间 (a,b) 内可导，$\Phi'(x)=f'(x)-\dfrac{f(b)-f(a)}{b-a}$，且，$\Phi(a)=\Phi(b)=0$.

则根据罗尔中值定理，至少存在一点 $\xi\in(a,b)$ 使得 $\Phi'(\xi)=0$，即 $f'(\xi)-\dfrac{f(b)-f(a)}{b-a}=0$.

所以，$f'(\xi)=\dfrac{f(b)-f(a)}{b-a}$. 即 $f(b)-f(a)=f'(\xi)(b-a)$.

注：(1) 对于 $b<a$ 时，式(3-1)也成立，称为拉格朗日中值公式.

(2) 设 x，$x+\Delta x\in[a,b]$，其中自变量的增量 Δx 可正可负，于是拉格朗日中值公式(3-1)，就可变形为 $f(x+\Delta x)-f(x)=f'(x+\theta\Delta x)\Delta x\ (0<\theta<1)$.

例 3-3 证明：不等式 $\arctan x_2-\arctan x_1\leqslant x_2-x_1$，其中 $x_1<x_2$.

证 设函数 $f(x)=\arctan x$，因为 $f(x)$ 在闭区间 $[x_1,x_2]$ 上连续，在开区间 (x_1,x_2) 内可导，且导数 $f'(x)=\dfrac{1}{1+x^2}$，满足拉格朗日中值定理的所有条件，所以有

$$\arctan x_2-\arctan x_1=\frac{1}{1+\xi^2}(x_2-x_1)\quad x_1<\xi<x_2.$$

又因为 $\dfrac{1}{1+\xi^2}\leqslant 1$，故

$$\arctan x_2-\arctan x_1\leqslant(x_2-x_1).$$

例 3-4 证明：当 $x>0$ 时，$\dfrac{x}{1+x}<\ln(1+x)<x$.

证 设函数 $f(x)=\ln(1+x)$，因为 $f(x)$ 在 $[0,x]$ 上满足拉格朗日中值

定理的条件，故

$$f(x)-f(0)=f'(\xi)(x-0)\quad(0<\xi<x).$$

由 $f(0)=0$，$f'(x)=\dfrac{1}{1+x}$，从而 $\ln(1+x)=\dfrac{x}{1+\xi}\quad(0<\xi<x)$.

又由 $1<1+\xi<1+x$ 得 $\dfrac{1}{1+x}<\dfrac{1}{1+\xi}<1$，则 $\dfrac{x}{1+x}<\dfrac{x}{1+\xi}<x$，即 $\dfrac{x}{1+x}<\ln(1+x)<x$.

由拉格朗日中值定理可以得出如下两个重要的推论，对于后面的积分学很有用.

推论 3-1　若函数 $f(x)$ 在区间 I 上的导数恒为零，则 $f(x)$ 在区间 I 上是一个常数.

证　任取两点 x_1，$x_2\in I$，且 $x_1<x_2$，则 $f(x)$ 在区间 $[x_1,x_2]$ 上运用拉格朗日中值定理，得

$$f(x_2)-f(x_1)=f'(\xi)(x_2-x_1),\ \xi\in(x_1,x_2).$$

由假定 $f'(\xi)=0$，故 $f(x_2)=f(x_1)$. 再由 x_1，x_2 的任意性可知，函数 $f(x)$ 在区间 I 上为一个常数.

推论 3-2　若函数 $f(x)$ 与 $g(x)$ 在区间 I 内可导，且对任意 $x\in I$，有 $f'(x)=g'(x)$，则在区间 I 上有

$$f(x)=g(x)+C,$$

其中 C 为常数.

证　令 $F(x)=f(x)-g(x)$，则对任意 $x\in I$，有 $F'(x)=f'(x)-g'(x)=0$，由推论 3-1，$F(x)$ 在区间 I 上是一个常数，设为 C，所以 $F(x)=f(x)-g(x)=C$，即 $f(x)=g(x)+C$.

例 3-5　证明三角恒等式：$\arcsin x+\arccos x=\dfrac{\pi}{2}\ (-1\leqslant x\leqslant 1)$.

证　设函数 $f(x)=\arcsin x+\arccos x$，$x\in[-1,1]$.

因为 $f'(x)=\dfrac{1}{\sqrt{1-x^2}}+\left(-\dfrac{1}{\sqrt{1-x^2}}\right)=0$，

所以 $f(x)\equiv C$，$x\in[-1,1]$，C 是常数.

又　$f(1)=\arcsin 1+\arccos 1=\dfrac{\pi}{2}+0=\dfrac{\pi}{2}$，即 $C=\dfrac{\pi}{2}$.

故 $\arcsin x+\arccos x=\dfrac{\pi}{2}\ (-1\leqslant x\leqslant 1)$.

3.1.3　柯西中值定理

在拉格朗日中值定理中，若曲线段由参数方程 $x=g(t)$，$y=f(t)$，$t\in[a,b]$ 给出，则曲线上任意点 $(x,y)=(g(t),f(t))$ 处的切线斜率为

$$\frac{\mathrm{d}y}{\mathrm{d}x}=\frac{f'(t)}{g'(t)}.$$

两端点坐标分别为 $A(g(a),f(a)),B(g(b),f(b))$，则弦$\overline{AB}$的斜率为 $\dfrac{f(b)-f(a)}{g(b)-g(a)}$，如图 3-4 所示.

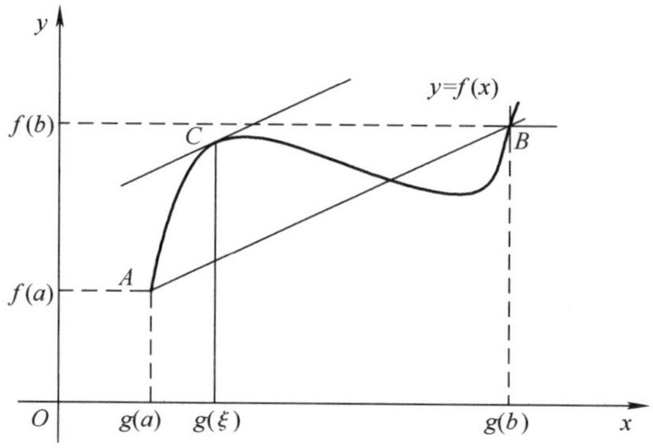

图 3-4

则曲线上存在一点 C(对应参数 $t=\xi\in(a,b)$)，在该点处曲线的切线平行于弦$\overline{AB}$，即

$$\frac{f(b)-f(a)}{g(b)-g(a)}=\frac{f'(\xi)}{g'(\xi)}.$$

这个问题的结论可以推广到以下更一般的结论.

定理 3-3(柯西(Cauchy)中值定理) 如果函数 $f(x)$，$g(x)$满足：

(1) 在闭区间$[a,b]$上连续；

(2) 在开区间(a,b)内可导；

(3) 对任一 $x\in(a,b)$，$g'(x)\neq0$.

则在(a,b)内至少存在一点 $\xi(a<\xi<b)$，使得

$$\frac{f(b)-f(a)}{g(b)-g(a)}=\frac{f'(\xi)}{g'(\xi)}.$$

证 由 $g'(x)\neq0$ 和拉格朗日中值定理 $g(b)-g(a)=g'(\eta)(b-a)\neq0$，$\eta\in(a,b)$，得 $g(b)\neq g(a)$.

令辅助函数 $\Phi(x)=f(x)-\left[f(a)+\dfrac{f(b)-f(a)}{g(b)-g(a)}(g(x)-g(a))\right]$，由 $\Phi(x)$满足罗尔中值定理的三个条件，则至少存在一点 $\xi\in(a,b)$，使 $\Phi'(\xi)=0$，即 $f'(\xi)-\dfrac{f(b)-f(a)}{g(b)-g(a)}g'(\xi)=0$，

所以

$$\frac{f(b)-f(a)}{g(b)-g(a)}=\frac{f'(\xi)}{g'(\xi)}.$$

注：柯西中值定理中，若取 $g(x)\equiv x$，则结论称为拉格朗日中值公式，因此柯西中值定理是拉格朗日中值定理的推广，它是这三个中值定理中最

一般的形式.

3.1.4 泰勒中值定理

对于一些比较复杂的函数，为便于进行研究，人们往往希望用一些简单的函数来近似表示，而多项式表示的函数，只要对自变量进行有限次加、减、乘三种算术运算，便能求出它的函数值. 因此常考虑用多项式来近似表示函数.

由前面内容知道，如果函数$f(x)$在x_0处有一阶导数，则$f(x)$在$U(x_0)$内能用关于$(x-x_0)$的一个一次多项式来近似表示$f(x)\approx f(x_0)+f'(x_0)(x-x_0)$.

但是这种近似表达式的精确度不高，产生的误差是$(x-x_0)$的高阶无穷小，不能具体估算出误差大小. 因此，对于精确度要求较高且需要估计误差的时候，就需要用更高次的多项式来近似表示函数，同时还需要给出误差公式.

于是提出如下问题：如果函数$f(x)$在点x_0处具有n阶导数，求一个关于$(x-x_0)$的n次多项式$p_n(x)=a_0+a_1(x-x_0)+a_2(x-x_0)^2+\cdots+a_n(x-x_0)^n$来近似表示$f(x)$，该多项式的系数仅与函数$f(x)$在点$x_0$的函数值和各阶导数值有关，并且要求这种近似表示的误差$R_n(x)=f(x)-p_n(x)$是当$x\to x_0$时比$(x-x_0)^n$高阶的无穷小量.

数学家泰勒对这个问题进行了研究，并得到下面的定理.

定理 3-4（泰勒（Taylor）中值定理 1）　如果函数$f(x)$在x_0的某个邻域$U(x_0)$内具有直到$(n+1)$阶导数，则对任一$x\in U(x_0)$，有

$$f(x)=f(x_0)+f'(x_0)(x-x_0)+\frac{f''(x_0)}{2!}(x-x_0)^2+\cdots+\frac{f^{(n)}(x_0)}{n!}(x-x_0)^n+R_n(x),\tag{3-2}$$

其中

$$R_n(x)=\frac{f^{(n+1)}(\xi)}{(n+1)!}(x-x_0)^{n+1}\tag{3-3}$$

这里，ξ是x_0与x之间的某个值.

证　由已知条件，函数

$$R_n(x)=f(x)-f(x_0)-f'(x_0)(x-x_0)-\frac{f''(x_0)}{2!}(x-x_0)^2-\cdots-\frac{f^{(n)}(x_0)}{n!}(x-x_0)^n$$

在$U(x_0)$内具有$n+1$阶导数，且有

$$R_n(x_0)=R'_n(x_0)=\cdots=R_n^{(n)}(x_0)=0,\ R_n^{(n+1)}(x)=f^{(n+1)}(x).$$

对$R_n(x)$和$(x-x_0)^{n+1}$这两个函数应用柯西中值定理，得

$$\frac{R_n(x)}{(x-x_0)^{n+1}}=\frac{R_n(x)-R_n(x_0)}{(x-x_0)^{n+1}-(x_0-x_0)^{n+1}}$$

$$=\frac{R'_n(\xi_1)}{(n+1)(\xi_1-x_0)^n}\ (\xi_1\text{ 在 }x_0\text{ 与 }x\text{ 之间}).$$

接着对 $R'_n(x)$ 与 $(n+1)(x-x_0)^n$ 这两个函数应用柯西中值定理，得

$$\frac{R'_n(\xi_1)}{(n+1)(\xi_1-x_0)^n}=\frac{R'_n(\xi_1)-R'_n(x_0)}{(n+1)(\xi_1-x_0)^n-(n+1)(x_0-x_0)^n}$$

$$=\frac{R''_n(\xi_2)}{(n+1)n(\xi_2-x_0)^{n-1}}\ (\xi_2\text{ 在 }x_0\text{ 与 }\xi_1\text{ 之间}).$$

依此继续使用柯西中值定理，经过 $n+1$ 次后，得

$$\frac{R_n(x)}{(x-x_0)^{n+1}}=\frac{R_n^{(n+1)}(\xi)}{(n+1)!}(\xi\text{ 在 }x_0\text{ 与 }\xi_n\text{ 之间}).$$

所以，$R_n(x)=\dfrac{f^{(n+1)}(\xi)}{(n+1)!}(x-x_0)^{n+1}$（$\xi$ 在 x_0 与 x 之间）.

式(3-2)称为 $f(x)$ 在 x_0 处(或按 $(x-x_0)$ 的幂展开)的带有拉格朗日余项的 n 阶泰勒公式，而式(3-3)称为拉格朗日余项. 称多项式

$$p_n(x)=f(x)=f(x_0)+f'(x_0)(x-x_0)+\frac{f''(x_0)}{2!}(x-x_0)^2+\cdots+\frac{f^{(n)}(x_0)}{n!}(x-x_0)^n$$

为 $f(x)$ 在点 x_0 处的 n 阶泰勒多项式.

注：当 $n=0$ 时，泰勒公式即为拉格朗日中值公式：

$$f(x)=f(x_0)+f'(\xi)(x-x_0)\ (\xi\text{ 在 }x_0\text{ 与 }x\text{ 之间}).$$

因此，泰勒中值定理是拉格朗日中值定理的推广.

例 3-6 写出函数 $f(x)=x^2\ln x$ 在 $x_0=1$ 处的三阶泰勒公式.

解 $f(x)=x^2\ln x$，　$f(1)=0$，

$f'(x)=2x\ln x+x$，　$f'(1)=1$，

$f''(x)=2\ln x+3$，　$f''(1)=3$，

$f'''(x)=\dfrac{2}{x}$，　$f'''(1)=2$，

$f^{(4)}(x)=-\dfrac{2}{x^2}$，　$f^{(4)}(\xi)=-\dfrac{2}{\xi^2}$.

于是所求泰勒公式为

$$x^2\ln x=(x-1)+\frac{3}{2!}(x-1)^2+\frac{2}{3!}(x-1)^3-\frac{2}{4!\ \xi^2}(x-1)^4(\xi\text{ 在 1 与 }x\text{ 之间}).$$

用 n 阶泰勒多项式 $p_n(x)$ 近似表示函数 $f(x)$ 时，误差为 $|R_n(x)|$. 如果任意 $x\in U(x_0)$，$|f^{(n+1)}(x)|\leqslant M$，则有误差估计式：

$$|R_n(x)|=\left|\frac{f^{(n+1)}(\xi)}{(n+1)!}(x-x_0)^{n+1}\right|\leqslant\frac{M}{(n+1)!}|x-x_0|^{n+1}.$$

则有 $\lim\limits_{x \to x_0} \dfrac{R_n(x)}{(x-x_0)^n}=0$，即当 $x \to x_0$ 时，余项 $R_n(x)$ 是比 $(x-x_0)^n$ 高阶的无穷小，所以 $R_n(x)=o((x-x_0)^n)$.

定理 3-5（泰勒（Taylor）中值定理 2） 如果函数 $f(x)$ 在 x_0 处具有直到 n 阶导数，那么存在 x_0 的一个邻域，对于该邻域内的任一 x，有

$$f(x)=f(x_0)+f'(x_0)(x-x_0)+\frac{f''(x_0)}{2!}(x-x_0)^2+\cdots+\frac{f^{(n)}(x_0)}{n!}(x-x_0)^n+R_n(x), \tag{3-4}$$

其中

$$R_n(x)=o((x-x_0)^n). \tag{3-5}$$

式(3-4)称为 $f(x)$ 在 x_0 处（或按 $(x-x_0)$ 的幂展开）的带有佩亚诺（Peano）余项的 n 阶泰勒公式，而式(3-5)称为佩亚诺余项.

当 $x_0=0$ 时的泰勒公式称为麦克劳林（Maclaurin）公式.

带有拉格朗日余项的 n 阶麦克劳林公式为

$$f(x)=f(0)+f'(0)x+\frac{f''(0)}{2!}x^2+\cdots+\frac{f^{(n)}(0)}{n!}x^n+\frac{f^{(n+1)}(\xi)}{(n+1)!}x^{n+1}$$

$$(\xi \text{ 在 } x_0 \text{ 与 } x \text{ 之间}).$$

上式中，令 $\xi=\theta x(0<\theta<1)$，则

$$f(x)=f(0)+f'(0)x+\frac{f''(0)}{2!}x^2+\cdots+\frac{f^{(n)}(0)}{n!}x^n+\frac{f^{(n+1)}(\theta x)}{(n+1)!}x^{n+1} \quad (0<\theta<1).$$

带有佩亚诺余项的 n 阶麦克劳林公式为

$$f(x)=f(0)+f'(0)x+\frac{f''(0)}{2!}x^2+\cdots+\frac{f^{(n)}(0)}{n!}x^n+o(x^n)$$

由此得近似公式

$$f(x)\approx f(0)+f'(0)x+\frac{f''(0)}{2!}x^2+\cdots+\frac{f^{(n)}(0)}{n!}x^n.$$

误差估计式变为

$$|R_n(x)|\leqslant\frac{M}{(n+1)!}|x|^{n+1}.$$

例 3-7　求 $f(x)=\mathrm{e}^x$ 的带有拉格朗日余项的 n 阶麦克劳林公式.

解　因 $f'(x)=f''(x)=\cdots=f^{(n)}(x)=\mathrm{e}^x$，故

$$f(0)=f'(0)=f''(0)=\cdots=f^{(n)}(0)=1.$$

又 $f^{(n+1)}(\theta x)=\mathrm{e}^{\theta}x$，$\mathrm{e}^x$ 的带有拉格朗日余项的 n 阶麦克劳林公式

$$\mathrm{e}^x=1+x+\frac{x^2}{2!}+\cdots+\frac{x^n}{n!}+\frac{\mathrm{e}^{\theta x}}{(n+1)!}x^{n+1}(0<\theta<1).$$

由公式可知，若把 e^x 用 n 阶泰勒多项式表示为

$$e^x \approx 1 + x + \frac{x^2}{2!} + \cdots + \frac{x^n}{n!},$$

所产生的误差

$$|R_n(x)| = \left| \frac{e^{\theta x}}{(n+1)!} x^{n+1} \right| < \frac{e^{|x|}}{(n+1)!} |x|^{n+1} \quad (0 < \theta < 1).$$

若取 $x = 1$，则得无理数 $e \approx 1 + 1 + \frac{1}{2!} + \cdots + \frac{1}{n!}$，其误差

$$|R_n| < \frac{e}{(n+1)!} < \frac{3}{(n+1)!}.$$

当 $n = 10$ 时，可算出 $e \approx 2.718282$，其误差不超过 10^{-6}.

例 3-8 求 $f(x) = \sin x$ 的 n 阶麦克劳林公式.

解 因为 $f'(x) = \cos x$，$f''(x) = -\sin x$，$f'''(x) = -\cos x$，$f^{(4)}(x) = \sin x, \cdots, f^{(n)}(x) = (\sin x)^{(n)} = \sin\left(x + \frac{n\pi}{2}\right)$，所以

$$f(0) = 0, f'(0) = 1, f''(0) = 0, f'''(0) = -1, f^{(4)}(0) = 0, \cdots,$$

即 $f^{(2m)}(0) = 0$，$f^{(2m+1)}(0) = (-1)^m (k \geqslant 0)$. 令 $n = 2m$，可得

$$\sin x = x - \frac{x^3}{3!} + \frac{x^5}{5!} - \cdots + (-1)^{m-1} \frac{x^{2m-1}}{(2m-1)!} + R_{2m},$$

其拉格朗日余项 $R_{2m}(x) = \dfrac{\sin\left[\theta x + (2m+1)\dfrac{\pi}{2}\right]}{(2m+1)!} x^{2m+1}$

$$= (-1)^m \frac{\cos \theta x}{(2m+1)!} x^{2m+1} \quad (0 < \theta < 1).$$

同时可写出带有佩亚诺余项的 n 阶麦克劳林公式为

$$\sin x = x - \frac{x^3}{3!} + \frac{x^5}{5!} - \cdots + (-1)^{m-1} \frac{x^{2m-1}}{(2m-1)!} + o(x^{2m}).$$

由以上求麦克劳林公式的方法，类似可得到其他常用初等函数的麦克劳林公式，为应用方便，将这些带有佩亚诺余项的 n 阶麦克劳林公式汇总如下：

$$e^x = 1 + x + \frac{x^2}{2!} + \cdots + \frac{x^n}{n!} + o(x^n),$$

$$\sin x = x - \frac{x^3}{3!} + \frac{x^5}{5!} - \cdots + (-1)^m \frac{x^{2m+1}}{(2m+1)!} + o(x^{2m+1}),$$

$$\cos x = 1 - \frac{x^2}{2!} + \frac{x^4}{4!} - \frac{x^6}{6!} + \cdots + (-1)^m \frac{x^{2m}}{(2m)!} + o(x^{2m}),$$

$$\ln(1+x) = x - \frac{x^2}{2} + \frac{x^3}{3} - \cdots + (-1)^{n-1} \frac{x^n}{n} + o(x^n),$$

$$\frac{1}{1-x} = 1 + x + x^2 + \cdots + x^n + o(x^n),$$

$$(1+x)^\alpha = 1 + \alpha x + \frac{\alpha(\alpha-1)}{2!} x^2 + \cdots + \frac{\alpha(\alpha-1)\cdots(\alpha-n+1)}{n!} x^n + o(x^n).$$

在实际应用中，这些初等函数的麦克劳林公式常用于间接地展开一些更复杂的函数的麦克劳林公式，并在求某些函数的极限中起重要作用.

例 3-9　利用带有佩亚诺余项的麦克劳林公式，求极限 $\lim\limits_{x\to0}\frac{x-\sin x}{x^3}$.

解　将分子中的 $\sin x$ 用带有佩亚诺余项的三阶麦克劳林公式表示，即

$$\sin x=x-\frac{x^3}{3!}+o(x^3),$$

于是，$\lim\limits_{x\to0}\frac{x-\sin x}{x^3}=\lim\limits_{x\to0}\frac{x-\left[x-\frac{x^3}{3!}+o(x^3)\right]}{x^3}=\lim\limits_{x\to0}\frac{\frac{x^3}{3!}-o(x^3)}{x^3}=\frac{1}{6}$.

习题 3-1

1. 对函数 $f(x)=\sin2x$ 在区间 $[0,\pi]$ 上验证罗尔定理的正确性.

2. 下列函数在指定区间上是否满足罗尔中值定理的三个条件？有没有满足定理结论的 ξ？

(1) $f(x)=\begin{cases}x, & 0\leqslant x<2,\\0, & x=2,\end{cases}$ $[0,2]$；

(2) $f(x)=|x|$, $[-1,1]$；

(3) $f(x)=\frac{1}{1+x^2}$, $[-3,3]$；

(4) $f(x)=\begin{cases}\sin x, & 0<x\leqslant\pi,\\1, & x=0,\end{cases}$ $[0,\pi]$.

3. 设函数 $f(x)=x(x-2)(x-4)(x-6)$，说明方程 $f'(x)=0$ 在 $(-\infty,+\infty)$ 内有几个实根，并指出它们的所属区间.

4. (1) 设 $a>b>0$，$n>1$，证明：
$nb^{n-1}(a-b)<a^n-b^n<na^{n-1}(a-b)$.

(2) 设 $a>b>0$，证明：$\frac{a-b}{a}<\ln\frac{a}{b}<\frac{a-b}{b}$.

5. 若 $f(x)>0$ 在 $[a,b]$ 上连续，在 (a,b) 内可导，则 $\exists\xi\in(a,b)$，使得

$$\ln\frac{f(b)}{f(a)}=\frac{f'(\xi)}{f(\xi)}(b-a).$$

6. 设 $f(a)=f(c)=f(b)$，且 $a<c<b$，$f''(x)$ 在闭区间 $[a,b]$ 上存在. 证明：在开区间 (a,b) 内至少有一点 ξ，使得 $f''(\xi)=0$.

7. 设 $f(x)$ 在 $[a,b]$ 上连续，在 (a,b) 内二阶可导，且在 (a,b) 内存在一点 c 使得 $f(c)<\min\{f(a),f(b)\}$，证明：在 (a,b) 内至少存在一点 ξ 使得 $f''(\xi)>0$.

8. 证明：恒等式 $\arctan x+\operatorname{arccot} x=\frac{\pi}{2}$.

9. 设函数 $f(x)$ 在 $[0,1]$ 上连续，在 $(0,1)$ 内可导. 试证：明至少存在一点 $\xi\in(0,1)$，使

$$f(\xi)+f'(\xi)=\frac{ef(1)-f(0)}{e-1}.$$

10. 求下列函数的麦克劳林公式：

(1) $f(x)=\frac{1}{2-3x+x^2}$；

(2) $f(x)=\ln\frac{1-x}{1+x}$.

11. 利用泰勒公式求下列极限：

(1) $\lim\limits_{x\to0}\frac{\cos x-e^{-\frac{x^2}{2}}}{x^4}$；

(2) $\lim\limits_{x\to0}\frac{e^{-x^4}-\cos^2x-x^2}{x^4}$；

(3) $\lim\limits_{x\to0}\frac{xe^{-x}-2\ln(1+x)+x}{x^3}$.

12. 求下列函数在指定点 x_0 处的三阶泰勒公式：

(1) $y=\sqrt{x}$ $(x_0=4)$；　　(2) $y=(x-1)\ln x$ $(x_0=1)$.

3.2 洛必达法则

在某极限过程中，求一个分式形式的函数 $\frac{f(x)}{g(x)}$ 极限时，常常遇到分子 $f(x)$ 与分母 $g(x)$ 两个函数都是无穷小或都是无穷大，这种极限可能存在，也可能不存在. 称这种比值的极限为“$\frac{0}{0}$”或“$\frac{\infty}{\infty}$”型不定式. 这类极限不能

直接使用函数极限商的运算法则来计算. 本节将介绍这两种不定式的一种简便、重要又很有效的方法——洛必达法则. 该法则的理论依据是柯西中值定理.

3.2.1 “$\frac{0}{0}$”型不定式

洛必达法则

定理 3-6 设 $f(x)$, $g(x)$ 满足:

(1) $\lim\limits_{x\to x_0} f(x)=0$, $\lim\limits_{x\to x_0} g(x)=0$,

(2) 在 x_0 的某个去心邻域内, $f'(x)$ 与 $g'(x)$ 都存在, 且 $g'(x)\neq 0$,

(3) $\lim\limits_{x\to x_0}\dfrac{f'(x)}{g'(x)}$ 存在(或为∞),

则
$$\lim_{x\to x_0}\frac{f(x)}{g(x)}=\lim_{x\to x_0}\frac{f'(x)}{g'(x)}.$$

证 由于极限 $\lim\limits_{x\to x_0}\dfrac{f(x)}{g(x)}$ 与 $f(x)$, $g(x)$ 在 $x=x_0$ 处的取值无关, 不妨设 $f(x_0)=g(x_0)=0$. 于是, 由条件(1)和条件(2)知, $f(x)$ 及 $g(x)$ 在 x_0 的某个邻域 $U(x_0)$ 内连续. 设任意 $x\in U(x_0)$, 则 $f(x)$ 及 $g(x)$ 在 $[x,x_0]$ 或 $[x_0,x]$ 上, 满足柯西中值定理的条件, 从而存在 ξ(在 x 与 x_0 之间), 使得
$$\frac{f(x)}{g(x)}=\frac{f(x)-f(x_0)}{g(x)-g(x_0)}=\frac{f'(\xi)}{g'(\xi)},$$
令 $x\to x_0$(从而 $\xi\to x_0$), 上式两端取极限, 再由条件(3)就得到
$$\lim_{x\to x_0}\frac{f(x)}{g(x)}=\lim_{\xi\to x_0}\frac{f'(\xi)}{g'(\xi)}=\lim_{x\to x_0}\frac{f'(x)}{g'(x)}.$$

上述定理给出的这种在一定条件下, 通过对分子分母分别求导再求极限来确定不定式的值的方法, 称为**洛必达(L'Hospital)法则**.

例 3-10 求 $\lim\limits_{x\to a}\dfrac{\sin x-\sin a}{x-a}$.

解 $\lim\limits_{x\to a}\dfrac{\sin x-\sin a}{x-a}=\lim\limits_{x\to a}\dfrac{\cos x}{1}=\cos a$.

例 3-11 求 $\lim\limits_{x\to 0}\dfrac{\sin 2x}{\sin 3x}$.

解 $\lim\limits_{x\to 0}\dfrac{\sin 2x}{\sin 3x}=\lim\limits_{x\to 0}\dfrac{2\cos 2x}{3\cos 3x}=\dfrac{2}{3}$.

对于当 $x\to x_0^+$, $x\to x_0^-$ 和 $x\to\infty$ ($x\to+\infty$, $x\to-\infty$) 时的“$\frac{0}{0}$”型不定式, 也有相应的洛必达法则, 下面仅给出 $x\to\infty$ 的情形.

推论 3-3　若 $f(x), g(x)$ 满足：

（1）$\lim\limits_{x\to\infty} f(x)=0$，$\lim\limits_{x\to\infty} g(x)=0$，

（2）存在常数 $X>0$，当 $|x|>X$ 时，$f'(x)$ 与 $g'(x)$ 都存在，且 $g'(x)\neq 0$，

（3）$\lim\limits_{x\to\infty}\dfrac{f'(x)}{g'(x)}$ 存在（或为 ∞），

则
$$\lim_{x\to\infty}\frac{f(x)}{g(x)}=\lim_{x\to\infty}\frac{f'(x)}{g'(x)}.$$

例 3-12
求 $\lim\limits_{x\to+\infty}\dfrac{\dfrac{\pi}{2}-\arctan x}{\dfrac{1}{x}}$.

解
$$\lim_{x\to+\infty}\frac{\dfrac{\pi}{2}-\arctan x}{\dfrac{1}{x}}=\lim_{x\to+\infty}\frac{-\dfrac{1}{1+x^2}}{-\dfrac{1}{x^2}}=\lim_{x\to+\infty}\frac{x^2}{1+x^2}=1.$$

显然，若 $\lim\limits_{x\to x_0}\dfrac{f'(x)}{g'(x)}$ 仍为“$\dfrac{0}{0}$”型不定式，且 $f'(x)$，$g'(x)$ 满足定理条件，则可继续使用洛必达法则而得到
$$\lim_{x\to x_0}\frac{f(x)}{g(x)}=\lim_{x\to x_0}\frac{f'(x)}{g'(x)}=\lim_{x\to x_0}\frac{f''(x)}{g''(x)},$$
且可以此类推.

例 3-13
求 $\lim\limits_{x\to 0}\dfrac{x-\sin x}{x^3}$.

解
$$\lim_{x\to 0}\frac{x-\sin x}{x^3}=\lim_{x\to 0}\frac{1-\cos x}{3x^2}=\lim_{x\to 0}\frac{\sin x}{6x}=\frac{1}{6}.$$

例 3-14
$\lim\limits_{x\to 2}\dfrac{x^3-12x+16}{x^3-2x^2-4x+8}$.

解
$$\lim_{x\to 2}\frac{x^3-12x+16}{x^3-2x^2-4x+8}=\lim_{x\to 2}\frac{3x^2-12}{3x^2-4x-4}=\lim_{x\to 2}\frac{6x}{6x-4}=\frac{3}{2}.$$

注：上式中的 $\lim\limits_{x\to 2}\dfrac{6x}{6x-4}$ 已经不是不定式，不能对它运用洛必达法则，否则会导致错误的结果.

例 3-15
求 $\lim\limits_{x\to 0}\dfrac{e^x-e^{-x}-2x}{x-\sin x}$.

解
$$\lim_{x\to 0}\frac{e^x-e^{-x}-2x}{x-\sin x}=\lim_{x\to 0}\frac{e^x+e^{-x}-2}{1-\cos x}=\lim_{x\to 0}\frac{e^x-e^{-x}}{\sin x}=\lim_{x\to 0}\frac{e^x+e^{-x}}{\cos x}=2.$$

3.2.2 “$\frac{\infty}{\infty}$”型不定式

定理 3-7　设$f(x)$，$g(x)$满足：

（1）$\lim\limits_{x\to x_0}f(x)=\infty$，$\lim\limits_{x\to x_0}g(x)=\infty$；

（2）在x_0的某个去心邻域内，$f'(x)$与$g'(x)$都存在，且$g'(x)\neq 0$；

（3）$\lim\limits_{x\to x_0}\dfrac{f'(x)}{g'(x)}$存在（或为$\infty$），

则

$$\lim_{x\to x_0}\frac{f(x)}{g(x)}=\lim_{x\to x_0}\frac{f'(x)}{g'(x)}.$$

对于当$x\to x_0^+$，$x\to x_0^-$ 和 $x\to\infty$（$x\to+\infty$，$x\to-\infty$）时的“$\frac{\infty}{\infty}$”型不定式，也有相应的洛必达法则，下面仅给出$x\to\infty$的情形.

推论 3-4　若$f(x)$，$g(x)$满足：

（1）$\lim\limits_{x\to\infty}f(x)=\infty$，$\lim\limits_{x\to\infty}g(x)=\infty$；

（2）存在常数$X>0$，当$|x|>X$时，$f'(x)$与$g'(x)$都存在，且$g'(x)\neq 0$；

（3）$\lim\limits_{x\to\infty}\dfrac{f'(x)}{g'(x)}$存在（或为$\infty$），

则

$$\lim_{x\to\infty}\frac{f(x)}{g(x)}=\lim_{x\to\infty}\frac{f'(x)}{g'(x)}.$$

例 3-16　求$\lim\limits_{x\to\infty}\dfrac{x^2+2x+1}{2x^2+5}$.

解

$$\lim_{x\to\infty}\frac{x^2+2x+1}{2x^2+5}=\lim_{x\to\infty}\frac{(x^2+2x+1)'}{(2x^2+5)'}=\lim_{x\to\infty}\frac{2x+2}{4x}=\frac{1}{2}.$$

例 3-17　求$\lim\limits_{x\to 0^+}\dfrac{\ln\sin 3x}{\ln\sin 5x}$.

解

$$\lim_{x\to 0^+}\frac{\ln\sin 3x}{\ln\sin 5x}=\lim_{x\to 0^+}\frac{\frac{3\cos 3x}{\sin 3x}}{\frac{5\cos 5x}{\sin 5x}}=\lim_{x\to 0^+}\frac{3\cos 3x\cdot\sin 5x}{5\cos 5x\cdot\sin 3x}$$

$$=\frac{3}{5}\lim_{x\to 0^+}\frac{\cos 3x}{\cos 5x}\cdot\lim_{x\to 0^+}\frac{\sin 5x}{\sin 3x}$$

$$=\frac{3}{5}\cdot 1\cdot\lim_{x\to 0^+}\frac{\sin 5x}{\sin 3x}$$

$$=\frac{3}{5}\lim_{x\to 0^+}\frac{5\cos 5x}{3\cos 3x}=\frac{3}{5}\cdot\frac{5}{3}=1.$$

例 3-18　求 $\lim\limits_{x\to+\infty}\frac{\ln x}{x^n}$　$(n>0)$.

解　$$\lim_{x\to+\infty}\frac{\ln x}{x^n}=\lim_{x\to+\infty}\frac{\frac{1}{x}}{nx^{n-1}}=\lim_{x\to+\infty}\frac{1}{nx^n}=0.$$

例 3-19　求 $\lim\limits_{x\to+\infty}\frac{x^n}{e^x}$　(n 为正整数).

解　$$\lim_{x\to+\infty}\frac{x^n}{e^x}=\lim_{x\to+\infty}\frac{nx^{n-1}}{e^x}=\lim_{x\to+\infty}\frac{n(n-1)x^{n-2}}{e^x}=\cdots=\lim_{x\to+\infty}\frac{n!}{e^x}=0.$$

注：事实上，对于任意的实数 $\alpha>0$，都有 $\lim\limits_{x\to+\infty}\frac{\ln x}{x^\alpha}=0$，$\lim\limits_{x\to+\infty}\frac{x^\alpha}{e^x}=0$.

这可以得到当 $x\to+\infty$ 时，对数函数 $\ln x$、幂函数 x^α、指数函数 e^x 均为无穷大，但是这三类函数增大的速度是不一样的，幂函数增大的速度比对数函数快得多，而指数函数增大的速度又比幂函数快得多.

需要指出的是，洛必达法则是求不定式的一种有效方法，但若能与其他求极限方法结合使用，效果更好，需要灵活使用. 比如，能化简时，可应用等价无穷小替换或重要极限等尽可能先化简，这样可以使运算便捷.

例 3-20　求 $\lim\limits_{x\to0}\frac{\tan x-x}{x^2\tan x}$.

解　$$\lim_{x\to0}\frac{\tan x-x}{x^2\tan x}=\lim_{x\to0}\frac{\tan x-x}{x^3}=\lim_{x\to0}\frac{\sec^2x-1}{3x^2}=\lim_{x\to0}\frac{\tan^2x}{3x^2}=\frac{1}{3}.$$

例 3-21　求 $\lim\limits_{x\to0}\frac{3x-\sin3x}{(1-\cos x)\ln(1+2x)}$.

解　$$\lim_{x\to0}\frac{3x-\sin3x}{(1-\cos x)\ln(1+2x)}=\lim_{x\to0}\frac{3x-\sin3x}{\frac{1}{2}x^2\cdot2x}=\lim_{x\to0}\frac{3x-\sin3x}{x^3}=\lim_{x\to0}\frac{3-3\cos3x}{3x^2}$$
$$=\lim_{x\to0}\frac{1-\cos3x}{x^2}=\lim_{x\to0}\frac{3\sin3x}{2x}=\frac{9}{2}.$$

本节定理只是提供了求不定式极限的一种方法，当定理条件成立时，所求极限存在(或为∞). 但如果 $\lim\frac{f'(x)}{g'(x)}$ 不存在(且不为∞)时，洛必达法则失效，这时所求极限 $\lim\frac{f(x)}{g(x)}$ 也可能存在，应改用其他方法计算.

例 3-22　求 $\lim\limits_{x\to\infty}\frac{x+\cos x}{x}$.

解　所求极限为“$\frac{\infty}{\infty}$”型不定式，若运用洛必达法则对分子分母分别求导后，得到

$$\lim_{x\to\infty}\frac{1-\sin x}{1}=\lim_{x\to\infty}(1-\sin x),$$

此极限不存在，故不能用洛必达法则. 而原极限是存在的，可用如下方法求得

$$\lim_{x\to\infty}\frac{x+\cos x}{x}=\lim_{x\to\infty}\left(1+\frac{1}{x}\cos x\right)=\lim_{x\to\infty}1+\lim_{x\to\infty}\frac{1}{x}\cos x=1+0=1.$$

3.2.3 其他不定式（“$0\cdot\infty$”，“$\infty-\infty$”，“0^0”，“1^∞”，“∞^0”）

（1）对于“$0\cdot\infty$”型不定式，可将乘积的形式化为分式的形式，即化为“$\frac{0}{0}$”或“$\frac{\infty}{\infty}$”型的不定式来计算.

例 3-23 求 $\lim\limits_{x\to0^+}x^2\ln x$.

解 $\lim\limits_{x\to0^+}x^2\ln x=\lim\limits_{x\to0^+}\dfrac{\ln x}{x^{-2}}=\lim\limits_{x\to0^+}\dfrac{\frac{1}{x}}{-2x^{-3}}=-\dfrac{1}{2}\lim\limits_{x\to0^+}x^2=0.$

（2）对于“$\infty-\infty$”型不定式，可利用通分化为“$\frac{0}{0}$”型来计算.

例 3-24 求$\lim\limits_{x\to0}\left(\dfrac{1}{x}-\dfrac{1}{e^x-1}\right)$.

解 $\lim\limits_{x\to0}\left(\dfrac{1}{x}-\dfrac{1}{e^x-1}\right)=\lim\limits_{x\to0}\dfrac{e^x-1-x}{x(e^x-1)}=\lim\limits_{x\to0}\dfrac{e^x-1-x}{x^2}=\lim\limits_{x\to0}\dfrac{e^x-1}{2x}=\lim\limits_{x\to0}\dfrac{x}{2x}=\dfrac{1}{2}.$

（3）对于“0^0”，“1^∞”，“∞^0”型不定式，均为幂指函数求极限，可采用对数求极限法，先化为以 e 为底的指数函数的极限

$$\lim u^v=\lim e^{v\ln u}=e^{\lim(v\ln u)},$$

再利用指数函数的连续性，化为求指数的极限，指数的极限为“$0\cdot\infty$”的形式，再转化为“$\frac{0}{0}$”或“$\frac{\infty}{\infty}$”型的不定式来计算.

例 3-25 求 $\lim\limits_{x\to0^+}x^{\sin x}$.

解 $\lim\limits_{x\to0^+}x^{\sin x}=\lim\limits_{x\to0^+}e^{\ln x^{\sin x}}=\lim\limits_{x\to0^+}e^{\sin x\cdot\ln x}$，而

$$\lim_{x\to0^+}(\sin x\cdot\ln x)=\lim_{x\to0^+}\frac{\ln x}{\frac{1}{\sin x}}=\lim_{x\to0^+}\frac{\frac{1}{x}}{-\frac{\cos x}{\sin^2x}}=-\lim_{x\to0^+}\frac{1}{\cos x}\cdot\lim_{x\to0^+}\frac{\sin^2x}{x}=0.$$

故，$\lim\limits_{x\to0^+}x^{\sin x}=e^0=1.$

例 3-26 求$\lim\limits_{x\to0}(1+\sin x)^{\frac{1}{x}}$.

解 $\lim\limits_{x\to0}(1+\sin x)^{\frac{1}{x}}=\lim\limits_{x\to0}e^{\ln(1+\sin x)^{\frac{1}{x}}}=\lim\limits_{x\to0}e^{\frac{1}{x}\ln(1+\sin x)}$，而

$$\lim_{x\to0}\left(\frac{1}{x}\ln(1+\sin x)\right)=\lim_{x\to0}\frac{\sin x}{x}=1.$$

故，$\lim\limits_{x\to0}(1+\sin x)^{\frac{1}{x}}=e^1=e.$

例 3-27　求 $\lim\limits_{x\to0^+}\left(1+\dfrac{1}{x}\right)^x$.

解　$\lim\limits_{x\to0^+}\left(1+\dfrac{1}{x}\right)^x=\lim\limits_{x\to0^+}e^{\ln\left(1+\frac{1}{x}\right)^x}=\lim\limits_{x\to0^+}e^{x\ln\left(1+\frac{1}{x}\right)}$，而

$$\lim_{x\to0^+}x\ln\left(1+\frac{1}{x}\right)=\lim_{x\to0^+}\frac{\ln\left(1+\dfrac{1}{x}\right)}{x^{-1}}=\lim_{x\to0^+}\frac{\ln(x+1)-\ln x}{x^{-1}}$$

$$=\lim_{x\to0^+}\frac{(x+1)^{-1}-x^{-1}}{-x^{-2}}=\lim_{x\to0^+}\left(x-\frac{x^2}{x+1}\right)=0.$$

故 $\lim\limits_{x\to0^+}\left(1+\dfrac{1}{x}\right)^x=e^0=1.$

习题 3-2

1. 选择题.

(1) 已知函数 $f(x)=x\left(\dfrac{\pi}{2}-\arctan x\right)$，则 $\lim\limits_{x\to+\infty}f(x)$ 是(　　)型不定式的极限.

A. "$\infty-\infty$"　　B. "$\infty\cdot0$"

C. "$\infty+\infty$"　　D. "$\infty\cdot\infty$"

(2) $\lim\limits_{x\to0}\dfrac{1-\cos x}{1+x^2}=\lim\limits_{x\to0}\dfrac{(1-\cos x)'}{(1+x^2)'}=\lim\limits_{x\to0}\dfrac{\sin x}{2x}=\dfrac{1}{2}$，则此计算(　　).

A. 正确

B. 错误，因为 $\lim\limits_{x\to0}\dfrac{1-\cos x}{1+x^2}$ 不是"$\dfrac{0}{0}$"型不定式

C. 错误，因为 $\lim\limits_{x\to0}\dfrac{(1-\cos x)'}{(1+x^2)'}$ 不存在

D. 错误，因为 $\lim\limits_{x\to0}\dfrac{1-\cos x}{1+x^2}$ 是"$\dfrac{\infty}{\infty}$"型不定式

(3) $\lim\limits_{x\to0}\dfrac{f'(x)}{g'(x)}=A$（或为 ∞）是使用洛必达法则计算不定式 $\lim\limits_{x\to0}\dfrac{f(x)}{g(x)}$ 的(　　).

A. 必要条件　　B. 充分条件

C. 充要条件　　D. 无关条件

(4) 下列求极限的问题中，能使用洛必达法则的是(　　).

A. $\lim\limits_{x\to0}\dfrac{x^2\sin\dfrac{1}{x}}{\sin x}$　　B. $\lim\limits_{x\to+\infty}\left(1+\dfrac{2}{x}\right)^x$

C. $\lim\limits_{x\to\infty}\dfrac{x-\sin x}{x+\sin x}$　　D. $\lim\limits_{x\to+\infty}\dfrac{e^x-e^{-x}}{e^x+e^{-x}}$

(5) $\lim\limits_{x\to b}\dfrac{x^4-bx^3}{x^4-2bx^3+2b^3x-b^4}=$(　　)，其中 b 为非零常数.

A. 0　　B. ∞　　C. 1　　D. $-\dfrac{1}{4}$

2. 求下列极限：

(1) $\lim\limits_{x\to1}\dfrac{x^3-x^2-x+1}{x^3-3x+2}$；　(2) $\lim\limits_{x\to0}\dfrac{e^{2x}-1}{\sin x}$；

(3) $\lim\limits_{x\to1}\dfrac{x^3-1+\ln x}{e^x-e}$；　(4) $\lim\limits_{x\to\pi}\dfrac{\sin3x}{\tan5x}$；

(5) $\lim\limits_{x\to\frac{\pi}{2}}\dfrac{\ln\sin x}{(\pi-2x)^2}$；　(6) $\lim\limits_{x\to0}\dfrac{1-\cos x}{\sin x}$；

(7) $\lim\limits_{x\to0}\dfrac{e^x-e^{-x}}{\sin x}$；

(8) $\lim\limits_{x\to a}\dfrac{x^m-a^m}{x^n-a^n}(m,\ n\in\mathbb{N}_+)$；

(9) $\lim\limits_{x\to+\infty}\dfrac{\ln\left(1+\dfrac{1}{x}\right)}{\operatorname{arccot}x}$；

(10) $\lim\limits_{x\to0^+}\dfrac{\ln x}{\cot x}$；　(11) $\lim\limits_{x\to+\infty}\dfrac{\ln x}{x^\alpha}(\alpha>0)$；

(12) $\lim\limits_{x\to+\infty}\dfrac{x^3}{a^x}$；　(13) $\lim\limits_{x\to+\infty}\dfrac{\ln(1+e^x)}{x^2}$；

(14) $\lim\limits_{x\to\frac{\pi}{2}}\dfrac{\tan3x}{\tan x}$；

(15) $\lim\limits_{x\to0}\dfrac{(x\cos x-\sin x)(e^x-1)}{x^3\sin x}$；

(16) $\lim\limits_{x\to0}\dfrac{\dfrac{x^2}{2}+\cos x-1}{(e^x-1)^2\ln(1+\sin^2x)}$;

(17) $\lim\limits_{x\to0^+}\sin x\ln x$; (18) $\lim\limits_{x\to1}\left(\dfrac{1}{\ln x}-\dfrac{1}{x-1}\right)$;

(19) $\lim\limits_{x\to\frac{\pi}{2}}(\sec x-\tan x)$; (20) $\lim\limits_{x\to0^+}(\sin x)^{\frac{1}{\ln x}}$;

(21) $\lim\limits_{x\to\frac{\pi}{2}^-}(\tan x)^{\cos x}$; (22) $\lim\limits_{x\to1}x^{\frac{1}{x-1}}$.

3. 证明：极限 $\lim\limits_{x\to+\infty}\dfrac{x-\cos x}{x+\cos x}$存在(不能使用洛必达法则).

4. 设$\lim\limits_{x\to1}\dfrac{x^2+mx+n}{x-1}=5$，求常数 m，n 的值.

5. 设$f(0)=0$，$f'(0)=2$，$f''(0)=6$，求$\lim\limits_{x\to0}\dfrac{f(x)-2x}{x^2}$.

3.3 函数的单调性与极值

在第1章中已经介绍了函数在区间上单调性的概念，利用单调性的定义来判定函数在区间上的单调性，一般是比较烦琐的. 下面将利用导数，介绍一种简单而有效的判定单调性的方法.

先从函数图形来观察单调函数有什么特点. 若函数 $y=f(x)$在$[a,b]$上单调增加，则其图形是一条沿 x 轴正向上升的曲线，曲线上任意一点处切线(如果存在)的斜率为非负，即 $\tan\alpha=f'(x)\geqslant0$，如图3-5a 所示；若函数 $y=f(x)$在$[a,b]$上单调减少，则其图形是一条沿 x 轴正向下降的曲线，曲线上任意一点处切线(如果存在)的斜率为非负，即 $\tan\alpha=f'(x)\leqslant0$，如图3-5b所示. 因此，曲线的升降与曲线切线的斜率密切相关，而曲线切线的斜率可以通过相应函数的导数来表示.

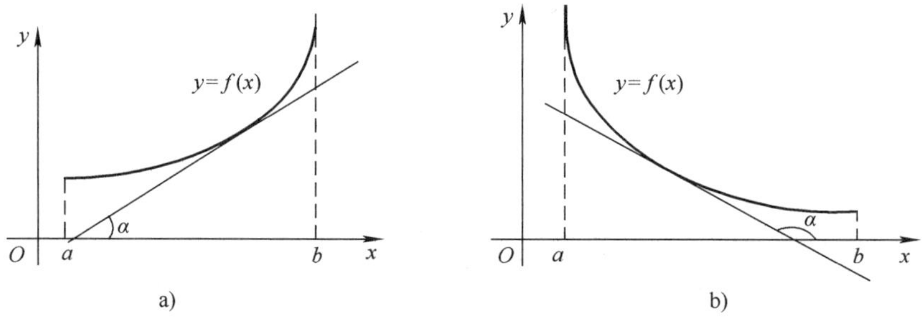

图 3-5

3.3.1 函数单调性的判定法

定理3-8 设函数 $y=f(x)$在闭区间$[a,b]$上连续，在开区间(a,b)内可导.

(1) 若在区间(a,b)内$f'(x)>0$，则函数 $y=f(x)$在$[a,b]$上严格单调增加；

(2) 若在区间(a,b)内$f'(x)<0$，则函数 $y=f(x)$在$[a,b]$上严格单调减少.

证 任取 x_1，$x_2\in[a,b]$，设 $x_1<x_2$，应用拉格朗日中值定理，有

$$f(x_2)-f(x_1)=f'(\xi)(x_2-x_1),\ \xi\in(x_1,\ x_2).$$

(1) 若在区间(a,b)内$f'(x)>0$，则$f'(\xi)>0$，故$f(x_2)>f(x_1)$，即$f(x)$在$[a,b]$上严格单调增加.

(2) 若在区间(a,b)内$f'(x)<0$，则$f'(\xi)<0$，故$f(x_2)<f(x_1)$，即$f(x)$在$[a,b]$上严格单调增减少.

注：(1) 若在(a,b)内$f'(x)=0$的点为有限个，只要在其余各点处$f'(x)$保持定号，则函数$y=f(x)$的单调性不变.

(2) 这个判定法中的闭区间可换成其他各种区间(对于无穷区间，要求在其任一有限的子区间上满足定理的条件)，结论也成立.

例 3-28　判定函数$y=x-\sin x$在$[-\pi,\pi]$上的单调性.

解　因为函数在$[-\pi,\pi]$上连续，在$(-\pi,\pi)$内$y'=1-\cos x\geqslant 0$，且等号仅在$x=0$处成立，所以函数$y=x-\sin x$在$[-\pi,\pi]$上单调增加.

例 3-29　讨论函数$f(x)=e^x-x-1$的单调性.

解　因为函数$f(x)=e^x-x-1$的定义域为$(-\infty,+\infty)$，导数$f'(x)=e^x-1$.

令$f'(x)=0$，得$x=0$.

在$(-\infty,0)$内，$f'(x)<0$，函数单调减少，

在$(0,+\infty)$内，$f'(x)>0$，函数单调增加.

所以，函数$f(x)$的单调增加区间为$[0,+\infty)$，单调减少区间为$(-\infty,0]$.

注：当$x=0$时，$f'(x)=0$. 使得$f'(x)=0$的点可能是划分单调区间的分界点.

例 3-30　讨论函数$f(x)=|x|$的单调性.

解　因为函数$f(x)=|x|$的定义域为$(-\infty,+\infty)$，函数在$x=0$处导数不存在，

在$(-\infty,0)$内，$f'(x)<0$，函数单调减少，

在$(0,+\infty)$内，$f'(x)>0$，函数单调增加，

所以，函数$f(x)$的单调增加区间为$[0,+\infty)$，单调减少区间为$(-\infty,0]$.

注：使得$f'(x)$不存在的点也可能是划分单调区间的分界点. 函数的图形如图 3-6 所示.

总之，使得$f'(x)=0$的点、导数不存在的点、函数不连续的点都可能成为单调区间的分界点. 因此，讨论函数单调性有如下步骤：

(1) 确定函数的定义域；

(2) 求出$f'(x)=0$的点和导数不存在的点；

(3) 利用(2)中得到的点将定义域划分为若干个子区间，逐一判断各个子区间上$f'(x)$的正负，从而确定函数$f(x)$在各个子区间上的单调性.

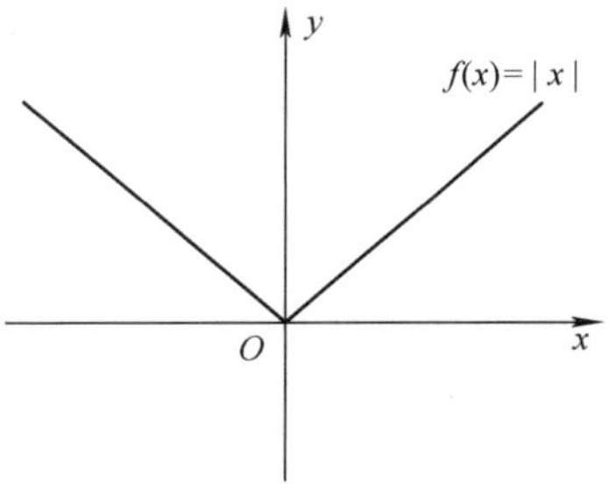

图　3-6

例 3-31　讨论函数 $f(x)=x^3-12x+1$ 的单调性.

解　(1) $f(x)=x^3-12x+1$ 的定义域为 $(-\infty,+\infty)$.

(2) $f'(x)=3x^2-12=3(x+2)(x-2)$，令 $f'(x)=0$，得 $x_1=-2$，$x_2=2$.

(3) 列表讨论（↑表示单调增加，↓表示单调减少）.

x	$(-\infty,-2)$	-2	$(-2,2)$	2	$(2,+\infty)$
$f'(x)$	+	0	−	0	+
$f(x)$	↑	分界点	↓	分界点	↑

综上，函数 $f(x)$ 的单调增加区间为 $(-\infty,-2]$ 和 $[2,+\infty)$，单调减少区间为 $[-2,2]$，如图 3-7 所示.

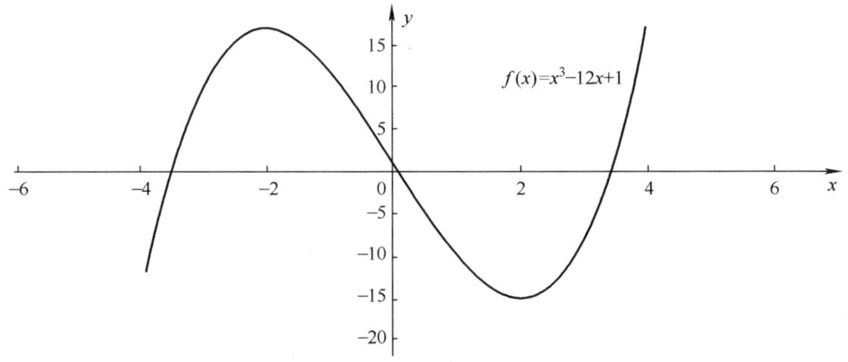

图　3-7

例 3-32　讨论函数 $f(x)=\sqrt[3]{x^2}$ 的单调区间.

解　(1) 函数 $f(x)=\sqrt[3]{x^2}$ 的定义域为 $(-\infty,+\infty)$.

(2) $f'(x)=\dfrac{2}{3\sqrt[3]{x}}(x\neq 0)$，当 $x=0$ 时，导数不存在.

(3) 列表讨论

x	$(-\infty,0)$	0	$(0,+\infty)$
$f'(x)$	−	不可导点	+
$f(x)$	↓	分界点	↑

综上，函数 $f(x)$ 的单调增加区间为 $[0,+\infty)$，单调减少区间为 $(-\infty,0]$，如图 3-8 所示.

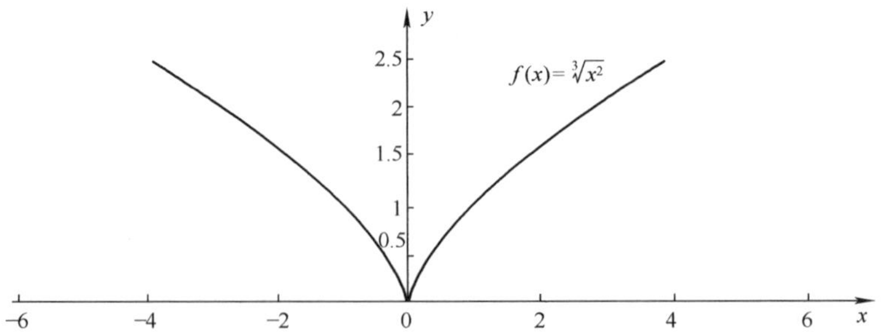

图　3-8

例 3-33　确定函数 $f(x)=(x+1)^{\frac{2}{3}}(x-5)^2$ 的单调区间.

解　(1) 函数的定义域为 $(-\infty,+\infty)$.

(2) $f'(x)=\frac{2}{3}(x+1)^{-\frac{1}{3}}(x-5)^2+2(x+1)^{\frac{2}{3}}(x-5)$

$$=\frac{4(x-5)(2x-1)}{3\sqrt[3]{x+1}}\quad(x\neq-1).$$

$x_1=-1$ 为导数不存在的点. 令 $f'(x)=0$，得 $x_2=\frac{1}{2}$，$x_3=5$.

(3) 列表讨论

x	$(-\infty,-1)$	-1	$\left(-1,\frac{1}{2}\right)$	$\frac{1}{2}$	$\left(\frac{1}{2},5\right)$	5	$(5,+\infty)$
$f'(x)$	−	不可导点	+	0	−	0	+
$f(x)$	↓	分界点	↑	分界点	↓	分界点	↑

综上，函数 $f(x)$ 的单调增加区间为 $\left[-1,\frac{1}{2}\right]$ 和 $[5,+\infty)$，单调减少区间为 $(-\infty,-1]$ 和 $\left[\frac{1}{2},5\right]$，如图 3-9 所示.

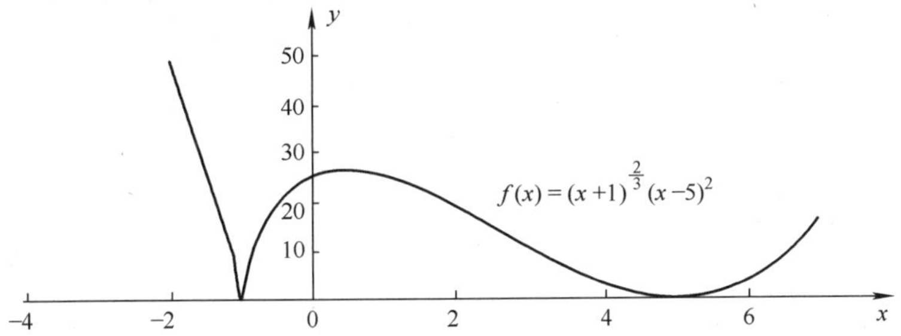

图　3-9

此外，利用函数的单调性，可证明不等式.

例 3-34　证明：当 $x>0$ 时，有 $\ln(1+x)<x$.

证　令 $f(x)=\ln(1+x)-x$，则 $f(x)$ 在区间 $[0,+\infty)$ 上连续. 又

$$f'(x)=\frac{1}{1+x}-1=-\frac{x}{1+x}<0,\qquad x\in(0,+\infty),$$

故 $f(x)$ 在 $[0,+\infty)$ 单调减少，从而 $f(x)<f(0)=0$. 因此，当 $x>0$ 时，

$$\ln(1+x)<x.$$

3.3.2　函数的极值

函数单调区间的分界点 $x=x_0$ 具有特别意义：如果 $f(x)$ 在 $x=x_0$ 的左邻域严格单调增加，在 $x=x_0$ 右邻域严格单调减少，则一定存在 x_0 的某邻域 $\mathring{U}(x_0)$，对 $\forall x\in\mathring{U}(x_0)$ 总有 $f(x)<f(x_0)$，这就是下面有关函数极值的概念.

定义 3-1　设函数$f(x)$在点x_0的某邻域$U(x_0)$内有定义，如果对于去心邻域$\mathring{U}(x_0)$内任意一点x，有

$$f(x)<f(x_0)\ (\text{或} f(x)>f(x_0)),$$

则称$f(x_0)$是函数$f(x)$的一个极大值(或极小值)，x_0称为极大值点(或极小值点).

函数的极大值与极小值统称为函数的极值，极大值点与极小值点统称为函数的**极值点**.

注：函数的极值与最值不同，极值是局部性概念，只是在极值点附近的一个局部邻域范围来说是最大或最小，并不能代表在整个定义区间上是最大或最小.

如图 3-10 所示，函数$f(x)$在点x_2和x_5处取得极大值，在点x_1，x_4和x_6处取得极小值，这说明在一个区间内函数的极大值与极小值可以有很多个，而且从中可以看到函数的极大值不一定是最大值，极小值也不一定是最小值.

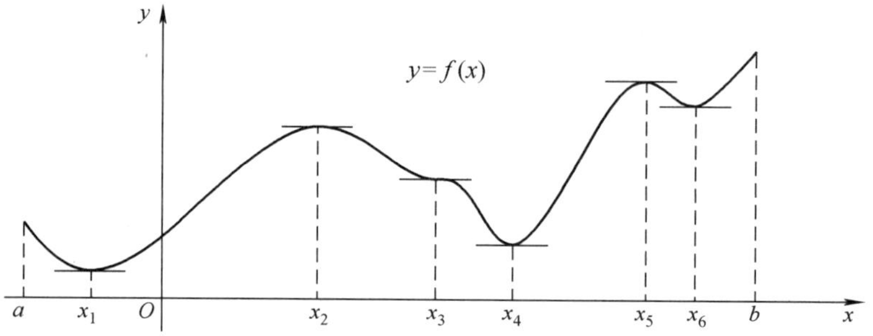

图　3-10

从图 3-10 中还可以发现，极值点处如果有切线，则切线一定是水平的；但有水平切线的点并不一定是极值点(如点x_3).

由 3.1 节费马引理可知，若函数$f(x)$在x_0处可导，且取得极值，那么$f'(x_0)=0$. 这就是函数在可导的点取得极值的必要条件.

定理 3-9(必要条件)　设函数$f(x)$在点x_0处可导，且在x_0处取得极值，则必有$f'(x_0)=0$.

由函数单调性的判别法和极值的定义，即可得到以下极值判别法.

定理 3-10(第一充分条件)　设$f(x)$在x_0处连续，且在x_0的某个去心邻域$\mathring{U}(x_0,\delta)$内可导，

(1) 若$x\in(x_0-\delta,\ x_0)$时，$f'(x)>0$，而$x\in(x_0,x_0+\delta)$时，$f'(x)<0$，则$f(x)$在x_0取得极大值；

（2）若 $x\in(x_0-\delta,x_0)$ 时，$f'(x)<0$，而 $x\in(x_0,x_0+\delta)$ 时，$f'(x)>0$，则 $f(x)$ 在 x_0 取得极小值；

（3）若 $x\in\overset{o}{U}(x_0,\delta)$ 时，$f'(x)$ 的符号保持不变，则 $f(x)$ 在 x_0 处没有极值.

证　（1）由条件，函数 $f(x)$ 在 $(x_0-\delta,x_0)$ 内单调增加，在 $(x_0,x_0+\delta)$ 内单调减少，且 $f(x)$ 在 x_0 处连续，故 $f(x)$ 在 x_0 处取得极大值，如图 3-11a 所示.

类似可证情形(2)，如图 3-11b 所示以及情形(3)，如图 3-11c 所示和图 3-11d 所示.

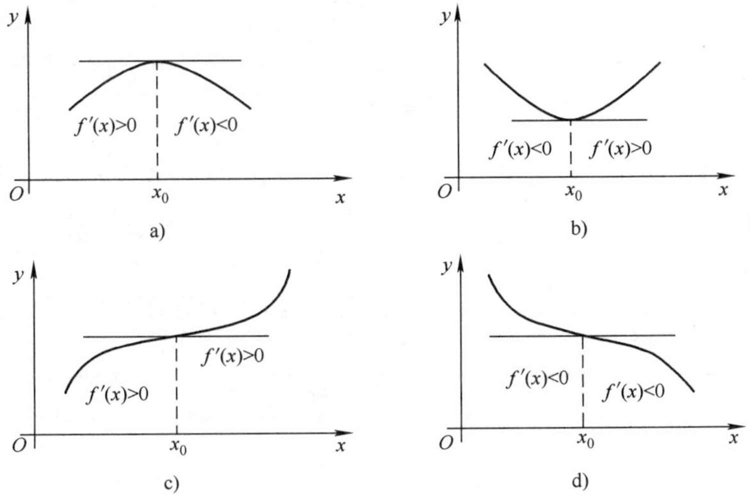

图　3-11

一般地，求函数的极值(极值点)的步骤如下：

（1）确定函数 $f(x)$ 的定义域，并求其导数 $f'(x)$；

（2）求出 $f(x)$ 的全部驻点与不可导点；

（3）考察 $f'(x)$ 在每个驻点和不可导点的左、右两侧邻近符号变化的情况，确定函数的极值点，并判断极值点处是极大值点还是极小值点；

（4）求出各极值点对应的函数值，就得到函数 $f(x)$ 的全部极值.

例 3-35　求 $f(x)=x^3-3x^2-9x+5$ 的极值.

解　（1）函数 $f(x)$ 的定义域为 $(-\infty,+\infty)$，求导数得 $f'(x)=3x^2-6x-9=3(x+1)(x-3)$；

（2）令 $f'(x)=0$，得驻点 $x_1=-1$，$x_2=3$；

（3）列表讨论：

x	$(-\infty,-1)$	-1	$(-1,3)$	3	$(3,+\infty)$
$f'(x)$	+	0	−	0	+
$f(x)$	↑	极大值	↓	极小值	↑

(4) 故得 $f(x)$ 的极大值为 $f(-1)=10$，极小值为 $f(3)=-22$，如图3-12所示.

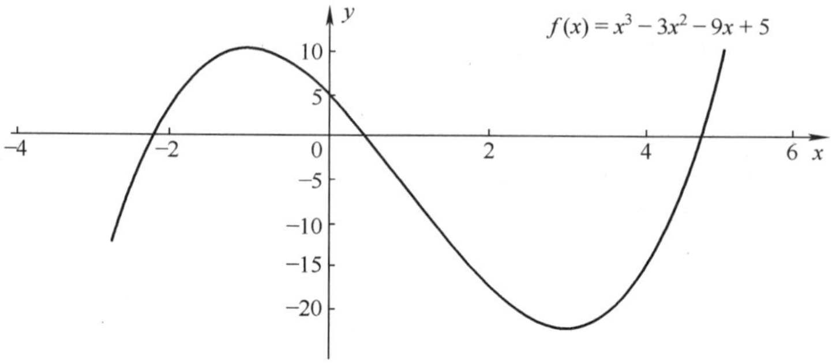

图　3-12

例 3-36　求 $f(x)=x-\frac{3}{2}x^{\frac{2}{3}}$ 的极值.

解　(1) 函数 $f(x)$ 的定义域为 $(-\infty,+\infty)$，求导数得 $f'(x)=1-x^{-\frac{1}{3}}=\frac{\sqrt[3]{x}-1}{\sqrt[3]{x}}\quad(x\neq0)$；

(2) 令 $f'(x)=0$，得驻点 $x_1=1$，而点 $x_2=0$ 为导数不存在的点；

(3) 列表讨论：

x	$(-\infty,0)$	0	$(0,1)$	1	$(1,+\infty)$
$f'(x)$	+	不可导	−	0	+
$f(x)$	↑	极大值	↓	极小值	↑

(4) 故得 $f(x)$ 的极大值为 $f(0)=0$，极小值为 $f(1)=-\frac{1}{2}$.

如果函数在驻点处具有不为 0 的二阶导数，则也可由二阶导数的符号来判别 $f(x)$ 在驻点处取得极大值还是极小值.

定理 3-11（第二充分条件）　设函数 $f(x)$ 在点 x_0 处具有二阶导数且

$$f'(x_0)=0,\ f''(x_0)\neq0,$$

则(1) 当 $f''(x_0)<0$ 时，函数 $f(x)$ 在 x_0 处取得极大值；

(2) 当 $f''(x_0)>0$ 时，函数 $f(x)$ 在 x_0 处取得极小值.

证　(1) 因 $f''(x_0)<0$，由二阶导数的定义及 $f'(x_0)=0$ 有

$$f''(x_0)=\lim_{x\to x_0}\frac{f'(x)-f'(x_0)}{x-x_0}=\lim_{x\to x_0}\frac{f'(x)}{x-x_0}<0.$$

根据极限的局部保号性，当 x 在 x_0 的足够小的去心邻域内时，

$$\frac{f'(x)}{x-x_0}<0.$$

因此，当 $x<x_0$ 时，$f'(x)>0$；当 $x>x_0$ 时，$f'(x)<0$. 根据定理3-10，

$f(x)$在点 x_0 处取得极大值.

类似地可以证明情形(2).

例 3-37　求$f(x)=x^3-3x$的极值.

解　$f'(x)=3x^2-3=3(x+1)(x-1)$，$f''(x)=6x$.

令$f'(x)=0$，得驻点 $x=\pm1$.

由于$f''(-1)=-6<0$，所以$f(-1)=2$为极大值；$f''(1)=6>0$，所以$f(1)=-2$为极小值.

注：如果函数$f(x)$在驻点 x_0 处的二阶导数$f''(x_0)\neq0$，那么 x_0 一定是极值点，并且可以通过$f''(x_0)$的符号来判定$f(x_0)$是极大值还是极小值. 但如果$f'(x_0)=0$，$f''(x_0)=0$，就不能使用定理 3-11(第二充分条件)判定$f(x_0)$是否为极值，应使用定理 3-10(第一充分条件)进行判别.

例 3-38　求函数$f(x)=(x^2-1)^3+1$的极值.

解　(1) 函数$f(x)$的定义域为$(-\infty,+\infty)$，求导数得$f'(x)=6x(x^2-1)^2$，$f''(x)=6(x^2-1)(5x^2-1)$；

(2) 令$f'(x)=0$，得驻点 $x_1=-1$，$x_2=0$，$x_3=1$；

(3) 因$f''(0)=6>0$，故$f(x)$在 $x=0$ 处取得极小值，极小值为$f(0)=0$.

而$f''(-1)=f''(1)=0$，用定理 3-11 无法判别，改用定理 3-10 继续进行判别，考察一阶导数$f'(x)$在驻点 $x_1=-1$ 及 $x_3=1$ 左右邻近的符号：点 $x_1=-1$ 的左侧邻近处$f'(x)<0$，右侧邻近处$f'(x)<0$，因为$f'(x)$的符号没有改变，所以$f(x)$在 $x_1=-1$ 处没有极值. 同理，点 $x_3=1$ 的左侧邻近处$f'(x)>0$，右侧邻近处$f'(x)>0$，即$f'(x)$的符号没有改变，所以$f(x)$在 $x_3=1$ 处也没有极值，如图 3-13 所示.

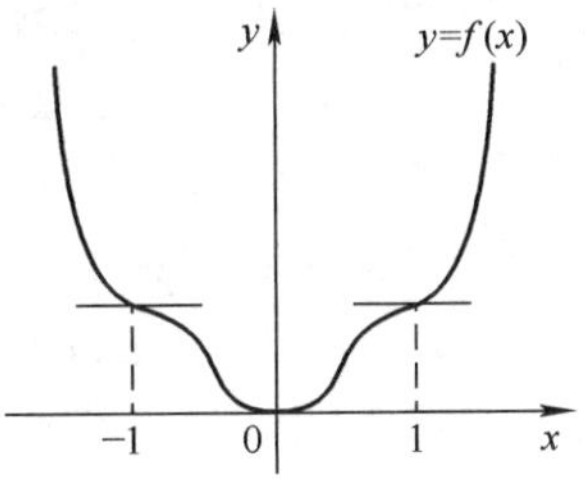

图　3-13

综上所述，函数只有一个极小值$f(0)=0$.

习题 3-3

1. 证明：函数 $y=x-\arctan x$ 单调增加.
2. 判断函数$f(x)=e^{-x^2}$的单调性.
3. 确定下列函数的单调区间：

(1) $y=x^3-3x^2-9x-10$；(2) $y=2x^4-4x^2+3$；

(3) $y=x-\ln(1+x^2)$；

(4) $y=2x+\dfrac{8}{x}\quad(x>0)$；

(5) $y=x^2e^{-x}\quad(x\geqslant0)$；　(6) $y=\dfrac{2x}{1+x^2}$；

(7) $y=x^{\frac{2}{3}}(x+2)^2$.

4. 证明：当 $x>1$ 时，$3-2\sqrt{x}<\dfrac{1}{x}$.
5. 设 $x>0$，证明：$1+\dfrac{1}{2}x>\sqrt{1+x}$.
6. 证明：方程 $x^4+x-1=0$ 有且仅有一个小于 1 的正根.
7. 求下列函数的极值：

(1) $y=x^2-2x+3$；　(2) $y=2x^3-3x^2$；

(3) $y=2x^3-6x^2-18x+7$；

(4) $y=x-\ln(1+x)$；

(5) $y=3x^4-8x^3+6x^2+1$；

(6) $y=x+\sqrt{1-x}$；

(7) $f(x)=\sqrt[3]{(x-1)^2(x+4)^3}$.

8. 设 a,b,c,d 为常数，证明：如果函数 $y=ax^3+bx^2+cx+d$ 满足条件 $b^2-3ac<0$，那么该函数没有极值.

9. 试问常数 a 为何值时，函数 $f(x)=a\sin x+\frac{1}{3}\sin 3x$ 在点 $x=\frac{\pi}{3}$ 处取得极值？它是极大值还是极小值？并求此极值.

3.4 函数的最值及其应用

3.4.1 闭区间上连续函数的最值

在工、农业生产、工程设计、经济管理等领域中，经常会遇到怎样使产量最高、用料最省、效益最大、成本最低等一系列求最大值或最小值的实际应用问题. 对于这类问题，首先根据问题的实际意义建立目标函数，并确定函数的定义区间；然后求出目标函数在定义区间上的最大值或最小值.

假定函数 $f(x)$ 在闭区间 $[a,b]$ 上连续，在开区间 (a,b) 内除有限个点外可导，且至多有有限个驻点. 首先，由闭区间上连续函数的性质可知 $f(x)$ 在 $[a,b]$ 上的最大值和最小值一定存在. 其次，如果最大值（或最小值）$f(x_0)$ 在开区间 (a,b) 内的点 x_0 处取得，那么，$f(x_0)$ 一定也是极大值（或极小值），从而，x_0 一定是驻点或不可导点. 又由于最大值和最小值也可能在区间的端点处取得. 因此，求连续函数 $f(x)$ 在闭区间 $[a,b]$ 上的最大值与最小值的步骤如下：

（1）求出 $f(x)$ 在 (a,b) 内的所有驻点和不可导点；

（2）计算 $f(x)$ 在以上所有驻点和不可导点的函数值以及 $f(a)$，$f(b)$；

（3）比较(2)中所求函数值的大小，其中最大的就是 $f(x)$ 在 $[a,b]$ 上的最大值，最小的就是 $f(x)$ 在 $[a,b]$ 上的最小值.

例 3-39　求函数 $f(x)=x-\frac{3}{2}x^{\frac{2}{3}}$ 在 $\left[-1,\frac{27}{8}\right]$ 上的最大值及最小值.

解　$f(x)$ 在 $\left[-1,\frac{27}{8}\right]$ 上连续，$f'(x)=1-x^{-\frac{1}{3}}=\frac{\sqrt[3]{x}-1}{\sqrt[3]{x}}\quad(x\neq 0)$.

在 $\left(-1,\frac{27}{8}\right)$ 内求得驻点为 $x_1=1$，不可导点为 $x_2=0$.

由 $f(1)=-\frac{1}{2}$，$f(0)=0$，$f(-1)=-\frac{5}{2}$，$f\left(\frac{27}{8}\right)=0$，

比较可得 $f(x)$ 在 $\left[-1,\frac{27}{8}\right]$ 上的最大值为 $f(0)=f\left(\frac{27}{8}\right)=0$，最小值为 $f(-1)=-\frac{5}{2}$.

在求解函数的最大值（或最小值）时，特别值得指出的是下述特殊情形：

（1）若 $f(x)$ 为 $[a,b]$ 上的连续函数，且在 $[a,b]$ 上单调增加，则 $f(a)$ 为最小值，$f(b)$ 为最大值，如图 3-14a 所示；若 $f(x)$ 在 $[a,b]$ 上单调减少，则 $f(a)$ 为最大值，$f(b)$ 为最小值，如图 3-14b 所示.

（2）如果函数 $f(x)$ 在一个区间（有限或无限，开或闭）内可导且只有一个驻点 x_0，并且这个驻点 x_0 是函数 $f(x)$ 的极值点，则当 $f(x_0)$ 是极大值时，$f(x_0)$ 就是 $f(x)$ 在该区间上的最大值，如图 3-14c 所示；当 $f(x_0)$ 是极小值时，$f(x_0)$ 就是 $f(x)$ 在该区间上的最小值，如图 3-14d 所示. 在实际应用问题中往往遇到这样的情形.

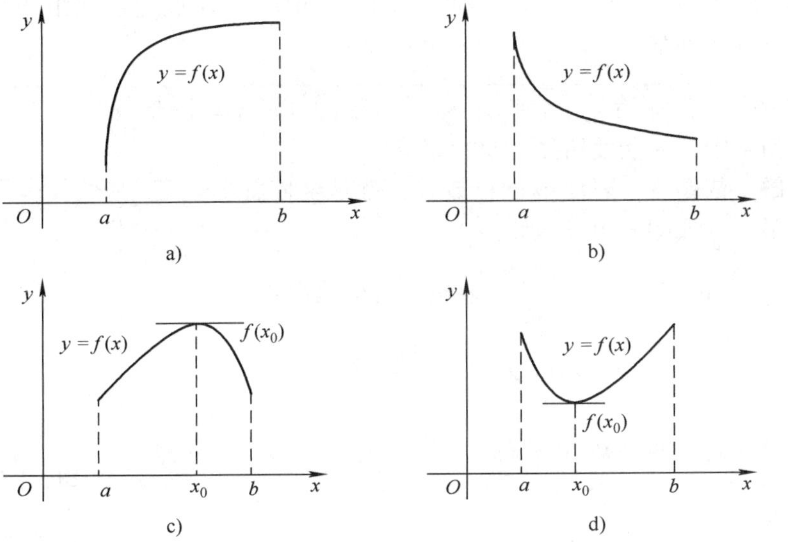

图　3-14

3.4.2　实际应用

在解决实际问题时，往往根据问题本身的特性就可断定可导函数 $f(x)$ 必然存在最大值或最小值，而且一定出现在定义区间内. 此时若 $f(x)$ 在定义区间内部只有一个唯一的驻点 x_0，则不必讨论 $f(x_0)$ 是不是极值，就可直接断定 $f(x_0)$ 是最大值或最小值.

例 3-40　铁路线上 AB 段的距离为 100km. 某工厂 C 距 A 处为 20km，AC 垂直于 AB，如图 3-15 所示. 为了从 B 点处向工厂运来原料，需要在 AB 上选定一点 D 向工厂修筑一条公路. 已知铁路上每千米货运的运费与公路上每千米货运的运费之比为 3:5，为使货物从供应站 B 运到工厂 C 的运费最省，问 D 点应选在何处？

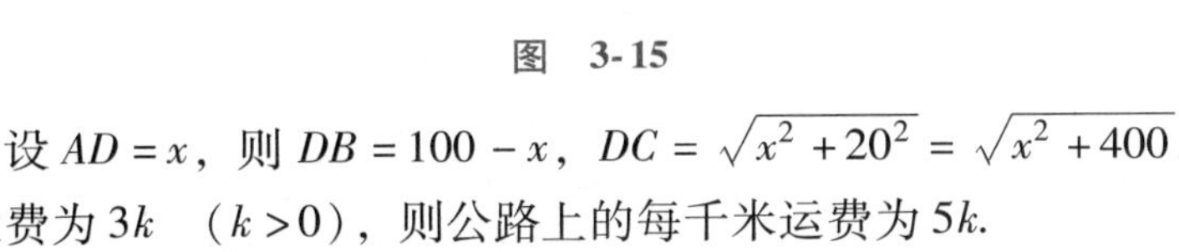

图　3-15

解　设 $AD=x$，则 $DB=100-x$，$DC=\sqrt{x^2+20^2}=\sqrt{x^2+400}$，设铁路每千米运费为 $3k$　$(k>0)$，则公路上的每千米运费为 $5k$.

于是从 B 到 C 的总运费为

$$y=3k(100-x)+5k\sqrt{x^2+400},\qquad x\in[0,100].$$

这是目标函数，要解决的实际问题就转化为 x 在[0,100]内取何值时，目标函数 y 的值最小.

先求导数 $y'=\left(-3+\dfrac{5x}{\sqrt{x^2+400}}\right)k$，令 $y'=0$，得 $x=15$.

由于 y 在(0,100)内只有唯一的驻点 $x=15$，而根据实际情况知目标函数必有最小值，因此在 $x=15$ 时，y 取最小值. 即 D 点应选在距 A 点 15km 处，全程运费最省.

例 3-41　要制造一个容积为 V_0 的带盖圆柱形桶，问桶的半径 r 和桶高 h 应如何确定，才能使所用的材料最省？

解　依题意，要使得材料最省，就是要使圆桶表面积 S 最小，如图 3-16 所示.

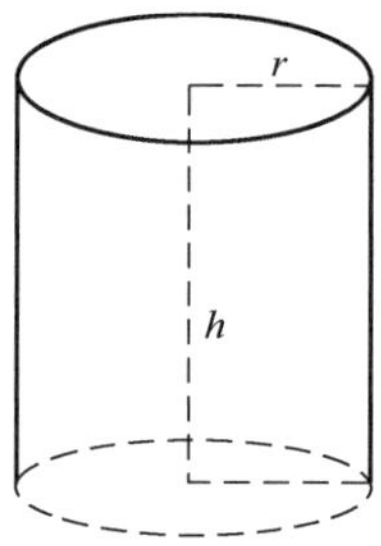

图　3-16

由 $\pi r^2h=V_0$ 得 $h=\dfrac{V_0}{\pi r^2}$，故建立目标函数：

$$S=2\pi r^2+2\pi rh=2\pi r^2+\frac{2V_0}{r}\quad(r>0).$$

求 S 对 r 的导数 $S'=4\pi r-\dfrac{2V_0}{r^2}$，令 $S'=0$，得驻点 $r_0=\sqrt[3]{\dfrac{V_0}{2\pi}}$.

由于 S 在(0,+∞)内只有唯一一个驻点，根据问题的实际意义，该驻点也就是所求的最小值点. 从而当 $r=\sqrt[3]{\dfrac{V_0}{2\pi}}$，$h=2\sqrt[3]{\dfrac{V_0}{2\pi}}=2r$ 时，圆桶表面积最小，则用料最省.

像这种高度等于底面直径的圆桶在实际中常被采用，例如储油罐、化学反应容器、各种包装盒等.

习题 3-4

1. 求下列函数的最值：

(1) $f(x)=\dfrac{x^2}{2}-\dfrac{27}{x}$，$x\in(-\infty,0)$；

(2) $f(x)=x+\sqrt{1-x}$，$x\in[-5,1]$；

(3) $y=x^4-2x^2+1$，$x\in[-2,2]$；

(4) $f(x)=\sqrt[3]{(x-1)^2(x+4)^3}$，$x\in[0,2]$.

2. 求函数 $f(x)=e^x\cos x$ 在 $[-\pi,\pi]$ 上的最大值及最小值.

3. 某工厂需要围建一个面积为 512m^2 的矩形堆料场，一边可以利用原有的墙壁，其他三边需要砌新的墙壁. 求堆料场的长和宽各为多少时，才能使砌墙所用的材料最省？

4. 某房地产公司有 50 套公寓要出租，当租金定为每月 180 元时，公寓会全部租出去. 当租金每月增加 10 元时，就有一套公寓租不出去，而租出去的房子每月需花费 20 元的整修维护费. 求房租定为多少可获得最高收入？

5. 欲做一个底为正方形，容积为 108m^3 的长方体开口容器，怎样做才能使用料最省？

6. 已知圆柱形易拉罐饮料的容积 V 是一个标准定值，假设易拉罐顶部和底面的厚度相同且为侧面厚度的 2 倍. 问如何设计易拉罐的高和底面直径，才能使假设易拉罐的材料最省？

7. 在半径为 r 的球中内接一正圆柱体，为使其体积为最大，求此圆柱体的高.

8. 某铁路隧道的截面拟建成矩形加半圆形的形状，如图 3-17 所示. 设截面积为 $a\text{m}^2$，问底宽 x 为多少时，才能使所用建造材料最省？

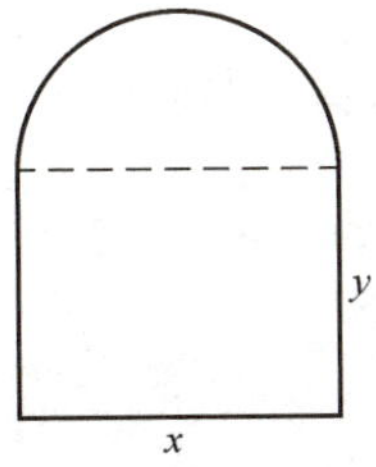

图　3-17

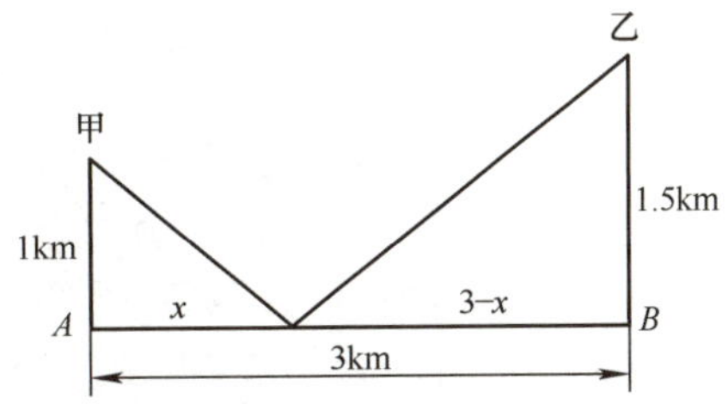

图　3-18

9. 甲、乙两用户共用一台变压器，如图 3-18 所示，问变压器设在输电干线 AB 的何处时，所需电线最短？

10. 在边长为 a 的一块正方形铁皮的四个角上各截出一个小正方形，将四边上折焊成一个无盖方盒，问截去的小正方形边长为多大时，方盒的容积最大？

3.5　曲线的凹凸性与拐点

前面我们讨论了函数的单调性，但单调性相同的函数还会存在显著的差异. 例如，$y=\sqrt{x}$与 $y=x^2$ 在$[0,+\infty)$上都是单调增加的，但是它们单调增加的方式并不相同. 从图形上看，它们的曲线的弯曲方向不一样，如图 3-19 所示. 下面我们介绍描述曲线的弯曲性态的概念，即曲线的凹凸性，并研究其判别法.

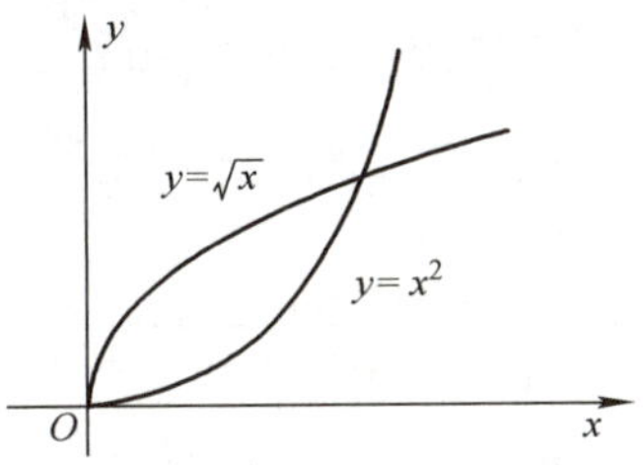

图　3-19

我们从几何上看到，在有的曲线弧上，如果任取两点，则连接这两点间的弦总位于这两点间的弧段的上方，如图 3-20a 所示；而有的曲线弧则正好相反，如图 3-20b 所示. 曲线的这种性质就是曲线的凹凸性. 因此，曲线的凹凸性可以用连接曲线弧上任意两点的弦的中点与曲线弧上相应点(即具有相同横坐标的点)的位置关系来描述. 下面给出曲线凹凸性的定义.

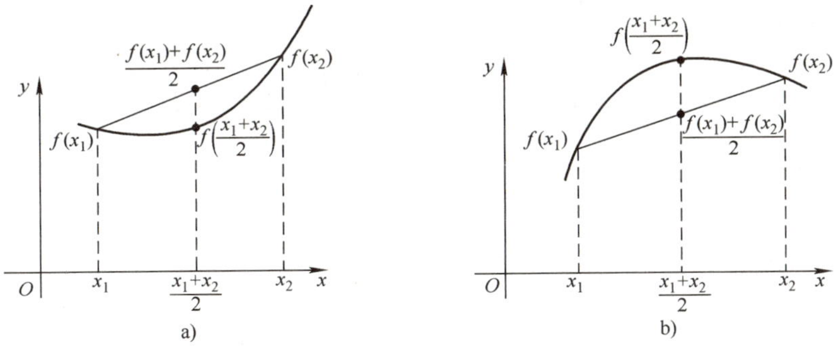

图　3-20

定义 3-2　设 $f(x)$在区间 I 上连续，如果对 I 上任意两点 x_1, x_2，恒有

$$f\left(\frac{x_1+x_2}{2}\right)<\frac{f(x_1)+f(x_2)}{2},$$

那么称$f(x)$在I上的图形是(向上)凹的(或凹弧)，区间I称为曲线$y=f(x)$的凹区间；

如果恒有

$$f\left(\frac{x_1+x_2}{2}\right)>\frac{f(x_1)+f(x_2)}{2},$$

那么称$f(x)$在I上的图形是(向上)凸的(或凸弧)，区间I称为曲线$y=f(x)$的凸区间.

如果函数$f(x)$在I内具有二阶导数，那么可以利用二阶导数的符号来判定曲线的凹凸性，这就是下面的曲线凹凸性的判定定理.

定理 3-12　设$f(x)$在$[a,b]$上连续，在(a,b)内具有一阶和二阶导数，那么

(1) 若在(a,b)内$f''(x)>0$，则$f(x)$在$[a,b]$上的图形是凹的；

(2) 若在(a,b)内$f''(x)<0$，则$f(x)$在$[a,b]$上的图形是凸的.

注：如果把上述判定法中的闭区间换成其他区间(包括无穷区间)，结论也成立.

例 3-42　判断曲线$y=\ln x$的凹凸性.

解　因$y'=\frac{1}{x}$，$y''=-\frac{1}{x^2}$，函数$y=\ln x$在定义域$(0,+\infty)$内的二阶导数$y''<0$，故曲线$y=\ln x$在区间$(0,+\infty)$内是凸的.

例 3-43　判断曲线$f(x)=x^3$的凹凸性.

解　(1) 函数的定义域为$(-\infty,+\infty)$.

(2) $f'(x)=3x^2$，$f''(x)=6x$. 令$f''(x)=0$，得$x=0$.

(3) 列表讨论：

x	$(-\infty,0)$	0	$(0,+\infty)$
$f''(x)$	−	0	+
$f(x)$	凸	0	凹

综上，曲线在$(-\infty,0]$上是凸弧，在$[0,+\infty)$上是凹弧，如图 3-21 所示.

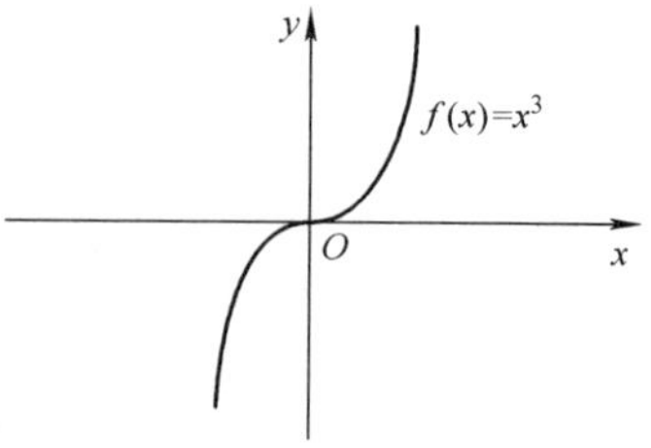

图　3-21

注：在例 3-43 中，$(0,0)$是凹弧与凸弧的分界点，称之为拐点. 以下给出拐点的定义.

定义 3-3　设$y=f(x)$在区间I上连续，x_0是I内的点. 如果曲线$y=f(x)$在经过点$(x_0,f(x_0))$时，曲线的凹凸性改变了，则称点$(x_0,f(x_0))$为该曲线的拐点.

例 3-44　求曲线 $y=\sqrt[3]{x}$的凹凸区间.

解　(1) 函数在定义域$(-\infty,+\infty)$内连续.

(2) 当 $x\neq0$ 时，$y'=\dfrac{1}{3\sqrt[3]{x^2}}$，$y''=-\dfrac{2}{9x\sqrt[3]{x^2}}$；当 $x=0$ 时，y'，y''都不存在.

故二阶导数在$(-\infty,+\infty)$内不连续，且不具有零点. 但 $x=0$ 是 y''不存在的点，它把$(-\infty,+\infty)$分成两个子区间：$(-\infty,0]$和$[0,+\infty)$.

(3) 列表讨论：

x	$(-\infty,0)$	0	$(0,+\infty)$
y''	+	不存在	−
y	凹	0	凸

综上，曲线 $y=\sqrt[3]{x}$的凹区间为$(-\infty,0]$，凸区间为$[0,+\infty)$.

$(0,0)$是凹弧与凸弧的分界点，故点$(0,0)$是曲线的一个拐点，如图 3-22所示.

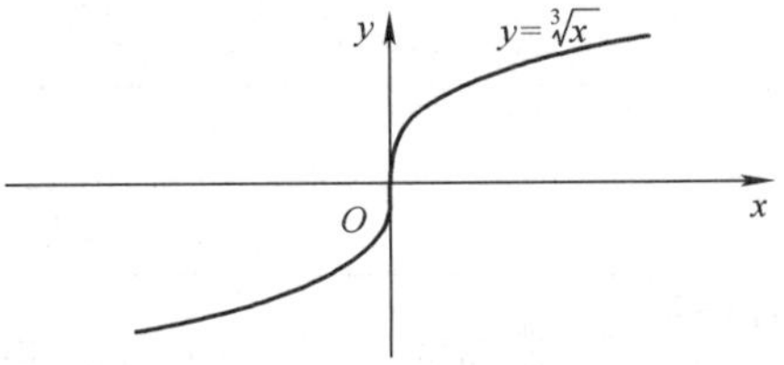

图　3-22

如何寻找曲线 $y=f(x)$的拐点呢？事实上，使得$f''(x)=0$的点以及$f''(x)$不存在的点都有可能是凹凸区间的分界点，因此可以按照下列步骤来判定区间 I 上的连续曲线 $y=f(x)$的拐点：

(1) 求函数的二阶导数$f''(x)$；

(2) 令$f''(x)=0$，求出这方程在区间 I 内的实根，并求出区间 I 内$f''(x)$不存在的点；

(3) 对于(2)中求出的每一个实根或二阶导数不存在的点 x_0，将定义区间划分为若干个子区间，检查$f''(x)$在 x_0 左、右两侧邻近的符号，那么当两侧的符号相反时，点$(x_0,f(x_0))$是拐点，当两侧的符号相同时，点$(x_0,f(x_0))$不是拐点.

例 3-45　求曲线$f(x)=3x^4-4x^3+1$ 的拐点及凹、凸的区间.

解　(1) 函数的定义域为$(-\infty,+\infty)$.

(2) $f'(x)=12x^3-12x^2$，$f''(x)=36x^2-24x=36x\left(x-\dfrac{2}{3}\right)$.

令$f''(x)=0$，得 $x_1=0$，$x_2=\dfrac{2}{3}$.

(3) 列表讨论：

x	$(-\infty,0)$	0	$\left(0,\frac{2}{3}\right)$	$\frac{2}{3}$	$\left(\frac{2}{3},+\infty\right)$
$f''(x)$	+	0	−	0	+
$f(x)$	凹	1	凸	$\frac{11}{27}$	凹

综上，曲线的凹区间为$(-\infty,0]$，$\left[\dfrac{2}{3},+\infty\right)$，凸区间为$\left[0,\dfrac{2}{3}\right]$，拐点

为(0,1)，$\left(\frac{2}{3},\frac{11}{27}\right)$，如图 3-23 所示.

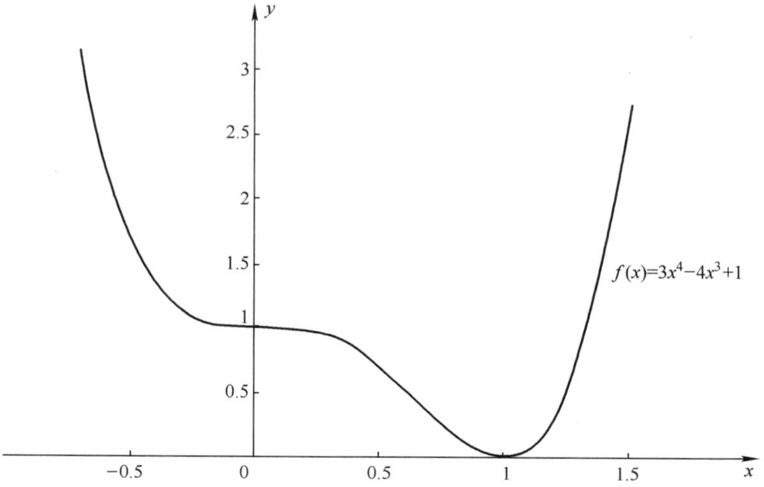

图 3-23

例 3-46 求曲线 $f(x)=(x-2)^{\frac{5}{3}}$ 的拐点及凹、凸的区间.

解 (1) 函数的定义域为 $(-\infty,+\infty)$.

(2) $f'(x)=\frac{5}{3}(x-2)^{\frac{2}{3}}$，$f''(x)=\frac{10}{9}(x-2)^{-\frac{1}{3}}\quad(x\neq2)$.

$x=2$ 是 $f''(x)$ 不存在的点.

(3) 列表讨论：

x	$(-\infty,2)$	2	$(2,+\infty)$
$f''(x)$	−	不存在	+
$f(x)$	凸	0	凹

综上，曲线的凹区间为 $[2,+\infty)$，凸区间为 $(-\infty,2]$，拐点为 $(2,0)$.

例 3-47 判断曲线 $f(x)=x^4$ 的凹凸性，是否存在拐点？

解 (1) 函数的定义域为 $(-\infty,+\infty)$.

(2) 因 $f'(x)=4x^3$，$f''(x)=12x^2$. 只有当 $x=0$ 时 $f''(x)=0$，当 $x\neq0$ 时 $f''(x)>0$，故(0,0)不是拐点. 所以曲线 $f(x)=x^4$ 在区间 $(-\infty,+\infty)$ 上是凹的，没有拐点，如图 3-24 所示.

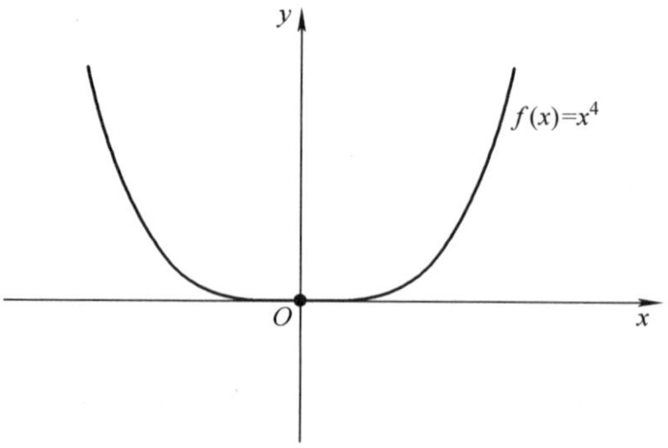

图 3-24

习题 3-5

1. 判定下列曲线的凹凸性：

(1) $y=4x-x^2$；　(2) $y=(x+1)^4+e^x$；

(3) $y=x+\dfrac{1}{x}\quad(x>0)$；　(4) $y=x\arctan x$.

2. 求下列曲线的拐点及凹凸区间：

(1) $y=2x^3+3x^2-12x+14$；

(2) $y=xe^{-x}$；

(3) $y=x^4+2x^3+3$；　(4) $y=\ln(x^2+1)$；

(5) $y=e^{\arctan x}$；　(6) $y=1-\sqrt[3]{x-2}$.

3. 利用曲线的凹凸性证明下列不等式：

(1) $\dfrac{1}{2}(x^n+y^n)>\left(\dfrac{x+y}{2}\right)^n\quad(x>0,y>0,x\neq y,n>1)$；

(2) $\dfrac{e^x+e^y}{2}>e^{\frac{x+y}{2}}\quad(x\neq y)$；

(3) $x\ln x+y\ln y>(x+y)\ln\dfrac{x+y}{2}\quad(x>0,y>0,x\neq y)$.

4. 求曲线 $y=\dfrac{x-1}{x^2+1}$ 的拐点.

5. 问常数 a，b 为何值时，点 $(1,3)$ 为曲线 $y=ax^3+bx^2$ 的拐点？

3.6 曲线的渐近线和函数图形的描绘

前面已经基本研究了如何利用导数刻画函数的单调性与极值、曲线的凹凸性与拐点等变化性态，为了更好地绘出函数的图像，先引入**渐近线**的概念.

3.6.1 渐近线

曲线 C 上的动点 M 沿曲线无限远移时，若它与某条定直线 l 的距离趋向于零，则称直线 l 为曲线 C 的一条**渐近(直)线**，如图 3-25 所示.

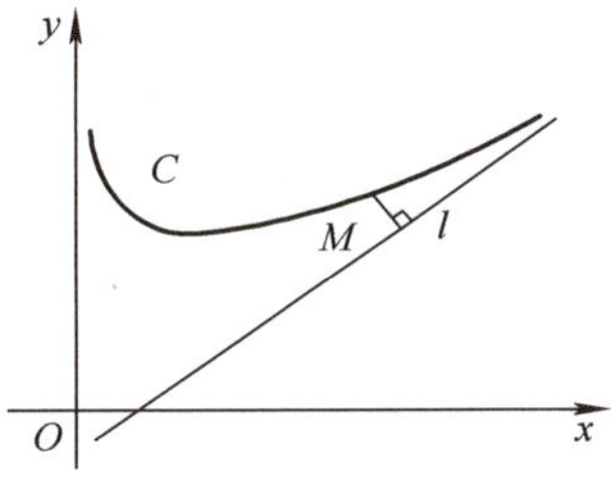

图 3-25

渐近线反映了曲线无限延伸时的走向和趋势，渐近线分为三种：铅直渐近线、水平渐近线、斜渐近线.

1. 铅直渐近线

设函数 $y=f(x)$ 在点 $x=x_0$ 处间断，若 $\lim\limits_{x\to x_0}f(x)=\infty$，则称直线 $x=x_0$ 为曲线 $y=f(x)$ 的铅直渐近线.

注： 此处的极限过程 $x\to x_0$ 可改成相应的单侧极限过程 $x\to x_0^+$ 或 $x\to x_0^-$.

例如，对于曲线 $y=\ln x$，因为 $\lim\limits_{x\to 0^+}\ln x=-\infty$，所以它有铅直渐近线 $x=0$，如图 3-26 所示.

2. 水平渐近线

设函数 $y=f(x)$ 在无穷区间有定义，若 $\lim\limits_{x\to\infty}f(x)=A$，则称直线 $y=A$ 为曲线 $y=f(x)$ 的水平渐近线.

注： 此处的极限过程 $x\to\infty$ 可改成 $x\to+\infty$ 或 $x\to-\infty$.

例如，对于曲线 $y=\arctan x$，因为 $\lim\limits_{x\to+\infty}\arctan x=\dfrac{\pi}{2}$，$\lim\limits_{x\to-\infty}\arctan x=$

$-\frac{\pi}{2}$，所以它有两条水平渐近线 $y=\frac{\pi}{2}$ 和 $y=-\frac{\pi}{2}$，如图 3-27 所示.

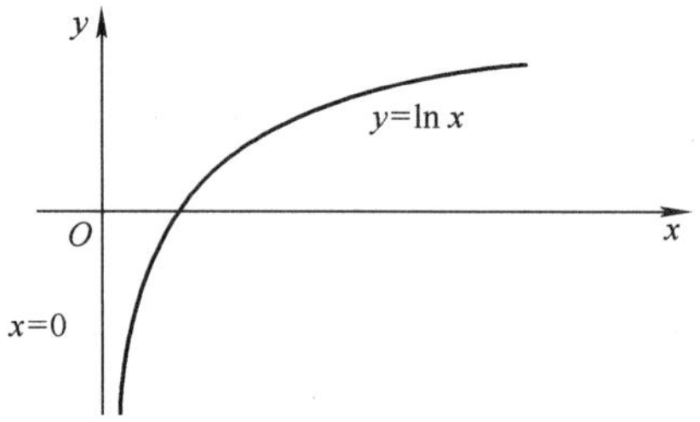

图 3-26

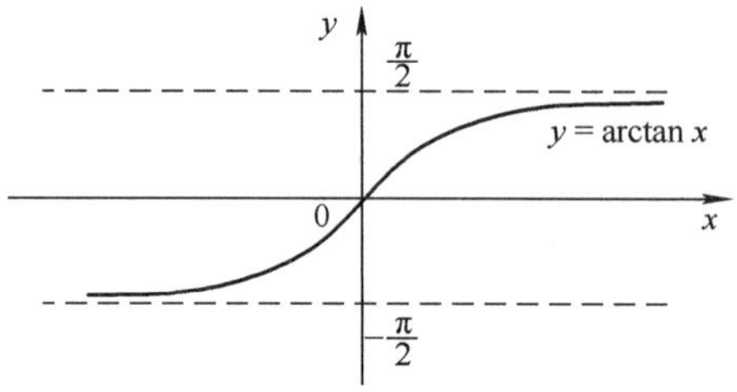

图 3-27

3. 斜渐近线

设函数 $y=f(x)$ 满足 $\lim\limits_{x\to\infty}[f(x)-(ax+b)]=0\quad(a\neq0)$. 则称直线 $y=ax+b$ 为曲线 $y=f(x)$ 的斜渐近线，其中 $a=\lim\limits_{x\to\infty}\frac{f(x)}{x}$，$b=\lim\limits_{x\to\infty}[f(x)-ax]$.

注：此处的极限过程 $x\to\infty$ 可改成 $x\to+\infty$ 或 $x\to-\infty$，且三个极限过程必须一致.

例 3-48 求曲线 $f(x)=\frac{2(x-2)(x+3)}{x-1}$ 的所有渐近线.

解 函数的定义域为 $(-\infty,1)\cup(1,+\infty)$.

因为 $\lim\limits_{x\to1}f(x)=\infty$，所以直线 $x=1$ 是曲线的铅直渐近线.

又因为，$a=\lim\limits_{x\to\infty}\frac{2(x-2)(x+3)}{(x-1)x}=2$，$b=\lim\limits_{x\to\infty}\left[\frac{2(x-2)(x+3)}{(x-1)}-2x\right]=4$，所以直线 $y=2x+4$ 是曲线的斜渐近线，如图 3-28 所示.

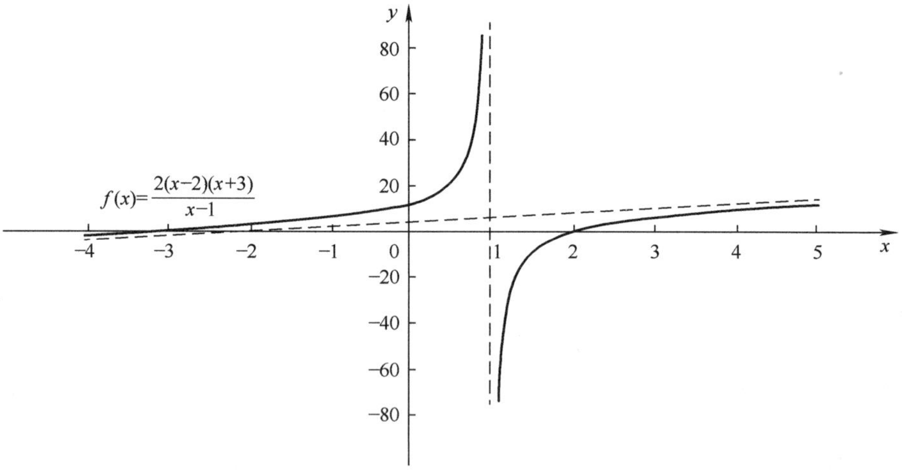

图 3-28

3.6.2 函数图形的描绘

借助一阶导数的符号，可以确定函数图形的单调性与极值；借助于二阶导数的符号，可以确定函数图形的凹凸性与拐点. 掌握函数图形的单调性、凹凸性以及极值点和拐点后，也就可以掌握函数的性态，并能绘出比较准确的函数图形. 描绘函数 $y=f(x)$ 图形的一般步骤如下：

（1）确定函数 $y=f(x)$ 的定义域，并讨论其奇偶性、周期性、连续性等，求出一阶导数 $f'(x)$ 和二阶导数 $f''(x)$；

（2）求出 $f'(x)$ 和 $f''(x)$ 在函数定义域内的全部零点及其不存在的点，以及函数 $f(x)$ 的间断点，并用这些点作为分点将定义域划分为若干个小区间；

（3）考察各个小区间内及各分点处两侧的 $f'(x)$ 和 $f''(x)$ 的符号，从而确定出 $f(x)$ 的单调性、凹凸性、极值点和拐点；

（4）确定 $f(x)$ 的渐近线及其他变化趋势；

（5）算出 $f'(x)$ 和 $f''(x)$ 的零点及不存在的点所对应的函数值，并描出相应的点，必要时，补充一些适当的点，例如 $y=f(x)$ 与坐标轴的交点曲线的端点等；

（6）结合上面讨论，连点描出图形.

例 3-49　描绘函数 $f(x)=2xe^{-x}$ 的图形.

解　（1）函数 $f(x)$ 在定义域 $(-\infty,+\infty)$ 上连续，为非奇非偶函数.

（2）$f'(x)=2e^{-x}(1-x)$，　$f''(x)=2e^{-x}(x-2)$.

由 $f'(x)=0$ 得 $x=1$，由 $f''(x)=0$ 得 $x=2$，把定义域分为 3 个区间

$$(-\infty,1),\ (1,2),\ (2,+\infty).$$

（3）列表讨论：

x	$(-\infty,1)$	1	$(1,2)$	2	$(2,+\infty)$
$f'(x)$	+	0	−	−	−
$f''(x)$	−	−	−	0	+
$f(x)$	↗	极大值 $\frac{2}{e}$	↘	拐点 $\left(2,\frac{4}{e^2}\right)$	↘

（4）$\lim\limits_{x\to+\infty} f(x)=0$，故曲线 $y=f(x)$ 有渐近线 $y=0$，

$$\lim_{x\to-\infty} f(x)=-\infty.$$

（5）补充点 $(0,0)$，并描点绘图，如图 3-29 所示.

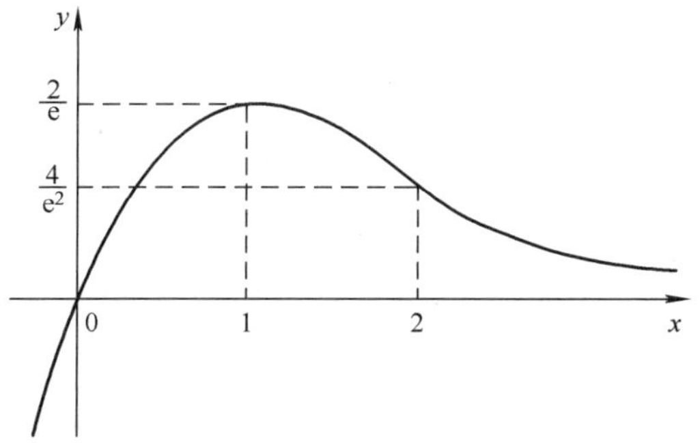

图　3-29

例 3-50 描绘函数$f(x)=\frac{1}{\sqrt{2\pi}}e^{-\frac{x^2}{2}}$的图形.

解 (1) 函数$f(x)$的定义域为$(-\infty,+\infty)$，是偶函数，图形关于y轴对称. 因此下面只讨论$[0,+\infty)$上的图形.

(2) 求出$f'(x)=-\frac{x}{\sqrt{2\pi}}e^{-\frac{x^2}{2}}$，$f''(x)=\frac{(x+1)(x-1)}{\sqrt{2\pi}}e^{-\frac{x^2}{2}}$.

令$f'(x)=0$，得驻点$x=0$；令$f''(x)=0$，得$x=1$.

(3) 列表讨论：

x	0	$(0,1)$	1	$(1,+\infty)$
$f'(x)$	0	$-$	$-$	$-$
$f''(x)$	$-$	$-$	0	$+$
$f(x)$	极大值点	↘（凸）	拐点	↘（凹）

(4) 由于$\lim\limits_{x\to\infty}f(x)=\lim\limits_{x\to\infty}\frac{1}{\sqrt{2\pi}}e^{-\frac{x^2}{2}}=0$，所以函数有水平渐近线$y=0$.

(5) 计算特殊点处的函数值，得到极大值对应的点为$M_1\left(0,\frac{1}{\sqrt{2\pi}}\right)$，拐点为$M_2\left(1,\frac{1}{\sqrt{2\pi e}}\right)$，再补充点$M_3\left(2,\frac{1}{\sqrt{2\pi e^2}}\right)$. 从而画出$[0,+\infty)$上的图形，最后利用图形的对称性，即可作出函数在$(-\infty,0]$的图形，如图 3-30 所示.

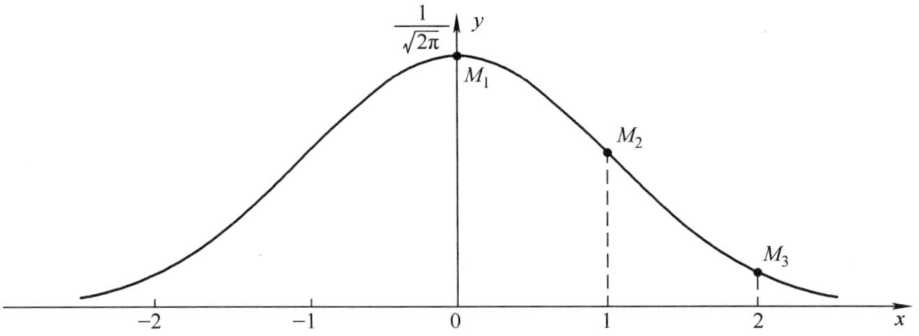

图 3-30

注：函数$f(x)=\frac{1}{\sqrt{2\pi}}e^{-\frac{x^2}{2}}$是概率统计中标准正态分布的概率密度函数，应用非常广泛.

习题 3-6

1. 选择题.

(1) 曲线$y=\frac{4x-1}{(x-2)^2}$(　　).

A. 只有水平渐近线

B. 只有垂直渐近线

C. 没有渐近线

D. 有水平渐近线，也有垂直渐近线

(2) 函数$y=2\ln\frac{x+3}{x}-3$的水平渐近线方程为(　　).

A. $y=2$　　B. $y=1$

C. $y=-3$　　D. $y=0$

(3) 曲线 $y=-e^{2(x+1)}$ (　　).

A. 只有水平渐近线

B. 只有垂直渐近线

C. 没有水平渐近线和垂直渐近线

D. 有水平渐近线，也有垂直渐近线

(4) 曲线 $y=\frac{2x-1}{(x-1)^2}$有(　　).

A. 水平渐近线 $y=1$

B. 水平渐近线 $y=\frac{1}{2}$

C. 垂直渐近线 $x=1$

D. 垂直渐近线 $x=\frac{1}{2}$

2. 求下列曲线的渐近线：

(1) $y=\frac{e^x}{x^2-1}$;

(2) $y=\frac{x^2}{(x-5)(x+1)}$;

(3) $y=\ln(x-1)$;

(4) $y=\frac{(x-1)(x+4)}{x-2}$.

3. 描绘下列函数的图形：

(1) $f(x)=\frac{x}{3-x^2}$;

(2) $f(x)=x-2\arctan x$;

(3) $f(x)=\frac{x^2}{1+x}$;

(4) $y=e^{-(x-1)^2}$;

(5) $f(x)=x^{\frac{2}{3}}(6-x)^{\frac{1}{3}}$.

3.7 曲率

工程技术与生产实践中常常要考虑曲线的弯曲程度，如公路、铁路的弯道，机床中的轴在荷载作用下产生的弯曲变形，在设计时对它们的弯曲程度都有一定的限制. 因此，我们有必要讨论如何定量地描述曲线的弯曲程度. 这就引出了曲率的概念.

作为曲率的预备知识，先介绍弧微分的概念.

3.7.1 弧微分

设函数 $f(x)$ 在区间 (a,b) 内具有连续导数，其图形在每点处有切线，且切线随切点的移动而连续转动，这样的曲线必为光滑曲线. 规定当 x 增大时，曲线 $y=f(x)$ 上的动点 $M(x,y)$ 沿曲线移动的方向为该**曲线**的正向.

在曲线 $y=f(x)$ 上取一定点 M_0 为起点，对曲线上的一点 M，记弧$\overset{\frown}{M_0M}$的长度为$\|\overset{\frown}{M_0M}\|$. 规定有向弧$\overset{\frown}{M_0M}$的数值 s(简称弧 s)当$\overset{\frown}{M_0M}$的方向与曲线的正向一致时，$s=\|\overset{\frown}{M_0M}\|$；当$\overset{\frown}{M_0M}$的方向与曲线的正向相反时，$s=-\|\overset{\frown}{M_0M}\|$. 显然，$s$ 是关于 x 的单调增加函数，记为 $s=s(x)$. 下面来求 $s(x)$ 的导数和微分.

如图 3-31 所示，设 x，$x+\Delta x$ 为 (a,b) 内两个邻近的点，在曲线上对应点 $M(x,y)$ 和 $M'(x+\Delta x,\ y+\Delta y)$，并设对应于 x 的增量为 Δx，弧 s 的增量记为 Δs，那么有 $\Delta s=\pm\|\overset{\frown}{MM'}\|$($\Delta x>0$ 时取“+”号，$\Delta x<0$ 时取“−”号).

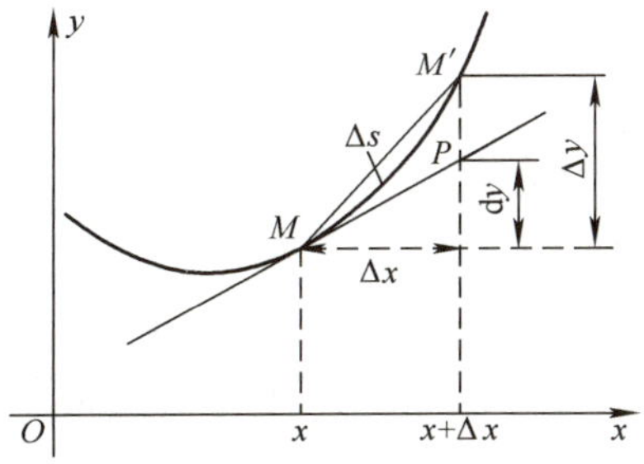

图　3-31

若记弦$\overline{MM'}$的长度为$\|\overline{MM'}\|$，则

$$\left(\frac{\Delta s}{\Delta x}\right)^2=\left(\frac{\pm\|\widehat{MM'}\|}{\Delta x}\right)^2=\left(\frac{\|\widehat{MM'}\|}{\|\overline{MM'}\|}\right)^2\cdot\frac{\|\overline{MM'}\|^2}{(\Delta x)^2}$$

$$=\left(\frac{\|\widehat{MM'}\|}{\|\overline{MM'}\|}\right)^2\cdot\frac{(\Delta x)^2+(\Delta y)^2}{(\Delta x)^2}=\left(\frac{\|\widehat{MM'}\|}{\|\overline{MM'}\|}\right)^2\left(1+\left(\frac{\Delta y}{\Delta x}\right)^2\right).$$

当 $\Delta x\to 0$ 时，有 $M'\to M$，这时 $\lim\limits_{M'\to M}\frac{\|\widehat{MM'}\|}{\|\overline{MM'}\|}=1$.

又
$$\lim_{\Delta x\to 0}\frac{\Delta y}{\Delta x}=\frac{\mathrm{d}y}{\mathrm{d}x},$$

因此
$$\left(\frac{\mathrm{d}s}{\mathrm{d}x}\right)^2=\lim_{\Delta x\to 0}\left(\frac{\Delta s}{\Delta x}\right)^2=1+\left(\frac{\mathrm{d}y}{\mathrm{d}x}\right)^2$$

或
$$(\mathrm{d}s)^2=(\mathrm{d}x)^2+(\mathrm{d}y)^2.$$

由于 $s(x)$ 单调增加，故$\frac{\mathrm{d}s}{\mathrm{d}x}>0$，从而

$$\mathrm{d}s=\sqrt{1+y'^2}\,\mathrm{d}x,$$

或写成

$$\mathrm{d}s=\sqrt{(\mathrm{d}x)^2+(\mathrm{d}y)^2}.$$

这就是**弧微分公式**. 显然弧微分的几何意义是$|\mathrm{d}s|$等于$[x,x+\Delta x]$上所对应的切线段长$\|\overline{MP}\|$，如图 3-31 所示.

若曲线由参数方程$\begin{cases}x=\varphi(t),\\ y=\psi(t)\end{cases}$给出，则由参数方程求导法则，可得

$$\mathrm{d}s=\sqrt{(\varphi'(t))^2+(\psi'(t))^2}\,\mathrm{d}t.$$

若曲线方程由极坐标形式 $r=r(\theta)$ 给出，则

$$\mathrm{d}s=\sqrt{r^2(\theta)+r'^2(\theta)}\,\mathrm{d}\theta.$$

3.7.2　曲率及其计算公式

一条曲线被称为光滑曲线，如果此曲线上每一点都有切线，且切线随切点的移动而连续转动. 设 M，M'是光滑曲线 L 上的两点，当曲线 L 上的动点从 M 移动到 M'时，切线转过的角度为 $\Delta\alpha$（称为**转角**），而所对应的弧增量 $\Delta s=\|\widehat{MM'}\|$，如图 3-32 所示.

不难看出，曲线的弯曲程度与两个因素有关：一是与切线转角有关，转角越大，弯曲越厉害；二是与弧的长度有关，转角相同时，弧段长度越短弯曲越厉害. 即曲线的弯曲程度与转角成正比，与弧长成反比. 于是用$|\Delta\alpha|$与$|\Delta s|$的比值来表示弧段$\widehat{MM'}$的弯曲程度. 将单位弧段上切线转角的大小称为$\widehat{MM'}$的**平均**

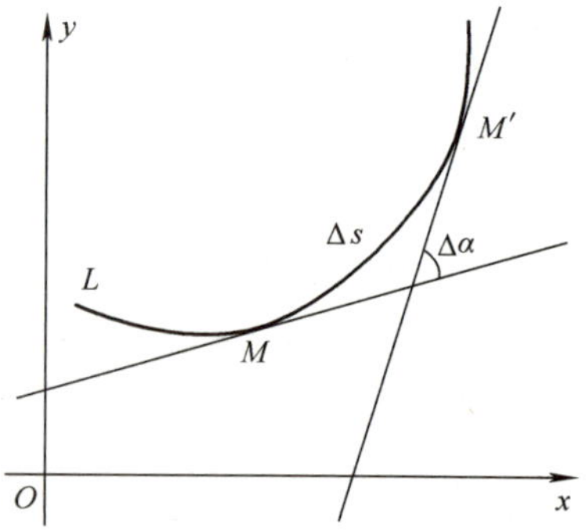

图　3-32

曲率，记为$\bar{k}$，则

$$\bar{k}=\left|\frac{\Delta\alpha}{\Delta s}\right|.$$

将上述平均曲率当$\Delta s\to 0$(即$M'\to M$)时的极限，即

$$k=\lim_{\Delta s\to 0}\left|\frac{\Delta\alpha}{\Delta s}\right|=\left|\frac{\mathrm{d}\alpha}{\mathrm{d}s}\right| \tag{3-6}$$

称为曲线L在点M的曲率.

对于直线，倾角α始终不变，故$\Delta\alpha=0$，从而$k=0$，即“直线不弯曲”.

对于圆，设半径为R，由图 3-33 知. 任意两点M，M'处圆之切线所夹的角$\Delta\alpha$等于中心角$\angle MDM'$，而$\angle MDM'=\frac{\Delta s}{R}$，于是$\frac{\Delta\alpha}{\Delta s}=\frac{\Delta s/R}{\Delta s}=\frac{1}{R}$，故

$$k=\lim_{\Delta s\to 0}\left|\frac{\Delta\alpha}{\Delta s}\right|=\frac{1}{R}.$$

因此，圆上任意两点处的曲率都相等，且等于其半径的倒数. 也就是说，半径越小，曲率越大；反之，半径越大，曲率越小. 若半径无限增大，则曲率就无限趋近于零. 从这个意义上看，直线是半径为无穷大的圆.

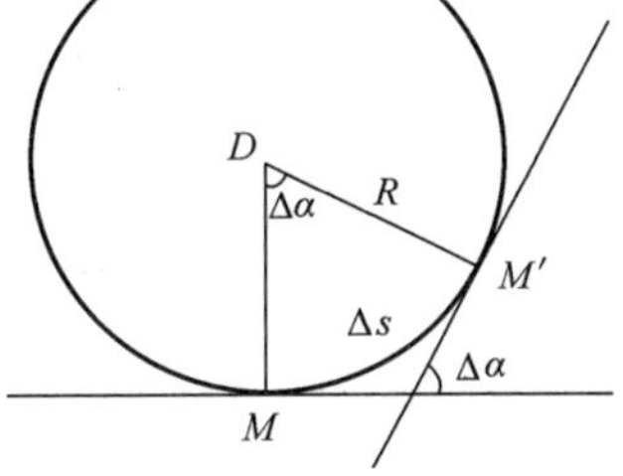

图　3-33

下面给出曲率的计算公式. 设曲线方程为$y=f(x)$，且$f(x)$具有二阶导数. 记曲线在点$(x,f(x))$处切线的倾斜角度为α，则$y'=\tan\alpha$，从而

$$y''=\sec^2\alpha\frac{\mathrm{d}\alpha}{\mathrm{d}x},$$

即

$$\frac{\mathrm{d}\alpha}{\mathrm{d}x}=\frac{y''}{1+\tan^2\alpha}=\frac{y''}{1+y'^2},$$

故$\mathrm{d}\alpha=\frac{y''}{1+y'^2}\mathrm{d}x$，又$\mathrm{d}s=\sqrt{1+y'^2}\mathrm{d}x$，于是

$$k=\left|\frac{\mathrm{d}\alpha}{\mathrm{d}s}\right|=\frac{|y''|}{(1+y'^2)^{\frac{3}{2}}}. \tag{3-7}$$

若曲线由参数方程$\begin{cases}x=\varphi(t),\\y=\psi(t)\end{cases}$给出，则由参数方程求导法则，可得

$$k=\frac{|\varphi'(t)\psi''(t)-\psi'(t)\varphi''(t)|}{[(\varphi'(t))^2+(\psi'(t))^2]^{\frac{3}{2}}}. \tag{3-8}$$

在工程技术中，有时需研究曲率问题，例如，钢梁在荷载作用下会弯曲变形，在设计时就要对其曲率有一定限制. 再如铺设铁路铁轨时，在拐弯处也要考虑曲率，铁轨由直线到圆弧，这中间必须用过渡曲线连接，过渡曲线在其与直轨衔接的一端曲率应为零，而在与圆轨衔接的另一端应具有与圆弧相同的曲率. 否则曲率的突然变化，会使高速行驶的列车产生的离心力发生突变，从而造成列车的剧烈震动，影响车辆、铁轨的使用寿命，甚至有列车脱轨的危险.

例 3-51 铁路拐弯处常用立方抛物线作为过渡曲线. 试求立方抛物线$y=\frac{1}{3}x^3$在点(0,0), $\left(1,\frac{1}{3}\right)$和$\left(2,\frac{8}{3}\right)$处的曲率.

解 $y'=x^2$, $y''=2x$, 由式(3-7), 可得

$$k=\frac{|2x|}{[1+(x^2)^2]^{\frac{3}{2}}}=\frac{|2x|}{(1+x^4)^{\frac{3}{2}}},$$

于是,

在(0,0)处, $k_0=0$;

在$\left(1,\frac{1}{3}\right)$处, $k_1=\frac{\sqrt{2}}{2}\approx 0.707$;

在$\left(2,\frac{8}{3}\right)$处, $k_2=\frac{4}{17\sqrt{17}}\approx 0.057$.

例 3-52 椭圆$x=a\cos\theta$, $y=b\sin\theta$ $(a>b>0)$上哪一点曲率最大? 哪一点曲率最小?

解

$$\frac{dx}{d\theta}=-a\sin\theta,\quad \frac{d^2x}{d\theta^2}=-a\cos\theta,$$

$$\frac{dy}{d\theta}=b\cos\theta,\quad \frac{d^2y}{d\theta^2}=-b\sin\theta.$$

由式(3-8), 得

$$k=\frac{ab}{(a^2\sin^2\theta+b^2\cos^2\theta)^{\frac{3}{2}}}.$$

又

$$\frac{dk}{d\theta}=-\frac{3ab(a^2-b^2)\sin\theta\cos\theta}{(a^2\sin^2\theta+b^2\cos^2\theta)^{\frac{5}{2}}}.$$

由$\frac{dk}{d\theta}=0$, 得驻点$\theta=0$, $\frac{\pi}{2}$, π, $\frac{3}{2}\pi$.

因$a>b$, 故$\frac{dk}{d\theta}$在区间$\left(0,\frac{\pi}{2}\right)$, $\left(\frac{\pi}{2},\pi\right)$, $\left(\pi,\frac{3}{2}\pi\right)$, $\left(\frac{3}{2}\pi,2\pi\right)$中的符号依次为 $-$, $+$, $-$, $+$.

因此, 易知$\theta=0$, π时, k取最大值; $\theta=\frac{\pi}{2},\frac{3}{2}\pi$时, k取最小值, 且

$$k_{\max}=\frac{a}{b^2},\quad k_{\min}=\frac{b}{a^2}.$$

3.7.3 曲率圆与曲率半径

设光滑曲线C上点$M(x,y)$处的曲率为$k(k\neq 0)$. 在点M处曲线的法线上, 在凹的一侧取一点D, 使$|DM|=\frac{1}{k}=\rho$. 以D为圆心, ρ为半径作圆(见图3-34), 这个圆叫作曲线在点M处的曲率圆, 曲率圆的圆心D叫作曲线在点M处的曲率中心, 曲率圆的半径ρ叫作曲线在点M处曲率半径.

由此不难看出, 曲线$y=f(x)$在点M的曲率圆有下列性质:

（1）在点 M 处与曲线有相同的切线和曲率；

（2）在切点 M 邻近有相同凹向；

（3）点 M 处曲率圆的圆心位于曲线在该点的法线上.

因此，在实际问题中，常常用曲率圆在点 M 邻近的一段圆弧来近似代替曲线弧，以使问题简化.

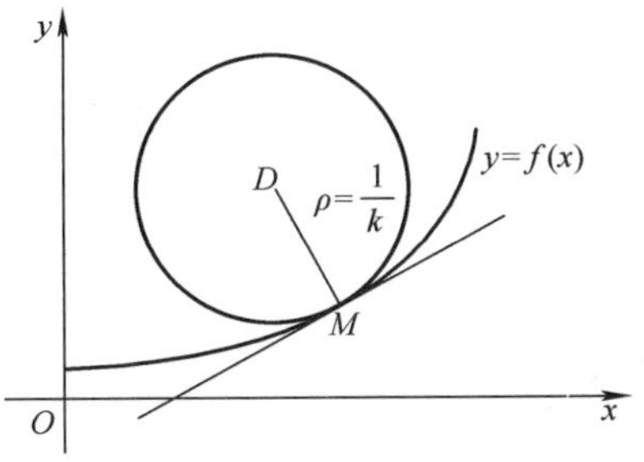

图　3-34

按上述规定，曲线在点 M 处的曲率 $k(k\neq 0)$ 与曲线在点 M 处的曲率半径 ρ 有如下关系：

$$\rho=\frac{1}{k},\ k=\frac{1}{\rho},$$

即曲线上一点处的曲率半径与曲线在该点处的曲率互为倒数.

例 3-53　某工件内表面的截线为抛物线 $y=0.4x^2$，现要用砂轮磨削内表面，问应选多大直径的砂轮？

解　为使磨削时不会多磨掉不应磨去的部分，砂轮半径应不超过抛物线上各点处曲率半径的最小值，如图 3-35 所示.

对于 $y=0.4x^2$，有 $y'=0.8x$，$y''=0.8$. 求曲率半径最小值，对应求曲率 k 最大值，

$$k=\frac{0.8}{[1+(0.8x)^2]^{\frac{3}{2}}}.$$

当 $x=0$ 时，k 取最大值 0.8，即顶点处曲率最大，因而有

$$R=\frac{1}{k}=1.25,$$

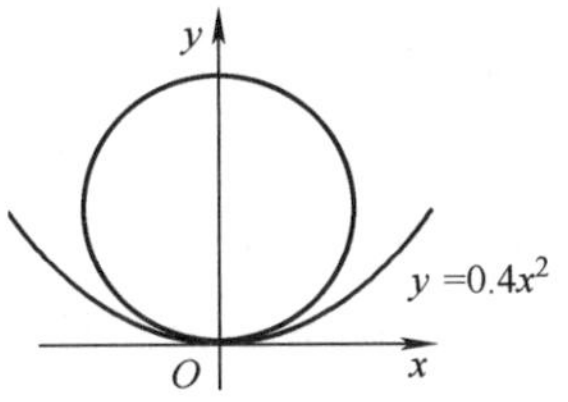

图　3-35

所以砂轮直径不得超过 2.50 个单位长度.

对于用砂轮磨削一般工件的内表面时，也有类似的结论，即选用的砂轮的半径不应超过这工件内表面的截线上各点处曲率半径中的最小值.

习题 3-7

1. 求直线上各点的曲率.
2. 求半径为 R 的圆上任意一点处的曲率.
3. 求抛物线 $y=4x-x^2$ 在它顶点处的曲率.
4. 求正弦曲线 $y=\sin x$ 在区间 $[0,\pi]$ 上各点处的曲率.
5. 求曲线 $y=\ln\sec x$ 在点 (x,y) 处的曲率及曲率半径.
6. 求曲线 $x=a\cos^3 t$，$y=a\sin^3 t$ 在点 $t=t_0$ 处的曲率.
7. 设一工件上的椭圆孔形 $\overset{\frown}{CBD}$ 为椭圆 $\frac{x^2}{40^2}+\frac{y^2}{50^2}=1$ 上的一段弧（见图 3-36）若用砂轮磨削其内表面，则砂轮的直径最大可选为多少？

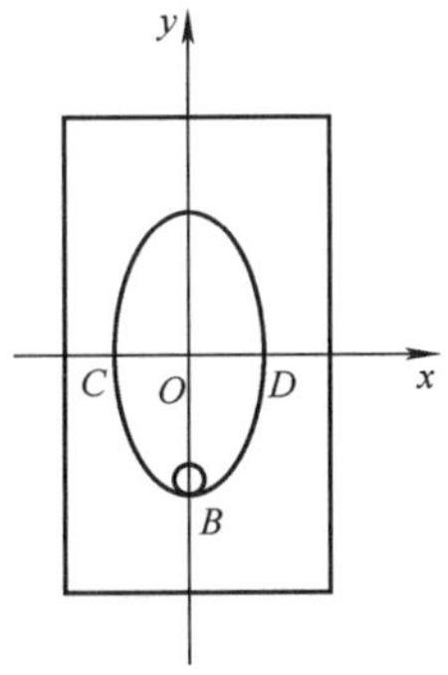

图　3-36

本章小结

知识导航

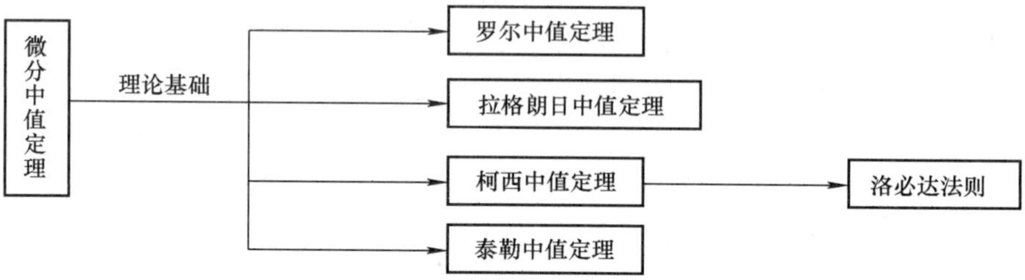

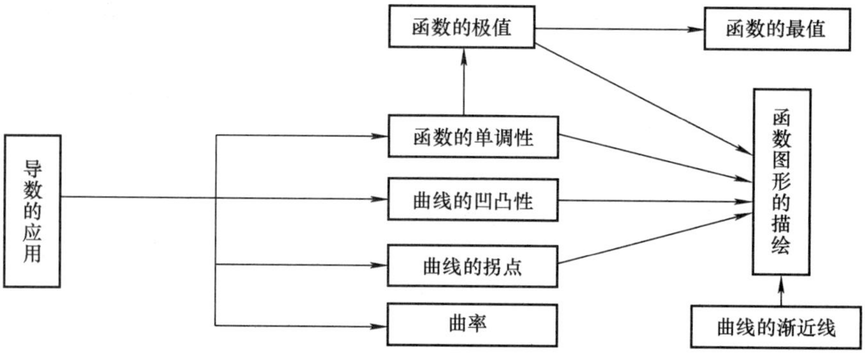

本章主要知识汇总

一、微分中值定理

1. 罗尔中值定理

设函数$f(x)$在闭区间$[a,b]$上连续，在开区间(a,b)内可导，$f(a)=f(b)$. 则至少存在一点$\xi\in(a,b)$使得$f'(\xi)=0$.

2. 拉格朗日(Lagrange)中值定理

设函数$f(x)$在闭区间$[a,b]$上连续，在开区间(a,b)内可导. 则至少存在一点$\xi\in(a,b)$使得

$$f'(\xi)=\frac{f(b)-f(a)}{b-a}$$

或

$$f(b)-f(a)=f'(\xi)(b-a).$$

推论 3-1 如果$f(x)$在区间I上的导数恒为零，则$f(x)$在区间I上是一个常数.

推论 3-2 如果函数$f(x)$，$g(x)$在区间I上可导，且对任意$x\in I$，有$f'(x)\equiv g'(x)$，则在区间I上有

$$f(x)=g(x)+C，C是常数.$$

3. 柯西中值定理

设函数$f(x)$和$g(x)$在闭区间$[a,b]$上连续，在开区间(a,b)内可导且$g'(x)\neq 0$. 则至少存在一点$\xi\in(a,b)$使得

$$\frac{f(a)-f(b)}{g(a)-g(b)}=\frac{f'(\xi)}{g'(\xi)}.$$

4. 泰勒中值定理*

（1）带有拉格朗日余项的 n 阶泰勒公式：

$$f(x)=f(x_0)+f'(x_0)(x-x_0)+\frac{f''(x_0)}{2!}(x-x_0)^2+\cdots+\frac{f^{(n)}(x_0)}{n!}(x-x_0)^n+R_n(x),$$

其中 $R_n(x)=\dfrac{f^{(n+1)}(\xi)}{(n+1)!}(x-x_0)^{n+1}$（$\xi$ 介于 x_0 与 x 之间）.

（2）麦克劳林公式：

$$f(x)=f(0)+f'(0)x+\frac{f''(0)}{2!}x^2+\cdots+\frac{f^{(n)}(0)}{n!}x^n+o(x^n).$$

二、洛必达法则——求不定式的极限

1. 法则 1 $\left(\text{“}\dfrac{0}{0}\text{”型}\right)$ 设 $f(x)$，$g(x)$ 满足：

（1）$\lim f(x)=0$，$\lim g(x)=0$.

（2）$f(x)$ 和 $g(x)$ 可导，且 $g'(x)\neq 0$.

（3）$\lim\dfrac{f'(x)}{g'(x)}=A$（或 ∞）.

则 $\lim\dfrac{f(x)}{g(x)}=\lim\dfrac{f'(x)}{g'(x)}=A$（或 ∞）.

注：若 $\lim\dfrac{f'(x)}{g'(x)}$ 不存在且不为 ∞，则不能得出 $\lim\dfrac{f(x)}{g(x)}$ 不存在且不为 ∞，此时需用其他方法计算 $\lim\dfrac{f(x)}{g(x)}$.

2. 法则 2 $\left(\text{“}\dfrac{\infty}{\infty}\text{”型}\right)$ 设 $f(x)$，$g(x)$ 满足：

（1）$\lim f(x)=\infty$，$\lim g(x)=\infty$.

（2）$f(x)$ 和 $g(x)$ 可导，且 $g'(x)\neq 0$.

（3）$\lim\dfrac{f'(x)}{g'(x)}=A$（或 ∞）.

则 $\lim\dfrac{f(x)}{g(x)}=\lim\dfrac{f'(x)}{g'(x)}=A$（或 ∞）.

3. 其他类型的不定式主要有“$0\cdot\infty$”，“$\infty-\infty$”，“0^0”，“∞^0”，“1^∞”等，可先转化为“$\dfrac{0}{0}$”型或“$\dfrac{\infty}{\infty}$”型，再用洛必达法则.

三、函数单调性和极值

1. 函数单调性的判别法：设函数 $y=f(x)$ 在闭区间 $[a,b]$ 上连续，在开区间 (a,b) 内可导.

（1）若在区间 (a,b) 内 $f'(x)>0$，则函数 $y=f(x)$ 在 $[a,b]$ 上严格单调增加；

（2）若在区间 (a,b) 内 $f'(x)<0$，则函数 $y=f(x)$ 在 $[a,b]$ 上严格单调减少.

注： 利用函数$f(x)$的单调性，可证明不等式和讨论方程根的情况. 例如，设$f(x)$在$[a,+\infty)$上连续，在$(a,+\infty)$内可导，且$f'(x)>0$，又$f(a)=0$，则当$x>a$时，恒有$f(x)>0$.

2. 极值存在的必要条件：设函数$f(x)$在点x_0处可导，且在x_0处取得极值，则$f'(x_0)=0$.

满足$f'(x_0)=0$的点x_0称为$f(x)$的驻点. 可导函数的极值点必是驻点，而驻点不一定是极值点. 极值点只能在驻点和不可导点中产生.

3. 极值判别法Ⅰ(第一充分条件)：设$f(x)$在点x_0的某一邻域内连续，在x_0的左右邻域内可导.

(1) 若在x_0的左邻域$f'(x)>0$，在x_0的右邻域$f'(x)<0$，则$f(x)$在x_0处取得极大值；

(2) 若在x_0的左邻域$f'(x)<0$，在x_0的右邻域$f'(x)>0$，则$f(x)$在x_0处取得极小值；

(3) 若在x_0的左右邻域$f'(x)$符号相同，则$f(x)$在x_0处没有极值.

4. 极值判别法Ⅱ(第二充分条件)：设$f(x)$在x_0处有二阶导数且$f'(x_0)=0$，$f''(x_0)\neq 0$. 则

(1) 当$f''(x_0)<0$时，$f(x)$在x_0处取得极大值；

(2) 当$f''(x_0)>0$时，$f(x)$在x_0处取得极小值.

四、函数的最大值与最小值

1. 闭区间$[a,b]$上连续函数$f(x)$的最大值M和最小值m的求法：

(1) 求出$f(x)$在(a,b)内的所有驻点和不可导点；

(2) 计算$f(x)$在以上所有驻点和不可导点的函数值以及$f(a)$，$f(b)$，比较大小，其中最大的就是最大值M，最小的就是最小值m.

2. 开区间(a,b)内连续函数$f(x)$的最大值M和最小值m问题：若$f(x)$在(a,b)内有最大值(或最小值)，且$f(x)$在(a,b)内只有一个可能取得极值的点x_0，则$f(x_0)$就是最大值(或最小值).

3. 最值问题(最大值最小值的应用题)

先列出目标函数及其需要考察的区间，再求出目标函数在区间的最大(小)值.

五、函数图形的凹凸性、拐点及渐近线，函数图形的描绘

1. 曲线凹凸性的判别法：设$f(x)$在$[a,b]$上连续，在(a,b)内具有二阶导数，那么

(1) 若在(a,b)内$f''(x)>0$，则$f(x)$在$[a,b]$上的图形是凹的；

(2) 若在(a,b)内$f''(x)<0$，则$f(x)$在$[a,b]$上的图形是凸的.

2. 拐点：连续曲线上凹弧与凸弧的分界点.

拐点必须用坐标点表示，即必须指出拐点的横坐标和纵坐标.

3. 渐近线：

(1) 设函数$y=f(x)$在点$x=x_0$处间断，若$\lim\limits_{x\to x_0^-}f(x)=\infty$或$\lim\limits_{x\to x_0^+}f(x)=\infty$，则称直线$x=x_0$为曲线$y=f(x)$的铅直渐近线.

（2）设函数 $y=f(x)$ 在无穷区间有定义，若 $\lim\limits_{x\to+\infty}f(x)=A$ 或 $\lim\limits_{x\to-\infty}f(x)=A$，则称直线 $y=A$ 为曲线 $y=f(x)$ 的水平渐近线.

（3）设函数 $y=f(x)$ 满足 $\lim\limits_{x\to\infty}[f(x)-(ax+b)]=0\quad(a\neq0)$. 则称直线 $y=ax+b$ 为曲线 $y=f(x)$ 的斜渐近线. 其中，$a=\lim\limits_{x\to\infty}\dfrac{f(x)}{x}$，$b=\lim\limits_{x\to\infty}(f(x)-ax)$.

4. 函数 $y=f(x)$ 作图的一般步骤：

（1）确定函数 $y=f(x)$ 的定义域，并讨论其奇偶性、周期性、连续性等，求出一阶导数 $f'(x)$ 和二阶导数 $f''(x)$；

（2）求出 $f'(x)$ 和 $f''(x)$ 在函数定义域内的全部零点及导数不存在的点，以及函数 $f(x)$ 的间断点，并用这些点作为分点划分定义域为若干个小区间；

（3）考察各个小区间内及各分点处两侧 $f'(x)$ 和 $f''(x)$ 的符号，从而确定出 $f(x)$ 的单调性、凹凸性、极值点和拐点；

（4）确定 $f(x)$ 的渐近线及其他变化趋势；

（5）算出 $f'(x)$ 和 $f''(x)$ 的零点及不存在的点所对应的函数值，并描出相应的点，必要时，补充一些适当的点，例如 $y=f(x)$ 与坐标轴的交点曲线的端点等；

（6）结合上面讨论，连点描出图形.

六、曲率

1. 弧微分公式：$\mathrm{d}s=\sqrt{1+y'^2}\mathrm{d}x$ 或 $\mathrm{d}s=\sqrt{(\mathrm{d}x)^2+(\mathrm{d}y)^2}$.

2. 曲率及其计算公式：$k=\left|\dfrac{\mathrm{d}\alpha}{\mathrm{d}s}\right|=\dfrac{|y''|}{(1+y'^2)^{\frac{3}{2}}}$.

3. 曲率圆与曲率半径：

（1）在点 M 处与曲线有相同的切线和曲率；

（2）在切点 M 邻近有相同凹向；

（3）点 M 处曲率圆的圆心位于曲线在该点的法线上.

曲线在点 M 处的曲率 $k(k\neq0)$ 与曲线在点 M 处的曲率半径 ρ 的关系为 $\rho=\dfrac{1}{k}$.

自测题 3

1. 单项选择题

（1）函数 $y=x^3-3x+1$ 在区间 $[0,1]$ 上的单调性为（　　）.

A. 先减后增　　B. 先增后减

C. 单调递增　　D. 单调递减

（2）设函数 $y=f(x)$ 二阶可导，如果 $f'(x_0)=f''(x_0)-1=0$，那么点 x_0（　　）.

A. 是极大值点　　B. 是极小值点

C. 不是极值点　　D. 不是驻点

（3）若函数 $f(x)=a\cos x-\dfrac{1}{3}\cos 3x$ 在 $x=\dfrac{\pi}{6}$ 处取极值，则 $a=$（　　）.

A. 6　　B. 2　　C. 3　　D. 5

（4）设函数 $f(x)$ 在开区间 (a,b) 内有 $f'(x)<0$

且$f''(x)<0$，则该函数在(a,b)内(　　).

A. 单调增加，图形为凹

B. 单调增加，图形为凸

C. 单调减少，图形为凹

D. 单调减少，图形为凸

(5) 函数$y=4+\frac{3}{e^{2x}}$的水平渐近线是(　　).

A. $y=1$　B. $y=2$　C. $y=3$　D. $y=4$

2. 填空题.

(1) 函数$f(x)=x^2-2x$在区间$[0,2]$上满足罗尔定理的$\xi=$________.

(2) 函数$y=\frac{\ln x}{x}$的区间$(0,e)$上的单调性为________(填"增加"或"减少").

(3) 极限$\lim\limits_{x\to0^+}\frac{\ln\sin5x}{\ln\sin2x}=$________.

(4) 函数$f(x)=x^3-6x^2+7x+1$的拐点是________.

(5) 若函数$y=x^3-ax^2+5x-1$在$x=1$处取极值，则$a=$________.

3. 计算题.

(1) 计算极限$\lim\limits_{x\to0}\frac{x-\sin x}{x^3}$.

(2) 计算极限$\lim\limits_{x\to0}\frac{e^x-x-1}{x^2}$.

(3) 计算极限$\lim\limits_{x\to a}\frac{\tan x-\tan a}{x-a}$.

(4) 计算极限$\lim\limits_{x\to\infty}\frac{x^3+2x-1}{2x^3+2}$.

4. 综合题.

(1) 求函数$f(x)=\frac{x+1}{x^2}$的单调区间和极值.

(2) 求$f(x)=x-\sqrt{x}$在区间$[0,4]$上的最大值和最小值.

(3) 求曲线$f(x)=3x^4-6x^3+1$的凹凸区间和拐点.

(4) 证明：当$x>0$时，$1+\frac{1}{2}x>\sqrt{1+x}$.

(5) 证明：当$x>0$时，$x-\frac{x^2}{2}<\ln(1+x)$.

5. 应用题.

(1) 如果要做一个容积为$300m^3$的无盖圆柱形蓄水池，池底的单位造价是池壁单位造价的两倍，问蓄水池的尺寸如何设计，使得总造价最低.

(2) 某商场欲建设一总面积为$600m^2$的矩形库房，并要求在该矩形库房中间用一堵墙将其分为两个小的矩形库房，问如何设置长与宽的尺寸可以使用料最省？

考研真题解析

1. (2022，数二)设函数$f(x)$在$x=x_0$处有二阶导数，则(　　).

A. 当$f(x)$在x_0的某邻域内单调增加时，$f'(x_0)>0$

B. 当$f'(x_0)>0$时，$f(x)$在x_0的某邻域内单调增加

C. 当$f(x)$在x_0的某邻域内是凹函数时，$f''(x_0)>0$

D. 当$f''(x_0)>0$，$f(x)$在x_0的某邻域内是凹函数

解　因$f(x)$在$x=x_0$处有二阶导数，则

$$f''(x_0)=\lim_{x\to x_0}\frac{f'(x)-f'(x_0)}{x-x_0}\text{存在}\Rightarrow\lim_{x\to x_0}f'(x)=f'(x_0),$$

当$f'(x_0)>0$时，由极限的局部保号性可知，$\exists\delta>0$，当$x\in\mathring{U}(x_0,\delta)$，有$f'(x)>0$，故$f(x)$在$x=x_0$的某邻域内单调增加，选B.

2. (2022，数三)已知$a_n=\sqrt[n]{n}-\frac{(-1)^n}{n}$　$(n=1,2,\cdots)$，则$\{a_n\}$(　　).

A. 有最大值，有最小值

B. 有最大值，没有最小值

C. 没有最大值，有最小值

D. 没有最大值，没有最小值

解　令$f(x)=x^{\frac{1}{x}}=e^{\frac{1}{x}\ln x}$，$f'(x)=e^{\frac{1}{x}\ln x}\frac{1-\ln x}{x^2}$，令$f'(x)=0$，解得$x=e$.

当$x>e$时，$f'(x)<0$，$f(x)$单调递减；

当$0<x<e$时，$f'(x)>0$，$f(x)$单调增加.

比较$\sqrt{2}$与$\sqrt[3]{3}$，因$(\sqrt{2})^6<(\sqrt[3]{3})^6$，从而$\sqrt{2}<\sqrt[3]{3}$，即$\sqrt[n]{n}$在$n=3$时取到最大值，且$n>3$时递减，$\lim\limits_{n\to\infty}\sqrt[n]{n}=1$，故在$n=1$时取得最小值，即$\sqrt[n]{n}$的最小值为1，而$\frac{(-1)^n}{n}$在$n=1$时最小，最小值为$-1$，在$n=2$时$\frac{(-1)^n}{n}$最大，最大值为$\frac{1}{2}$，且$a_1=2>1>a_2=\sqrt{2}-$

$\frac{1}{2}$，$a_3=\sqrt[3]{3}+\frac{1}{3}>a_2=\sqrt{2}-\frac{1}{2}$，故 $\{a_n\}$ 在 $n=1$ 时取最大值 2. 在 $n=2$ 时取最小值 $\sqrt{2}-\frac{1}{2}$，故选 A.

3.(2023，数二)设函数 $f(x)=(x^2+a)e^x$. 若 $f(x)$ 没有极值点，但曲线 $y=f(x)$ 有拐点，则 a 的取值范围是(　　).

A. $[0,1)$　　B. $[1,+\infty)$

C. $[1,2)$　　D. $[2,+\infty)$

解　由于 $f(x)$ 没有极值点，但曲线 $y=f(x)$ 有拐点，于是 $f'(x)=(x^2+2x+a)e^x$ 有两个相等的实根或者没有实根，且 $f''(x)=(x^2+4x+a+2)e^x$ 有两个不相等的实根.

于是，$\begin{cases}4-4a\leqslant 0,\\ 16-4(a+2)>0,\end{cases}$ 解得 $1\leqslant a<2$. 故选 C.

4.(2023，数一、二)曲线 $y=x\ln\left(e+\frac{1}{x-1}\right)$ 的斜渐近线方程为(　　).

A. $y=x+e$　　B. $y=x+\frac{1}{e}$

C. $y=x$　　D. $y=x-\frac{1}{e}$

解　由 $y=x\ln\left(e+\frac{1}{x-1}\right)$，得

$$\lim_{x\to\infty}\frac{y}{x}=\lim_{x\to\infty}\ln\left(e+\frac{1}{x-1}\right)=\ln e=1,$$

$$\begin{aligned}\lim_{x\to\infty}(y-x)&=\lim_{x\to\infty}\left[x\ln\left(e+\frac{1}{x-1}\right)-x\right]\\&=\lim_{x\to\infty}x\left[\ln\left(e+\frac{1}{x-1}\right)-1\right]\\&=\lim_{x\to\infty}x\left[\ln\left(e+\frac{1}{x-1}\right)-\ln e\right]\\&=\lim_{x\to\infty}x\ln\left[1+\frac{1}{e(x-1)}\right]\\&=\lim_{x\to\infty}\frac{x}{e(x-1)}=\frac{1}{e},\end{aligned}$$

所以曲线的斜渐近线的方程为 $y=x+\frac{1}{e}$. 故选 B.

5.(2024，数二、三)函数 $f(x,y)=2x^3-9x^2-6y^4+12x+24y$ 的极值点是________.

解　由 $\begin{cases}f'_x=6x^2-18x+12=0,\\ f'_y=-24y^3+24=0,\end{cases}$ 解得驻点为 $(1,1)$ 和 $(2,1)$，且

$$f''_{xx}=12x-18,\ f''_{xy}=0,\ f''_{yy}=-72y^2.$$

在点 $(1,1)$ 处，$A=-6$，$B=0$，$C=-72$，且 $AC-B^2>0$，$A<0$，于是 $(1,1)$ 为 $f(x,y)$ 的极大值点.

在点 $(2,1)$ 处，$A=6$，$B=0$，$C=-72$，且 $AC-B^2<0$，于是 $(2,1)$ 不是 $f(x,y)$ 的极值点.

竞赛真题赏析

(第十四届)设函数 $f(x)$ 在 $(-1,1)$ 上二阶可导，$f(0)=1$，且当 $x\geqslant 0$ 时，$f(x)\geqslant 0$，$f'(x)\leqslant 0$，$f''(x)\leqslant f(x)$. 证明：$f'(0)\geqslant -\sqrt{2}$.

证　任取 $x\in(0,1)$，对 $f(x)$ 在 $[0,x]$ 上利用拉格朗日中值定理，存在 $\xi\in(0,x)$，使得 $f(x)-f(0)=f'(\xi)(x-0)$. 因为 $f(0)=1$，$f(x)\geqslant 0$，所以 $-\frac{1}{x}\leqslant f'(\xi)\leqslant 0$.

令 $F(x)=[f'(x)]^2-[f(x)]^2$，则 $F(x)$ 在 $(0,1)$ 内可导，且

$$F'(x)=2f'(x)[f''(x)-f(x)].$$

根据题设条件，$f''(x)\leqslant f(x)$ 且 $f'(x)\leqslant 0$，所以 $F'(x)\geqslant 0$. 这表明 $F(x)$ 在 $[0,1]$ 上是单调增加函数，从而有 $F(\xi)\geqslant F(0)$，可得 $[f'(\xi)]^2-[f'(0)]^2\geqslant[f(\xi)]^2-[f(0)]^2\geqslant -1$. 因此

$$[f'(0)]^2\leqslant 1+[f'(\xi)]^2\leqslant 1+\frac{1}{x^2}.$$

因为 $\lim\limits_{x\to 1^-}\left(1+\frac{1}{x^2}\right)=2$，所以 $[f'(0)]^2\leqslant 2$，从而有 $f'(0)\geqslant\sqrt{2}$.

第 4 章 不定积分

在第 3 章中，我们讨论了如何求一个函数的导数(或微分)问题，但在科学、技术和经济的许多问题中，常常会遇到相反的问题，即已知函数的导数(或微分)，要求出这个函数，即要求一个可导函数，使它的导函数等于已知函数. 例如当质点做直线运动时，如果已知它的速度函数为 $v(t)$，如何求它的位置函数 $s(t)$ 呢? 这便是本章将要研究的问题，也是积分学的基本问题之一.

本章先给出原函数和不定积分的概念，并介绍它们的性质，进而讨论求不定积分的方法.

4.1 不定积分的概念与性质

4.1.1 原函数与不定积分的概念

1. 原函数

定义 4-1 设 $f(x)$ 是定义在区间 I 上的函数，如果存在函数 $F(x)$，使对任意的 $x \in I$ 都有

$$F'(x)=f(x) \quad \text{或} \quad \mathrm{d}F(x)=f(x)\mathrm{d}x,$$

则称 $F(x)$ 为 $f(x)$ 在区间 I 上的一个**原函数**.

例如，在区间 $(-\infty,+\infty)$ 内，$(-\cos x)'=\sin x$，故 $-\cos x$ 是 $\sin x$ 在 $(-\infty,+\infty)$ 内的原函数. 一般地，对任意常数 C，$-\cos x+C$ 都是 $\sin x$ 的原函数.

由此可知，当一个函数具有原函数时，它的原函数有无穷多个.

函数具备什么条件，其原函数一定存在? 这个问题将在下一章中讨论，这里先不加证明地给出如下原函数存在定理.

定理 4-1(原函数存在性定理) 如果函数 $f(x)$ 在区间 I 上连续，则在 I 上存在可导函数 $F(x)$，使得对任意的 $x \in I$，都有

$$F'(x)=f(x).$$

由上述定理可知，连续函数一定有原函数. 因为初等函数在其定义区间内连续，所以初等函数在其定义区间内一定有原函数.

定理 4-2　设 $F(x)$ 是 $f(x)$ 在区间 I 上的一个原函数，则 $f(x)$ 在区间 I 上的任何一个原函数都可表示为 $F(x)+C$（C 为常数）.

证　设 $G(x)$ 是 $f(x)$ 的任意一个原函数，即 $G'(x)=f(x)$，则有

$$[G(x)-F(x)]'=G'(x)-F'(x)=0.$$

由拉格朗日中值定理的推论 3-1 知，导数恒等于零的函数是常数函数，故

$$G(x)-F(x)=C,$$

即

$$G(x)=F(x)+C.$$

这表明 $G(x)$ 与 $F(x)$ 只相差一个常数. 因此，只要找到 $f(x)$ 的一个原函数 $F(x)$，$F(x)+C$（C 为任意常数）就可以表示 $f(x)$ 的任意一个原函数.

2. 不定积分

定义 4-2　在区间 I 上，函数 $f(x)$ 的带有任意常数项的原函数称为 $f(x)$（或 $f(x)\mathrm{d}x$）在区间 I 上的**不定积分**，记作 $\int f(x)\mathrm{d}x$，其中，记号 $\int$ 称为**积分号**，$f(x)$ 称为**被积函数**，$f(x)\mathrm{d}x$ 称为**被积表达式**，x 称为**积分变量**.

定理 4-3　根据定义 4-2，如果 $F(x)$ 是 $f(x)$ 在区间 I 上的一个原函数，那么在区间 I 上有

$$\int f(x)\mathrm{d}x = F(x)+C\text{（}C\text{ 为任意常数）}. \tag{4-1}$$

例 4-1　求 $\int \cos x\mathrm{d}x$.

解　由于 $(\sin x)'=\cos x$，因此有 $\int \cos x\mathrm{d}x = \sin x + C$.

例 4-2　求 $\int x^2\mathrm{d}x$.

解　由于 $\left(\dfrac{x^3}{3}\right)'=x^2$，　因此有 $\int x^2\mathrm{d}x = \dfrac{x^3}{3}+C$.

3. 不定积分的几何意义

以 $\int x^2\mathrm{d}x=\dfrac{x^3}{3}+C$ 为例，我们来看关于不定积分的几何意义. $y=\dfrac{x^3}{3}+C$ 的图形为 $y=\dfrac{x^3}{3}$ 的图形沿 y 轴方向移动一段距离 $|C|$ 得到的，$C>0$ 时向上移，$C<0$ 时向下移（见图 4-1）.

通常称 $f(x)$ 的一个原函数 $F(x)$ 的图形为函数 $f(x)$ 的积分曲线，不定积分 $\int f(x)\mathrm{d}x$ 在几何上表示积分曲线族. 在积分曲线族上，横坐标相同的点处的切线是相互平行的.

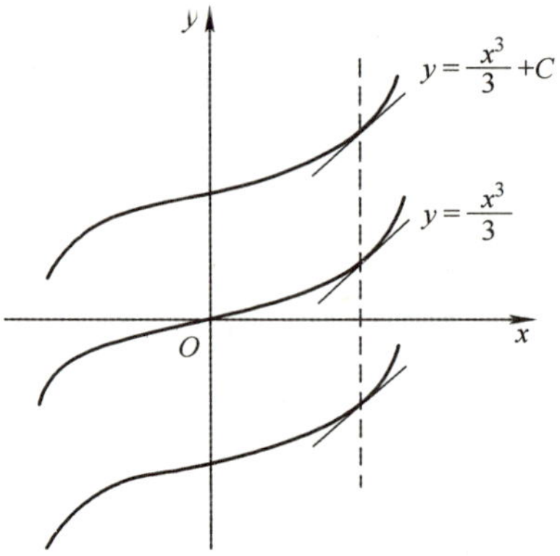

图 4-1

4.1.2 不定积分的性质

根据不定积分的定义，即可得下述性质：

性质 4-1 $\left[\int f(x)\mathrm{d}x\right]'=f(x)$，

或
$$\mathrm{d}\int f(x)\mathrm{d}x=f(x)\mathrm{d}x$$

性质 4-2 $\int F'(x)\mathrm{d}x=F(x)+C$，

或记为
$$\int \mathrm{d}F(x)=F(x)+C.$$

注： 上述性质表明，微分运算(以微分记号 d 或者求导符号，表示)与求不定积分的运算$\left(\text{简称积分运算，以记号}\int\text{表示}\right)$可以看作互逆的运算. 形象地说，当函数依次做微分运算和积分运算时，结果仍是该函数(先积分后微分)或该函数加一个常数(先微分后积分).

性质 4-3(线性性质) $\int[\alpha f(x)+\beta g(x)]\mathrm{d}x=\alpha\int f(x)\mathrm{d}x+\beta\int g(x)\mathrm{d}x$，其中 α，β 为任意常数.

证 要证上式的右端是 $\alpha f(x)+\beta g(x)$ 的不定积分，只需将右端对 x 求导，得

$$\left[\alpha\int f(x)\mathrm{d}x+\beta\int g(x)\mathrm{d}x\right]'=\left[\alpha\int f(x)\mathrm{d}x\right]'+\left[\beta\int g(x)\mathrm{d}x\right]'$$
$$=\alpha f(x)+\beta g(x).$$

性质 4-3 可以推广到有限个函数的情形.

4.1.3 基本积分公式

既然不定积分运算是微分运算的逆运算，那么很自然地可以从基本初

等函数的导数公式得到相应的积分公式.

例 4-3　求 $\int x^{\alpha}\mathrm{d}x \quad (\alpha \neq -1)$.

注：幂函数求积分与求导数可以对比记忆，一般来说，幂函数求导时指数下降，幂函数求积分时指数上升.

解　因为 $\alpha \neq -1$ 时，$\left(\dfrac{x^{\alpha+1}}{\alpha+1}\right)' = x^{\alpha}$，所以 $\dfrac{x^{\alpha+1}}{\alpha+1}$ 是 x^{α} 的一个原函数，于是 $\int x^{\alpha}\mathrm{d}x = \dfrac{x^{\alpha+1}}{\alpha+1} + C(\alpha \neq -1)$.

例 4-4　求 $\int \dfrac{1}{x}\mathrm{d}x$.

解　当 $x>0$ 时，$(\ln x)' = \dfrac{1}{x}$，所以 $\int \dfrac{1}{x}\mathrm{d}x = \ln x + C \quad (x>0)$；

当 $x<0$ 时，$[\ln(-x)]' = \dfrac{1}{-x}(-1) = \dfrac{1}{x}$，所以 $\int \dfrac{1}{x}\mathrm{d}x = \ln(-x) + C$ $(x<0)$.

综上可知，$\int \dfrac{1}{x}\mathrm{d}x = \ln|x| + C \quad (x \neq 0)$.

类似地，可以得到其他积分公式. 下面我们把一些基本的积分公式列成一个表，这个表通常叫作**基本积分表**(或**基本积分公式**).

(1) $\int k\mathrm{d}x = kx + C$　(k 为常数)；

(2) $\int x^{\alpha}\mathrm{d}x = \dfrac{x^{\alpha+1}}{\alpha+1} + C$　(α 为常数且 $\alpha \neq -1$)；

(3) $\int \dfrac{1}{x}\mathrm{d}x = \ln|x| + C$；

(4) $\int a^{x}\mathrm{d}x = \dfrac{1}{\ln a}a^{x} + C$　($a>0$，且 $a \neq 1$)；

(5) $\int \mathrm{e}^{x}\mathrm{d}x = \mathrm{e}^{x} + C$；

(6) $\int \cos x\mathrm{d}x = \sin x + C$；

(7) $\int \sin x\mathrm{d}x = -\cos x + C$；

(8) $\int \sec^{2}x\mathrm{d}x = \int \dfrac{1}{\cos^{2}x}\mathrm{d}x = \tan x + C$；

(9) $\int \csc^{2}x\mathrm{d}x = \int \dfrac{\mathrm{d}x}{\sin^{2}x} = -\cot x + C$；

(10) $\int \sec x\tan x\mathrm{d}x = \sec x + C$；

(11) $\int \csc x\cot x\mathrm{d}x = -\csc x + C$；

(12) $\int \dfrac{\mathrm{d}x}{\sqrt{1-x^{2}}} = \arcsin x + C$；

(13) $\int \frac{dx}{1+x^2} = \arctan x + C$.

以上13个基本积分公式及前面的不定积分性质是求不定积分的基础，读者必须熟记. 在应用这些公式时，有时需要将被积函数做适当变形，化成能直接套用基本积分公式的情况，从而得出结果，由于其计算比较简单，故一般称这种不定积分计算方法为直接积分法.

例 4-5　求不定积分 $\int \frac{1}{\sqrt{4-4x^2}} dx$.

解　$\int \frac{1}{\sqrt{4-4x^2}} dx = \frac{1}{2}\int \frac{1}{\sqrt{1-x^2}} dx = \frac{1}{2}\arcsin x + C$.

例 4-6　求 $\int \left(x + \frac{1}{x} - \sqrt{x} + \frac{3}{x^3}\right) dx$

解　$\int \left(x + \frac{1}{x} - \sqrt{x} + \frac{3}{x^3}\right) dx$

$= \int x dx + \int \frac{1}{x} dx - \int x^{\frac{1}{2}} dx + 3\int x^{-3} dx = \frac{x^2}{2} + \ln|x| - \frac{2}{3}x^{\frac{3}{2}} - \frac{3}{2}x^{-2} + C$.

注：当多个不定积分做线性运算时，任意常数合并写成一个；当逐个计算多个不定积分时，中间过程不写任意常数，当算完最后一个时，任意常数合并写成一个.

例 4-7　求 $\int \frac{\sqrt{1+x^2}}{\sqrt{1-x^4}} dx$.

解　$\int \frac{\sqrt{1+x^2}}{\sqrt{1-x^4}} dx = \int \frac{\sqrt{1+x^2}}{\sqrt{1^2-(x^2)^2}} dx$

$= \int \frac{\sqrt{1+x^2}}{\sqrt{(1+x^2)(1-x^2)}} dx = \int \frac{1}{\sqrt{(1-x^2)}} dx = \arcsin x + C$.

例 4-8　求 $\int (2-\sqrt[3]{x}) x dx$.

解　$\int (2-\sqrt[3]{x}) x dx = \int 2x dx - \int x^{\frac{4}{3}} dx = x^2 - \frac{3}{7}x^{\frac{7}{3}} + C$.

例 4-9　求 $\int \frac{(1-x)^3}{x^2} dx$.

解　$\int \frac{(1-x)^3}{x^2} dx = \int \frac{1-3x+3x^2-x^3}{x^2} dx = \int \left(\frac{1}{x^2} - \frac{3}{x} + 3 - x\right) dx$

$= \int \frac{dx}{x^2} - 3\int \frac{1}{x} dx + 3\int dx - \int x dx$

$= -\frac{1}{x} - 3\ln|x| + 3x - \frac{1}{2}x^2 + C$.

例 4-10　求不定积分 $\int \frac{1+2x^2}{x^2(1+x^2)}\mathrm{d}x$.

解　$\int \frac{1+2x^2}{x^2(1+x^2)}\mathrm{d}x = \int \frac{1+x^2+x^2}{x^2(1+x^2)}\mathrm{d}x = \int \frac{1}{x^2}\mathrm{d}x + \int \frac{1}{1+x^2}\mathrm{d}x = -\frac{1}{x} + \arctan x + C.$

例 4-11　求不定积分 $\int \frac{x^2}{1+x^2}\mathrm{d}x$.

解　$\int \frac{x^2}{1+x^2}\mathrm{d}x = \int \frac{1+x^2-1}{1+x^2}\mathrm{d}x = \int\left(1-\frac{1}{1+x^2}\right)\mathrm{d}x = x - \arctan x + C.$

例 4-12　求不定积分 $\int \tan^2 x\mathrm{d}x$.

解　$\int \tan^2 x\mathrm{d}x = \int \frac{\sin^2 x}{\cos^2 x}\mathrm{d}x = \int \frac{\sin^2 x + \cos^2 x - \cos^2 x}{\cos^2 x}\mathrm{d}x$

$= \int\left(\frac{1}{\cos^2 x} - 1\right)\mathrm{d}x = \tan x - x + C.$

例 4-13　求不定积分 $\int \sin^2 \frac{x}{2}\mathrm{d}x$.

解　$\cos 2x = 1 - 2\sin^2 x = 2\cos^2 x - 1$,

$\int \sin^2 \frac{x}{2}\mathrm{d}x = \int \frac{1-\cos x}{2}\mathrm{d}x = \int\left(\frac{1}{2} - \frac{1}{2}\cos x\right)\mathrm{d}x = \frac{x - \sin x}{2} + C.$

例 4-14　求不定积分 $\int \frac{\cos 2x}{\cos^2 x \sin^2 x}\mathrm{d}x$.

解　$\int \frac{\cos 2x}{\cos^2 x\sin^2 x}\mathrm{d}x = \int \frac{\cos^2 x - \sin^2 x}{\cos^2 x\sin^2 x}\mathrm{d}x = \int\left(\frac{1}{\sin^2 x} - \frac{1}{\cos^2 x}\right)\mathrm{d}x$

$= \int(\csc^2 x - \sec^2 x)\mathrm{d}x = -\cot x - \tan x + C.$

例 4-15　求不定积分 $\int \frac{1}{\sin^2\frac{x}{2}\cos^2\frac{x}{2}}\mathrm{d}x$.

解　$\int \frac{1}{\sin^2\frac{x}{2}\cos^2\frac{x}{2}}\mathrm{d}x = \int \frac{1}{\left(\sin\frac{x}{2}\cos\frac{x}{2}\right)^2}\mathrm{d}x$

$= \int \frac{1}{\left(\frac{1}{2}\sin x\right)^2}\mathrm{d}x = \int \frac{4}{\sin^2 x}\mathrm{d}x = -4\cot x + C.$

习题 4-1

1. 选择题:

(1) 已知函数 $f(x)$ 的导数 $f'(x) = 2x$，下列哪个是 $f(x)$ 的不定积分(　　).

A. x^2　　　　B. $x^2 + C$

C. $\frac{x^3}{3}+C_1x+C_2$　　D. $\frac{x^3}{3}$

（2）设$f'(x)$存在，则$\left[\int f'(x)\mathrm{d}x\right]'=$（　　）.

A. $f(x)$　　B. $f'(x)$

C. $f(x)+C$　　D. $f'(x)+C$

（3）设$F(x)$是e^{-x^2}的一个原函数，则$\frac{\mathrm{d}F(\sqrt{x})}{\mathrm{d}x}=$（　　）.

A. $-\mathrm{e}^{-x}$　　B. $\frac{1}{\mathrm{e}^x\sqrt{x}}$

C. $\frac{1}{2\mathrm{e}^x\sqrt{x}}$　　D. e^{-x}

2. 计算题：

（1）设$\sin x$为$f(x)$的一个原函数，求$\int f'(x)\mathrm{d}x$；

（2）已知$f(x)$的导数是$\cos x$，求$f(x)$的一个原函数.

3. 根据基本积分表，求下列不定积分：

（1）$\int x^2\mathrm{d}x$；　　（2）$\int 3^x\mathrm{d}x$；

（3）$\int\frac{1}{x\ln 3}\mathrm{d}x$；　　（4）$\int\sin x\mathrm{d}x$；

（5）$\int\frac{1}{\sqrt{1-x^2}}\mathrm{d}x$；　　（6）$\int 3^x\mathrm{e}^x\mathrm{d}x$；

（7）$\int\left(\mathrm{e}^x+\frac{1}{x}+3\right)\mathrm{d}x$；

（8）$\int(2\sin x-3\cos x)\mathrm{d}x$；

（9）$\int\left(\frac{2}{1+x^2}-\frac{3}{\sqrt{1-x^2}}\right)\mathrm{d}x$；

（10）$\int\left(x^2+\frac{5}{\sqrt{x}}+\ln 3\right)\mathrm{d}x$；

（11）$\int\frac{2^x-3^x}{5^x}\mathrm{d}x$；

（12）$\int\frac{x+x^2(\mathrm{e}^x+2^x)}{x^2}\mathrm{d}x$；

（13）$\int\frac{3x^4+3x^2+1}{1+x^2}\mathrm{d}x$；

（14）$\int\frac{-x^2}{1+x^2}\mathrm{d}x$；

（15）$\int\frac{1}{1+\cos 2x}\mathrm{d}x$；

（16）$\int\frac{\cos 2x}{\cos x-\sin x}\mathrm{d}x$；

（17）$\int\sec x(\sec x-\tan x)\mathrm{d}x$；

（18）$\int(\tan x+\cot x)^2\mathrm{d}x$.

4. 设曲线通过点$(0,1)$，且其上任一点(x,y)处的切线斜率为e^{-x}，求此曲线方程.

5. 已知平面曲线$y=f(x)$上任意一点$M(x,y)$处的切线斜率为$k=4x^3-1$，且曲线经过点$P(1,3)$，求该曲线方程.

6. 已知$f'(x)=1+x^2$，且$f(0)=1$，求$f(x)$.

4.2 换元积分法

利用直接积分法所能计算的不定积分是很有限的. 因此，有必要进一步研究其他的积分方法. 因为积分运算是微分运算的逆运算，本节把复合函数的微分法反过来用于求不定积分，利用中间变量代换得到复合函数的积分法，称为换元积分法，简称换元法. 按照选取中间变量的不同方式将换元法分为两类，分别称为第一类换元法和第二类换元法.

4.2.1 第一类换元法（凑微分法）

先看下例.

例 4-16 求$\int 2x\mathrm{e}^{x^2}\mathrm{d}x$.

解 $\int 2x\mathrm{e}^{x^2}\mathrm{d}x=\int(x^2)'\mathrm{e}^{x^2}\mathrm{d}x=\int\mathrm{e}^{x^2}\mathrm{d}(x^2)$.

设$u=x^2$，则$\int 2x\mathrm{e}^{x^2}\mathrm{d}x=\int\mathrm{e}^u\mathrm{d}u=\mathrm{e}^u+C=\mathrm{e}^{x^2}+C$.

由此例可见，计算 $\int 2x\mathrm{e}^{x^2}\mathrm{d}x$ 的关键步骤是把它变成 $\int \mathrm{e}^{x^2}\mathrm{d}(x^2)$，然后通过变量代换 $u=x^2$ 就可化为易计算的积分 $\int \mathrm{e}^u\mathrm{d}u$. 如果不换元，也可理解为 $\int \mathrm{e}^{x^2}\mathrm{d}(x^2)$ 与基本积分公式 $\int \mathrm{e}^x\mathrm{d}x$ 形式上是一致的，相当于将基本公式中的 x 换成了函数 x^2. 我们可将此例计算中的关键步骤推广到一般情形.

一般地，如果 $F(u)$ 是 $f(u)$ 的原函数，则

$$\int f(u)\mathrm{d}u = F(u)+C,$$

而如果 u 又是另一变量 x 的函数 $u=\varphi(x)$，且 $\varphi(x)$ 可微，那么根据复合函数的微分法，有

$$\mathrm{d}F(\varphi(x))=f(\varphi(x))\mathrm{d}\varphi(x)=f(\varphi(x))\varphi'(x)\mathrm{d}x.$$

由此得

$$\int f(\varphi(x))\varphi'(x)\mathrm{d}x = \int f(\varphi(x))\mathrm{d}\varphi(x) = \int \mathrm{d}F(\varphi(x)) = F(\varphi(x))+C.$$

引入中间变量 $u=\varphi(x)$，则上式化为

$$\int f(\varphi(x))\varphi'(x)\mathrm{d}x = \int f(u)\mathrm{d}u = [F(u)+C]_{u=\varphi(x)}.$$

于是有如下定理：

定理 4-4　设 $f(u)$ 具有原函数，$u=\varphi(x)$ 可导，则有换元公式

$$\int f(\varphi(x))\varphi'(x)\mathrm{d}x = \left[\int f(u)\mathrm{d}u\right]_{u=\varphi(x)}. \tag{4-2}$$

这种积分法称为第一类换元法. 由于在积分过程中，先要从被积表达式中凑出一个微分因子 $\mathrm{d}(\varphi(x))=\varphi'(x)\mathrm{d}x$，因此第一类换元法也称为凑微分法.

注：回顾例 4-16 的求解过程，分析其凑微分的思路可以发现，求解该题的切入点和难点在于能够想到凑出微分因子 $\mathrm{d}(x^2)$，而之所以凑该微分因子，是因为 x^2 是该复合函数 e^{x^2} 的内层函数，与此同时被积函数中刚好有 x^2 的导数 $2x$，这样才能符合公式左边 $\int f(\varphi(x))\varphi'(x)\mathrm{d}x$ 这种形式，然后凑微分后原积分变形为与基本积分公式 $\int \mathrm{e}^x\mathrm{d}x$ 形式上一致，这三点也是凑微分的基本思路. 总的来说，在思考应该凑出哪个微分因子 $\mathrm{d}(\varphi(x))$ 时，一般可以遵循如下三个原则：

(1) $\varphi(x)$ 是被积表达式中某个函数的内层函数；

(2) 被积函数中有一个乘积因子等于该内层函数 $\varphi(x)$ 的导数（或者等于该内层函数 $\varphi(x)$ 的导数的常数倍）；

(3) 凑完微分后的形式与基本积分公式形式一致.

例 4-17　求 $\int (-5)\mathrm{e}^{-5x+2}\mathrm{d}x$.

解　被积函数中，e^{-5x+2}是e^u与$u=-5x+2$构成的复合函数，常数因子-5恰好是中间变量$u=-5x+2$的导数，因此通过凑微分和做变量代换$u=-5x+2$，便有

$$\int -5e^{-5x+2}dx = \int e^{-5x+2}\cdot(-5x+2)'dx = \int e^{-5x+2}d(-5x+2) = \int e^u du = e^u + C.$$

再代入$u=-5x+2$，即得$\int(-5)e^{-5x+2}dx = e^{-5x+2}+C.$

例 4-18　求$\int e^{-5x+2}dx.$

解　被积函数中，e^{-5x+2}是e^u与$u=-5x+2$构成的复合函数，虽没有$u'=-5$这个因子，但我们可以变形得到这个因子：$e^{-5x+2}=\frac{1}{-5}\cdot e^{-5x+2}\cdot(-5)=\frac{1}{-5}\cdot e^{-5x+2}\cdot(-5x+2)'$，因此通过变形和凑微分得

$$\int e^{-5x+2}dx = \int \frac{1}{-5}e^{-5x+2}\cdot(-5x+2)'dx = \frac{1}{-5}\int e^{-5x+2}d(-5x+2).$$

再做变量代换$u=-5x+2$，便有

$$\int e^{-5x+2}dx = \frac{1}{-5}\int e^u du = \frac{1}{-5}e^u + C.$$

再代入$u=-5x+2$，即得$\int e^{-5x+2}dx = \frac{1}{-5}e^{-5x+2}+C.$

一般地，对于积分$\int f(ax+b)dx$，总可以变形凑得微分因子$d(ax+b)$和做变量代换$u=ax+b$，把它化为

$$\int f(ax+b)dx = \int \frac{1}{a}f(ax+b)d(ax+b) = \frac{1}{a}\left[\int f(u)du\right]_{u=\varphi(x)}.$$

注：上述过程中为了保证恒等变形，在凑微分$d(ax+b)$时给原积分乘了常数因子$\frac{1}{a}$，这也是在凑微分中经常会碰到的步骤，我们形象称之为“配平系数”. 至此，我们可以总结出凑微分的主要步骤如下：

（1）分析出应该凑“谁”的微分，即解决微分因子$d(\varphi(x))$等于多少的问题；

（2）配平系数，这需要通过计算$d(\varphi(x))=\varphi'(x)dx$，再与原被积表达式比较，抵消两者之间常数系数的差异.

例 4-19　求$\int \sin(3x+2)dx.$

解　此题应凑$d(3x+2)$

$$\int \sin(3x+2)dx = \frac{1}{3}\int \sin(3x+2)d(3x+2) \xlongequal{u=3x+2} \frac{1}{3}\int \sin u du$$

$$= -\frac{\cos u}{3} + C = -\frac{\cos(3x+2)}{3} + C.$$

例 4-20 求$\int \frac{dx}{3+2x}$.

解 此题应凑 d(3+2x)，则

$$\int \frac{dx}{3+2x} = \frac{1}{2}\int \frac{1}{3+2x}d(3+2x) = \frac{1}{2}\int \frac{1}{u}du = \frac{1}{2}\ln|u|+C = \frac{1}{2}\ln|3+2x|+C.$$

例 4-21 求$\int \frac{dx}{\sqrt{1-2x}}$.

解 此题应凑 d(1-2x)，则

$$\int \frac{dx}{\sqrt{1-2x}} = \frac{1}{-2}\int \frac{1}{\sqrt{1-2x}}d(1-2x) = \frac{1}{-2}\int \frac{1}{\sqrt{u}}du = -\sqrt{u}+C = -\sqrt{1-2x}+C.$$

例 4-22 求$\int (x+2)^3 dx$.

解 此题应凑 d(x+2)，则

$$\int (x+2)^3 dx = \int (x+2)^3 d(x+2) \xlongequal{u=x+2} \int u^3 du = \frac{u^4}{4}+C = \frac{(x+2)^4}{4}+C.$$

注：凑微分与换元的目的是便于利用基本积分公式. 在比较熟悉不定积分的换元法后就可以在心中换元，略去设中间变量和换元的步骤，而不用将这个过程显式表现.

例 4-23 求$\int 2x\cos x^2 dx$.

解 $\int 2x\cos x^2 dx = \int \cos x^2 d(x^2) = \sin x^2 + C.$

例 4-24 求$\int x\cos x^2 dx$.

解 $\int x\cos x^2 dx = \frac{1}{2}\int \cos x^2 d(x^2) = \frac{1}{2}\sin x^2 + C.$

例 4-25 求$\int x^3 \sin x^4 dx$.

解 $\int x^3 \sin x^4 dx = \frac{1}{4}\int \sin x^4 d(x^4) = \frac{-1}{4}\cos x^4 + C.$

例 4-26 求$\int x\sqrt{x^2-3}dx$.

解 $\int x\sqrt{x^2-3}dx = \frac{1}{2}\int \sqrt{x^2-3}d(x^2-3) = \frac{1}{3}(x^2-3)^{\frac{3}{2}} + C.$

注：凑微分幂函数求原函数次数会升一次，因此看到乘积因子 x^n 可以凑微分因子 $d(ax^{n+1}+b)$，再配平系数即可.

例 4-27 求$\int \frac{1}{x^2}e^{\frac{1}{x}}dx$.

解 $\int \frac{1}{x^2}e^{\frac{1}{x}}dx = -\int e^{\frac{1}{x}}d\left(\frac{1}{x}\right) = -e^{\frac{1}{x}} + C.$

例 4-28 求$\int \frac{1}{\sqrt{x}}\sin\sqrt{x}\mathrm{d}x$.

解 $\int \frac{1}{\sqrt{x}}\sin\sqrt{x}\mathrm{d}x = 2\int \sin\sqrt{x}\mathrm{d}(\sqrt{x}) = -2\cos\sqrt{x} + C.$

例 4-29 求$\int \frac{\mathrm{e}^x}{1+\mathrm{e}^{2x}}\mathrm{d}x$.

解 $\int \frac{\mathrm{e}^x}{1+\mathrm{e}^{2x}}\mathrm{d}x = \int \frac{1}{1+(\mathrm{e}^x)^2}\mathrm{d}(\mathrm{e}^x) = \arctan \mathrm{e}^x + C.$

例 4-30 求$\int \frac{\cos\ln x}{x}\mathrm{d}x$.

解 $\int \frac{\cos\ln x}{x}\mathrm{d}x = \int \cos\ln x\mathrm{d}(\ln x) = \sin\ln x + C.$

例 4-31 求$\int \mathrm{e}^{\sin x}\cos x\mathrm{d}x$.

解 $\int \mathrm{e}^{\sin x}\cos x\mathrm{d}x = \int \mathrm{e}^{\sin x}\mathrm{d}(\sin x) = \mathrm{e}^{\sin x} + C.$

例 4-32 求$\int \frac{\arcsin x}{\sqrt{1-x^2}}\mathrm{d}x$.

解
$$\int \frac{\arcsin x}{\sqrt{1-x^2}}\mathrm{d}x = \int \arcsin x \cdot (\arcsin x)'\mathrm{d}x$$
$$= \int \arcsin x\mathrm{d}(\arcsin x) = \frac{(\arcsin x)^2}{2} + C.$$

例 4-33 求$\int \frac{1}{\sqrt{a^2-x^2}}\mathrm{d}x \quad (a>0)$.

解
$$\int \frac{1}{\sqrt{a^2-x^2}}\mathrm{d}x = \int \frac{\mathrm{d}x}{a\sqrt{1-\left(\frac{x}{a}\right)^2}} = \int \frac{\mathrm{d}\left(\frac{x}{a}\right)}{\sqrt{1-\left(\frac{x}{a}\right)^2}} = \arcsin\frac{x}{a} + C.$$

例 4-34 求$\int \frac{1}{a^2+x^2}\mathrm{d}x$.

解
$$\int \frac{1}{a^2+x^2}\mathrm{d}x = \int \frac{1}{a^2}\cdot\frac{1}{1+\left(\frac{x}{a}\right)^2}\mathrm{d}x = \frac{1}{a}\int \frac{1}{1+\left(\frac{x}{a}\right)^2}\mathrm{d}\left(\frac{x}{a}\right)$$
$$= \frac{1}{a}\arctan\frac{x}{a} + C.$$

例 4-35 求$\int \frac{1}{a^2-x^2}\mathrm{d}x \quad (a\neq 0)$.

解
$$\int \frac{1}{a^2-x^2}\mathrm{d}x = \frac{1}{2a}\int\left(\frac{1}{a+x} + \frac{1}{a-x}\right)\mathrm{d}x$$

$$= \frac{1}{2a}\int \frac{d(a+x)}{a+x} - \frac{1}{2a}\int \frac{d(a-x)}{a-x}$$

$$= \frac{1}{2a}\ln|a+x| - \frac{1}{2a}\ln|a-x| + C = \frac{1}{2a}\ln\left|\frac{a+x}{a-x}\right| + C.$$

例 4-36　求 $\int \tan x dx$.

解　$\int \tan x dx = \int \frac{\sin x}{\cos x}dx = -\int \frac{1}{\cos x}d(\cos x) = -\ln|\cos x| + C.$

例 4-37　求 $\int \csc x dx$.

解　$\int \csc x dx = \int \frac{1}{\sin x}dx = \int \frac{\sin x}{\sin^2 x}dx = -\int \frac{d\cos x}{1-\cos^2 x} = \frac{1}{2}\ln\left|\frac{1-\cos x}{1+\cos x}\right| + C$

(由例 4-35).

$$= \frac{1}{2}\ln\left|\frac{1-\cos x}{\sin x}\right|^2 + C = \ln|\csc x - \cot x| + C.$$

类似地，可得

$$\int \sec x dx = \ln|\sec x + \tan x| + C.$$

例 4-38　求 $\int \sin^2 x dx$.

解　$\int \sin^2 x dx = \int \frac{1-\cos 2x}{2}dx = \frac{1}{2}x - \frac{1}{4}\int \cos 2x d(2x) = \frac{1}{2}x - \frac{1}{4}\sin 2x + C.$

类似地，可得

$$\int \cos^2 x dx = \frac{1}{2}x + \frac{1}{4}\sin 2x + C.$$

例 4-39　求 $\int \sin^3 x dx$.

解　$\int \sin^3 x dx = \int (1-\cos^2 x)\sin x dx$

$$= -\int (1-\cos^2 x)d(\cos x) = \int (-1+\cos^2 x)d(\cos x)$$

$$= -\cos x + \frac{1}{3}\cos^3 x + C.$$

例 4-40　求 $\int \sec^4 x dx$.

解　$\int \sec^4 x dx = \int \sec^2 x d(\tan x) = \int (1+\tan^2 x)d(\tan x)$

$$= \tan x + \frac{1}{3}\tan^3 x + C.$$

第一类换元法有如下几种常见的凑微分形式：

(1) $dx=\frac{1}{a}d(ax+b)$；　　(2) $x^{\mu}dx=\frac{1}{\mu+1}d(x^{\mu+1})\quad(\mu\neq-1)$；

(3) $\frac{1}{x}dx=d(\ln x)$；　　(4) $a^{x}dx=\frac{1}{\ln a}d(a^{x})\quad(a>0$，且 $a\neq1)$；

(5) $\sin x dx=-d(\cos x)$；　　(6) $\cos x dx=d(\sin x)$；

(7) $\sec^{2}x dx=d(\tan x)$；　　(8) $\csc^{2}x dx=-d(\cot x)$；

(9) $\frac{1}{\sqrt{1-x^{2}}}dx=d(\arcsin x)$；　(10) $\frac{1}{1+x^{2}}dx=d(\arctan x)$.

4.2.2 第二类换元法

第一类换元法是通过变量代换 $u=\varphi(x)$，将积分 $\int f(\varphi(x))\varphi'(x)dx$ 化为积分 $\int f(u)du$. **第二类换元法**是通过变量代换 $x=\varphi(t)$，将积分 $\int f(x)dx$ 化为积分 $\int f(\varphi(t))\varphi'(t)dt$，在求出后一个积分后，再以 $x=\varphi(t)$ 的反函数 $t=\varphi^{-1}(x)$ 代回去，这样换元积分公式可表示为

$$\int f(x)dx=\left[\int f(\varphi(t))\varphi'(t)dt\right]_{t=\varphi^{-1}(x)}.$$

上述公式要成立是需要一定条件的，首先等式右边的不定积分要存在，即被积函数 $f(\varphi(t))\varphi'(t)$ 存在原函数；其次，$x=\varphi(t)$ 的反函数 $t=\varphi^{-1}(x)$ 要存在，于是我们有下面的定理.

定理 4-5　设函数 $f(x)$ 连续，$x=\varphi(t)$ 单调、可导，并且 $\varphi'(t)\neq0$，则有换元公式

$$\int f(x)dx=\left[\int f(\varphi(t))\varphi'(t)dt\right]_{t=\varphi^{-1}(x)}. \tag{4-3}$$

证　设 $f(\varphi(t))\varphi'(t)$ 的原函数为 $\Phi(t)$，记 $\Phi(\varphi^{-1}(x))=F(x)$，利用复合函数的求导法则及反函数的导数公式可得

$$\frac{dF(x)}{dx}=\Phi'(t)\frac{dt}{dx}=f(\varphi(t))\varphi'(t)\frac{1}{\varphi'(t)}=f(\varphi(t))=f(x),$$

即 $F(x)$ 是 $f(x)$ 的原函数，所以有

$$\int f(x)dx=\left[\int f(\varphi(t))\varphi'(t)dt\right]_{t=\varphi^{-1}(x)}.$$

这就证明了式(4-3).

下面举例说明式(4-3)的应用.

例 4-41　求 $\int\frac{dx}{1+\sqrt{3-x}}$.

解　遇到根式中含一次多项式时，可先令根式整体等于 t 将被积函数有理化并将被积表达式中所有 x 都用 t 来表示，然后再积分.

令 $t=\sqrt{3-x}$，则 $x=3-t^{2}$，$dx=-2tdt$，故

$$\int \frac{1}{1+\sqrt{3-x}}\mathrm{d}x = -\int \frac{2t}{1+t}\mathrm{d}t = -2\int \frac{t+1-1}{1+t}\mathrm{d}t = -2\int\left(1-\frac{1}{1+t}\right)\mathrm{d}t$$
$$= -2(t-\ln|1+t|)+C$$
$$= -2(\sqrt{3-x}-\ln|1+\sqrt{3-x}|)+C.$$

例 4-42 求 $\int \frac{\mathrm{d}x}{\sqrt{x}-\sqrt[3]{x}}$.

解　当被积函数含有两种或两种以上的根式 $\sqrt[k]{x},\cdots,\sqrt[l]{x}$ 时，可采用令 $\sqrt[n]{x}=t$（其中 n 为各根指数的最小公倍数）. 令 $t=\sqrt[6]{x}$，则 $x=t^6$，$\mathrm{d}x=6t^5\mathrm{d}t$.

$$\int \frac{1}{\sqrt{x}-\sqrt[3]{x}}\mathrm{d}x = \int \frac{1}{t^3-t^2}6t^5\mathrm{d}t = 6\int \frac{t^3}{t-1}\mathrm{d}t = 6\int \frac{t^3-1+1}{t-1}\mathrm{d}t$$
$$= 6\int\left(t^2+t+1+\frac{1}{t-1}\right)\mathrm{d}t$$
$$= 6\left(\frac{t^3}{3}+\frac{t^2}{2}+t+\ln|t-1|\right)+C.$$

例 4-43 求 $\int \sqrt{a^2-x^2}\mathrm{d}x \quad (a>0)$.

解　为将被积函数有理化. 可以利用三角公式 $\sin^2 t+\cos^2 t=1$.

令 $x=a\sin t$，$t\in\left(-\frac{\pi}{2},\frac{\pi}{2}\right)$，则它是 t 的单调可导函数，具有反函数 $t=\arcsin\frac{x}{a}$，且 $\sqrt{a^2-x^2}=a\cos t$，$\mathrm{d}x=a\cos t\mathrm{d}t$，因而

$$\int \sqrt{a^2-x^2}\mathrm{d}x = \int a\cos t\cdot a\cos t\mathrm{d}t = a^2\int \cos^2 t\mathrm{d}t = a^2\int \frac{1+\cos 2t}{2}\mathrm{d}t$$
$$= \frac{a^2}{2}\left(t+\frac{1}{2}\sin 2t\right)+C = \frac{a^2}{2}t+\frac{a^2}{2}\sin t\cos t+C$$
$$= \frac{a^2}{2}\arcsin\frac{x}{a}+\frac{1}{2}x\sqrt{a^2-x^2}+C.$$

例 4-44 求 $\int \frac{1}{\sqrt{a^2+x^2}}\mathrm{d}x \quad (a>0)$.

解　令 $x=a\tan t$，$t\in\left(-\frac{\pi}{2},\frac{\pi}{2}\right)$，则 $\sqrt{x^2+a^2}=a\sec t$，$\mathrm{d}x=a\sec^2 t\mathrm{d}t$，于是

$$\int \frac{1}{\sqrt{a^2+x^2}}\mathrm{d}x = \int \frac{a\sec^2 t\mathrm{d}t}{a\sec t} = \int \sec t\mathrm{d}t = \ln|\sec t+\tan t|+C_1$$
$$= \ln\left|\frac{\sqrt{x^2+a^2}}{a}+\frac{x}{a}\right|+C_1 = \ln|\sqrt{x^2+a^2}+x|+C,$$

其中 $C=C_1-\ln a$.

例 4-45 求 $\int \frac{1}{\sqrt{x^2-a^2}}\mathrm{d}x \quad (a>0)$.

解　被积函数的定义域为$(-\infty,-a)\cup(a,+\infty)$，令$x=a\sec t$，$t\in\left(0,\dfrac{\pi}{2}\right)$，可求得被积函数在$(a,+\infty)$内的不定积分，这时$\sqrt{x^2-a^2}=a\tan t$，$\mathrm{d}x=a\sec t\tan t\mathrm{d}t$，故

$$\int\frac{1}{\sqrt{x^2-a^2}}\mathrm{d}x=\int\frac{a\sec t\tan t\mathrm{d}t}{a\tan t}=\int\sec t\mathrm{d}t=\ln|\sec t+\tan t|+C_1$$

$$=\ln\left|\frac{x}{a}+\frac{\sqrt{x^2-a^2}}{a}\right|+C_1=\ln|x+\sqrt{x^2-a^2}|+C,$$

其中$C=C_1-\ln a$，当$x\in(-\infty,-a)$时，可令$x=a\sec t$，$t\in\left(\dfrac{\pi}{2},\pi\right)$，类似地，可以得到相同形式的结果.

以上例子中所做的变换均利用了三角恒等式，称之为**三角代换**，可将被积函数中的无理因式化为三角函数的有理因式. 一般地，若被积函数中含有$\sqrt{a^2-x^2}$时，可做代换$x=a\sin t$或$x=a\cos t$；含有$\sqrt{x^2+a^2}$，可做代换$x=a\tan t$；含有$\sqrt{x^2-a^2}$，可做代换$x=a\sec t$.

在回代时，可利用直角三角形，比较直观明了. 图4-2所示是$\sqrt{a^2-x^2}$情形.

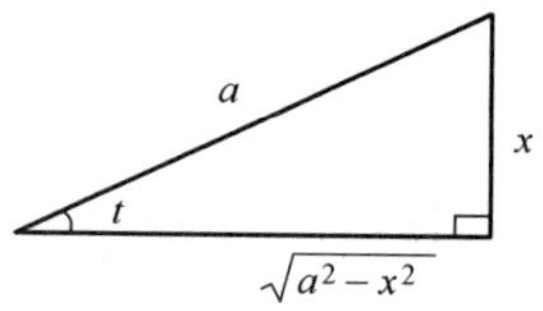

图　4-2

例4-46　求$\displaystyle\int\frac{x^3}{(x^2-2x+2)^2}\mathrm{d}x$.

解　分母是二次质因式的平方，把二次质因式配方成$(x-1)^2+1$，令$x-1=\tan t$　$\left(-\dfrac{\pi}{2}<t<\dfrac{\pi}{2}\right)$，则$x^2-2x+2=\sec^2t$，$\mathrm{d}x=\sec^2t\mathrm{d}t$，于是

$$\int\frac{x^3}{(x^2-2x+2)^2}\mathrm{d}x=\int\frac{(\tan t+1)^3}{\sec^4t}\cdot\sec^2t\mathrm{d}t$$

$$=\int(\sin^3t\cos^{-1}t+3\sin^2t+3\sin t\cos t+\cos^2t)\mathrm{d}t$$

$$=\int(\sin^2t\cos^{-1}t+3\cos t)\sin t\mathrm{d}t+\int(3\sin^2t+\cos^2t)\mathrm{d}t$$

$$=\int[(1-\cos^2t)\cos^{-1}t+3\cos t][-\mathrm{d}(\cos t)]+\int(2-\cos2t)\mathrm{d}t$$

$$=-\int(\cos^{-1}t+2\cos t)\mathrm{d}(\cos t)+2t-\frac{1}{2}\sin2t$$

$$=-\ln\cos t-\cos^2t+2t-\sin t\cos t+C.$$

按$\tan t=x-1$构造辅助三角形(见图4-3)，便有

$$\cos t=\frac{1}{\sqrt{x^2-2x+2}},\quad\sin t=\frac{x-1}{\sqrt{x^2-2x+2}}.$$

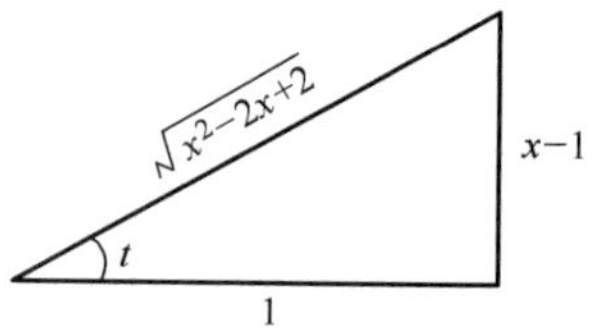

图　4-3

于是

$$\int\frac{x^3}{(x^2-2x+2)^2}dx=\frac{1}{2}\ln(x^2-2x+2)+2\arctan(x-1)-\frac{x}{x^2-2x+2}+C.$$

利用第二类换元法求不定积分时，还经常用到倒代换即 $x=\dfrac{1}{t}$ 等.

例 4-47　求 $\displaystyle\int\frac{dx}{x^8+x}$.

解　被积函数的分母次幂较高，我们通常采取倒代换的方法.

令 $x=\dfrac{1}{t}$，则 $dx=-\dfrac{1}{t^2}dt$，于是

$$\int\frac{dx}{x^8+x}=\int\frac{-\frac{1}{t^2}dt}{\frac{1}{t^8}+\frac{1}{t}}=-\frac{1}{7}\int\frac{d(t^7+1)}{1+t^7}=-\frac{1}{7}\ln|1+t^7|+C=-\frac{1}{7}\ln\left|\frac{x^7+1}{x^7}\right|+C.$$

例 4-48　求 $\displaystyle\int\frac{\sqrt{a^2-x^2}}{x^4}dx\quad(a\neq0)$.

解　设 $x=\dfrac{1}{t}$，则 $dx=-\dfrac{dt}{t^2}$，于是

$$\int\frac{\sqrt{a^2-x^2}}{x^4}dx=\int\frac{\sqrt{a^2-\frac{1}{t^2}}\cdot\left(-\frac{dt}{t^2}\right)}{\frac{1}{t^4}}=-\int(a^2t^2-1)^{\frac{1}{2}}|t|dt.$$

当 $x>0$ 时，有

$$\int\frac{\sqrt{a^2-x^2}}{x^4}dx=-\frac{1}{2a^2}\int(a^2t^2-1)^{\frac{1}{2}}d(a^2t^2-1)=-\frac{(a^2t^2-1)^{\frac{3}{2}}}{3a^2}+C$$

$$=-\frac{(a^2-x^2)^{\frac{3}{2}}}{3a^2x^3}+C.$$

当 $x<0$ 时，有相同的结果.

在本节的例题中，有几个积分结果是以后经常会遇到的. 所以它们通常也被当作公式使用. 这样，常用的积分公式，除了基本积分表中的以外，再添加下面几个(其中常数 $a>0$).

(14) $\displaystyle\int\tan x\,dx=-\ln|\cos x|+C$;

(15) $\displaystyle\int\cot x\,dx=\ln|\sin x|+C$;

(16) $\displaystyle\int\sec x\,dx=\ln|\sec x+\tan x|+C$;

(17) $\displaystyle\int\csc x\,dx=\ln|\csc x-\cot x|+C$;

(18) $\displaystyle\int\frac{dx}{a^2+x^2}=\frac{1}{a}\arctan\frac{x}{a}+C$;

(19) $\displaystyle\int\frac{dx}{x^2-a^2}=\frac{1}{2a}\ln\left|\frac{x-a}{x+a}\right|+C$;

(20) $\int \frac{dx}{\sqrt{a^2 - x^2}} = \arcsin\frac{x}{a} + C$;

(21) $\int \frac{dx}{\sqrt{x^2 \pm a^2}} = \ln(x + \sqrt{x^2 \pm a^2}) + C$.

例 4-49　求 $\int \frac{dx}{x^2 + 2x + 3}$.

解　$\int \frac{dx}{x^2 + 2x + 3} = \int \frac{1}{(x+1)^2 + (\sqrt{2})^2} d(x+1)$,

利用公式(18)，可得

$$\int \frac{dx}{x^2 + 2x + 3} = \frac{1}{\sqrt{2}} \arctan\frac{x+1}{\sqrt{2}} + C.$$

习题 4-2

1. 在下列各式等号右端的空白处填入适当的系数，使等式成立：

(1) $dx =$ ________ $d(5x-1)$;

(2) $x dx =$ ________ $d(2-x^2)$;

(3) $x^3 dx =$ ________ $d(3x^4+2)$;

(4) $e^{-2x} dx =$ ________ $d(e^{-2x})$;

(5) $\frac{dx}{1+9x^2} =$ ________ $d(\arctan 3x)$;

(6) $\frac{dx}{1+2x^2} =$ ________ $d(\arctan\sqrt{2}x)$;

(7) $(3x^2-2)dx =$ ________ $d(2x-x^3)$;

(8) $\frac{dx}{x} =$ ________ $d(3\ln|x|)$;

(9) $\frac{dx}{\sqrt{1-x^2}} =$ ________ $d(2-\arcsin x)$;

(10) $\frac{x dx}{\sqrt{1-x^2}} =$ ________ $d\sqrt{1-x^2}$.

2. 用第一类换元法求下列不定积分.

(1) $\int \frac{dx}{2x+4}$;　(2) $\int (1-x)^7 dx$;

(3) $\int \frac{1}{\sqrt[3]{2-3x}} dx$;　(4) $\int x \sin x^2 dx$;

(5) $\int \left(\frac{3x^3}{1-x^4}\right) dx$;　(6) $\int \frac{1}{x^2} \sec^2 \frac{1}{x} dx$;

(7) $\int \frac{1}{\sqrt{x}} \cos\sqrt{x} dx$;　(8) $\int \frac{1}{e^x + e^{-x}} dx$;

(9) $\int \frac{e^x}{\sqrt{e^x - 1}} dx$;　(10) $\int \frac{1}{x\ln x} dx$;

(11) $\int \left(\frac{\sin x}{\cos^3 x}\right) dx$;　(12) $\int \frac{\sin x}{1+\cos^2 x} dx$;

(13) $\int \frac{dx}{1-2x}$;　(14) $\int \frac{\sin\sqrt{t}}{\sqrt{t}} dt$;

(15) $\int \frac{dx}{x\ln^2 x}$;　(16) $\int x e^{-x^2} dx$;

(17) $\int (x+4)^{10} dx$;　(18) $\int \frac{\ln x}{x} dx$;

(19) $\int x^2 \sin x^3 dx$;　(20) $\int \frac{x}{3-2x^2} dx$;

(21) $\int \frac{\sin(\ln x)}{x} dx$;　(22) $\int e^{\cos x} \sin x dx$;

(23) $\int \frac{\arctan x}{1+x^2} dx$;　(24) $\int \frac{x^2}{x^6+1} dx$;

(25) $\int \frac{x^2}{(x^3)^2+1} dx$;　(26) $\int \frac{x^2}{\sqrt{x^3-5}} dx$;

(27) $\int \frac{1}{x(1+2\ln x)} dx$;

(28) $\int \frac{e^x}{4+e^{2x}} dx$;

(29) $\int \frac{1}{x^2+6x+10} dx$;

(30) $\int \frac{1}{1+e^x} dx$;

(31) $\int \frac{e^{\frac{1}{x}}}{x^2} dx$;　(32) $\int \frac{x-1}{x^2-1} dx$;

(33) $\int \tan\sqrt{1+x^2} \cdot \frac{x dx}{\sqrt{1+x^2}}$;

(34) $\int \frac{x}{\sqrt{2-3x^2}} dx$;

(35) $\int \frac{1-x}{\sqrt{9-4x^2}} dx$;　(36) $\int \frac{x^3}{4+x^2} dx$;

(37) $\int \frac{dx}{x^2-x-6}$;　(38) $\frac{dx}{x^2+4x+5}$;

(39) $\int \frac{f'(\ln x)}{x\sqrt{f(\ln x)}}dx$; (40) $\int \cos^4 x dx$;

(41) $\int \frac{\arctan\sqrt{x}}{\sqrt{x}(1+x)}dx$;

(42) $\int \frac{dx}{(\arcsin x)^2\sqrt{1-x^2}}$;

(43) $\int \tan^4 x dx$;　(44) $\int \tan^3 x \sec x dx$.

3. 用第二类换元法求下列不定积分.

(1) $\int \frac{dx}{\sqrt[3]{2-3x}}$;　(2) $\int \frac{1}{\sqrt{2x-3}+1}dx$;

(3) $\int \frac{1}{\sqrt{x}(1+\sqrt{x})}dx$; (4) $\int \frac{1}{\sqrt{x}(1+x)}dx$;

(5) $\int \sqrt{\frac{a+x}{a-x}}dx$;　(6) $\int \sqrt{1-x^2}dx$;

(7) $\int \frac{dx}{\sqrt{1+x^2}}$;　(8) $\int \frac{dx}{\sqrt{x^2-1}}$;

(9) $\int \frac{x^2}{\sqrt{a^2-x^2}}dx$　$(a>0)$;

(10) $\int \frac{dx}{\sqrt{(x^2+1)^3}}$;

(11) $\int \frac{\sqrt{x^2-9}}{x}dx$;　(12) $\int \frac{dx}{x+\sqrt{1-x^2}}$;

(13) $\int \frac{dx}{1+\sqrt{1-x^2}}$; (14) $\int \frac{dx}{x^4\sqrt{1+x^2}}$;

(15) $\int \frac{\sqrt{4-x^2}}{x^2}dx$;　(16) $\int \sqrt{e^x-1}dx$.

4.3 分部积分法

4.2 节我们利用复合函数的微分法则，得到了换元积分法，但是对于有些看似比较简单的不定积分，例如

$$\int xe^x dx, \int x\cos x dx, \int x\ln x dx$$

等，用换元积分法却不能求解. 诸如此类的不定积分，需要用到求不定积分的另一种基本方法——**分部积分法**. 分部积分法是用两个函数乘积的微分法则推导出来的.

设函数 $u=u(x)$ 及 $v=v(x)$ 具有连续导数. 那么，两个函数乘积的导数公式为

$$(uv)'=u'v+uv',$$

移项，得 $uv'=(uv)'-u'v$.

对这个等式两边求不定积分，得

$$\int uv'dx = uv - \int u'vdx. \tag{4-4}$$

式(4-4)称为**分部积分公式**. 如果积分 $\int uv'dx$ 不易求，而积分 $\int u'vdx$ 比较容易时，分部积分公式就可以发挥作用了.

为简便起见，也可把式(4-4)写成下面的形式：

$$\int udv = uv - \int vdu. \tag{4-5}$$

当被积函数是两种不同类型的函数，而换元积分不适用时，可以尝试使用分部积分，使用分部积分法求解不定积分问题的一般步骤如下：

(1) 把被积表达式 $f(x)dx$ 适当分成两部分 u 和 dv，并确定 v；

(2) 代入式(4-5)，注意到两边积分中 u，v 恰好交换了位置；

(3) 计算 du，即 $\int vdu = \int v\cdot u'dx$；

（4）计算 $\int v \cdot u'\mathrm{d}x$.

例 4-50　求 $\int x\cos x\mathrm{d}x$.

分部积分讲解

解　由于被积表达式是 $x\cos x\mathrm{d}x$ 可看作两部分的乘积，选其中一个为 u，那么另一个即为 $\mathrm{d}v$.

（1）如果选择 $u=x$，$\mathrm{d}v=\cos x\mathrm{d}x$，则 $\mathrm{d}v=\mathrm{d}(\sin x)$，得

$$\int x\cos x\mathrm{d}x = \int x\mathrm{d}(\sin x) = x\sin x - \int \sin x\mathrm{d}x = x\sin x + \cos x + C.$$

（2）如果选择 $u=\cos x$，$\mathrm{d}v=x\mathrm{d}x$ 则 $\mathrm{d}v=\mathrm{d}\left(\frac{1}{2}x^2\right)$，得

$$\int x\cos x\mathrm{d}x = \int \cos x\mathrm{d}\left(\frac{x^2}{2}\right) = \frac{x^2\cos x}{2} - \int \frac{x^2}{2}\mathrm{d}(\cos x) = \frac{x^2\cos x}{2} + \int \frac{x^2}{2}\sin x\mathrm{d}x,$$

上式右端的积分比原积分更不容易求出.

注：如果 u 和 $\mathrm{d}v$ 选取不当，就求不出结果. 所以应用分部积分法时，恰当选取 u 和 $\mathrm{d}v$ 是关键，一般考虑以下两点：

（1）v 要容易得到；

（2）$\int v\mathrm{d}u$ 比 $\int u\mathrm{d}v$ 容易求解.

例 4-51　求 $\int x\mathrm{e}^x\mathrm{d}x$.

解　（1）若 $u=x$，则 $\mathrm{d}v=\mathrm{e}^x\mathrm{d}x=\mathrm{d}(\mathrm{e}^x)$.

$$\int x\mathrm{e}^x\mathrm{d}x = \int x\mathrm{d}(\mathrm{e}^x) = x\mathrm{e}^x - \int \mathrm{e}^x\mathrm{d}x = x\mathrm{e}^x - \mathrm{e}^x + C.$$

（2）若 $u=\mathrm{e}^x$，则 $\mathrm{d}v=x\mathrm{d}x=\mathrm{d}\left(\frac{x^2}{2}\right)$.

$$\int x\mathrm{e}^x\mathrm{d}x = \int \mathrm{e}^x\mathrm{d}\left(\frac{x^2}{2}\right) = \mathrm{e}^x\frac{x^2}{2} - \int \frac{x^2}{2}\mathrm{e}^x\mathrm{d}x.$$

上式右端的积分比原积分更不容易求出.

注：如果被积函数是指数为正整数的幂函数和三角函数或指数函数的乘积，就可以考虑使用分部积分法，并选择幂函数为 u. 经过一次积分，就可以使幂函数的次数降低一次.

例 4-52　求 $\int x\ln x\mathrm{d}x$.

解　分析：若 $u=x$，则 $\mathrm{d}v=\ln x\mathrm{d}x$ 难以找到满足这样条件的 v，因此这样的选择不合适.

若 $u=\ln x$ 则

$$\mathrm{d}v=x\mathrm{d}x=\mathrm{d}\left(\frac{x^2}{2}\right).$$

$$\int x\ln x\mathrm{d}x = \int \ln x\mathrm{d}\left(\frac{x^2}{2}\right) = \frac{1}{2}x^2\ln x - \int \frac{x^2}{2}\mathrm{d}(\ln x) = \frac{1}{2}x^2\ln x - \frac{1}{2}\int x\mathrm{d}x$$

$$= \frac{1}{2}x^2\ln x - \frac{1}{4}x^2 + C.$$

例 4-53　求 $\int x\arctan x\mathrm{d}x$.

解　分析：若 $u=x$，则 $\mathrm{d}v=\arctan x\mathrm{d}x$ 难以找到满足这样条件的 v，因此这样的选择不合适.

若 $u=\arctan x$，则

$$\mathrm{d}v=x\mathrm{d}x=\mathrm{d}\left(\frac{x^2}{2}\right).$$

$$\int x\arctan x\mathrm{d}x=\int\arctan x\mathrm{d}\left(\frac{1}{2}x^2\right)=\frac{1}{2}x^2\arctan x-\frac{1}{2}\int x^2\mathrm{d}(\arctan x)$$

$$=\frac{1}{2}x^2\arctan x-\frac{1}{2}\int\frac{x^2}{1+x^2}\mathrm{d}x=\frac{1}{2}x^2\arctan x-\frac{1}{2}\int\left(1-\frac{1}{1+x^2}\right)\mathrm{d}x$$

$$=\frac{1}{2}x^2\arctan x-\frac{1}{2}x+\frac{1}{2}\arctan x+C.$$

注：如果被积函数是幂函数和反三角函数或对数函数的乘积，那么可以考虑用分部积分法，并选择反三角函数或对数函数为 u.

一般地，如果被积函数是两类基本初等函数的乘积，在多数情况下，可按下列顺序：反三角函数、对数函数、幂函数、三角函数、指数函数，将排在前面的那类函数选为 u，后面的那类函数凑 $\mathrm{d}v$.

总的来说，分部积分法的步骤是“u 先准则”“选 u，凑 $\mathrm{d}v$，代公式”.

选择 u 的口诀是“反、对、幂、三、指”，靠前的优先设 u.

例 4-54　计算 $\int x\sec^2x\mathrm{d}x$.

解　$u=x$，则 $\mathrm{d}v=\sec^2x\mathrm{d}x=\mathrm{d}(\tan x)$.

$$\int x\sec^2x\mathrm{d}x=\int x\mathrm{d}(\tan x)=x\tan x-\int\tan x\mathrm{d}x=x\tan x+\ln|\cos x|+C.$$

例 4-55　求 $\int x^2\mathrm{e}^x\mathrm{d}x$.

解

$$\int x^2\mathrm{e}^x\mathrm{d}x=\int x^2\mathrm{d}(\mathrm{e}^x)=x^2\mathrm{e}^x-\int\mathrm{e}^x\mathrm{d}(x^2)=x^2\mathrm{e}^x-2\int x\mathrm{e}^x\mathrm{d}x$$

$$=x^2\mathrm{e}^x-2\int x\mathrm{d}(\mathrm{e}^x)=x^2\mathrm{e}^x-2x\mathrm{e}^x+2\int\mathrm{e}^x\mathrm{d}x$$

$$=x^2\mathrm{e}^x-2x\mathrm{e}^x+2\mathrm{e}^x+C.$$

上例中分部积分后仍为两个不同类型的函数相乘，需再次分部积分.

例 4-56　求 $\int\ln x\mathrm{d}x$.

解

$$\int\ln x\mathrm{d}x=x\ln x-\int x\mathrm{d}\ln x=x\ln x-\int\mathrm{d}x=x\ln x-x+C.$$

上例中被积函数只有一个函数，此时可令 $\mathrm{d}v=\mathrm{d}x$，即 $v=x$.

例 4-57　求 $\int\arctan x\mathrm{d}x$.

解　$\int \arctan x\mathrm{d}x = x\arctan x - \int x\mathrm{d}(\arctan x) = x\arctan x - \int \frac{x}{1+x^2}\mathrm{d}x$

$$= x\arctan x - \frac{1}{2}\int \frac{1}{1+x^2}\mathrm{d}(1+x^2)$$

$$= x\arctan x - \frac{1}{2}\ln|1+x^2| + C.$$

下面这例比较特殊，使用的方法是比较典型的循环法.

例 4-58　求$\int \mathrm{e}^x \cos x\mathrm{d}x$.

解　$\int \mathrm{e}^x\cos x\mathrm{d}x = \int \cos x\mathrm{d}\mathrm{e}^x = \mathrm{e}^x\cos x - \int \mathrm{e}^x\mathrm{d}\cos x$

$$= \mathrm{e}^x\cos x + \int \mathrm{e}^x\sin x\mathrm{d}x = \mathrm{e}^x\cos x - \int \sin x\mathrm{d}\mathrm{e}^x$$

$$= \mathrm{e}^x\cos x + \mathrm{e}^x\sin x - \int \mathrm{e}^x\mathrm{d}\sin x$$

$$= \mathrm{e}^x\cos x + \mathrm{e}^x\sin x - \int \mathrm{e}^x\cos x\mathrm{d}x,$$

等式右端的积分与原积分相同，把它移到左边与原积分合并，可得

$$\int \mathrm{e}^x\cos x\mathrm{d}x = \frac{1}{2}\mathrm{e}^x(\cos x + \sin x) + C.$$

更复杂的“复合函数”求不定积分，需要综合应用换元法和分部积分法，比如下例.

例 4-59　求$\int \mathrm{e}^{\sqrt{x}}\mathrm{d}x$.

解　令 $t=\sqrt{x}$，则 $x=t^2$，$\mathrm{d}x=2t\mathrm{d}t$.

$$\int \mathrm{e}^{\sqrt{x}}\mathrm{d}x = \int 2t\mathrm{e}^t\mathrm{d}t = 2\int t\mathrm{e}^t\mathrm{d}t = 2\left(t\mathrm{e}^t - \int \mathrm{e}^t\mathrm{d}t\right) = 2(t\mathrm{e}^t - \mathrm{e}^t) + C$$

$$= 2(\sqrt{x}-1)\mathrm{e}^{\sqrt{x}} + C.$$

从上面的例题可以看出，不定积分的计算有较强的技巧性. 对求不定积分的几种方法我们要认真理解，并能灵活地应用. 下面再看一例.

例 4-60　求$I = \int \sin(\ln x)\mathrm{d}x$.

解　令 $t=\ln x$，则 $x=\mathrm{e}^t$，$\mathrm{d}x=\mathrm{e}^t\mathrm{d}t$.

$$I = \int \mathrm{e}^t\sin t\mathrm{d}t = \int \sin t\mathrm{d}(\mathrm{e}^t) = \mathrm{e}^t\sin t - \int \mathrm{e}^t\cos t\mathrm{d}t = \mathrm{e}^t\sin t - \int \cos t\mathrm{d}(\mathrm{e}^t)$$

$$= \mathrm{e}^t(\sin t - \cos t) - I.$$

所以 $I = \frac{1}{2}\mathrm{e}^t(\sin t - \cos t) + C = \frac{1}{2}x[\sin(\ln x) - \cos(\ln x)] + C.$

例 4-61　求$\int \frac{x\mathrm{e}^x}{\sqrt{\mathrm{e}^x-3}}\mathrm{d}x$.

解　令 $t=\sqrt{\mathrm{e}^x-3}$，则 $x=\ln(t^2+3)$，$\mathrm{d}x=\frac{2t}{t^2+3}\mathrm{d}t$，于是

$$\int \frac{xe^x}{\sqrt{e^x-3}}dx = 2\int \ln(t^2+3)dt = 2t\ln(t^2+3) - 4\int \frac{t^2}{t^2+3}dt$$

$$= 2t\ln(t^2+3) - 4\int\left(1-\frac{3}{t^2+3}\right)dt$$

$$= 2t\ln(t^2+3) - 4t + 4\sqrt{3}\arctan\frac{t}{\sqrt{3}} + C$$

$$= 2(x-2)\sqrt{e^x-3} + 4\sqrt{3}\arctan\sqrt{\frac{e^x}{3}-1} + C.$$

习题 4-3

1. 用分部积分法求下列不定积分：

(1) $\int xe^{-x}dx$；　(2) $\int x^2\sin x dx$；

(3) $\int \arccos x dx$；　(4) $\int \sin x \cdot e^x dx$；

(5) $\int (\ln x)^2 dx$；　(6) $\int \frac{\ln^2 x}{x^2}dx$；

(7) $\int x^2\arctan x dx$；　(8) $\int e^{-x}\cos x dx$；

(9) $\int e^{-2x}\sin\frac{x}{2}dx$；　(10) $\int x\cos\frac{x}{2}dx$；

(11) $\int x\tan^2 x dx$；　(12) $\int x^2\cos x dx$；

(13) $\int te^{-2t}dt$；　(14) $\int \ln^2 x dx$；

(15) $\int x\sin x\cos x dx$；　(16) $\int x^2\cos^2\frac{x}{2}dx$；

(17) $\int x\ln(x-1)dx$；　(18) $\int (x^2-1)\sin 2x dx$；

(19) $\int \frac{\ln^3 x}{x^2}dx$；　(20) $\int e^{\sqrt[3]{x}}dx$；

(21) $\int \cos\ln x dx$；　(22) $\int (\arcsin x)^2 dx$；

(23) $\int e^x\sin^2 x dx$；　(24) $\int x\ln^2 x dx$；

(25) $\int e^{\sqrt{3x+9}}dx$.

2. 已知 $f(x)$ 的一个原函数是 e^{-x^2}，求 $\int xf'(x)dx$.

3. 利用分部积分法计算 $\int \frac{x^2e^x}{(x+2)^2}dx$.

4.4　有理函数的积分

4.4.1　有理函数的积分计算

两个多项式的商 $\frac{P(x)}{Q(x)}$ 称为有理函数，又称有理分式. 我们总假定分子多项式 $P(x)$ 与分母多项式 $Q(x)$ 之间没有公因式. 当分子多项式 $P(x)$ 的次数小于分母多项式 $Q(x)$ 的次数时，称此有理函数为真分式，否则称为假分式. 利用多项式的除法，总可以将一个假分式化成一个多项式与一个真分式之和的形式.

例 4-62　$\frac{x^2+3}{x^2-5x+6} = \frac{(x^2-5x+6)+5x-3}{x^2-5x+6} = 1 + \frac{5x-3}{x^2-5x+6}$

对于真分式 $R(x) = \frac{P(x)}{Q(x)}$，如果分母可以分解为两个多项式的乘积

$$Q(x) = Q_1(x)Q_2(x),$$

且 $Q_1(x)$ 与 $Q_2(x)$ 没有公因式，那么它可以分拆成两个真分式之和

$$\frac{P(x)}{Q(x)}=\frac{P_1(x)}{Q_1(x)}+\frac{P_2(x)}{Q_2(x)},$$

上述步骤称为把真分式化成部分分式之和. 如果 $Q_1(x)$ 或 $Q_2(x)$ 还能再分解成两个没有公因式的多项式的乘积，那么就可再分拆成更简单的部分分式. 由代数学有关理论知 $R(x)$ 必能分解成下列两种部分简单分式之和：$\frac{A}{(x-a)^n}$（$n\geqslant 1$ 为整数）；$\frac{Bx+C}{(x^2+px+q)^n}$ $(n\geqslant 1, p^2-4q<0)$.

下面举一些真分式的分解的例子.

（1）分母为 $(x-a)^k$ 的形式.

例 4-63 $\frac{x^2+3}{(x-2)^3}=\frac{A_1}{(x-2)^3}+\frac{A_2}{(x-2)^2}+\frac{A_3}{x-2}$

解 对于形如 $\frac{x^2+3}{(x-2)^3}$ 的有理函数分解，我们使用部分分式分解法. 因为分母是 $(x-2)^3$ 这种幂次形式，所以设 $\frac{x^2+3}{(x-2)^3}=\frac{A_1}{(x-2)^3}+\frac{A_2}{(x-2)^2}+\frac{A_3}{x-2}$. 通分可得：$x^2+3=A_1+A_2(x-2)+A_3(x-2)^2$.

将右边展开：

$$\begin{aligned}A_1+A_2(x-2)+A_3(x-2)^2&=A_1+A_2x-2A_2+A_3(x^2-4x+4)\\&=A_3x^2+(A_2-4A_3)x+(A_1-2A_2+4A_3).\end{aligned}$$

对比等式两边 x 的同次幂系数，可列方程组：$\begin{cases}A_3=1, & (1)\\ A_2-4A_3=0, & (2)\\ A_1-2A_2+4A_3=3. & (3)\end{cases}$

求得 $A_1=7$，$A_2=4$，$A_3=1$，

所以 $\frac{x^2+3}{(x-2)^3}=\frac{7}{(x-2)^3}+\frac{4}{(x-2)^2}+\frac{1}{x-2}$.

例 4-64 $\frac{x-2}{(2x+1)^2}=\frac{A_1}{(2x+1)^2}+\frac{A_2}{2x+1}$

解 对于 $\frac{x-2}{(2x+1)^2}$ 这种形式的有理函数，我们使用部分分式分解法. 因为分母是 $(2x+1)^2$ 这种幂次形式，所以设 $\frac{x-2}{(2x+1)^2}=\frac{A_1}{(2x+1)^2}+\frac{A_2}{2x+1}$. 通分后可得 $x-2=A_1+A_2(2x+1)$. 对比等式两边 x 的同次幂系数，可列方程组：$\begin{cases}2A_2=1,\\ A_1+A_2=-2.\end{cases}$ 方程组的答案为 $\begin{cases}A_1=-\frac{5}{2},\\ A_2=\frac{1}{2},\end{cases}$ 则 $\frac{x-2}{(2x+1)^2}=\frac{-\frac{5}{2}}{(2x+1)^2}+\frac{\frac{1}{2}}{2x+1}$.

（2）分母为$(x^2+px+q)^k$的形式，其中$p^2-4q<0$.

例 4-65　$\frac{2x^2-1}{(x^2-3x+5)^4}=\frac{B_1x+C_1}{(x^2-3x+5)^4}+\frac{B_2x+C_2}{(x^2-3x+5)^3}+\frac{B_3x+C_3}{(x^2-3x+5)^2}+\frac{B_4x+C_4}{x^2-3x+5}$

解　对于$\frac{2x^2-1}{(x^2-3x+5)^4}$这种形式的有理函数，采用部分分式分解法.因为分母是$(x^2-3x+5)^4$这种幂次形式，所以设$\frac{2x^2-1}{(x^2-3x+5)^4}=\frac{B_1x+C_1}{(x^2-3x+5)^4}+\frac{B_2x+C_2}{(x^2-3x+5)^3}+\frac{B_3x+C_3}{(x^2-3x+5)^2}+\frac{B_4x+C_4}{x^2-3x+5}$.

通分可得，

$$2x^2-1=(B_1x+C_1)+(B_2x+C_2)(x^2-3x+5)+(B_3x+C_3)(x^2-3x+5)^2+(B_4x+C_4)(x^2-3x+5)^3.$$

对比等式两边x的同次幂系数得到方程组并求解得$\begin{cases}B_1=0,\ C_1=-1,\\B_2=0,\ C_2=0,\\B_3=0,\ C_3=0,\\B_4=0,\ C_4=2.\end{cases}$所以，

$$\frac{2x^2-1}{(x^2-3x+5)^4}=\frac{-1}{(x^2-3x+5)^4}+\frac{0}{(x^2-3x+5)^3}+\frac{0}{(x^2-3x+5)^2}+\frac{2}{x^2-3x+5}.$$

例 4-66　$\frac{1}{(2x^2+x+1)^3}=\frac{B_1x+C_1}{(2x^2+x+1)^3}+\frac{B_2x+C_2}{(2x^2+x+1)^2}+\frac{B_3x+C_3}{2x^2+x+1}$.

解　对于$\frac{1}{(2x^2+x+1)^3}$这种形式的有理函数，采用部分分式分解法.因为分母是$(2x^2+x+1)^3$这种幂次形式，所以设

$$\frac{1}{(2x^2+x+1)^3}=\frac{B_1x+C_1}{(2x^2+x+1)^3}+\frac{B_2x+C_2}{(2x^2+x+1)^2}+\frac{B_3x+C_3}{2x^2+x+1}.$$

通分可得，$1=(B_1x+C_1)+(B_2x+C_2)(2x^2+x+1)+(B_3x+C_3)(2x^2+x+1)^2$.

对比等式两边x的同次幂系数来建立方程组并求解得$\begin{cases}B_1=0,\ C_1=1,\\B_2=0,\ C_2=0,\\B_3=0,\ C_3=0.\end{cases}$

所以，$\frac{1}{(2x^2+x+1)^3}=\frac{1}{(2x^2+x+1)^3}+\frac{0}{(2x^2+x+1)^2}+\frac{0}{2x^2+x+1}$.

（3）分母为$(x^2+px+q)^k$的形式，其中$p^2-4q\geqslant 0$

例 4-67　$\frac{x-3}{x^2-4x+4}=\frac{x-3}{(x-2)^2}=\frac{A_1}{(x-2)^2}+\frac{A_2}{x-2}$.

解　对于$\frac{x-3}{(x-2)^2}$，采用部分分式分解法. 因为分母是$(x-2)^2$这种幂

次形式，设$\frac{x-3}{(x-2)^2}=\frac{A_1}{(x-2)^2}+\frac{A_2}{x-2}$. 通分得到$x-3=A_1+A_2(x-2)$. 展开为$x-3=A_1+A_2x-2A_2$. 对比系数可得方程组$\begin{cases}A_2=1,\\A_1-2A_2=-3.\end{cases}$解方程组得$\begin{cases}A_1=-1,\\A_2=1.\end{cases}$所以

$$\frac{x-3}{(x-2)^2}=\frac{-1}{(x-2)^2}+\frac{1}{x-2}.$$

例 4-68　$\frac{x^2+2}{(x^2+3x+2)^2}=\frac{x^2+2}{(x+1)^2(x+2)^2}=\frac{A_1}{(x+1)^2}+\frac{A_2}{x+1}+\frac{A_3}{(x+2)^2}+\frac{A_4}{x+2}$

解　对于$\frac{x^2+2}{(x+1)^2(x+2)^2}$，采用部分分式分解法. 设$\frac{x^2+2}{(x+1)^2(x+)2^2}=\frac{A_1}{(x+1)^2}+\frac{A_2}{x+1}+\frac{A_3}{(x+2)^2}+\frac{A_4}{x+2}$. 通分得到$x^2+2=A_1(x+2)^2+A_2(x+1)(x+2)^2+A_3(x+1)^2+A_4(x+1)^2(x+2)$. 对比等式两边$x$的同次幂系数建立方程组（略去），解为$\begin{cases}A_1=3,\\A_2=-3,\\A_3=-2,\\A_4=2.\end{cases}$

所以，

$$\frac{x^2+2}{(x+1)^2(x+2)^2}=\frac{3}{(x+1)^2}-\frac{3}{x+1}-\frac{2}{(x+2)^2}+\frac{2}{x+2}.$$

（4）分母为$(x-a)^{k_1}(x^2+px+q)^{k_2}$的形式，其中$p^2-4q<0$

例 4-69　$\frac{x^2+2}{(2x+1)^2(x^2-x+3)^2}=\frac{A_1}{(2x+1)^2}+\frac{A_2}{2x+1}+\frac{B_1x+C_1}{(x^2-x+3)^2}+\frac{B_2x+C_2}{x^2-x+3}$.

解　对于$\frac{x^2+2}{(2x+1)^2(x^2-x+3)^2}$，采用部分分式分解法. 设$\frac{x^2+2}{(2x+1)^2(x^2-x+3)^2}=\frac{A_1}{(2x+1)^2}+\frac{A_2}{2x+1}+\frac{B_1x+C_1}{(x^2-x+3)^2}+\frac{B_2x+C_2}{x^2-x+3}$. 通分得到$x^2+2=A_1(x^2-x+3)^2+A_2(2x+1)(x^2-x+3)^2+(B_1x+C_1)(2x+1)^2+(B_2x+C_2)(2x+1)^2(x^2-x+3)$. 对比等式两边$x$的同次幂系数建立方程组，解得$A_1=\frac{1}{9}$，$A_2=-\frac{2}{27}$，$B_1=-\frac{1}{9}$，$C_1=\frac{17}{9}$，$B_2=\frac{1}{27}$，$C_2=-\frac{4}{27}$，所以，

$$\frac{x^2+2}{(2x+1)^2(x^2-x+3)^2}=\frac{\frac{1}{9}}{(2x+1)^2}-\frac{\frac{2}{27}}{2x+1}+\frac{-\frac{1}{9}x+\frac{17}{9}}{(x^2-x+3)^2}+\frac{\frac{1}{27}x-\frac{4}{27}}{x^2-x+3}.$$

例 4-70 试求 $\int \frac{2x+2}{(x-1)(x^2+1)^2}\mathrm{d}x$.

$$\frac{2x+2}{(x-1)(x^2+1)^2}=\frac{1}{x-1}-\frac{x+1}{x^2+1}-\frac{2x}{(x^2+1)^2}.$$

$$\begin{aligned}\int \frac{2x+2}{(x-1)(x^2+1)^2}\mathrm{d}x &= \int \frac{\mathrm{d}x}{x-1}-\int \frac{x+1}{x^2+1}\mathrm{d}x-\int \frac{2x}{(x^2+1)^2}\mathrm{d}x\\ &=\ln|x-1|-\frac{1}{2}\int \frac{\mathrm{d}(x^2+1)}{x^2+1}-\int \frac{\mathrm{d}x}{x^2+1}-\int \frac{\mathrm{d}(x^2+1)}{(x^2+1)^2}\\ &=\ln|x-1|-\frac{1}{2}\ln(x^2+1)-\arctan x+\frac{1}{x^2+1}+C\\ &=\ln\frac{|x-1|}{\sqrt{x^2+1}}-\arctan x+\frac{1}{x^2+1}+C.\end{aligned}$$

4.4.2 可化为有理函数的积分

某些积分本身虽不属有理函数积分，但经某些代换后，则可化为有理函数的积分如积分 $\int R\left(x,\sqrt[n]{\frac{ax+b}{cx+d}}\right)\mathrm{d}x$，其中 $R(x,y)$ 表示关于 x，y 的有理函数. 一般我们令 $t=\sqrt[n]{\frac{ax+b}{cx+d}}$，则可将其化为有理函数的积分. 又如积分 $\int R(\sin x,\cos x)\mathrm{d}x$，若记 $t=\tan\frac{x}{2}$，则由三角函数中的万能公式，有

$$\sin x=\frac{2t}{1+t^2},\quad \cos x=\frac{1-t^2}{1+t^2},$$

且 $\mathrm{d}x=\frac{2\mathrm{d}t}{1+t^2}$，故

$$\int R(\sin x,\cos x)\mathrm{d}x=\int R\left(\frac{2t}{1+t^2},\frac{1-t^2}{1+t^2}\right)\frac{2}{1+t^2}\mathrm{d}t,$$

即将其积分化为关于 t 的有理函数的积分.

例 4-71 求 $\int \frac{\sqrt{x-1}}{x}\mathrm{d}x$.

解 为了去掉根号，可以设 $\sqrt{x-1}=u$，于是 $x=u^2+1$，$\mathrm{d}x=2u\mathrm{d}u$，从而所求积分为

$$\begin{aligned}\int \frac{\sqrt{x-1}}{x}\mathrm{d}x &= \int \frac{u}{u^2+1}\cdot 2u\mathrm{d}u = 2\int \frac{u^2}{u^2+1}\mathrm{d}u = 2\int\left(1-\frac{1}{1+u^2}\right)\mathrm{d}u\\ &=2(u-\arctan u)+C=2(\sqrt{x-1}-\arctan\sqrt{x-1})+C.\end{aligned}$$

例 4-72 求$\int \frac{dx}{1+\sqrt[3]{x+2}}$.

解 为了去掉根号，可以设 $\sqrt[3]{x+2}=u$. 于是 $x=u^3-2$，$dx=3u^2du$，从而所求积分为

$$\int \frac{dx}{1+\sqrt[3]{x+2}}=\int \frac{3u^2}{1+u}du=3\int\left(u-1+\frac{1}{1+u}\right)du=3\left(\frac{u^2}{2}-u+\ln|1+u|\right)+C$$

$$=\frac{3}{2}\sqrt[3]{(x+2)^2}-3\sqrt[3]{x+2}+3\ln|1+\sqrt[3]{x+2}|+C$$

例 4-73 求不定积分$\int \frac{1}{3+5\cos x}dx$.

解 令 $t=\tan\frac{x}{2}$，则 $\cos x=\frac{1-t^2}{1+t^2}$，$dx=\frac{2}{1+t^2}dt$，

$$\int \frac{1}{3+5\cos x}dx=\int \frac{1}{3+5\frac{1-t^2}{1+t^2}}\cdot\frac{2}{1+t^2}dt=\int\frac{1}{4-t^2}dt$$

$$=\frac{1}{4}\ln\left|\frac{2+t}{2-t}\right|+C$$

$$=\frac{1}{4}\ln\left|\frac{2+\tan\frac{x}{2}}{2-\tan\frac{x}{2}}\right|+C.$$

习题 4-4

求下列不定积分：

(1) $\int \frac{x^3}{x+3}dx$； (2) $\int \frac{x+1}{x^2-2x+5}dx$；

(3) $\int \frac{dx}{x(x^2+1)}$； (4) $\int \frac{3}{x^3+1}dx$；

(5) $\int \frac{x^2+1}{(x+1)^2(x-1)}dx$；

(6) $\int \frac{xdx}{(x+1)(x+2)(x+3)}$；

(7) $\int \frac{x^5+x^4-8}{x^3-x}dx$；

(8) $\int \frac{dx}{(x^2+1)(x^2+x)}$；

(9) $\int \frac{1}{x^4-1}dx$；

(10) $\int \frac{dx}{(x^2+1)(x^2+x+1)}$；

(11) $\int \frac{(x+1)^2}{(x^2+1)^2}dx$； (12) $\int \frac{-x^2-2}{(x^2+x+1)^2}dx$；

(13) $\int \frac{dx}{3+\sin^2 x}$； (14) $\int \frac{dx}{3+\cos x}$；

(15) $\int \frac{dx}{2+\sin x}$；

(16) $\int \frac{dx}{1+\sin x+\cos x}$；

(17) $\int \frac{dx}{2\sin x-\cos x+5}$；

(18) $\int \frac{dx}{1+\sqrt[3]{x+1}}$；

(19) $\int \frac{(\sqrt{x})^3-1}{\sqrt{x}+1}dx$； (20) $\int \frac{\sqrt{x+1}-1}{\sqrt{x+1}+1}dx$；

(21) $\int \frac{dx}{\sqrt{x}+\sqrt[4]{x}}$； (22) $\int \frac{dx}{(1+\sqrt[3]{x})\sqrt{x}}$.

本章小结

知识导航

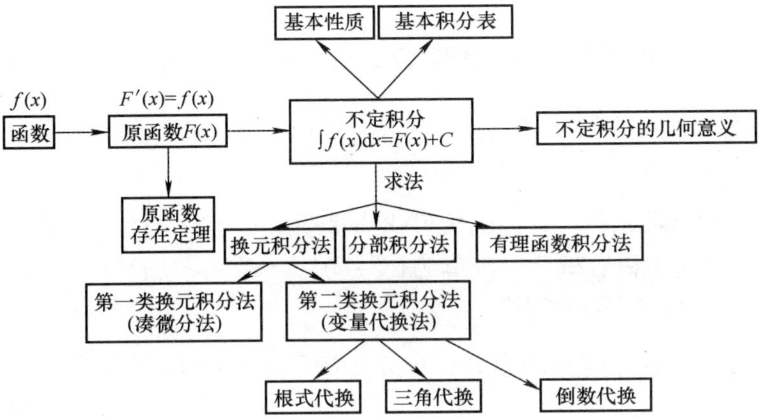

本章主要知识汇总

本章围绕不定积分展开，主要内容涵盖概念、性质、计算方法以及不同类型函数的积分，具体如下：

一、不定积分的概念与性质

1. 原函数与不定积分：若 $F'(x)=f(x)$，则 $F(x)$ 是 $f(x)$ 的原函数，$f(x)$ 的带有任意常数项的原函数称为其不定积分，记作 $\int f(x)\mathrm{d}x=F(x)+C$. 连续函数一定有原函数，且同一个函数的原函数之间只相差一个常数.

2. 性质：积分与微分互逆，即 $\left(\int f(x)\mathrm{d}x\right)'=f(x)$，$\int f'(x)\mathrm{d}x=f(x)+C$；积分具有线性性质 $\int[\alpha f(x)+\beta g(x)]\mathrm{d}x=\alpha\int f(x)\mathrm{d}x+\beta\int g(x)\mathrm{d}x$.

3. 基本积分公式：由基本初等函数导数公式推导得出，如 $\int k\mathrm{d}x=kx+C$，$\int x^{\alpha}\mathrm{d}x=\dfrac{x^{\alpha+1}}{\alpha+1}+C\quad(\alpha\neq-1)$ 等，是积分计算的基础.

二、换元积分法

1. 第一类换元法(凑微分法)：若 $\int f(u)\mathrm{d}u=F(u)+C$，$u=\varphi(x)$ 可导，则 $\int f(\varphi(x))\varphi'(x)\mathrm{d}x=\int f(u)\mathrm{d}u=F(\varphi(x))+C$. 通过凑出微分因子 $\mathrm{d}(\varphi(x))$，将积分化为可利用基本积分公式的形式，常见的凑微分形式有 $\int f(ax+b)\mathrm{d}x=\dfrac{1}{a}\int f(ax+b)\mathrm{d}(ax+b)$ 等.

2. 第二类换元法：对于 $\int f(x)\mathrm{d}x$，令 $x=\varphi(t)$，若 $f(\varphi(t))\varphi'(t)$ 有原函数，且 $x=\varphi(t)$ 单调可导且反函数存在，则 $\int f(x)\mathrm{d}x=\int f(\varphi(t))\varphi'(t)\mathrm{d}t\big|_{t=\varphi^{-1}(x)}$. 常用于处理含根式的积分，令 $\sqrt[n]{ax+b}=t$，含 $\sqrt{a^2-x^2}$ 可令 $x=a\sin t$，含

$\sqrt{x^2+a^2}$可令 $x=a\tan t$，含 $\sqrt{x^2-a^2}$可令 $x=a\sec t$. 此外，还有倒代换 $x=\frac{1}{t}$等.

3. 分部积分法：由$(uv)'=u'v+uv'$推导得 $\int uv'\mathrm{d}x=uv-\int u'v\mathrm{d}x$ 或$\int u\mathrm{d}v=uv-\int v\mathrm{d}u$. 选择 u 和 $\mathrm{d}v$ 时，遵循"反、对、幂、三、指"顺序，优先选排在前面的函数为 u，使 $\int v\mathrm{d}u$ 比$\int u\mathrm{d}v$ 易求，有时需多次使用分部积分法，还可与换元法结合.

4. 有理函数积分：有理函数可化为多项式与真分式之和，真分式可分解为部分分式之和后积分. 分母为$(x-a)^k$，$(x^2+px+q)^k(p^2-4q<0)$等形式时，有对应的分解规则.

5. 可化为有理函数的积分：形如 $\int R(\sqrt[n]{ax+b})\mathrm{d}x$ 可令 $\sqrt[n]{ax+b}=u$，$\int R(\sin x,\cos x)\mathrm{d}x$ 可令 $t=\tan\frac{x}{2}$，将积分转化为有理函数积分求解. 不定积分计算技巧性强，需熟练掌握上述方法并灵活运用，通过大量练习提升计算能力，同时要注意积分结果的正确性和完整性，加上常数 C.

自测题 4

1. 选择题.

(1) 设函数$f(x)$在$(-\infty,+\infty)$上连续，则 $\mathrm{d}\left[\int f(x)\mathrm{d}x\right]=($ $)$.

A. $f(x)$　　B. $f(x)+C$

C. $f'(x)\mathrm{d}x$　　D. $f(x)\mathrm{d}x$

(2) 设 $f'(x)$ 为连续函数，则 $\int f'(3x)\mathrm{d}x=($ $)$.

A. $f(3x)+C$　　B. $f(x)+C$

C. $\frac{1}{3}f(3x)+C$　　D. $3f(3x)+C$

(3) 求不定积分(　　)，可做代换 $x=3\tan t$.

A. $\int\sqrt{9-x^2}\mathrm{d}x$　　B. $\int\sqrt{x^2-9}\mathrm{d}x$

C. $\int\sqrt{9+x^2}\mathrm{d}x$　　D. $\int\sqrt[3]{(x^2-9)^2}\mathrm{d}x$

(4) 设$f(x)$的一个原函数是 e^{-2x}，则 $f(x)=($ $)$.

A. e^{-2x}　　B. $-2\mathrm{e}^{-2x}$

C. $-4\mathrm{e}^{-2x}$　　D. $4\mathrm{e}^{-2x}$

(5) 不定积分 $\int\frac{1}{1+x^2}\mathrm{d}(x^2)=($ $)$.

A. $\ln|1+x|+C$　　B. $\ln(1+x^2)+C$

C. $\arctan x+C$　　D. $\arctan x^2+C$

2. 填空题.

(1) 设$\int xf(x)\mathrm{d}x=\arcsin x+C$，则$\int\frac{\mathrm{d}x}{f(x)}=$________.

(2) 若$f'(\mathrm{e}^x)=1+x$，则$f(x)=$________.

(3) 已知$f(x)$的一个原函数为$(1+\sin x)\ln x$，则$\int xf'(x)\mathrm{d}x=$________.

(4) $\int x\sqrt{x}\mathrm{d}x=$________.

(5) $\int\frac{\mathrm{d}x}{\sqrt{4x^2+9}}=$________.

3. 求下列不定积分：

(1) $\int\sin^2x\cos^2x\mathrm{d}x$；　　(2) $\int\frac{x+\sin x}{1+\cos x}\mathrm{d}x$；

(3) $\int\frac{\sqrt{x}}{1+\sqrt{x}}\mathrm{d}x$；　　(4) $\int\frac{\mathrm{e}^x}{4+\mathrm{e}^{2x}}\mathrm{d}x$；

(5) $\int\frac{x}{(1-x)^3}\mathrm{d}x$；　　(6) $\int x^2\ln x\mathrm{d}x$；

(7) $\int\frac{x^2}{\sqrt[3]{2-x}}\mathrm{d}x$；　　(8) $\int\frac{\mathrm{d}x}{x^2\sqrt{1-x^2}}$；

(9) $\int\frac{x^2}{1+x^2}\arctan x\mathrm{d}x$；　　(10) $\int\frac{1-x^8}{x(1+x^8)}\mathrm{d}x$.

4. 一曲线上任意一点(x,y)处的切线斜率为$\frac{1}{x}-\frac{1}{x^2}$，且$x=1$时，$y=0$，求曲线$y=f(x)$的方程.

5. 一曲线通过点$(e^2,3)$，且在任意一点处的切线斜率等于该点横坐标的倒数，求该曲线方程.

考研真题解析

1. （2023，数二、三）函数$f(x)=\begin{cases}\frac{1}{\sqrt{1+x^2}}, & x\leqslant 0,\\ (x+1)\cos x, & x>0\end{cases}$的一个原函数为（　　）

A. $F(x)=\begin{cases}\ln(\sqrt{1+x^2}-x), & x\leqslant 0,\\ (x+1)\cos x-\sin x, & x>0\end{cases}$

B. $F(x)=\begin{cases}\ln(\sqrt{1+x^2}-x)+1, & x\leqslant 0,\\ (x+1)\cos x-\sin x, & x>0\end{cases}$

C. $F(x)=\begin{cases}\ln(\sqrt{1+x^2}+x), & x\leqslant 0,\\ (x+1)\sin x+\cos x, & x>0\end{cases}$

D. $F(x)=\begin{cases}\ln(\sqrt{1+x^2}+x)+1, & x\leqslant 0,\\ (x+1)\sin x+\cos x, & x>0\end{cases}$

解　本题可根据原函数的定义，即$F'(x)=f(x)$，分别对$x<0$，$x>0$和$x=0$的情况求导来判断选项.

第一步　当$x<0$时：对选项A中$F(x)=\ln(\sqrt{1+x^2}-x)$求导，根据复合函数求导法则$(\ln u)'=\frac{u'}{u}$以及$(\sqrt{1+x^2})'=\frac{x}{\sqrt{1+x^2}}$，可得

$$F'(x)=\frac{\frac{x}{\sqrt{1+x^2}}-1}{\sqrt{1+x^2}-x}=\frac{\frac{x-\sqrt{1+x^2}}{\sqrt{1+x^2}}}{\sqrt{1+x^2}-x}=\frac{-1}{\sqrt{1+x^2}},$$

不符合$f(x)=\frac{1}{\sqrt{1+x^2}}$，A选项错误.

对选项B中$F(x)=\ln(\sqrt{1+x^2}-x)+1$求导，常数的导数为0，所以$F'(x)$与选项A中求导结果相同，为$\frac{-1}{\sqrt{1+x^2}}$，不符合$f(x)=\frac{1}{\sqrt{1+x^2}}$，B选项错误.

对选项C中$F(x)=\ln(\sqrt{1+x^2}+x)$求导，根据复合函数求导法则可得$F'(x)=\frac{\frac{x}{\sqrt{1+x^2}}+1}{\sqrt{1+x^2}+x}=\frac{\frac{x+\sqrt{1+x^2}}{\sqrt{1+x^2}}}{\sqrt{1+x^2}+x}=\frac{1}{\sqrt{1+x^2}}$，符合$f(x)=\frac{1}{\sqrt{1+x^2}}$.

对选项D中$F(x)=\ln(\sqrt{1+x^2}+x)+1$求导，常数的导数为0，所以$F'(x)=\frac{1}{\sqrt{1+x^2}}$，符合$f(x)=\frac{1}{\sqrt{1+x^2}}$.

第二步　当$x>0$时：C中$F(x)=(x+1)\sin x+\cos x$求导，根据乘积的求导法则$(uv)'=u'v+uv'$可得$F'(x)=\sin x+(x+1)\cos x-\sin x=(x+1)\cos x$，符合$f(x)=(x+1)\cos x$. D中$F(x)=(x+1)\sin x+\cos x$求导，结果与选项C相同，$F'(x)=(x+1)\cos x$，符合$f(x)=(x+1)\cos x$.

第三步　再考虑原函数在$x=0$处的连续性：原函数$F(x)$在$x=0$处连续，即$\lim\limits_{x\to 0^-}F(x)=\lim\limits_{x\to 0^+}F(x)$.

选项C中，$\lim\limits_{x\to 0^-}\ln(\sqrt{1+x^2}+x)=\ln 1=0$，$\lim\limits_{x\to 0^+}((x+1)\sin x+\cos x)=1$，$\lim\limits_{x\to 0^-}F(x)\neq\lim\limits_{x\to 0^+}F(x)$，C选项错误. 选项D中，$\lim\limits_{x\to 0^-}[\ln(\sqrt{1+x^2}+x)+1]=1$，$\lim\limits_{x\to 0^+}((x+1)\sin x+\cos x)=1$，$\lim\limits_{x\to 0^-}F(x)=\lim\limits_{x\to 0^+}F(x)$，D选项正确. 综上，答案是D.

2.（2006，数二）计算$I=\int\frac{\arcsin e^x}{e^x}dx$.

解　方法1　$\int\frac{\arcsin e^x}{e^x}dx=-\int\arcsin e^x d(e^{-x})=-\frac{\arcsin e^x}{e^x}+\int\frac{dx}{\sqrt{1-e^{2x}}}$.

在$\int\frac{dx}{\sqrt{1-e^{2x}}}$中，令$\sqrt{1-e^{2x}}=t$，则$dx=\frac{-tdt}{1-t^2}$.

$$\int\frac{dx}{\sqrt{1-e^{2x}}}=-\int\frac{dt}{1-t^2}=-\frac{1}{2}\ln\left|\frac{1+t}{1-t}\right|+C$$

$$=-\frac{1}{2}\ln\frac{1+\sqrt{1-e^{2x}}}{1-\sqrt{1-e^{2x}}}+C.$$

$$\int\frac{\arcsin e^x}{e^x}dx=-\frac{\arcsin e^x}{e^x}-\frac{1}{2}\ln\frac{1+\sqrt{1-e^{2x}}}{1-\sqrt{1-e^{2x}}}+C.$$

方法2　令$\arcsin e^x=t$，则$x=\ln\sin t$，$dx=\frac{\cos t}{\sin t}dt$.

$\int \frac{\arcsin e^x}{e^x}dx = \int \frac{t}{\sin t} \cdot \frac{\cos t}{\sin t}dt = \int t \cdot \frac{\cos t}{\sin^2 t}dt$ 使用分部积分法，设 $u = t$，$dv = \frac{\cos t}{\sin^2 t}dt$. 先求 v，令 $s = \sin t$，则 $ds = \cos t dt$，$\int \frac{\cos t}{\sin^2 t}dt = \int s^{-2}ds = -\frac{1}{s} + C = -\frac{1}{\sin t} + C$，即 $v = -\frac{1}{\sin t}$.

根据分部积分公式 $\int u dv = uv - \int v du (du = dt)$，有

$$\int t \cdot \frac{\cos t}{\sin^2 t}dt = -\frac{t}{\sin t} + \int \frac{1}{\sin t}dt$$

$$= -\frac{t}{\sin t} + \int \frac{1}{2\sin\frac{t}{2}\cos\frac{t}{2}}dt$$

$$= -\frac{t}{\sin t} + \int \frac{\sec^2\frac{t}{2}}{2\tan\frac{t}{2}}dt.$$

令 $u = \tan\frac{t}{2}$，则 $du = \frac{1}{2}\sec^2\frac{t}{2}dt$，所以

$$\int \frac{\sec^2\frac{t}{2}}{2\tan\frac{t}{2}}dt = \int \frac{du}{u} = \ln|u| + C = \ln\left|\tan\frac{t}{2}\right| + C$$

因为 $\sin t = e^x$，$t = \arcsin e^x$，$\tan\frac{t}{2} = \frac{1-\cos t}{\sin t} = \frac{1-\sqrt{1-e^{2x}}}{e^x}$. 所以

$$\int \frac{\arcsin e^x}{e^x}dx = -\frac{\arcsin e^x}{e^x} + \ln\left|\frac{1-\sqrt{1-e^{2x}}}{e^x}\right| + C$$

$$= -\frac{\arcsin e^x}{e^x} - \ln e^x + \ln\left|1-\sqrt{1-e^{2x}}\right| + C$$

$$= -\frac{\arcsin e^x}{e^x} - x + \ln\left|1-\sqrt{1-e^{2x}}\right| + C.$$

综上，$I = -\frac{\arcsin e^x}{e^x} - x + \ln\left|1-\sqrt{1-e^{2x}}\right| + C$（与方法 1 结果形式不同但等价）.

竞赛真题赏析

1.（第六届）计算不定积分 $\int \frac{1+x^2}{1+x^4}dx$.

解

$\frac{1+x^2}{1+x^4} = \frac{1+\frac{1}{x^2}}{x^2+\frac{1}{x^2}} = \frac{1+\frac{1}{x^2}}{\left(x-\frac{1}{x}\right)^2+2}$. 令 $u = x - \frac{1}{x}$，$du = \left(1+\frac{1}{x^2}\right)dx$. 所以

$$\int \frac{1+x^2}{1+x^4}dx = \int \frac{1+\frac{1}{x^2}}{\left(x-\frac{1}{x}\right)^2+2}dx$$

$$= \int \frac{du}{u^2+2} = \frac{1}{\sqrt{2}}\arctan\left(\frac{u}{\sqrt{2}}\right) + C$$

$$= \frac{1}{\sqrt{2}}\arctan\left(\frac{x-\frac{1}{x}}{\sqrt{2}}\right) + C.$$

综上，$\int \frac{1+x^2}{1+x^4}dx = \frac{1}{\sqrt{2}}\arctan\left(\frac{x-\frac{1}{x}}{\sqrt{2}}\right) + C$.

2.（第三届）求 $I = \int \left(1+x-\frac{1}{x}\right)e^{x+\frac{1}{x}}dx$.

解　$I = \int e^{x+\frac{1}{x}}dx + \int \left(x-\frac{1}{x}\right)e^{x+\frac{1}{x}}dx \triangleq I_1 + I_2$，其中 $I_1 = \int e^{x+\frac{1}{x}}dx$，而

$I_2 = \int x\left(1-\frac{1}{x^2}\right)e^{x+\frac{1}{x}}dx = \int xe^{x+\frac{1}{x}}d\left(x+\frac{1}{x}\right) = \int x d(e^{x+\frac{1}{x}}) = xe^{x+\frac{1}{x}} - \int e^{x+\frac{1}{x}}dx = xe^{x+\frac{1}{x}} - I_1$，故 $I = I_1 + I_2 = xe^{x+\frac{1}{x}} + C$.

第 5 章 定积分

定积分是积分学中另一个重要概念，它是从大量的实际问题中抽象出来的. 定积分的有关理论是从 17 世纪开始出现和发展起来的，人们对几何与力学中某些问题的研究是导致定积分理论出现的主要背景. 积分在自然科学、工程技术、经济管理中有着广泛的应用. 本章我们先从几何问题出发引入定积分的定义，然后讨论定积分的性质及计算方法，最后介绍定积分的应用.

5.1 定积分的概念与性质

5.1.1 定积分问题举例

1. 曲边梯形的面积

设 $f(x)$ 在区间 $[a,b]$ 上非负、连续. 由曲线 $y=f(x)$ 及直线 $x=a$，$x=b$，$y=0$ 所围成的图形称为**曲边梯形**，下面我们讨论如何求这个曲边梯形的面积.

在区间 $[a,b]$ 内任意插入 $n-1$ 个分点

$$a=x_0<x_1<x_2<\cdots<x_{n-1}<x_n=b,$$

这样，整个曲边梯形就相应地被直线 $x=x_i(i=1,2,\cdots,n-1)$ 分成 n 个小曲边梯形，区间 $[a,b]$ 被分成 n 个小区间 $[x_0,x_1],[x_1,x_2],\cdots,[x_{i-1},x_i],\cdots,[x_{n-1},x_n]$，第 i 个小区间的长度 $\Delta x_i=x_i-x_{i-1}(i=1,2,\cdots,n)$. 对于第 i 个小曲边梯形来说，当其底边长 Δx_i 足够小时，其高度的变化也是非常小的，这时它的面积可以用小矩形的面积来近似. 在每个小区间 $[x_{i-1},x_i]$ 上任取一点 ξ_i，用 $f(\xi_i)$ 作为第 i 个小矩形的高(见图5-1)，则第 i 个小曲边梯形面积的近似值为

$$\Delta A_i\approx f(\xi_i)\Delta x_i.$$

这样，将 n 个小曲边梯形的面积相加，得到整个曲边梯形面积的近似值

$$A=\sum_{i=1}^{n}\Delta A_i=\sum_{i=1}^{n}f(\xi_i)\Delta x_i.$$

从直观上看，当分点越密时，小矩形的面积与小曲边梯形的面积就会越接近，因而和式 $\sum\limits_{i=1}^{n}f(\xi_i)\Delta x_i$ 与曲边梯形的面积 A 也会越接近，记 $\lambda=$

$\max\limits_{1\leqslant i\leqslant n}\{\Delta x_i\}$，当 $\lambda\to 0$ 时，和式 $\sum\limits_{i=1}^{n}f(\xi_i)\Delta x_i$ 的极限即为曲边梯形的面积 A，即 $A=\lim\limits_{\lambda\to 0}\sum\limits_{i=1}^{n}f(\xi_i)\Delta x_i$.

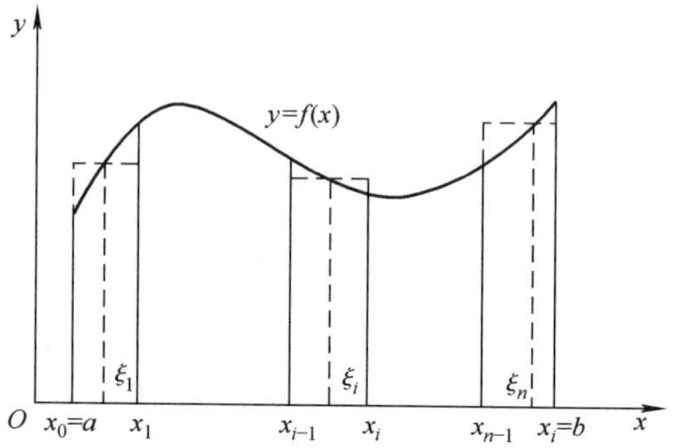

图　5-1

2. 变速直线运动的路程

设某物体做直线运动，已知速度 $v=v(t)$ 是时间间隔 $[T_1,T_2]$ 上 t 的连续函数，且 $v(t)\geqslant 0$，计算在这段时间内物体所经过的路程 s.

对于匀速直线运动，有公式

$$路程=速度\times时间.$$

但是在我们的问题中，速度不是常量而是随时间变化着的变量，因此所求路程 s 不能直接按匀速直线运动的路程公式来计算. 然而，物体运动的速度函数 $v=v(t)$ 是连续变化的，在很短的时间内，速度的变化很小. 因此如果把时间间隔分小，在一小段时间内，以匀速运动近似代替变速运动，就可算出各部分路程的近似值；再求和得到整个路程的近似值. 最后，通过对时间间隔无限细分的极限过程，求得物体在时间间隔 $[T_1,T_2]$ 内的路程. 对于这一问题的数学描述可以参考上述求曲边梯形面积的做法进行，具体描述为

在区间 $[T_1,T_2]$ 内任意插入 $n-1$ 个分点

$$T_1=t_0<t_1<t_2<\cdots<t_{n-1}<t_n=T_2$$

把区间 $[T_1,T_2]$ 分成 n 个小区间

$$[t_0,t_1],[t_1,t_2],\cdots,[t_{n-1},t_n].$$

各小区间的长度依次为 $\Delta t_1,\Delta t_2,\cdots,\Delta t_n$，在时间间隔 $[t_{i-1},t_i]$ 上的路程的近似值为

$$\Delta s_i\approx v(\tau_i)\Delta t_i\quad(i=1,2,\cdots,n),$$

其中 τ_i 为区间 $[t_{i-1},t_i]$ 上的任意一点. 整个时间段 $[T_1,T_2]$ 上路程 s 的近似值为

$$s=\sum_{i=1}^{n}\Delta s_i\approx\sum_{i=1}^{n}v(\tau_i)\Delta t_i.$$

记 $\lambda = \max\limits_{1 \leqslant i \leqslant n} \{\Delta t_i\}$，当 $\lambda \to 0$ 时，和式 $\sum\limits_{i=1}^{n} v(\tau_i)\Delta t_i$ 的极限即为物体在时间间隔 $[T_1, T_2]$ 内所走过的路程. 即

$$s = \lim_{\lambda \to 0} \sum_{i=1}^{n} v(\tau_i)\Delta t_i.$$

5.1.2 定积分的定义

从上面的两个例子可以看出，尽管所要计算的量的实际意义各不同，前者是几何量，后者是物理量，但计算这些量的方法与步骤都是相同的，反映在数量上可归结为具有相同结构的一种特定乘积和式的极限，例如

$$\text{面积 } A = \lim_{\lambda \to 0} \sum_{i=1}^{n} f(\xi_i)\Delta x_i,$$

$$\text{路程 } s = \lim_{\lambda \to 0} \sum_{i=1}^{n} v(\tau_i)\Delta t_i.$$

抛开这些问题的具体意义，抓住它们在数量上共同的本质与特性加以概括，我们可以抽象出下述定积分的概念.

定义 5-1　设函数 $f(x)$ 在区间 $[a,b]$ 上有界，在 $[a,b]$ 中任意插入 $n-1$ 个分点

$$a = x_0 < x_1 < x_2 < \cdots < x_{n-1} < x_n = b,$$

把区间 $[a,b]$ 分成 n 个小区间

$$[x_0, x_1], [x_1, x_2], \cdots, [x_{n-1}, x_n],$$

各小区间的长度依次为

$$\Delta x_1 = x_1 - x_0,\ \Delta x_2 = x_2 - x_1, \cdots, \Delta x_n = x_n - x_{n-1},$$

在每个小区间 $[x_{i-1}, x_i]$ 上任取一点 ξ_i，做乘积 $f(\xi_i)\Delta x_i \quad (i = 1, 2, \cdots, n)$，再做和式

$$S = \sum_{i=1}^{n} f(\xi_i)\Delta x_i. \tag{5-1}$$

记 $\lambda = \max\{\Delta x_1, \Delta x_2, \cdots, \Delta x_n\}$，如果不论对 $[a,b]$ 怎样划分，也不论在小区间 $[x_{i-1}, x_i]$ 上点 ξ_i 怎样取，只要当 $\lambda \to 0$ 时，和 S 总趋于确定的极限 I，这时我们称这个极限 I 为函数 $f(x)$ 在区间 $[a,b]$ 上的**定积分**（简称**积分**），记作 $\int_a^b f(x)\,\mathrm{d}x$，即

$$\int_a^b f(x)\,\mathrm{d}x = \lim_{\lambda \to 0} \sum_{i=1}^{n} f(\xi_i)\Delta x_i = I, \tag{5-2}$$

其中 $f(x)$ 称为**被积函数**，$f(x)\,\mathrm{d}x$ 称为**被积表达式**，x 称为**积分变量**，a 称为**积分下限**，b 称为**积分上限**，$[a,b]$ 称为**积分区间**.

注：当和式 $\sum\limits_{i=1}^{n} f(\xi_i)\Delta x_i$ 的极限存在时，其极限值仅与被积函数 $f(x)$ 及

积分区间$[a,b]$有关，而与积分变量所用的字母无关，即

$$\int_a^b f(x)\,\mathrm{d}x = \int_a^b f(t)\,\mathrm{d}t = \int_a^b f(u)\,\mathrm{d}u.$$

如果$f(x)$在$[a,b]$上的定积分存在，则称$f(x)$在$[a,b]$上可积. 相应的和式 $\sum_{i=1}^{n} f(\xi_i)\Delta x_i$ 也称为积分和.

对于定积分，有这样一个重要问题：函数$f(x)$在$[a,b]$上满足怎样的条件时，$f(x)$在$[a,b]$上一定可积？这个问题我们不做深入讨论，而只给出以下两个充分条件.

定理 5-1 设$f(x)$在区间$[a,b]$上连续，则$f(x)$在$[a,b]$上可积.

定理 5-2 设$f(x)$在区间$[a,b]$上有界，且只有有限个间断点，则$f(x)$在$[a,b]$上可积.

利用定积分的定义，前面所讨论的实际问题可以分别表述如下：

由曲线 $y=f(x)$ $(f(x)\geqslant 0)$，x 轴及两条直线 $x=a$，$x=b$ 所围成的曲边梯形的面积 A 等于函数$f(x)$在区间$[a,b]$上的定积分. 即

$$A = \int_a^b f(x)\,\mathrm{d}x.$$

物体以变速 $v=v(t)$ $(v(t)\geqslant 0)$做直线运动，从时刻 $t=T_1$ 到时刻 $t=T_2$，物体经过的路程 s 等于函数 $v(t)$ 在区间$[T_1,T_2]$上的定积分，即

$$s = \int_{T_2}^{T_1} v(t)\,\mathrm{d}t.$$

例 5-1 利用定积分的定义，计算定积分 $\int_0^1 \mathrm{e}^x\,\mathrm{d}x$.

解 将$[0,1]$ n 等分，取分点为 $x_i=\dfrac{i}{n}$ $(i=1,2,\cdots,n-1)$，则 $\Delta x_i = \dfrac{1}{n}$ $(i=1,2,\cdots,n)$

在第 i 个小区间上取右端点，取 $\xi_i = x_i = \dfrac{i}{n}$ $(i=1,2,\cdots,n-1)$，于是

$$\begin{aligned}\int_0^1 \mathrm{e}^x\,\mathrm{d}x &= \lim_{n\to\infty}\sum_{i=1}^{n}\mathrm{e}^{\frac{1}{n}}\frac{1}{n} = \lim_{n\to\infty}\frac{1}{n}\left(\mathrm{e}^{\frac{1}{n}}+\mathrm{e}^{\frac{2}{n}}+\cdots+\mathrm{e}^{\frac{n}{n}}\right)\\ &= \lim_{n\to\infty}\frac{1}{n}\cdot\frac{\mathrm{e}^{\frac{1}{n}}\left[1-\left(\mathrm{e}^{\frac{1}{n}}\right)^n\right]}{1-\mathrm{e}^{\frac{1}{n}}} = \lim_{n\to\infty}\frac{\mathrm{e}^{\frac{1}{n}}(1-\mathrm{e})}{n\left(1-\mathrm{e}^{\frac{1}{n}}\right)}\\ &= \lim_{n\to\infty}\frac{\mathrm{e}^{\frac{1}{n}}(1-\mathrm{e})}{-n\cdot\dfrac{1}{n}} = \mathrm{e}-1.\end{aligned}$$

5.1.3 定积分的几何意义

在区间$[a,b]$上 $f(x)\geqslant 0$ 时，我们已经知道，定积分 $\int_a^b f(x)\,\mathrm{d}x$ 在几何

上表示为由曲线 $y=f(x)$，两条直线 $x=a$，$x=b$ 与 x 轴所围成的曲边梯形的面积；在 $[a,b]$ 上 $f(x)\leqslant 0$ 时，定积分 $\int_a^b f(x)\mathrm{d}x$ 的值为负，且由曲线 $y=f(x)$，两条直线 $x=a$，$x=b$ 与 x 轴所围成的曲边梯形位于 x 轴的下方，定积分 $\int_a^b f(x)\mathrm{d}x$ 在几何上表示上述曲边梯形面积的负值；在 $[a,b]$ 上 $f(x)$ 既取得正值又取得负值时，函数 $f(x)$ 的图形某些部分在 x 轴上方，而其他部分在 x 轴的下方(见图 5-2)．如果我们对面积赋以正负号，在 x 轴上方的图形面积赋以正号，在 x 轴下方的图形面积赋以负号，此时定积分 $\int_a^b f(x)\mathrm{d}x$ 表示介于 x 轴、函数 $f(x)$ 的图形及两条直线 $x=a$，$x=b$ 之间的各部分面积的代数和，即 $\int_a^b f(x)\mathrm{d}x = A_1 - A_2 + A_3 - A_4 + A_5$.

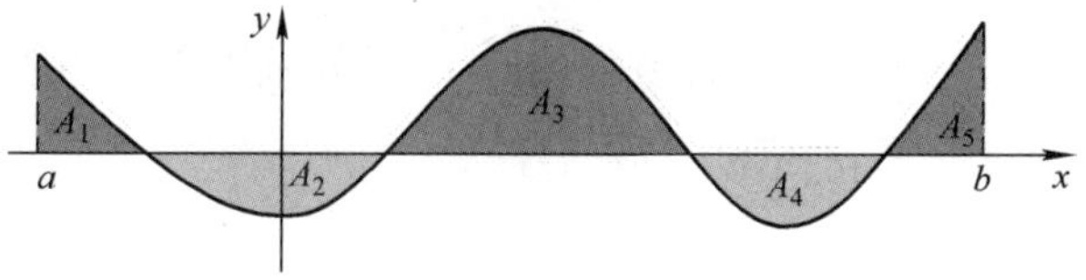

图　5-2

例 5-2　由定积分的几何意义，求(1) $\int_0^1 \mathrm{d}x$；(2) $\int_{-\pi}^{\pi}\sin x\mathrm{d}x$；(3) $\int_{-1}^{1}|x|\mathrm{d}x$.

解　(1) $\int_0^1 \mathrm{d}x = 1\times 1 = 1$(见图 5-3)；

(2) $\int_{-\pi}^{\pi}\sin x\mathrm{d}x = 0$(见图 5-4)；

(3) $\int_{-1}^{1}|x|\mathrm{d}x = 2\int_0^1 x\mathrm{d}x = 1$(见图 5-5).

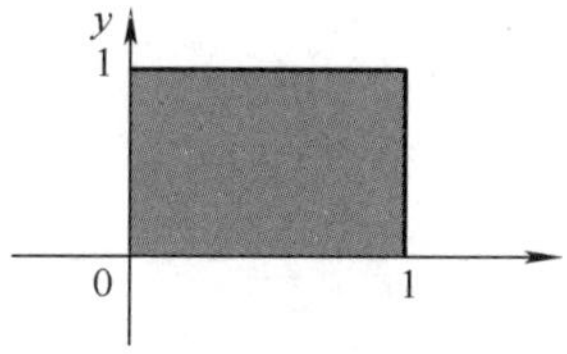

图　5-3

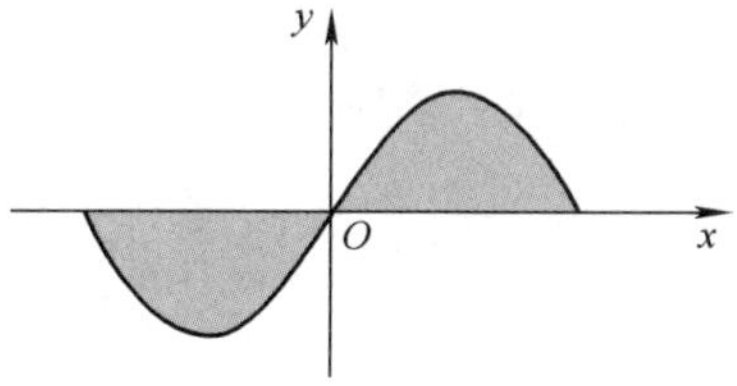

图　5-4

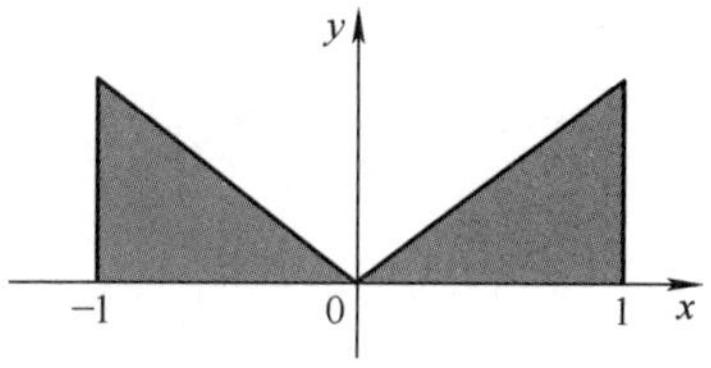

图　5-5

注：(1) 被积函数为 1 时，积分就等于区间长度；
(2) 积分区间对称时，积分具有偶倍奇零的特征.

例 5-3　由定积分的几何意义，求 $\int_0^1 \sqrt{1-x^2}\mathrm{d}x$.

解　按照定积分的几何意义，该定积分表示以原点为圆心，以 1 为半径的圆在第一象限内所围图形的面积(见图 5-6)，其面积为 $\frac{1}{4}\pi\cdot 1^2=\frac{\pi}{4}$，

故 $\int_0^1 \sqrt{1-x^2}\,\mathrm{d}x = \frac{\pi}{4}$.

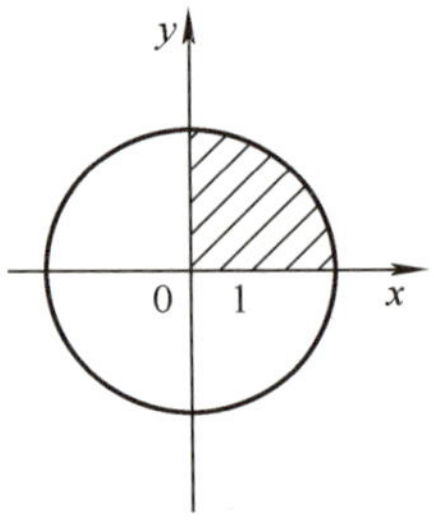

图 5-6

5.1.4 定积分的性质

为了以后计算及应用方便起见，先对定积分做以下三点补充规定：

(1) 当 $a=b$ 时，$\int_a^b f(x)\,\mathrm{d}x = 0$；

(2) 当 $a>b$ 时，$\int_a^b f(x)\,\mathrm{d}x = -\int_b^a f(x)\,\mathrm{d}x$.

(3) $\int_a^b 1\,\mathrm{d}x = \int_a^b \mathrm{d}x = b-a$.

在下面的讨论中，积分上下限的大小，如不特别指明，均不加限制；并假定各性质中所列出的定积分都是存在的.

性质 5-1 函数的线性组合的定积分等于它们的定积分的线性组合，即

$$\int_a^b [\alpha f(x) \pm \beta g(x)]\,\mathrm{d}x = \alpha\int_a^b f(x)\,\mathrm{d}x \pm \beta\int_a^b g(x)\,\mathrm{d}x.$$

证

$$\begin{aligned}\int_a^b [\alpha f(x) \pm \beta g(x)]\,\mathrm{d}x &= \lim_{\lambda\to 0}\sum_{i=1}^{n}[\alpha f(\xi_i) \pm \beta g(\xi_i)]\Delta x_i \\ &= \alpha\lim_{\lambda\to 0}\sum_{i=1}^{n} f(\xi_i)\Delta x_i \pm \beta\lim_{\lambda\to 0}\sum_{i=1}^{n} g(\xi_i)\Delta x_i \\ &= \alpha\int_a^b f(x)\,\mathrm{d}x \pm \beta\int_a^b g(x)\,\mathrm{d}x.\end{aligned}$$

性质 5-1 对于任意有限个函数都是成立的.

性质 5-2 如果将积分区间分成两部分，则在整个区间上的定积分等于这两部分区间上定积分之和，即设 $a<c<b$，则

$$\int_a^b f(x)\,\mathrm{d}x = \int_a^c f(x)\,\mathrm{d}x + \int_c^b f(x)\,\mathrm{d}x.$$

证 因为函数 $f(x)$ 在区间 $[a,b]$ 上可积，所以不论把 $[a,b]$ 怎样划分，积分和的极限总是不变的. 因此，我们在分区间时，可以使 c 永远是个分点. 那么，$[a,b]$ 上的积分和等于 $[a,c]$ 上的积分和加 $[c,b]$ 上的积分和，记为

$$\sum_{[a,b]} f(\xi_i)\Delta x_i = \sum_{[a,c]} f(\xi_i)\Delta x_i + \sum_{[c,b]} f(\xi_i)\Delta x_i.$$

令 $\lambda \to 0$，上式两端同时取极限，即得

$$\int_a^b f(x)\,\mathrm{d}x = \int_a^c f(x)\,\mathrm{d}x + \int_c^b f(x)\,\mathrm{d}x.$$

注：性质 5-2 表明，定积分对于积分区间具有可加性. $f(x)>0$ 时也可以通过几何意义直观地了解积分区间可加性(见图 5-7).

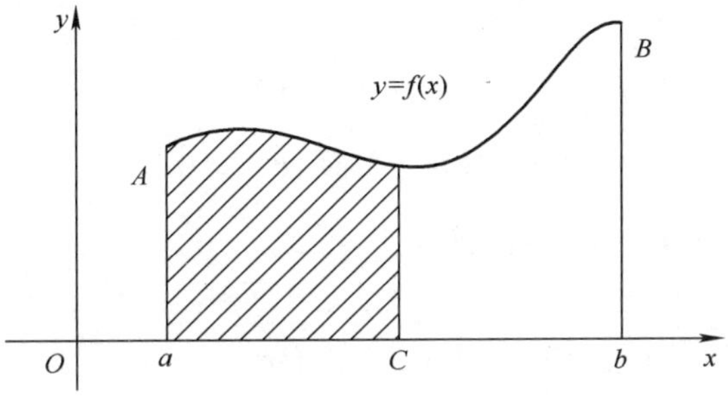

图　5-7

按定积分的补充规定，不论 a，b，c 的相对位置如何，总有等式

$$\int_a^b f(x)\,\mathrm{d}x = \int_a^c f(x)\,\mathrm{d}x + \int_c^b f(x)\,\mathrm{d}x$$

成立. 例如，当 $a<b<c$ 时，由于

$$\int_a^c f(x)\,\mathrm{d}x = \int_a^b f(x)\,\mathrm{d}x + \int_b^c f(x)\,\mathrm{d}x,$$

于是得

$$\begin{aligned}\int_a^b f(x)\,\mathrm{d}x &= \int_a^c f(x)\,\mathrm{d}x - \int_b^c f(x)\,\mathrm{d}x \\ &= \int_a^c f(x)\,\mathrm{d}x + \int_c^b f(x)\,\mathrm{d}x.\end{aligned}$$

由此可见，在性质 5-2 中可取消 a，b，c 的大小限制.

性质 5-3　如果在区间 $[a,b]$ 上，$f(x)\geqslant 0$，则

$$\int_a^b f(x)\,\mathrm{d}x \geqslant 0 \quad (a<b)$$

证　因为 $f(x)\geqslant 0$，所以 $f(\xi_i)\geqslant 0 \quad (i=1,2,\cdots,n)$. 又由于 $\Delta x_i \geqslant 0$ $(i=1,2,\cdots,n)$，因此

$$\sum_{i=1}^{n} f(\xi_i)\Delta x_i \geqslant 0,$$

令 $\lambda=\max\{\Delta x_1,\Delta x_2,\cdots,\Delta x_n\}\to 0$，便得到要证的不等式.

注：性质 5-3 中如果 $f(x)$ 只在有限个点处为 0，则积分严格大于 0.

例 5-4　比较积分的大小 $\int_{-\pi}^{0} x^2 \sin x\,\mathrm{d}x$ 与 $\int_0^{\pi} \sin^3 x\,\mathrm{d}x$.

解　当 $x\in[-\pi,0]$ 时，$x^2\sin x<0$. 因此，$\int_{-\pi}^{0} x^2\sin x\,\mathrm{d}x<0$.

当 $x \in [0,\pi]$ 时，$\sin^3 x > 0$. 因此，$\int_0^{\pi} \sin^3 x\mathrm{d}x > 0$.

所以 $\int_{-\pi}^{0} x^2 \sin x\mathrm{d}x < \int_0^{\pi} \sin^3 x\mathrm{d}x$.

推论 5-1　如果在区间 $[a,b]$ 上，$f(x) \leqslant g(x)$，则

$$\int_a^b f(x)\mathrm{d}x \leqslant \int_a^b g(x)\mathrm{d}x \quad (a < b).$$

证　因为 $g(x) - f(x) \geqslant 0$，由性质 5-3 得

$$\int_a^b [g(x) - f(x)]\mathrm{d}x \geqslant 0.$$

再利用性质 5-1，便得到要证的不等式.

推论 5-2　$\left|\int_a^b f(x)\mathrm{d}x\right| \leqslant \int_a^b |f(x)|\mathrm{d}x \quad (a < b)$.

证　因为

$$-|f(x)| \leqslant f(x) \leqslant |f(x)|,$$

所以由推论 5-1 及性质 5-2 可得

$$-\int_a^b |f(x)|\mathrm{d}x \leqslant \int_a^b f(x)\mathrm{d}x \leqslant \int_a^b |f(x)|\mathrm{d}x,$$

即

$$\left|\int_a^b f(x)\mathrm{d}x\right| \leqslant \int_a^b |f(x)|\mathrm{d}x.$$

例 5-5　比较下列各对积分值的大小：$\int_0^1 \sqrt[3]{x}\mathrm{d}x$，$\int_0^1 x^3\mathrm{d}x$.

解　根据幂函数的性质，在 $[0,1]$ 上有 $\sqrt[3]{x} \geqslant x^3$. 又在 $[0,1]$ 上，有 $\sqrt[3]{x}$ 与 x^3 都是可积的. 由推论 5-1 得，$\int_0^1 \sqrt[3]{x}\mathrm{d}x \geqslant \int_0^1 x^3\mathrm{d}x$.

推论 5-3　设 M 及 m 分别是函数 $f(x)$ 在区间 $[a,b]$ 上的最大值和最小值，则

$$m(b-a) \leqslant \int_a^b f(x)\mathrm{d}x \leqslant M(b-a) \quad (a < b).$$

证　因为 $m \leqslant f(x) \leqslant M$，所以由性质 5-3 和推论 5-1 得

$$\int_a^b m\mathrm{d}x \leqslant \int_a^b f(x)\mathrm{d}x \leqslant \int_a^b M\mathrm{d}x.$$

该不等式两端的积分可根据几何意义计算得到，即得到所要证的不等式.

这个性质说明，由被积函数在积分区间上的最大值及最小值可以估计积分值的大致范围.

例 5-6　证明不等式：$1 \leqslant \int_0^1 e^{x^2} dx \leqslant e$.

证　由于 x^2 在 $[0,1]$ 上的最小值为 0，最大值为 1；e^{x^2} 在 $[0,1]$ 上的最小值为 1，最大值为 e.

所以，$1 \leqslant e^{x^2} \leqslant e$，利用推论 5-3. 可知 $1 \cdot (1-0) \leqslant \int_0^1 e^{x^2} dx \leqslant e \cdot (1-0)$，

即得 $1 \leqslant \int_0^1 e^{x^2} dx \leqslant e$.

性质 5-4（定积分中值定理）　如果函数 $f(x)$ 在闭区间 $[a,b]$ 上连续，那么在积分区间 $[a,b]$ 上至少存在一点 ξ，使下式成立：

$$\int_a^b f(x)\,dx = f(\xi)(b-a) \quad (a \leqslant \xi \leqslant b).$$

这个公式叫作**积分中值公式**.

证　由推论 5-3 得

$$m \leqslant \frac{1}{b-a}\int_a^b f(x)\,dx \leqslant M.$$

这表明，确定的数值 $\frac{1}{b-a}\int_a^b f(x)\,dx$ 介于函数 $f(x)$ 的最小值 m 及最大值 M 之间. 根据闭区间上连续函数的介值定理，在 $[a,b]$ 上至少存在一点 ξ，使得函数 $f(x)$ 在点 ξ 处的值与这个确定的数值相等，即应有

$$\frac{1}{b-a}\int_a^b f(x)\,dx = f(\xi) \quad (a \leqslant \xi \leqslant b).$$

两端各乘以 $b-a$，即得所要证的等式.

积分中值公式有如下的几何解释：在区间 $[a,b]$ 上至少存在一点 ξ，使得以区间 $[a,b]$ 为底边、以曲线 $y=f(x)$ 为顶边的曲边梯形的面积等于同一底边而高为 $f(\xi)$ 的一个矩形的面积（见图 5-8）.

显然，积分中值公式

$$\int_a^b f(x)\,dx = f(\xi)(b-a) \quad (\xi \text{ 在 } a \text{ 与 } b \text{ 之间})$$

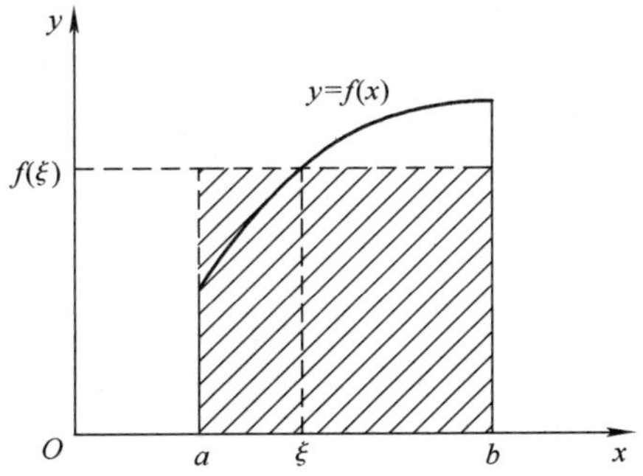

图　5-8

不论 $a<b$ 或 $a>b$ 都是成立的. $f(\xi)=\dfrac{1}{b-a}\int_a^b f(x)\mathrm{d}x$ 称为函数 $f(x)$ 在区间 $[a,b]$ 上的平均值.

例 5-7 试求 $y=\mathrm{e}^x$ 在区间 $[0,1]$ 上满足积分中值定理的 ξ 的值.

解 由定积分的几何意义可知，由曲线 $y=x^2$、x 轴和直线 $x=1$ 所围的图形面积即为 $\int_0^1 \mathrm{e}^x\mathrm{d}x$ 的值. 从例 5-1 可知由 $\int_0^1 \mathrm{e}^x\mathrm{d}x=\mathrm{e}-1$，再由积分中值定理，$\mathrm{e}^{\xi}\cdot(1-0)=\int_0^1 \mathrm{e}^x\mathrm{d}x=\mathrm{e}-1$，于是 $\xi=\ln(\mathrm{e}-1)$.

习题 5-1

1. 利用定积分的几何意义求定积分：

(1) $\int_1^3 \mathrm{d}x$； (2) $\int_{-\frac{\pi}{3}}^{\frac{\pi}{3}} \tan x\mathrm{d}x$；

(3) $\int_{-1}^1 \sqrt{1-x^2}\mathrm{d}x$.

2. 根据定积分的性质，比较积分值的大小：

(1) $\int_0^1 x^2\mathrm{d}x$ 与 $\int_0^1 x^3\mathrm{d}x$； (2) $\int_3^4 \ln x\mathrm{d}x$ 与 $\int_3^4 \ln^2 x\mathrm{d}x$.

3. 估计下列各积分值的范围：

(1) $\int_{\frac{1}{\sqrt{3}}}^{\sqrt{3}} x\arctan x\mathrm{d}x$； (2) $\int_{-a}^{a} \mathrm{e}^{-x^2}\mathrm{d}x\,(a>0)$

4. 证明：

(1) $\lim\limits_{n\to+\infty}\int_0^{\frac{1}{2}} \dfrac{x^n}{\sqrt{1+x}}\mathrm{d}x=0$；

(2) $\lim\limits_{n\to\infty}\int_0^{\frac{\pi}{4}} \sin^n x\mathrm{d}x=0$.

5.2 微积分基本公式

5.1 节我们介绍了定积分的概念和性质，但并未给出一个有效的计算方法. 即使被积函数很简单，如果利用定义计算其定积分也是十分困难的. 因此必须寻求计算定积分的新方法. 在此我们将建立定积分和不定积分之间的关系，这个关系为定积分的计算提供了一个有效的方法.

5.2.1 积分上限函数及其导数

设函数 $f(x)$ 在区间 $[a,b]$ 上连续，则对于任意一点 $x\in[a,b]$，函数 $f(x)$ 在 $[a,x]$ 上仍然连续. 故定积分 $\int_a^x f(x)\mathrm{d}x$ 一定存在. 在这个积分中，x 既可以表示积分上限，又可以表示积分变量. 由于积分值与积分变量的记法无关，为明确起见，可将积分变量改用其他符号，如用 t 表示. 则上面的积分可表示为 $\int_a^x f(t)\mathrm{d}t$. 如果上限 x 在区间 $[a,b]$ 上任意变动，则对每一个取定的 x，定积分有确定的值与之对应. 所以它在 $[a,b]$ 上定义一个函数. 类似地，$\int_x^b f(t)\mathrm{d}t$ 也是一个关于 x 的函数，对于这两个函数，我们定义如下：

定义 5-2　若$f(x)$在$[a,b]$上可积，则称积分

$$\int_a^x f(t)\mathrm{d}t \quad (x\in[a,b]) \tag{5-3}$$

为$f(x)$在区间$[a,b]$上的**积分上限函数**，也叫作变上限积分函数，记为$\Phi(x)=\int_a^x f(t)\mathrm{d}t \quad (a\leqslant x\leqslant b)$.

称积分

$$\int_x^b f(t)\mathrm{d}t \quad (x\in[a,b]) \tag{5-4}$$

为$f(x)$在区间$[a,b]$上的**积分下限函数**，也叫作变下限积分函数.

几何解释：当$f(x)>0$时，$\int_a^x f(t)\mathrm{d}t$表示曲线$y=f(x)$在部分区间$[a,x]$上曲边梯形$AaxC$的面积. $\int_x^b f(t)\mathrm{d}t$表示曲线$y=f(x)$在部分区间$[x,b]$上曲边梯形$CxbB$的面积(见图 5-9).

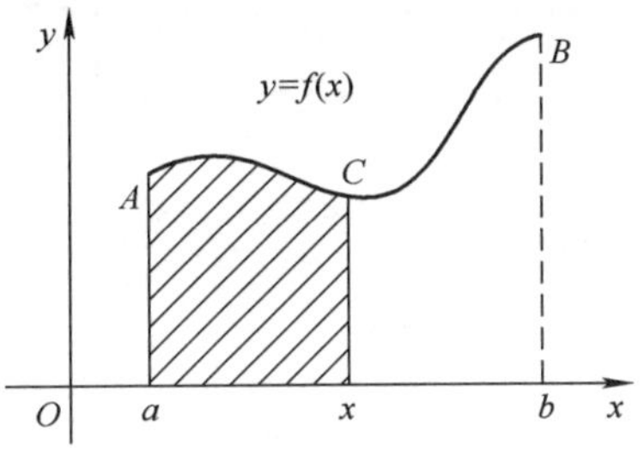

图　5-9

针对积分上限函数和积分下限函数有如下结论：

(1) $\int_a^x f(t)\mathrm{d}t$，　$\int_x^b f(t)\mathrm{d}t$统称为变限积分函数；

(2) $\int_x^b f(t)\mathrm{d}t=-\int_b^x f(t)\mathrm{d}t \quad (x\in[a,b])$.

接下来仅讨论积分上限函数的性质，而积分下限函数的性质可以相应给出. 积分上限函数具有下述重要性质.

定理 5-3　如果函数$f(x)$在区间$[a,b]$上连续，则积分上限函数$\Phi(x)=\int_a^x f(t)\mathrm{d}t$在$[a,b]$上可导，且

$$\Phi'(x)=\frac{\mathrm{d}}{\mathrm{d}x}\int_a^x f(t)\mathrm{d}t=f(x) \quad (a\leqslant x\leqslant b).$$

证　我们只对$x\in(a,b)$来证明($x=a$处的右导数与$x=b$处的左导数也可类似证明).

取$|\Delta x|$充分小，使$x+\Delta x\in(a,b)$(见图 5-10)，则

$$\begin{aligned}\Delta\Phi&=\Phi(x+\Delta x)-\Phi(x)=\int_a^{x+\Delta x}f(t)\mathrm{d}t-\int_a^x f(t)\mathrm{d}t\\&=\int_a^x f(t)\mathrm{d}t+\int_x^{x+\Delta x}f(t)\mathrm{d}t-\int_a^x f(t)\mathrm{d}t\\&=\int_x^{x+\Delta x}f(t)\mathrm{d}t.\end{aligned}$$

因$f(x)$在$[a,b]$上连续，则由定积分中值定理，有

$$\Delta\Phi=f(\xi)\Delta x \quad (\xi\text{ 在 }x\text{ 与 }x+\Delta x\text{ 之间})$$

所以

$$\frac{\Delta\Phi}{\Delta x}=f(\xi).$$

由于 $\Delta x\to 0$ 时，$\xi\to x$，而 $f(x)$ 是连续函数，因此上式两边取极限，有

$$\lim_{\Delta x\to 0}\frac{\Delta\Phi}{\Delta x}=\lim_{\Delta x\to 0}f(\xi)=\lim_{\xi\to x}f(\xi)=f(x),$$

即

$$\Phi'(x)=\frac{\mathrm{d}}{\mathrm{d}x}\int_a^x f(t)\,\mathrm{d}t=f(x). \tag{5-5}$$

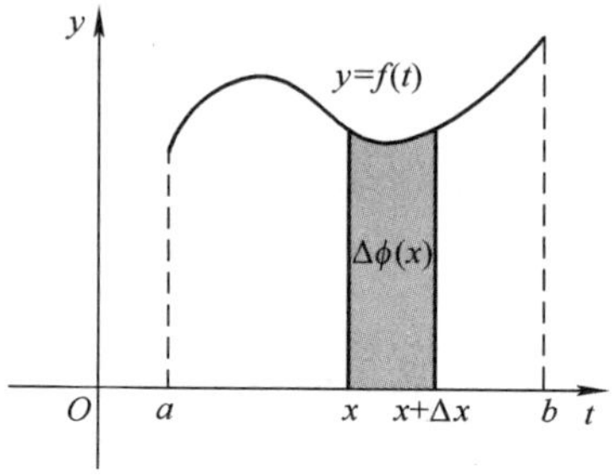

图 5-10

由定理 5-3 可得

$$\frac{\mathrm{d}}{\mathrm{d}x}\int_x^b f(t)\,\mathrm{d}t=-\frac{\mathrm{d}}{\mathrm{d}x}\int_b^x f(t)\,\mathrm{d}t=-f(x).$$

例 5-8 已知 $\Phi(x)=\int_0^x e^{2t-1}\mathrm{d}t$，求 $\Phi'(x)$

解 $\Phi'(x)=\frac{\mathrm{d}}{\mathrm{d}x}\left(\int_0^x e^{2t-1}\mathrm{d}t\right)=e^{2x-1}.$

例 5-9 已知 $\Phi(x)=\int_x^{-1}\tan^2 t\mathrm{d}t$，求 $\Phi'(x)$

$$\Phi'(x)=\frac{\mathrm{d}}{\mathrm{d}x}\left(\int_x^{-1}\tan^2 t\mathrm{d}t\right)=\frac{\mathrm{d}}{\mathrm{d}x}\left(-\int_{-1}^x\tan^2 t\mathrm{d}t\right)=-\frac{\mathrm{d}}{\mathrm{d}x}\left(\int_{-1}^x\tan^2 t\mathrm{d}t\right)=-\tan^2 x.$$

变限积分函数除式(5-3)和式(5-4)外，更一般地，还有变限复合积分函数，

$$\int_a^{u(x)}f(t)\,\mathrm{d}t,\ \int_{v(x)}^b f(t)\,\mathrm{d}t,\ \int_{v(x)}^{u(x)}f(t)\,\mathrm{d}t.$$

若 $f(t)$ 在区间 $[a,b]$ 上连续，$u(x)$，$v(x)$ 在 $[\alpha,\beta]$ 上可导，且对任一 $x\in[\alpha,\beta]$ 有 $u(x)$，$v(x)\in[a,b]$，则由复合函数求导法则可得

$$\frac{\mathrm{d}}{\mathrm{d}x}\int_{v(x)}^{u(x)}f(t)\,\mathrm{d}t=f(u(x))u'(x)-f(v(x))v'(x).$$

例 5-10 已知 $\Phi(x)=\int_0^{x^2}\frac{\mathrm{d}t}{1+t^2}$，求 $\Phi'(x)$.

解 该函数为变上限复合积分函数，

$$[\Phi(x)]' = \frac{d}{dx}\int_0^{x^2}\frac{dt}{1+t^2} = \frac{1}{1+(x^2)^2}\cdot(x^2)' = \frac{2x}{1+x^4}.$$

例 5-11　求 $\frac{d}{dx}\left(\int_x^{x^2}\sin t dt\right)$.

解　$\frac{d}{dx}\left(\int_x^{x^2}\sin t dt\right) = \sin x^2\cdot(x^2)' - \sin x = 2x\sin x^2 - \sin x.$

例 5-12　求 $\lim\limits_{x\to 0}\frac{\int_0^x \cos t^2 dt}{x}$.

解　$\lim\limits_{x\to 0}\frac{\int_0^x \cos t^2 dt}{x} = \lim\limits_{x\to 0}\frac{\left(\int_0^x \cos t^2 dt\right)'}{x'} = \lim\limits_{x\to 0}\frac{\cos x^2}{1} = 1.$

例 5-13　求 $\lim\limits_{x\to 0}\frac{\int_{\cos x}^1 e^{-t^2}dt}{x^2}$.

解　$\lim\limits_{x\to 0}\frac{\int_{\cos x}^1 e^{-t^2}dt}{x^2} = \lim\limits_{x\to 0}\frac{\left(\int_{\cos x}^1 e^{-t^2}dt\right)'}{(x^2)'} = \lim\limits_{x\to 0}\frac{e^{-\cos^2 x}\sin x}{2x} = \frac{1}{2e}.$

定理 5-4（原函数存在定理）　如果函数 $f(x)$ 在区间 $[a,b]$ 上连续，则函数

$$\Phi(x) = \int_a^x f(t)dt$$

就是 $f(x)$ 在 $[a,b]$ 上的一个原函数.

5.2.2　牛顿-莱布尼茨公式

定理 5-4 揭示了原函数与定积分的内在联系. 由此可以导出一个重要定理，它给出了用原函数计算定积分的公式.

定理 5-5　设函数 $f(x)$ 在区间 $[a,b]$ 上连续，$F(x)$ 是 $f(x)$ 在 $[a,b]$ 上的一个原函数，则

$$\int_a^b f(x)dx = F(b) - F(a). \tag{5-6}$$

证　因为 $F(x)$ 与 $\int_a^x f(t)dt$ 都是 $f(x)$ 在 $[a,b]$ 上的原函数，所以它们只能相差一个常数 C，即

$$\int_a^x f(t)dt = F(x) + C.$$

令 $x=a$，由于 $\int_a^a f(t)dt = 0$，得 $C = -F(a)$，因此

$$\int_a^x f(t)dt = F(x) - F(a).$$

在上式中令 $x=b$，得

$$\int_a^b f(t)\,\mathrm{d}t = \int_a^b f(x)\,\mathrm{d}x = F(b) - F(a).$$

为方便起见，以后把 $F(b)-F(a)$ 记成 $F(x)\Big|_a^b$，于是式(5-6)又可写成

$$\int_a^b f(x)\,\mathrm{d}x = F(x)\Big|_a^b.$$

通常称式(5-6)为**微积分基本公式或牛顿-莱布尼茨公式**. 由上节补充的结论(2)可知，当 $a>b$ 时上式仍然成立. 微积分基本公式架起了不定积分和定积分之间的桥梁. 它表明一个连续函数在区间$[a,b]$上的定积分等于它的任意一个原函数在区间$[a,b]$上的改变量. 这个公式进一步揭示了定积分与被积函数的原函数或不定积分之间的联系，给定积分提供了一个有效而简便的计算方法.

下面我们举几个应用公式(5-6)来计算定积分的简单例子.

微积分基本公式

例 5-14　计算 $\int_0^1 \mathrm{e}^x\,\mathrm{d}x$.

解　由于 e^x 是 e^x 的一个原函数，故由牛顿-莱布尼茨公式有 $\int_0^1 \mathrm{e}^x\,\mathrm{d}x = \mathrm{e}^x\Big|_0^1 = \mathrm{e}-1$.

注：上一节我们曾经用定积分的定义求过此积分的值，很明显，用牛顿-莱布尼茨公式计算简便得多.

例 5-15　计算 $\int_1^2 \frac{\mathrm{d}x}{x}$.

解　$\int_1^2 \frac{\mathrm{d}x}{x} = \ln|x|\,\Big|_1^2 = \ln 2 - \ln 1 = \ln 2$.

例 5-16　计算 $\int_{-1}^{\sqrt{3}} \frac{\mathrm{d}x}{1+x^2}$.

解

$$\int_{-1}^{\sqrt{3}} \frac{\mathrm{d}x}{1+x^2} = \arctan x\Big|_{-1}^{\sqrt{3}} = \arctan\sqrt{3} - \arctan(-1)$$

$$= \frac{\pi}{3} - \left(-\frac{\pi}{4}\right) = \frac{7}{12}\pi.$$

例 5-17　求 $\int_1^2 \left(\mathrm{e}^x + \frac{1}{x}\right)\mathrm{d}x$.

解

$$\int_1^2 \left(\mathrm{e}^x + \frac{1}{x}\right)\mathrm{d}x = (\mathrm{e}^x + \ln x)\Big|_1^2 = (\mathrm{e}^2 + \ln 2) - (\mathrm{e}^1 + \ln 1)$$

$$= \mathrm{e}^2 - \mathrm{e} + \ln 2.$$

例 5-18　计算 $\int_0^1 \frac{x^2}{1+x^2}\mathrm{d}x$.

解　先采用与计算不定积分相同的思路，即加项减项，求得原函数，然后使用牛顿-莱布尼茨公式即可.

$$\int_0^1 \frac{x^2}{1+x^2}dx = \int_0^1\left(1-\frac{1}{1+x^2}\right)dx = (x-\arctan x)\Big|_0^1 = 1-\frac{\pi}{4}.$$

例 5-19　计算 $\int_{-1}^3 |2-x|dx$.

解　$\int_{-1}^3 |2-x|dx = \int_{-1}^2 (2-x)dx + \int_2^3 (x-2)dx$

$$= \left(2x-\frac{1}{2}x^2\right)\Big|_{-1}^2 + \left(\frac{1}{2}x^2-2x\right)\Big|_2^3 = 5.$$

例 5-20　设函数 $f(x)=\begin{cases}\sqrt[3]{x}, & 0\leqslant x<1\\ e^{-x}, & 1\leqslant x<3.\end{cases}$ 计算 $\int_0^3 f(x)dx$.

解　$\int_0^3 f(x)dx = \int_0^1 \sqrt[3]{x}dx + \int_1^3 e^{-x}dx = \frac{3}{4}x^{\frac{4}{3}}\Big|_0^1 + (-e^{-x})\Big|_1^3 = \frac{3}{4} + \frac{e^2-1}{e^3}$.

习题 5-2

1. 求下列导数：

(1) $\frac{d}{dx}\int_0^x \sin t^2 dt$；　(2) $\frac{d}{dx}\int \sin x^2 dx$；

(3) $\frac{d}{dx}\int_x^0 \sin t^2 dt$；　(4) $\frac{d}{dx}\int_x^{\pi} \frac{\sin t}{t}dt \quad (x>0)$；

(5) $\frac{d}{dx}\int_a^x \frac{\arcsin(1-t)}{e^t\sqrt{t+\ln t}}dt$；

(6) $\frac{d}{dx}\int_{\ln 2}^x t^5 e^{-t}dt$；

(7) $\frac{d}{dx}\int_0^{x^2} \sin t^2 dt$；　(8) $\frac{d}{dx}\int_0^{\cos x} \cos(\pi t^2)dt$；

(9) $\frac{d}{dx}\int_0^{\sin x} f(t)dt$；　(10) $\frac{d}{dx}\int_{x^2}^{x^3} e^{-t}dt$.

2. 求下列极限：

(1) $\lim\limits_{x\to 0}\frac{\int_0^x \arctan t dt}{x^2}$；　(2) $\lim\limits_{x\to 0}\frac{\left(\int_0^x e^{t^2}dt\right)^2}{\int_0^x te^{2t^2}dt}$；

(3) $\lim\limits_{x\to 0}\frac{1}{x}\int_0^x\left(\frac{\sin t}{t}-1\right)dt$.

3. 求由方程 $\int_0^y e^t dt + \int_0^x \cos t dt = 0$ 所确定的隐函数 $y=y(x)$ 的导数.

4. 计算下列定积分：

(1) $\int_1^4 \sqrt{x}dx$；　(2) $\int_{-1}^1 |x^2-x|dx$；

(3) $\int_0^1 x^2 dx$；　(4) $\int_1^2 x^4 dx$；

(5) $\int_0^1 3^x dx$；　(6) $\int_2^4 \frac{1}{x\ln 3}dx$；

(7) $\int_0^{\pi} \sin x dx$；　(8) $\int_0^1 \frac{1}{\sqrt{1-x^2}}dx$；

(9) $\int_0^1 \sqrt{x}(1+\sqrt{x})dx$；　(10) $\int_0^1 \frac{x^4}{1+x^2}dx$；

(11) $\int_0^3 \sqrt{(2-x)^2}dx$；

(12) $\int_0^{\frac{\pi}{2}} \sqrt{1-\sin 2x}dx$；

(13) 设 $f(x)=\begin{cases}x, 0\leqslant x<\frac{\pi}{2},\\ \sin x, \frac{\pi}{2}\leqslant x\leqslant\pi,\end{cases}$ 求 $\int_0^{\pi} f(x)dx$；

(14) 设函数 $f(x)=\begin{cases}x+1, x\geqslant 0,\\ e^{-x}, x<0,\end{cases}$ 计算 $\int_{-1}^2 f(x)dx$.

5. 设函数 $f(x)$ 在区间 $[a,b]$ 上连续，在 (a,b) 内可导，$f'(x)\leqslant 0$，$F(x)=\frac{1}{x-a}\int_a^x f(t)dt$. 证明：在 (a,b) 内有 $F'(x)\leqslant 0$.

5.3 定积分的换元积分法和分部积分法

5.3.1 定积分的换元积分法

由牛顿-莱布尼茨公式知道，计算定积分 $\int_a^b f(x)\mathrm{d}x$ 有效、简便的方法是把它转化为求被积函数 $f(x)$ 的原函数在区间 $[a,b]$ 上的增量，在第 4 章中，我们用换元积分法可以求出一些函数的原函数. 因此，在一定条件下，可以用换元法来计算定积分.

定理 5-6 设函数 $f(x)$ 在区间 $[a,b]$ 上连续，函数 $x=\varphi(t)$ 满足条件：

(1) 当 $t\in[\alpha,\beta]$（或 $[\beta,\alpha]$）时，$a\leqslant\varphi(t)\leqslant b$，且 $\varphi(\alpha)=a,\varphi(\beta)=b$，

(2) $\varphi(t)$ 在 $[\alpha,\beta]$（或 $[\beta,\alpha]$）上具有连续导数，则有

$$\int_a^b f(x)\mathrm{d}x = \int_\alpha^\beta f(\varphi(t))\varphi'(t)\mathrm{d}t. \tag{5-7}$$

式(5-7)叫作定积分的第二类换元公式.

证 由假设知，上式两边的被积函数都是连接的，因此不仅上式两端的定积分都存在，而且由定理 4-1 知，被积函数的原函数也都存在. 所以式(5-7)两边的定积分都可用牛顿-莱布尼茨公式计算. 假设 $F(x)$ 是 $f(x)$ 的一个原函数，则

$$\int_a^b f(x)\mathrm{d}x = F(b)-F(a),$$

又由复合函数的求导法则知 $\Phi(t)=F(\varphi(t))t\in(\alpha,\beta)$ 是 $f(\varphi(t))\varphi'(t)$ 的一个原函数，所以

$$\int_\alpha^\beta f(\varphi(t))\varphi'(t)\mathrm{d}t = F(\varphi(\beta))-F(\varphi(\alpha)) = F(b)-F(a),$$

故 $\int_a^b f(x)\mathrm{d}x = \int_\alpha^\beta f(\varphi(t))\varphi'(t)\mathrm{d}t.$

这就证明了换元公式.

定理 5-6 说明，在定积分 $\int_a^b f(x)\mathrm{d}x$ 中的 $\mathrm{d}x$，本来是整个定积分记号中不可分割的一部分，但由上述定理可知，在一定条件下，它确实可以作为微分记号来对待. 这就是说，应用换元公式时，如果把 $\int_a^b f(x)\mathrm{d}x$ 中的 x 换成 $\varphi(t)$，则 $\mathrm{d}x$ 就换成 $\varphi'(t)\mathrm{d}t$，这正好是 $x=\varphi(t)$ 的微分 $\mathrm{d}x$.

应用换元公式时有两点值得注意：(1) 用 $x=\varphi(t)$ 把原来的积分变量 x 变换成新变量 t 时，原积分限也要换成相应于新变量 t 的积分限；(2) 求出 $f(\varphi(t))\varphi'(t)$ 的原函数 $\Phi(t)$ 后，不必带回原积分变量，而只要把新变量 t 的上、下限分别代入 $\Phi(t)$ 中，然后相减即可.

注：(1) 将定理 5-6 与不定积分中定理 4-4 和定理 4-5 进行对照可知，在不定积分章节我们针对第一类换元法和第二类换元法分别给出了计算公

式和证明过程，但是在定积分章节我们只针对第二类换元法给出了计算公式. 事实上，定积分计算也可以给出类似于不定积分计算的第一类换元法公式，但是由于在第一类换元法中换元这个操作不是必须的，我们往往会"心中换元"然后得到原函数，在这个过程中就不存在换元. 因此类比到定积分中时就不存在更换积分上下限的问题，所以不需要特意给出定积分的第一类换元法计算公式.

（2）类似直接积分法，针对第一类换元法计算定积分我们可以梳理出如下两大步骤. 第一步，我们可以先采用与计算不定积分相同的思路，即对积分进行恒等变形实现凑微分，只需注意在这个变形过程中始终带着积分上下限. 第二步，在求得原函数后，使用牛顿-莱布尼茨公式，即计算自变量从下限变为上限时原函数的增量，即为原定积分的值.

下面通过例 5-21 展示第一类换元法的两种计算过程. 一种换元，一种心中换元，之后仅采用心中换元这一种解法.

例 5-21　计算 $\int_0^{\frac{\pi}{2}} \cos^5 x\sin x\mathrm{d}x$.

解　该题适用第一类换元法，$\int_0^{\frac{\pi}{2}} \cos^5 x\sin x\mathrm{d}x = -\int_0^{\frac{\pi}{2}} \cos^5 x(\cos x)'\mathrm{d}x$. 换元，设 $t = \cos x$，则当 $x = 0$ 时，$t = 1$；当 $x = \frac{\pi}{2}$ 时，$t = 0$，则

$$-\int_0^{\frac{\pi}{2}} \cos^5 x\mathrm{d}(\cos x) = -\int_1^0 t^5\mathrm{d}t = \int_0^1 t^5\mathrm{d}t = \left[\frac{t^6}{6}\right]_0^1 = \frac{1}{6}$$

在例 5-21 中，如果我们不明显地写出新变量 t，那么定积分的上下限就不要变更. 现在用这种记法写出计算过程如下：

$$\int_0^{\frac{\pi}{2}} \cos^5 x\sin x\mathrm{d}x = -\int_0^{\frac{\pi}{2}} \cos^5 x\mathrm{d}(\cos x)$$

$$= -\frac{1}{6}\cos^6 x\Big|_0^{\frac{\pi}{2}} = -\frac{1}{6}\cos^6\frac{\pi}{2} + \frac{1}{6}\cos^6 0 = \frac{1}{6}.$$

注：当使用第一类换元法求解定积分时，可以在心中换元，此时则不需显示引入中间变量，从而不需要变换积分限.

例 5-22　计算 $\int_0^{\sqrt{a}} x\mathrm{e}^{x^2}\mathrm{d}x$.

解　使用凑微分法，心中换元，不需变换上下限.

$$\int_0^{\sqrt{a}} x\mathrm{e}^{x^2}\mathrm{d}x = \frac{1}{2}\int_0^{\sqrt{a}} \mathrm{e}^{x^2}\mathrm{d}(x^2) = \frac{1}{2}\mathrm{e}^{x^2}\Big|_0^{\sqrt{a}} = \frac{1}{2}(\mathrm{e}^a - 1).$$

例 5-23　计算 $\int_1^{\mathrm{e}} \frac{\ln x}{x}\mathrm{d}x$.

解　使用凑微分法，心中换元，不需变换上下限.

$$\int_1^{\mathrm{e}} \frac{\ln x}{x}\mathrm{d}x = \int_1^{\mathrm{e}} \ln x\mathrm{d}(\ln x) = \frac{1}{2}\ln x^2\Big|_1^{\mathrm{e}} = \frac{1}{2} - 0 = \frac{1}{2}.$$

例 5-24　计算 $\int_0^4 \frac{\mathrm{d}x}{1+\sqrt{x}}$.

解　设 $\sqrt{x}=t$，则 $x=t^2$，$\mathrm{d}x=2t\mathrm{d}t$，则当 $x=0$ 时，$t=0$；当 $x=4$ 时，$t=2$，则 $\int_0^4 \frac{\mathrm{d}x}{1+\sqrt{x}} = \int_0^2 \frac{2t}{1+t}\mathrm{d}t = 2\int_0^2\left(1-\frac{1}{1+t}\right)\mathrm{d}t = 2(t-\ln(1+t))\Big|_0^2 = 2(2-\ln3)$.

使用第二类换元法求解定积分主要是用来求解带根式的问题，具体来说，有如下三种场景：

（1）含一个 $\sqrt[n]{ax+b}$ 时，令 $\sqrt[n]{ax+b}=t$；

（2）含多个 $\sqrt[n]{ax+b}$ 时，取各根指数的最小公倍数 n，令 $\sqrt[n]{ax+b}=t$.

（3）含 $\sqrt{a^2-x^2}$ 时，做三角代换 $x=a\sin t$ 或 $x=a\cos t$；含 $\sqrt{a^2+x^2}$ 时，做三角代换 $x=a\tan t$；含 $\sqrt{x^2-a^2}$ 时，做三角代换 $x=a\sec t$.

例 5-25　计算 $\int_1^5 \frac{\sqrt{u-1}}{u}\mathrm{d}u$.

解　设 $\sqrt{u-1}=t$，则 $u=t^2+1$，$\mathrm{d}u=2t\mathrm{d}t$，当 $u=1$ 时，$t=0$；当 $u=5$ 时，$t=2$，则

$$\int_1^5 \frac{\sqrt{u-1}}{u}\mathrm{d}u = \int_0^2 \frac{t\cdot 2t}{t^2+1}\mathrm{d}t = 2\int_0^2\left(1-\frac{1}{1+t^2}\right)\mathrm{d}t$$

$$= 2(t-\arctan t)\Big|_0^2 = 4-2\arctan2.$$

例 5-26　计算 $\int_0^2 \frac{\mathrm{d}x}{\sqrt{x+1}+\sqrt{(x+1)^3}}$.

解　设 $\sqrt{x+1}=t$，则 $x=t^2-1$，$\mathrm{d}x=2t\mathrm{d}t$，当 $x=0$ 时，$t=1$；当 $x=2$ 时，$t=\sqrt{3}$，

$$\int_0^2 \frac{\mathrm{d}x}{\sqrt{x+1}+\sqrt{(x+1)^3}} = \int_1^{\sqrt{3}} \frac{2t}{t+t^3}\mathrm{d}t = 2\int_1^{\sqrt{3}} \frac{1}{1+t^2}\mathrm{d}t = 2\arctan t\Big|_1^{\sqrt{3}} = \frac{\pi}{6}.$$

例 5-27　计算 $\int_0^a \sqrt{a^2-x^2}\mathrm{d}x \quad (a>0)$.

解　设 $x=\sin t$，则 $\mathrm{d}x=a\cos t\mathrm{d}t$，且当 $x=0$ 时，$t=0$；当 $x=a$ 时，$t=\frac{\pi}{2}$（见图 5-11）.

于是 $\int_0^a \sqrt{a^2-x^2}\mathrm{d}x = a^2\int_0^{\frac{\pi}{2}}\cos^2 t\mathrm{d}t$

$$= \frac{a^2}{2}\int_0^{\frac{\pi}{2}}(1+\cos2t)\mathrm{d}t$$

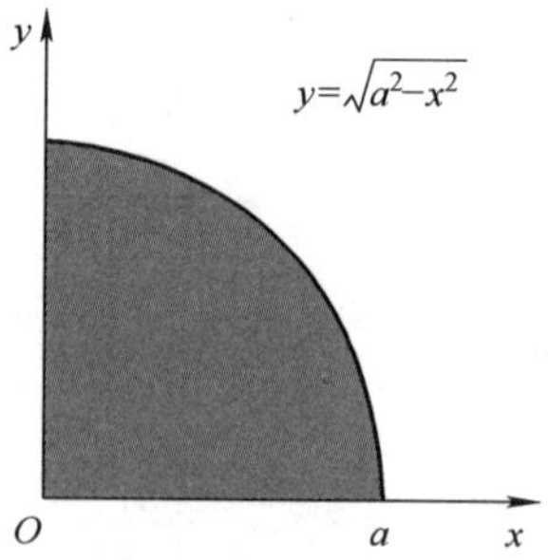

图　5-11

$$= \frac{a^2}{2}\left[t + \frac{1}{2}\sin 2t\right]_0^{\frac{\pi}{2}} = \frac{\pi a^2}{4}.$$

例 5-28 设函数$f(x)$在区间$[-a,a]$上连续，证明：

(1) $\int_{-a}^{a} f(x)\mathrm{d}x = \int_0^a [f(-x) + f(x)]\mathrm{d}x$;

(2) 当$f(x)$为奇函数时，$\int_{-a}^{a} f(x)\mathrm{d}x = 0$;

(3) 当$f(x)$为偶函数时，$\int_{-a}^{a} f(x)\mathrm{d}x = 2\int_0^a f(x)\mathrm{d}x$.

证 (1) 由于

$$\int_{-a}^{a} f(x)\mathrm{d}x = \int_{-a}^{0} f(x)\mathrm{d}x + \int_0^a f(x)\mathrm{d}x,$$

在$\int_{-a}^{0} f(x)\mathrm{d}x$中，设$x=-t$，则

$$\int_{-a}^{0} f(x)\mathrm{d}x = -\int_a^0 f(-t)\mathrm{d}t = \int_0^a f(-x)\mathrm{d}x.$$

故

$$\int_{-a}^{a} f(x)\mathrm{d}x = \int_0^a f(-x)\mathrm{d}x + \int_0^a f(x)\mathrm{d}x = \int_0^a [f(-x) + f(x)]\mathrm{d}x.$$

(2) 当$f(x)$是奇函数时，$f(-x)+f(x)=0$，因此

$$\int_{-a}^{a} f(x)\mathrm{d}x = 0.$$

(3) 当$f(x)$是偶函数时，$f(-x)+f(x)=2f(x)$，因此

$$\int_{-a}^{a} f(x)\mathrm{d}x = 2\int_0^a f(x)\mathrm{d}x.$$

利用上例的结论，常可简化在对称区间上的定积分的计算.

例 5-29 求下列定积分$\int_{-2}^{2}\left(x^3\cos\frac{x}{2} + \frac{1}{2}\right)\sqrt{4-x^2}\mathrm{d}x$

$$\int_{-2}^{2}\left(x^3\cos\frac{x}{2} + \frac{1}{2}\right)\sqrt{4-x^2}\mathrm{d}x = \int_{-2}^{2} x^3\cos\frac{x}{2}\sqrt{4-x^2}\mathrm{d}x + \int_{-2}^{2}\frac{1}{2}\sqrt{4-x^2}\mathrm{d}x$$

$$= 0 + \int_0^2 \sqrt{4-x^2}\mathrm{d}x = \pi.$$

例 5-30 计算$\int_{-1}^{1}(x^2+3x-3)\mathrm{d}x$.

解 在对称区间$[-1,1]$上，x^2-3为偶函数，$3x$为奇函数

$$\int_{-1}^{1}(x^2+3x-3)\mathrm{d}x = \int_{-1}^{1}(x^2-3)\mathrm{d}x + \int_{-1}^{1}3x\mathrm{d}x$$

$$= 2\int_0^1 (x^2-3)\mathrm{d}x = 2\left(\frac{x^3}{3} - 3x\right)\Big|_0^1 = -\frac{16}{3}.$$

例 5-31 计算$\int_{-1}^{1}\left(x^3\cos x + x\sin^2 x + \frac{1}{2}\right)\mathrm{d}x$.

解　$\int_{-1}^{1}\left(x^3\cos x + x\sin^2 x + \frac{1}{2}\right)dx$

$= \int_{-1}^{1} x^3\cos x dx + \int_{-1}^{1} x\sin^2 x dx + \int_{-1}^{1}\frac{1}{2}dx = 2\cdot\frac{1}{2}\int_0^1 dx = x\Big|_0^1 = 1.$

5.3.2　定积分的分部积分法

利用不定积分的分部积分公式及牛顿-莱布尼茨公式，即可得出定积分的分部积分公式.

设函数 $u=u(x)$，$v=v(x)$ 在区间 $[a,b]$ 上具有连续导数，按不定积分的分部积分法，有

$$\int u(x)d(v(x)) = u(x)\cdot v(x) - \int v(x)d(u(x)).$$

从而得

$$\int_a^b u(x)d(v(x)) = [u(x)\cdot v(x)]_a^b - \int_a^b v(x)d(u(x)). \tag{5-8}$$

这就是定积分的分部积分公式.

例 5-32　计算 $\int_0^{\frac{\pi}{2}} x\sin x dx$.

解　$\int_0^{\frac{\pi}{2}} x\sin x dx = \int_0^{\frac{\pi}{2}} xd(-\cos x) = -x\cos x\Big|_0^{\frac{\pi}{2}} - \int_0^{\frac{\pi}{2}} -\cos x dx$

$= 0 + \sin x\Big|_0^{\frac{\pi}{2}} = 1.$

例 5-33　计算 $\int_0^1 xe^{-x}dx$.

解　$\int_0^1 xe^{-x}dx = \int_0^1 xd(-e^{-x}) = -xe^{-x}\Big|_0^1 - \int_0^1 -e^{-x}dx = -e^{-1} - e^{-x}\Big|_0^1$

$= 1 - 2e^{-1}.$

例 5-34　计算 $\int_1^4 \frac{\ln x}{\sqrt{x}}dx$.

解　$\int_1^4 \frac{\ln x}{\sqrt{x}}dx = \int_1^4 \ln x d(2\sqrt{x}) = (2\sqrt{x}\ln x)\Big|_1^4 - \int_1^4 2\sqrt{x}d(\ln x)$

$= 4\ln 4 - \int_1^4 2\frac{\sqrt{x}}{x}dx = 4\ln 4 - 2\int_1^4 \frac{1}{\sqrt{x}}dx = 4\ln 4 - 4\sqrt{x}\Big|_1^4$

$= 4(2\ln 2 - 1).$

例 5-35　计算 $\int_0^1 x^2e^x dx$.

解　$\int_0^1 x^2e^x dx = \int_0^1 x^2 d(e^x) = x^2e^x\Big|_0^1 - \int_0^1 2xe^x dx = e - 2\int_0^1 xe^x dx$

因为 $\int_0^1 xe^x dx = xe^x\Big|_0^1 - \int_0^1 e^x dx = e - e^x\Big|_0^1 = 1$

所以 $\int_0^1 x^2 e^x dx = e - 2$.

例 5-36 计算 $\int_1^2 \ln x dx$.

解 $\int_1^2 \ln x dx = x\ln x \Big|_1^2 - \int_1^2 x d\ln x = 2\ln 2 - \int_1^2 x \dfrac{1}{x} dx = 2\ln 2 - 1$.

例 5-37 计算 $\int_0^{\frac{1}{2}} \arcsin x dx$.

解
$$\int_0^{\frac{1}{2}} \arcsin x dx = x\arcsin x \Big|_0^{\frac{1}{2}} - \int_0^{\frac{1}{2}} \frac{x}{\sqrt{1-x^2}} dx$$
$$= \frac{1}{2} \cdot \frac{\pi}{6} + \frac{1}{2}\int_0^{\frac{1}{2}} (1-x^2)^{-\frac{1}{2}} d(1-x^2)$$
$$= \frac{\pi}{12} + \sqrt{1-x^2}\Big|_0^{\frac{1}{2}} = \frac{\pi}{12} + \frac{\sqrt{3}}{2} - 1.$$

例 5-38 计算 $\int_0^1 e^{\sqrt[3]{x}} dx$.

解 先用换元法. 令 $\sqrt[3]{x} = t$，则 $x = t^3$，$dx = 3t^2 dt$，当 $x = 0$ 时，$t = 0$；当 $x = 1$ 时，$t = 1$，于是
$$\int_0^1 e^{\sqrt[3]{x}} dx = 3\int_0^1 t^2 e^t dt.$$
根据例 5-35 的结果可得 $\int_0^1 e^{\sqrt[3]{x}} dx = 3\int_0^1 t^2 e^t dt = 3e - 6$.

例 5-39 计算 $I_n = \int_0^{\frac{\pi}{2}} \sin^n x dx$（$n$ 为正整数）.

解
$$I_n = \int_0^{\frac{\pi}{2}} \sin^n x dx = -\int_0^{\frac{\pi}{2}} \sin^{n-1} x d\cos x$$
$$= (-\sin^{n-1} x\cos x)\Big|_0^{\frac{\pi}{2}} + \int_0^{\frac{\pi}{2}} \cos x \cdot (n-1)\sin^{n-2} x\cos x dx$$
$$= (n-1)\int_0^{\frac{\pi}{2}} \sin^{n-2} x \cdot (1-\sin^2 x) dx$$
$$= (n-1)I_{n-2} - (n-1)I_n,$$
由此得到递推公式
$$I_n = \frac{n-1}{n} I_{n-2}.$$

而
$$I_0 = \int_0^{\frac{\pi}{2}} dx = \frac{\pi}{2},\ I_1 = \int_0^{\frac{\pi}{2}} \sin x dx = 1,$$
故当 n 为偶数时
$$I_n = \frac{n-1}{n} \cdot \frac{n-3}{n-2} \cdots \frac{3}{4} \cdot \frac{1}{2} \cdot \frac{\pi}{2},$$

当 n 为大于 1 的正奇数时

$$I_n=\frac{n-1}{n}\cdot\frac{n-3}{n-2}\cdots\frac{4}{5}\cdot\frac{2}{3}.$$

同理可得，知 $\int_0^{\frac{\pi}{2}}\cos^n x\mathrm{d}x$ 与 $\int_0^{\frac{\pi}{2}}\sin^n x\mathrm{d}x$ 有相同的结果. 例如

$$\int_0^{\frac{\pi}{2}}\sin^4 x\mathrm{d}x=\frac{3}{4}\cdot\frac{1}{2}\cdot\frac{\pi}{2}=\frac{3\pi}{16};$$

$$\int_0^{\frac{\pi}{2}}\cos^7 x\mathrm{d}x=\frac{6}{7}\cdot\frac{4}{5}\cdot\frac{2}{3}=\frac{16}{35}.$$

习题 5-3

1. 用第一类换元法计算下列定积分.

(1) $\int_{-1+\mathrm{e}}^{2}\frac{1}{1+x}\mathrm{d}x$；　(2) $\int_{-1}^{0}\frac{x}{\sqrt{4-x^2}}\mathrm{d}x$；

(3) $\int_1^2\frac{\mathrm{e}^{\frac{1}{x}}}{x^2}\mathrm{d}x$；　(4) $\int_0^1\frac{x}{x^2+1}\mathrm{d}x$；

(5) $\int_0^1 t\mathrm{e}^{-\frac{t^2}{2}}\mathrm{d}t$；　(6) $\int_{\frac{\pi}{3}}^{\pi}\sin\left(x+\frac{\pi}{3}\right)\mathrm{d}x$；

(7) $\int_{-2}^{1}\frac{\mathrm{d}x}{(11+5x)^3}$；　(8) $\int_0^2\left(1+x\mathrm{e}^{\frac{x^2}{4}}\right)\mathrm{d}x$；

(9) $\int_{-1}^{1}\frac{1}{\sqrt{5-4x}}\mathrm{d}x$；　(10) $\int_0^{\frac{\pi}{2}}\sin\varphi\cos^3\varphi\mathrm{d}\varphi$；

(11) $\int_0^{\frac{\pi}{2}}(1-\cos x)\sin^2 x\mathrm{d}x$；

(12) $\int_0^{\frac{\pi}{4}}\tan^2\theta\mathrm{d}\theta$；

(13) $\int_0^{\pi}(1-\sin^3\theta)\mathrm{d}\theta$；

(14) $\int_{\frac{1}{2}}^{1}\frac{\sin\sqrt{x}}{\sqrt{x}}\mathrm{d}x$；

(15) $\int_{\frac{\pi}{6}}^{\frac{\pi}{2}}\cos^2 u\mathrm{d}u$；　(16) $\int_1^{\mathrm{e}^2}\frac{\mathrm{d}x}{x\sqrt{1+\ln x}}$；

(17) $\int_{\ln 2}^{\ln 3}\frac{\mathrm{d}x}{\mathrm{e}^x-\mathrm{e}^{-x}}$；　(18) $\int_2^3\frac{\mathrm{d}x}{x^2+x-2}$.

2. 用第二类换元法计算定积分.

(1) $\int_0^8\frac{\mathrm{d}x}{1+\sqrt[3]{x}}$；　(2) $\int_0^4\frac{x+2}{\sqrt{2x+1}}\mathrm{d}x$；

(3) $\int_{-1}^{1}\frac{x}{\sqrt{5-4x}}\mathrm{d}x$；　(4) $\int_0^1\sqrt{4-x^2}\mathrm{d}x$；

(5) $\int_1^{\sqrt{3}}\frac{\mathrm{d}x}{x^2\sqrt{1+x^2}}$；　(6) $\int_0^{\sqrt{2}}\sqrt{2-x^2}\mathrm{d}x$.

3. 用分部积分法计算下列定积分.

(1) $\int_0^{\frac{\pi}{2}}x\cos x\mathrm{d}x$；　(2) $\int_1^{\mathrm{e}}x\ln x\mathrm{d}x$；

(3) $\int_0^1 x\mathrm{e}^x\mathrm{d}x$；　(4) $\int_0^{\frac{\pi}{2}}x^2\sin x\mathrm{d}x$；

(5) $\int_0^1\arcsin x\mathrm{d}x$；　(6) $\int_1^5\ln x\mathrm{d}x$；

(7) $\int_1^2 x^3\ln x\mathrm{d}x$；　(8) $\int_0^{\frac{\pi}{2}}\mathrm{e}^{2x}\cos x\mathrm{d}x$；

(9) $\int_{\frac{\pi}{4}}^{\frac{\pi}{3}}\frac{x}{\sin^2 x}\mathrm{d}x$；　(10) $\int_0^{\pi}(x\sin x)^2\mathrm{d}x$；

(11) $\int_0^1(\arcsin x)^2\mathrm{d}x$；(12) $\int_0^{\frac{\pi}{4}}\frac{x\mathrm{d}x}{1+\cos 2x}$；

(13) $\int_0^4\cos(\sqrt{x}-1)\mathrm{d}x$；(14) $\int_1^{\mathrm{e}}\sin(\ln x)\mathrm{d}x$.

4. 利用被积函数的奇偶性计算下列积分.

(1) $\int_{-1}^{1}(|x|+\sin x)x^2\mathrm{d}x$；

(2) $\int_{-a}^{a}\frac{\sin x}{1+x^2}\mathrm{d}x$；

(3) $\int_{-\pi}^{\pi}x^4\sin x\mathrm{d}x$；　(4) $\int_{-1}^{1}\frac{2+\sin x}{1+x^2}\mathrm{d}x$；

(5) $\int_{-1}^{1}\ln(x+\sqrt{1+x^2})\mathrm{d}x$；

(6) $\int_{-2}^{2}(x+\sqrt{4-x^2})\mathrm{d}x$；

(7) $\int_{-\frac{\pi}{2}}^{\frac{\pi}{2}}4\cos^4\theta\mathrm{d}\theta$.

5. 证明：$\int_0^1 x^m(1-x)^n\mathrm{d}x=\int_0^1 x^n(1-x)^m\mathrm{d}x$；

6. 设 $f''(x)$ 在 $[0,1]$ 上连续，且 $f(0)=1$，$f(2)=3$，$f'(2)=5$，求 $\int_0^1 xf''(2x)\mathrm{d}x$.

7. 已知 $\int_x^{2\ln 2}\frac{\mathrm{d}t}{\sqrt{\mathrm{e}^t-1}}=\frac{\pi}{6}$，求 x.

8. 已知 $f(x)$ 满足方程 $f(x)=3x-\sqrt{1-x^2}\int_0^1 f^2(x)\mathrm{d}x$，求 $f(x)$.

5.4 反常积分

5.4.1 无穷限的反常积分

引例　求由曲线 $y=e^{-x}$、y 轴及 x 轴所围成的开口曲边梯形的面积.

解　如图 5-12 所示，所求面积为开口曲边梯形，为求其面积，任取 $b\in[0,+\infty)$，在有限区间 $[0,b]$ 上，以曲线 $y=e^{-x}$ 为曲边的曲边梯形面积为 $\int_0^b e^{-x}dx=-e^{-x}\Big|_0^b=1-\frac{1}{e^b}$. 当 $b\to+\infty$ 时，

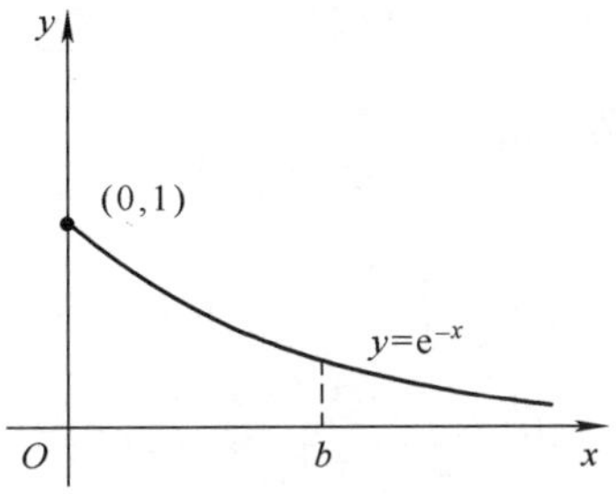

图　5-12

阴影部分曲边梯形面积的极限就是开口曲边梯形面积，即

$$A=\lim_{b\to+\infty}\int_0^b e^{-x}dx=\lim_{b\to+\infty}\left(1-\frac{1}{e^b}\right)=1.$$

定义 5-3　设函数 $f(x)$ 在区间 $(-\infty,b]$ 上连续，取 $a<b$，如果极限 $\lim_{a\to-\infty}\int_a^b f(x)dx$ 存在，则称此极限为函数 $f(x)$ 在无穷区间 $(-\infty,b]$ 上的反常积分，记作 $\int_{-\infty}^b f(x)dx$，即 $\int_{-\infty}^b f(x)dx=\lim_{a\to-\infty}\int_a^b f(x)dx$. 设 $f(x)$ 原函数为 $F(x)$，则原式等于 $\lim_{a\to-\infty}f(x)\Big|_a^b$，记为 $F(x)\Big|_{-\infty}^b$. 从而，有 $\int_{-\infty}^b f(x)dx=F(x)\Big|_{-\infty}^b$.

这时也称反常积分 $\int_{-\infty}^b f(x)dx$ 收敛. 如果这个极限不存在，则称反常积分 $\int_{-\infty}^b f(x)dx$ 发散.

注：当反常积分 $\int_{-\infty}^b f(x)dx$ 收敛时，$\int_{-\infty}^b f(x)dx$ 表示一个数，而当反常积分 $\int_{-\infty}^b f(x)dx$ 发散时，$\int_{-\infty}^b f(x)dx$ 仅是一个符号.

同样可以定义区间 $[a,+\infty)$ 上的反常积分. 设函数 $f(x)$ 在区间 $[a,+\infty)$ 上连续，取 $b>a$，如果极限 $\lim_{b\to+\infty}\int_a^b f(x)dx$ 存在，则称此极限为函数 $f(x)$ 在无穷区间 $[a,+\infty)$ 上的反常积分，记作 $\int_a^{+\infty}f(x)dx$，即 $\int_a^{+\infty}f(x)dx=\lim_{b\to+\infty}\int_a^b f(x)dx$. 类似有 $\int_a^{+\infty}f(x)dx=F(x)\Big|_a^{+\infty}$.

注：计算无穷积分的实质是计算定积分和极限．以 $\int_{-\infty}^{b} f(x)\mathrm{d}x$ 为例，具体计算时，$\int_{-\infty}^{b} f(x)\mathrm{d}x = \lim\limits_{a\to-\infty}\int_{a}^{b} f(x)\mathrm{d}x = \lim\limits_{a\to-\infty}\left[F(x)\Big|_{a}^{b}\right] = F(b) - \lim\limits_{a\to-\infty}F(a) = F(x)\Big|_{-\infty}^{b}$，步骤为 1. 求原函数；2. 增量差；3. 求增量差中遇见无穷则取极限.

例 5-40 分别计算 $\int_{0}^{+\infty}\frac{1}{1+x^2}\mathrm{d}x$，$\int_{-\infty}^{0}\frac{1}{1+x^2}\mathrm{d}x$.

解 $\int_{0}^{+\infty}\frac{1}{1+x^2}\mathrm{d}x = \arctan x\Big|_{0}^{+\infty} = \lim\limits_{x\to+\infty}\arctan x - 0 = \frac{\pi}{2} - 0 = \frac{\pi}{2}$；

$\int_{-\infty}^{0}\frac{1}{1+x^2}\mathrm{d}x = \arctan x\Big|_{-\infty}^{0} = 0 - \lim\limits_{x\to-\infty}\arctan x = \frac{\pi}{2}$.

同样可以定义区间 $(-\infty,+\infty)$ 上的反常积分.

定义 5-4 设函数 $f(x)$ 在区间 $(-\infty,+\infty)$ 上连续，则称上述两反常积分之和为函数 $f(x)$ 在无穷区间 $(-\infty,+\infty)$ 内的反常积分，记作 $\int_{-\infty}^{+\infty}f(x)\mathrm{d}x$，即 $\int_{-\infty}^{+\infty}f(x)\mathrm{d}x = \int_{-\infty}^{c}f(x)\mathrm{d}x + \int_{c}^{+\infty}f(x)\mathrm{d}x$.

积分 $\int_{-\infty}^{+\infty}f(x)\mathrm{d}x$ 收敛的充要条件是 $\int_{-\infty}^{c}f(x)\mathrm{d}x$ 与 $\int_{c}^{+\infty}f(x)\mathrm{d}x$ 都收敛.

例 5-41 反常积分 $\int_{-\infty}^{+\infty}\cos x\mathrm{d}x$ 的敛散性.

解 $\int_{-\infty}^{+\infty}\cos x\mathrm{d}x = \int_{-\infty}^{0}\cos x\mathrm{d}x + \int_{0}^{+\infty}\cos x\mathrm{d}x$.

由于 $\int_{-\infty}^{0}\cos x\mathrm{d}x = [\sin x]\big|_{-\infty}^{0}$，因为极限 $\lim\limits_{x\to-\infty}\sin x$ 不存在，故反常积分 $\int_{-\infty}^{0}\cos x\mathrm{d}x$ 发散，从而反常积分 $\int_{-\infty}^{+\infty}\cos x\mathrm{d}x$ 也发散.

例 5-42 讨论反常积分 $\int_{1}^{+\infty}\frac{\mathrm{d}x}{x^p}$ 的敛散性.

解 当 $p=1$ 时，$\int_{1}^{+\infty}\frac{\mathrm{d}x}{x} = \ln x\Big|_{1}^{+\infty} = +\infty$，故反常积分发散当 $p\neq1$ 时，$\int_{1}^{+\infty}\frac{\mathrm{d}x}{x^p} = \frac{x^{1-p}}{1-p}\Big|_{1}^{+\infty} = \begin{cases}+\infty, & p<1,\\ \frac{1}{p-1}, & p>1.\end{cases}$ 因此反常积分 $\int_{1}^{+\infty}\frac{\mathrm{d}x}{x^p}$ 当 $p\leqslant1$ 时发散，当 $p>1$ 时收敛. 这是一个非常重要的反常积分，应记住它的结果.

5.4.2 无界函数的反常积分

引例 求曲线 $y=\frac{1}{\sqrt{x}}$、直线 $x=1$、x 轴及 y 轴所围成的开曲边梯形的

面积.

解　如图 5-13 所示，由于这个图形不是封闭的曲边梯形，而在 y 轴的正方向是开口的，将其面积记作 $A=\int_0^1 \frac{\mathrm{d}x}{\sqrt{x}}$.

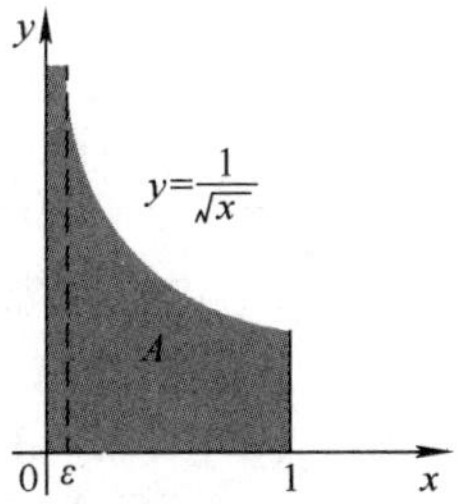

图　5-13

可理解为 $A=\lim\limits_{\varepsilon \to 0^+}\int_\varepsilon^1 \frac{\mathrm{d}x}{\sqrt{x}}=\lim\limits_{\varepsilon \to 0^+} 2\sqrt{x}\Big|_\varepsilon^1=\lim\limits_{\varepsilon \to 0^+} 2(1-\sqrt{\varepsilon})=2$.

如果函数 $f(x)$ 在点 a 的任一邻域内都无界，那么点 a 称为 $f(x)$ 的瑕点. 无界函数的反常积分又称为瑕积分.

定义 5-5　设函数 $f(x)$ 在 $(a,b]$ 上连续，点 a 为函数 $f(x)$ 的瑕点，任取 $\varepsilon>0$，如果极限 $\lim\limits_{\varepsilon \to 0^+}\int_{a+\varepsilon}^b f(x)\mathrm{d}x$ 存在，则称此极限为无界函数 $f(x)$ 在 $(a,b]$ 上的反常积分，又称为瑕积分，仍记作 $\int_a^b f(x)\mathrm{d}x$，即 $\int_a^b f(x)\mathrm{d}x=\lim\limits_{\varepsilon \to 0^+}\int_{a+\varepsilon}^b f(x)\mathrm{d}x$，

如果极限 $\lim\limits_{\varepsilon \to 0^+}\int_{a+\varepsilon}^b f(x)\mathrm{d}x$ 存在，则称反常积分 $\int_a^b f(x)\mathrm{d}x$ 收敛.

如果极限 $\lim\limits_{\varepsilon \to 0^+}\int_{a+\varepsilon}^b f(x)\mathrm{d}x$ 不存在，则称反常积分 $\int_a^b f(x)\mathrm{d}x$ 发散.

类似地，可定义若 b 为 $f(x)$ 在 $[a,b)$ 上的瑕点，则 $\int_a^b f(x)\mathrm{d}x=\lim\limits_{\varepsilon \to 0^+}\int_a^{b-\varepsilon} f(x)\mathrm{d}x$. 类似地，如果 c 为 $f(x)$ 在 $[a,b)$ 上的瑕点，可定义

$$\int_a^b f(x)\mathrm{d}x=\int_a^c f(x)\mathrm{d}x+\int_c^b f(x)\mathrm{d}x=\lim_{\varepsilon_1 \to 0^+}\int_a^{c-\varepsilon_1} f(x)\mathrm{d}x+\lim_{\varepsilon_2 \to 0^+}\int_{c+\varepsilon_2}^b f(x)\mathrm{d}x.$$

此时该瑕积分 $\int_a^b f(x)\mathrm{d}x$ 收敛的充要条件是 $\int_a^c f(x)\mathrm{d}x$ 和 $\int_c^b f(x)\mathrm{d}x$ 同时收敛.

注：计算瑕积分的实质是计算定积分和极限. 具体地，$\int_a^b f(x)\mathrm{d}x=\lim\limits_{\varepsilon \to 0^+}\int_{a+\varepsilon}^b f(x)\mathrm{d}x=\lim\limits_{\varepsilon \to 0^+}\left[F(x)\Big|_{a+\varepsilon}^b\right]=F(b)-\lim\limits_{x \to a^+}F(x)$，步骤为 1. 求原函数；2. 增量差；3. 求增量中遇见瑕点取极限.

例 5-43　计算反常积分 $\int_0^1 \ln x\mathrm{d}x$.

解　$\int_0^1 \ln x\mathrm{d}x=x\ln x\Big|_0^1-\int_0^1 \mathrm{d}x=(x\ln x-x)\Big|_0^1=-1$，其中

$$\lim_{x\to0^+}x\ln x=\lim_{x\to0^+}\frac{\ln x}{\frac{1}{x}}=\lim_{x\to0^+}\frac{\frac{1}{x}}{-\frac{1}{x^2}}=\lim_{x\to0^+}(-x)=0.$$

例 5-44 讨论反常积分 $\int_{-1}^{1}\frac{1}{x^2}dx$ 的敛散性.

解 由于 $\int_{-1}^{0}\frac{1}{x^2}dx=-\frac{1}{x}\Big|_{-1}^{0}\left(或\int_{0}^{1}\frac{1}{x^2}dx=-\frac{1}{x}\Big|_{0}^{1}\right)$发散，则 $\int_{-1}^{1}\frac{1}{x^2}dx$ 发散.

注： 如果忽视瑕点 $x=0$，则会出现错误结果 $\int_{-1}^{1}\frac{1}{x^2}dx=-\frac{1}{x}\Big|_{-1}^{1}=-1-1=-2$.

例 5-45 计算反常积分 $\int_{0}^{+\infty}\frac{1}{\sqrt{x}}e^{-\sqrt{x}}dx$.

解 这个反常积分既是无穷限的，又有瑕点，故需要分开讨论.

$$\int_{0}^{+\infty}\frac{1}{\sqrt{x}}e^{-\sqrt{x}}dx=\int_{0}^{1}\frac{1}{\sqrt{x}}e^{-\sqrt{x}}dx+\int_{1}^{+\infty}\frac{1}{\sqrt{x}}e^{-\sqrt{x}}dx=-2e^{-\sqrt{x}}\Big|_{0}^{1}+\left(-2e^{-\sqrt{x}}\Big|_{1}^{+\infty}\right)=2$$

习题 5-4

1. 判断下列反常积分的敛散性，若收敛，则求其值：

(1) $\int_{1}^{+\infty}\frac{dx}{x^4}$；　(2) $\int_{1}^{+\infty}\frac{dx}{\sqrt{x}}$；

(3) $\int_{0}^{+\infty}e^{-x}dx$；　(4) $\int_{0}^{+\infty}\sin x dx$；

(5) $\int_{-\infty}^{+\infty}\frac{dx}{x^2+2x+2}$；　(6) $\int_{-\infty}^{+\infty}\frac{dx}{1+x^2}$；

(7) $\int_{1}^{2}\frac{xdx}{\sqrt{x-1}}$；　(8) $\int_{0}^{1}x\ln x dx$；

(9) $\int_{0}^{1}\frac{dx}{\sqrt{1-x^2}}$；　(10) $\int_{1}^{e}\frac{dx}{x\sqrt{1-\ln^2 x}}$；

(11) $\int_{0}^{2}\frac{dx}{(1-x)^3}$；　(12) $\int_{-1}^{1}\frac{dx}{\sqrt{1-x^2}}$；

(13) $\int_{0}^{2}\frac{dx}{x^2-4x+3}$；　(14) $\int_{\frac{2}{\pi}}^{+\infty}\frac{1}{x^2}\sin\frac{1}{x}dx$；

(15) $\int_{0}^{a}\frac{dx}{\sqrt{a^2-x^2}}$ （a 为正常数）；

(16) $\int_{0}^{1}\frac{dx}{\sqrt{x(1-x)}}$.

2*. 当 k 为何值时，反常积分 $\int_{2}^{+\infty}\frac{dx}{x(\ln x)^k}$ 收敛？当 k 为何值时，此反常积分发散？

3*. 利用递推公式计算反常积分 $I_n=\int_{0}^{+\infty}x^n e^{-x}dx$.

5.5 定积分的应用

定积分的应用十分广泛，本节中，我们将运用前面学过的定积分理论来分析和解决一些实际问题. 包括定积分在几何中的应用和在经济学中的应用. 更重要的是介绍**微元法**.

5.5.1 微元法

由定积分定义可知，若 $f(x)$ 在 $[a,b]$ 上可积，则对于 $[a,b]$ 的任一划分

$a = x_0 < x_1 < x_2 < \cdots < x_{n-1} < x_n = b$ 及 $[x_{i-1}, x_i]$ 上任一点 ξ_i，有

$$\int_a^b f(x)\,\mathrm{d}x = \lim_{\lambda \to 0} \sum_{i=1}^{n} f(\xi_i)\Delta x_i,$$

这里 $\Delta x_i = x_i - x_{i-1}\quad(i = 1, 2, \cdots, n)$，$\lambda = \max\limits_{1 \leqslant i \leqslant n}\{\Delta x_i\}$，上式表明定积分的本质就是一个特定和式的极限. 基于此，我们可以将一些实际问题中有关量的计算问题归结为定积分的计算. 例如，前面介绍过的曲边梯形面积的计算问题正是如此，其归结过程概括地说就是“分割作近似，求和取极限”，也就是将整体化成局部之和，利用整体上变化的量局部近似不变这一辩证关系，局部以“不变”代表“变”，这就是我们利用定积分解决实际问题的基本思想.

根据定积分的定义，如果某一实际问题中所求的量 Q 符合下列条件：

(1) 所求量 Q(例如面积)与自变量 x 的变化区间有关；

(2) 所求量 Q 对于区间 $[a,b]$ 具有可加性，即如果把区间 $[a,b]$ 任意分成 n 个部分区间 $[x_{i-1}, x_i]\quad(i = 1, 2, \cdots, n)$，则 Q 相应地分成 n 个部分量 ΔQ_i，而 $Q = \sum\limits_{i=1}^{n} \Delta Q_i$.

(3) 部分量 ΔQ_i 可近似表示为 $f(\xi_i)\Delta x_i\quad(\xi_i \in [x_{i-1}, x_i])$，且 $\Delta Q_i - f(\xi_i)\Delta x_i = o(\Delta x_i)$.

那么，所求量 Q 就可以表示为定积分

$$Q = \lim_{\lambda \to 0} \sum_{i=1}^{n} f(\xi_i)\Delta x_i = \int_a^b f(x)\,\mathrm{d}x,$$

其中 $\Delta x_i = x_i - x_{i-1}\quad(i = 1, 2, \cdots, n)$，$\lambda = \max\limits_{1 \leqslant i \leqslant n}\{\Delta x_i\}$.

一般地，如果所求量 Q 与变量 x 的变化区间有关，且对区间 $[a,b]$ 具有可加性，在 $[a,b]$ 上任取一个小区间 $[x, x+\mathrm{d}x]$，然后求出 Q 在这个小区间的部分量 ΔQ 的近似值 $\mathrm{d}Q = f(x)\,\mathrm{d}x$，称为 Q 的**微元**(或称**元素**)，以它作为被积表达式，即可得到所求量的积分表达式

$$Q = \int_a^b f(x)\,\mathrm{d}x.$$

这种建立定积分表达式的方法称为**微元法**(或**元素法**).

下面我们利用微元法来解决一些几何中的实际问题.

5.5.2　平面图形的面积

1. 直角坐标系

本节将根据平面图形的特征分三种情形讨论不同情况下平面图形面积的计算方法.

(1) 设平面图形由连续曲线 $y = f(x)$，$y = g(x)$ 和直线 $x = a$，$x = b$ 围成，其中 $f(x) \geqslant g(x)\quad(a \leqslant x \leqslant b)$(见图 5-14)，我们来求它的面积 A.

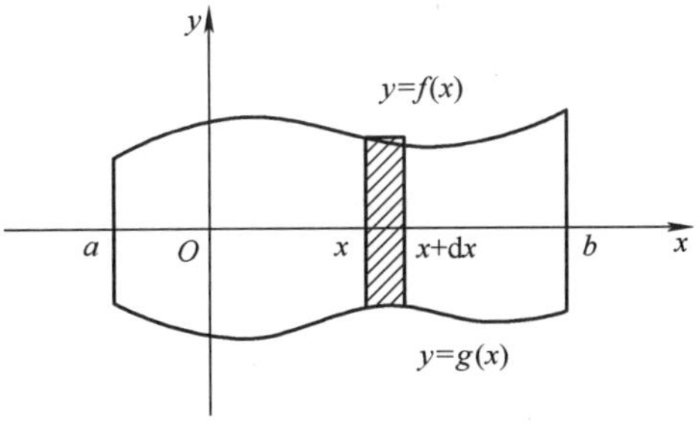

图　5-14

取 x 为积分变量，它的变化区间为 $[a,b]$，我们在 $[a,b]$ 上任取一小个区间 $[x,x+\mathrm{d}x]$，与这个小区间对应窄边形的面积 ΔA 近似地等于高为 $f(x)-g(x)$，底为 $\mathrm{d}x$ 的窄矩形的面积（见图 5-14），从而得到面积微元

$$\mathrm{d}A=[f(x)-g(x)]\mathrm{d}x,$$

所以 $A=\int_a^b[f(x)-g(x)]\mathrm{d}x$. 这也可以通过几何意义来简单理解，如图 5-15所示.

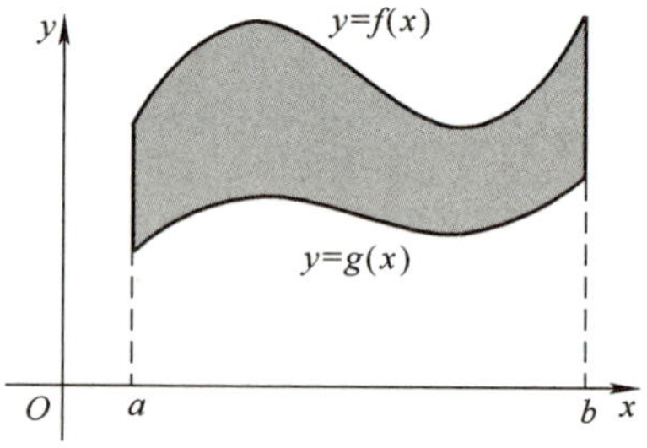

图 5-15

所求阴影区域面积可以视作两个曲边梯形面积之差，因此有

$$A=A_1-A_2=\int_a^b f(x)\mathrm{d}x-\int_a^b g(x)\mathrm{d}x=\int_a^b[f(x)-g(x)]\mathrm{d}x.$$

例 5-46 计算曲线 $y=x^2$ 与直线 $y=x+2$ 所围成图形的面积.

解 画图，解方程组 $\begin{cases}y=x^2,\\y=x+2,\end{cases}$

得交点为 $(-1,1)$ 和 $(2,4)$（见图 5-16）.

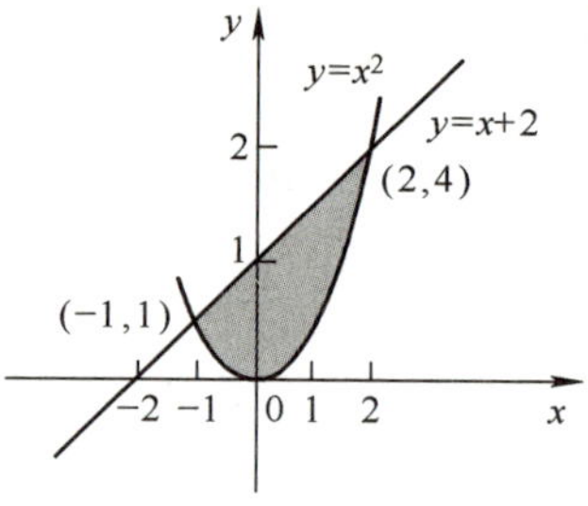

图 5-16

$$S=\int_{-1}^{2}[(x+2)-x^2]\mathrm{d}x=\left(\frac{x^2}{2}+2x-\frac{x^3}{3}\right)\bigg|_{-1}^{2}=\frac{9}{2}.$$

例 5-47 求由曲线 $x-y=0$，$y=x^2-2x$ 所围成的图形面积.

解 画图，解方程组 $\begin{cases}x-y=0,\\y=x^2-2x,\end{cases}$ 得交点为 $(0,0)$ 和 $(3,3)$（见图 5-17）.

$$S=\int_0^3[x-(x^2-2x)]\mathrm{d}x=\frac{9}{2}.$$

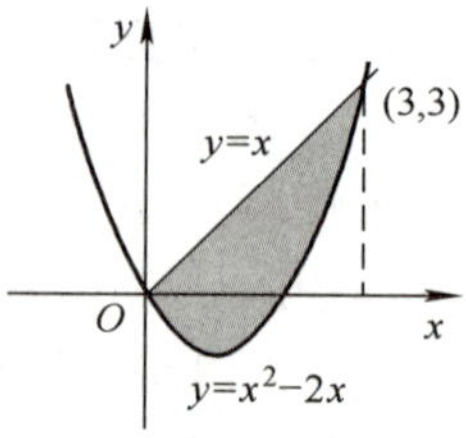

图 5-17

（2）类似地，若平面图形由连续曲线 $x=\varphi(y)$，$x=\psi(y)$ $(\varphi(y)\leqslant\psi(y))$ 及直线 $y=c$，$y=d(c<d)$ 所围成（见图 5-18），取 y 作为积分变量，则其面积为

$$A=\int_c^d[\psi(y)-\varphi(y)]\mathrm{d}x.$$

例 5-48 计算抛物线 $y^2=2x$ 与直线 $y=x-4$ 所围的平面图形的面积 A（见

图 5-19).

解　两线交点由方程组

$$\begin{cases} y^2 = 2x, \\ y = x - 4 \end{cases}$$

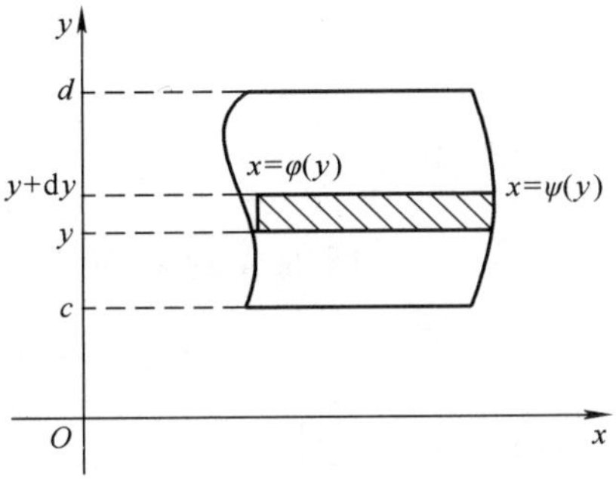

图　5-18

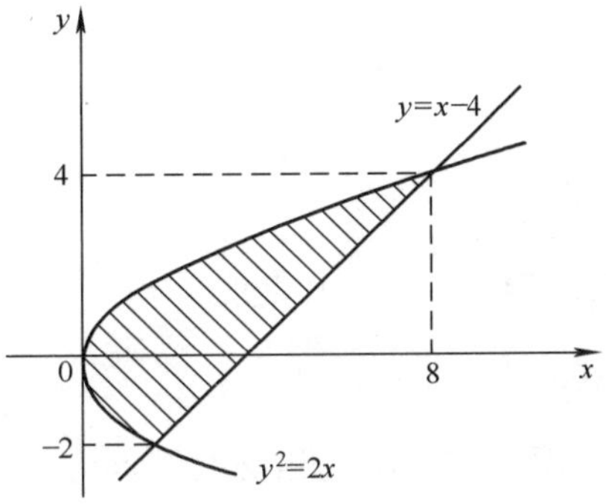

图　5-19

解得为(2, -2)及(8,4). 取 y 作为积分变量, $-2 \leqslant y \leqslant 4$, 面积元素 $dA = \left(y + 4 - \frac{1}{2}y^2\right)dy$, 于是得

$$A = \int_{-2}^{4}\left(y + 4 - \frac{1}{2}y^2\right)dy = \left(\frac{y^2}{2} + 4y - \frac{y^3}{6}\right)\Bigg|_{-2}^{4} = 18.$$

例 5-49　计算曲线 $y = x^2$ 与 $x = y^2$ 所围成的图形的面积.

解　解方程组 $\begin{cases} y = x^2 \\ x = y^2 \end{cases}$ 得交点为(0,0)和(1,1)(见图 5-20)

$$A = \int_0^1 (\sqrt{x} - x^2)\,dx = \left(\frac{2}{3}x^{\frac{3}{2}} - \frac{x^3}{3}\right)\Bigg|_0^1 = \frac{1}{3}$$

或　$$A = \int_0^1 (\sqrt{y} - y^2)\,dy = \left(\frac{2}{3}y^{\frac{3}{2}} - \frac{y^3}{3}\right)\Bigg|_0^1 = \frac{1}{3}.$$

(3) 若平面图形为一般形状, 求面积时可先用若干条与 x 轴或 y 轴平行的直线(越少越好)将平面图形分成若干个(1)或(2)的情况, 再利用可加性, 得 $A = A_{D_1} + A_{D_2} + A_{D_3}$(见图 5-21).

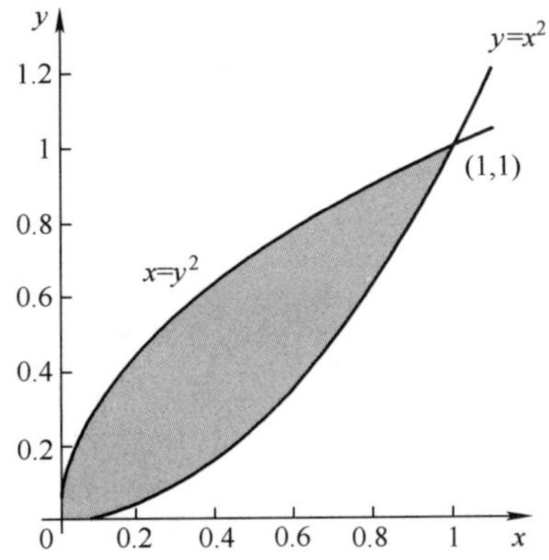

图　5-20

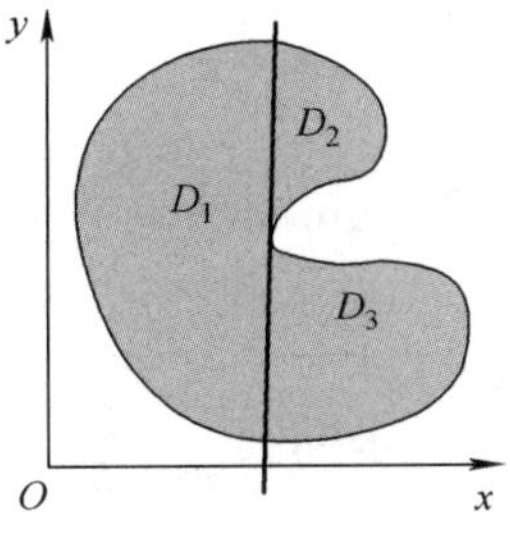

图　5-21

例 5-50　求余弦曲线 $y=\cos x$ 在 $[0,2\pi]$ 中与 x 轴围成的面积 A.

解　如图 5-22 所示，$A=\int_0^{\frac{\pi}{2}}\cos x\mathrm{d}x-\int_{\frac{\pi}{2}}^{\frac{3\pi}{2}}\cos x\mathrm{d}x+\int_{\frac{3\pi}{2}}^{2\pi}\cos x\mathrm{d}x$

$$=\sin x\Big|_0^{\frac{\pi}{2}}-\sin x\Big|_{\frac{\pi}{2}}^{\frac{3\pi}{2}}+\sin x\Big|_{\frac{3\pi}{2}}^{2\pi}$$

$$=1-(-1-1)+(0+1)=4.$$

例 5-51　计算由直线 $y=x$、$y=\frac{1}{2}x$ 及 $x+y=2$ 所围成的平面图形的面积.

解　三线两两相交的交点为 $(0,0)$，$(1,1)$ 和 $\left(\frac{4}{3},\frac{2}{3}\right)$.

作直线 $x=1$ 把平面图形分割成 D_1 和 D_2 两部分（见图 5-23）.

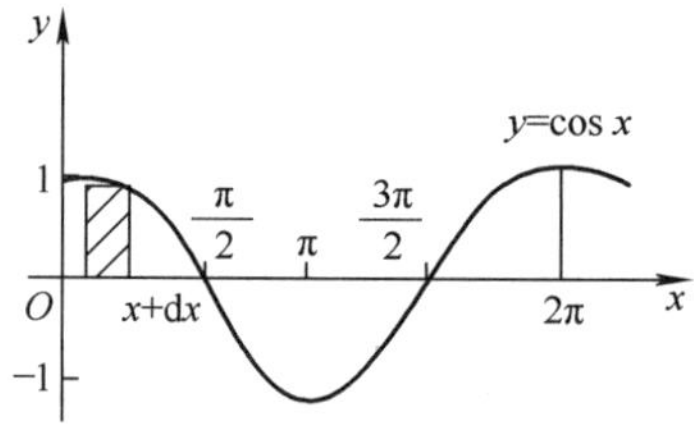

图　5-22

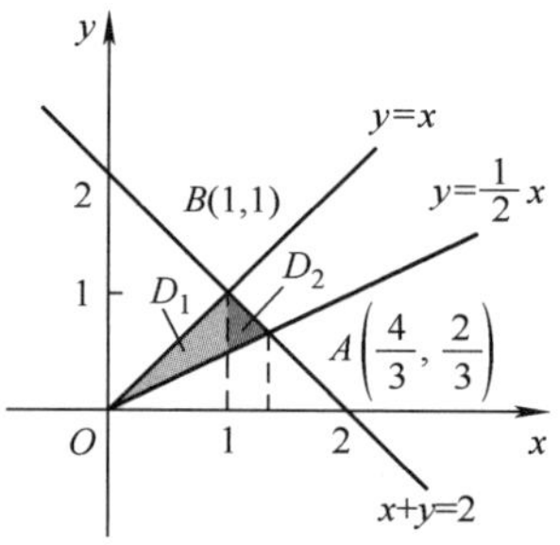

图　5-23

$$A=\int_0^1\left(x-\frac{x}{2}\right)\mathrm{d}x+\int_1^{\frac{4}{3}}\left[(2-x)-\frac{x}{2}\right]\mathrm{d}x=\int_0^1\frac{x}{2}\mathrm{d}x+\int_1^{\frac{4}{3}}\left(2-\frac{3}{2}x\right)\mathrm{d}x$$

$$=\frac{x^2}{4}\Big|_0^1+\left(2x-\frac{3}{4}x^2\right)\Big|_1^{\frac{4}{3}}=\frac{1}{3}$$

例 5-52　计算由曲线 $y=\frac{x^2}{2}$、$y=\frac{1}{1+x^2}$ 与直线 $x=-\sqrt{3}$、$x=\sqrt{3}$ 所围成的平面图形的面积.

解　根据所求平面图形的对称性（见图 5-24）.

$$A=2\left[\int_0^1\left(\frac{1}{1+x^2}-\frac{x^2}{2}\right)\mathrm{d}x+\int_1^{\sqrt{3}}\left(\frac{x^2}{2}-\frac{1}{1+x^2}\right)\mathrm{d}x\right]$$

$$=2\left[\left(\arctan x-\frac{x^3}{6}\right)\Big|_0^1+\left(\frac{x^3}{6}-\arctan x\right)\Big|_1^{\sqrt{3}}\right]=\frac{1}{3}(\pi+3\sqrt{3}-2)$$

例 5-53　求椭圆 $\frac{x^2}{a^2}+\frac{y^2}{b^2}=1$ 所围成的图形的面积 A.

解　因为椭圆关于两坐标轴对称，所以椭圆所围成的图形的面积是第一象限内阴影部分面积的 4 倍(见图 5-25). 对椭圆在第一象限部分的面积，取 x 作为积分变量，$0 \leqslant x \leqslant a$，面积元素

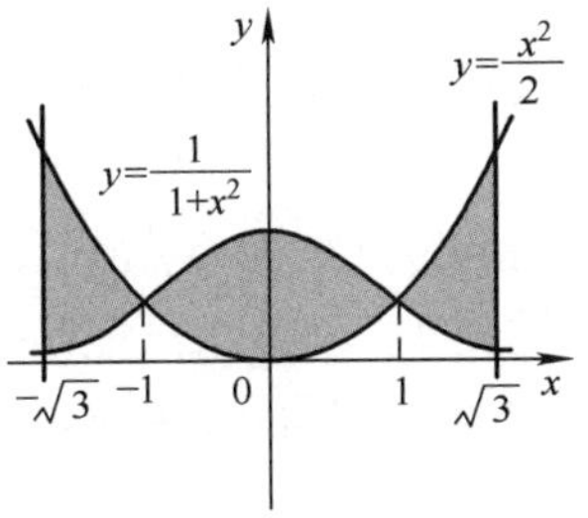

图　5-24

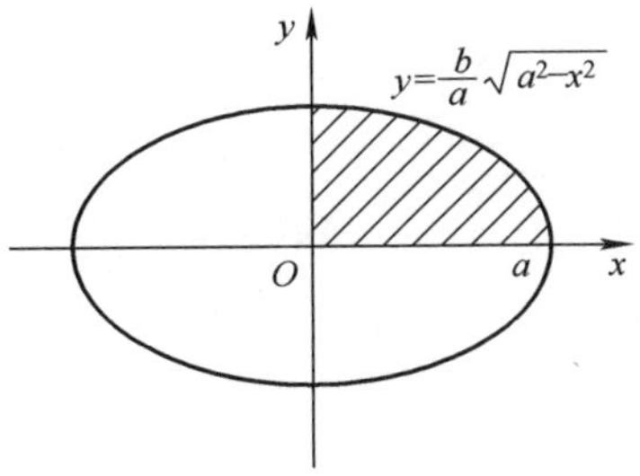

图　5-25

$$\mathrm{d}A = y\mathrm{d}x = \frac{b}{a}\sqrt{a^2 - x^2}\,\mathrm{d}x.$$

所以

$$A = 4\int_0^a \frac{b}{a}\sqrt{a^2 - x^2}\,\mathrm{d}x.$$

应用定积分换元法，令

$$x = a\sin t \quad \left(-\frac{\pi}{2} \leqslant t \leqslant \frac{\pi}{2}\right),$$

则 $\mathrm{d}x = \mathrm{d}\cos t\mathrm{d}t$，当 $x=0$ 时，$t=0$；当 $x=a$ 时，$t=\frac{\pi}{2}$.

于是

$$\begin{aligned} A &= 4\int_0^{\frac{\pi}{2}} b\cos t \cdot (a\cos t)\,\mathrm{d}t \\ &= 4ab\int_0^{\frac{\pi}{2}} \cos^2 t\,\mathrm{d}t = 4ab\int_0^{\frac{\pi}{2}} \frac{1+\cos 2t}{2}\,\mathrm{d}t \\ &= 4ab\left(\frac{1}{2}t + \frac{1}{4}\sin 2t\right)\Bigg|_0^{\frac{\pi}{2}} = \pi ab. \end{aligned}$$

2. 极坐标系

用极坐标来计算某些平面图形的面积比较方便. 下面先简单介绍极坐标的概念.

在平面上取一点 O，称为极点，并自 O 点引一射线 ON，称为极轴(见图 5-26). 于是平面上任意一点 M(不在极点)的位置，可以由两个数 $r=\overline{OM}$ 及 $\theta=\angle NOM$ 来决定，其中 θ 就是射线 OP 绕 O 点由 ON 按逆时针方向旋转，第一次转到 OM 位置时所转过的角；r 是射线 OP 上由 O 到 M 的距离. 这样两个数 r，θ 称为点 M 的极坐标，且以记号 $M(r,\theta)$ 来表示点 M，r 称为极径，θ 称为极角.

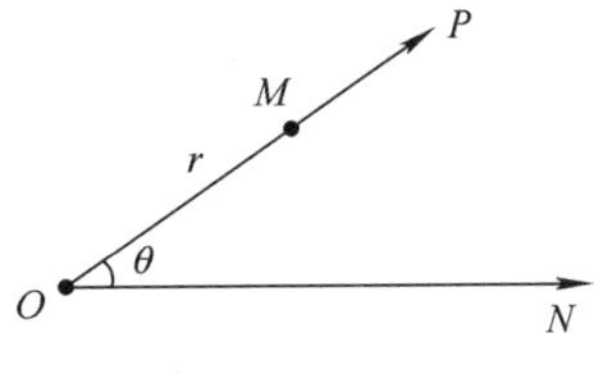

图　5-26

根据上述定义，点 M 的极坐标 r，θ 的数值各自受到以下的限制：

$$r>0,\ 0 \leqslant \theta < 2\pi.$$

这样，任意给定一对数 r，θ，平面上就对应着唯一的一点 M；反之，平面上除极点 O 以外的任意一点 M，必有一对数 r，θ 与它对应. 当点 M 为极点，$r=0$ 时，θ 可取任意值.

有时为了研究问题的方便，需要用到极坐标与直角坐标的相互转换，因此，我们需要研究这两种坐标之间的关系.

设平面上有一直角坐标系和一极坐标系，极点和坐标原点重合，极轴和 x 轴的正半轴重合. 设平面上任意一点 M（见图 5-27）在直角坐标系中的坐标为 x 和 y，在极坐标系中的坐标为 r 和 θ，则它们之间的转换公式为

$$\begin{cases} x = r\cos\theta, \\ y = r\sin\theta \end{cases} \Leftrightarrow \begin{cases} r = \sqrt{x^2+y^2}, \\ \theta = \arctan\dfrac{y}{x}. \end{cases}$$

设由曲线 $\rho=\rho(\theta)$ 及射线 $\theta=\alpha$，$\theta=\beta$ 围成一图形（简称为曲边扇形），现在要计算它的面积（见图 5-28）. 这里，$\rho(\theta)$ 在 $[\alpha,\beta]$ 上连续，且 $\rho(\theta)\geqslant 0$，$0<\beta-\alpha\leqslant 2\pi$. 由于当 θ 在 $[\alpha,\beta]$ 上变动时，极径 $\rho=\rho(\theta)$ 也随之变动，因此所求图形的面积不能直接利用扇形面积的公式 $A=\dfrac{1}{2}R^2\theta$ 来计算. 取极角 θ 为积分变量，它的变化区间为 $[\alpha,\beta]$. 相应的任一小区间 $[\theta,\theta+\mathrm{d}\theta]$ 的窄曲边扇形的面积可以用半径为 $\rho=\rho(\theta)$、中心角为 $\mathrm{d}\theta$ 的扇形的面积来近似代替，从而得到这窄曲边扇形面积的近似值，即曲边扇形的面积元素 $\mathrm{d}A=\dfrac{1}{2}[\rho(\theta)]^2\mathrm{d}\theta$，以 $\dfrac{1}{2}[\rho(\theta)]^2\mathrm{d}\theta$ 为被积表达式，在闭区间 $[\alpha,\beta]$ 上做定积分，便得所求曲边扇形的面积为

$$A=\int_\alpha^\beta \frac{1}{2}[\rho(\theta)]^2\mathrm{d}\theta.$$

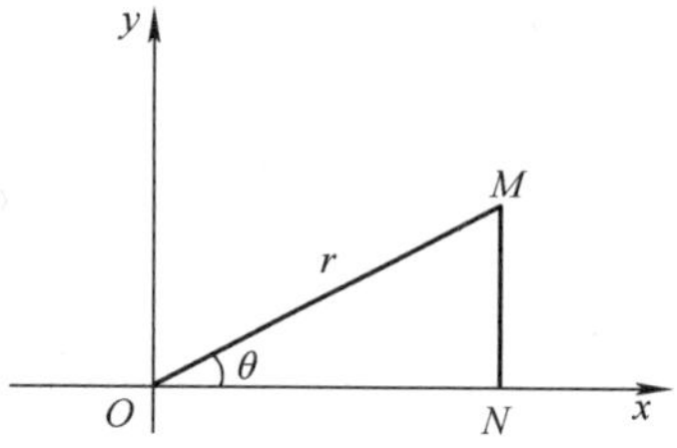

图 5-27

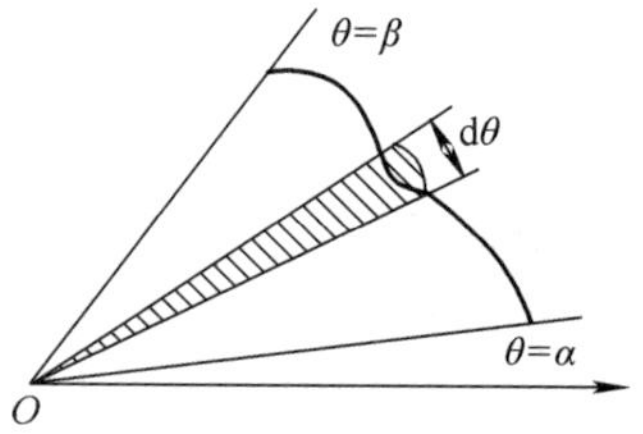

图 5-28

例 5-54 求心形线 $r=a(1+\cos\theta)$ 所围平面图形的面积 $(a>0)$.

解 利用对称性（见图 5-29）.

$$A=2\cdot\frac{1}{2}a^2\int_0^\pi(1+\cos\theta)^2\mathrm{d}\theta = a^2\int_0^\pi(1+2\cos\theta+\cos^2\theta)\mathrm{d}\theta$$

$$=a^2\left[\frac{3}{2}\theta+2\sin\theta+\frac{1}{4}\sin 2\theta\right]_0^\pi=\frac{3}{2}\pi a^2$$

例 5-55 计算阿基米德螺线 $r=a\theta\quad(a>0)$ 上对应 θ 从 0 到 2π 的一段弧

与极轴所围成图形，如图 5-30 所示的面积.

解

$$A = \frac{1}{2}\int_0^{2\pi}(a\theta)^2\mathrm{d}\theta = \left(\frac{1}{6}a^2\theta^3\right)\Big|_0^{2\pi} = \frac{4}{3}a^2\pi^3.$$

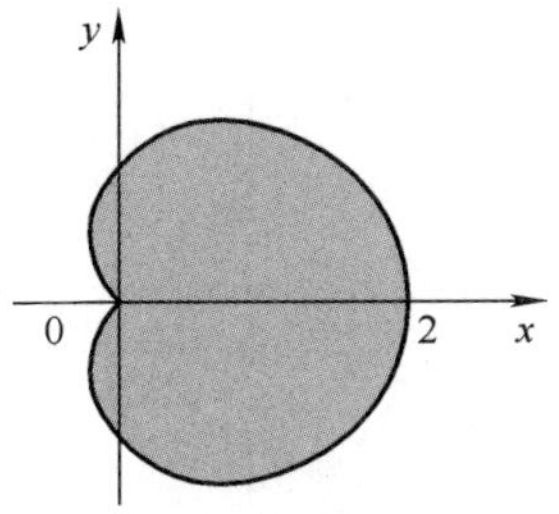

图　5-29

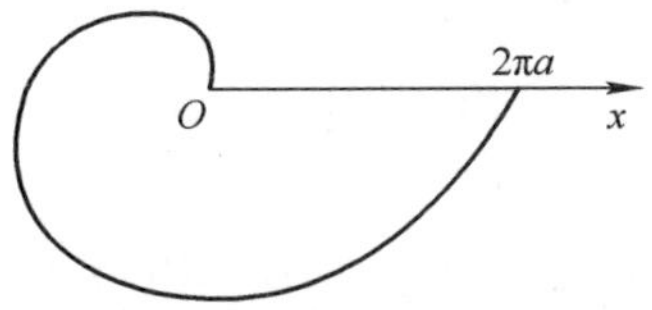

图　5-30

5.5.3　平面曲线的弧长

我们知道，圆的周长可以利用圆的内接正多边形的周长在边数无限增多时的极限来确定. 现在用类似的方法建立平面的连续曲线弧长的概念，从而应用定积分来计算弧长.

1. 直角坐标情形

设 A，B 是曲线弧上的两个端点，在弧 $\overset{\frown}{AB}$ 上插入分点 $A=M_0, M_1, \cdots, M_i, \cdots, M_{n-1}, M_n=B$，依次用弦将相邻两点连结起来，得到一条内接折线.

记每条弦的长度为 $|M_{i-1}M_i|, i=1,2,\cdots,n$，令 $\lambda=\max\limits_{1\leqslant i\leqslant n}|M_{i-1}M_i|$.

如果当分点无限增加，且 $\lambda\to 0$ 时，折线长度的极限 $\lim\limits_{\lambda\to 0}\sum\limits_{i=1}^{n}|M_{i-1}M_i|$ 存在,则称此极限为曲线弧 $\overset{\frown}{AB}$ 的弧长(见图 5-31).

设曲线弧为 $y=f(x)\quad(a\leqslant x\leqslant b)$，其中 $f(x)$ 在 $[a,b]$ 上有一阶连续导数.

取积分变量为 x，在 $[a,b]$ 上任取小区间 $[x,x+\mathrm{d}x]$，以对应小切线段的长代替小弧段的长，弧长微元

$$\mathrm{d}s=\sqrt{(\mathrm{d}x)^2+(\mathrm{d}y)^2}=\sqrt{1+(y')^2}\,\mathrm{d}x.$$

弧长 $s=\int_a^b\sqrt{1+(y')^2}\,\mathrm{d}x$(见图 5-32).

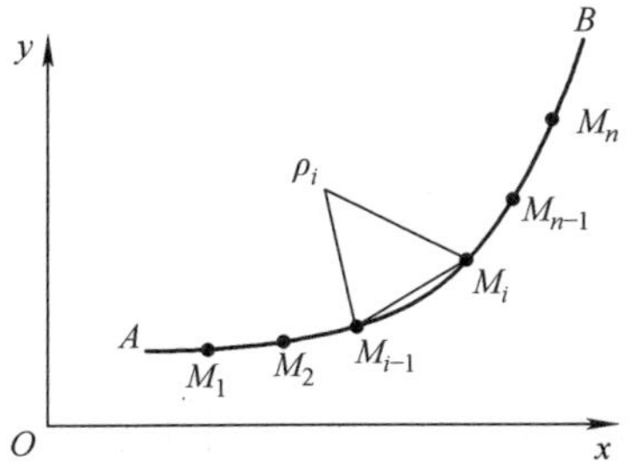

图　5-31

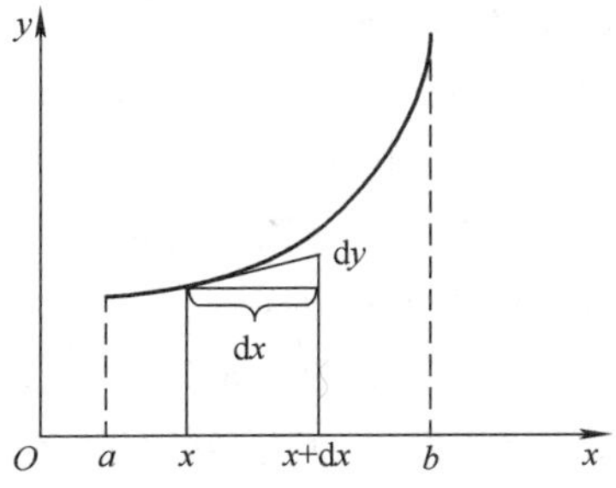

图　5-32

例 5-56　计算曲线 $y=\frac{2}{3}x^{\frac{3}{2}}$ 从 a 到 b 上相应于 x 的一段弧的长度（见图 5-33）.

解　因为 $y'=x^{\frac{1}{2}}$，且 $\mathrm{d}s=\sqrt{1+y'^2}\mathrm{d}x$，所以

$\mathrm{d}s=\sqrt{1+\left(x^{\frac{1}{2}}\right)^2}\mathrm{d}x=\sqrt{1+x}\mathrm{d}x.$

如图 5-33 所示，所求弧长为

$$s=\int_a^b\sqrt{1+x}\mathrm{d}x=\frac{2}{3}(1+x)^{\frac{3}{2}}\Big|_a^b=\frac{2}{3}\left[(1+b)^{\frac{3}{2}}-(1+a)^{\frac{3}{2}}\right].$$

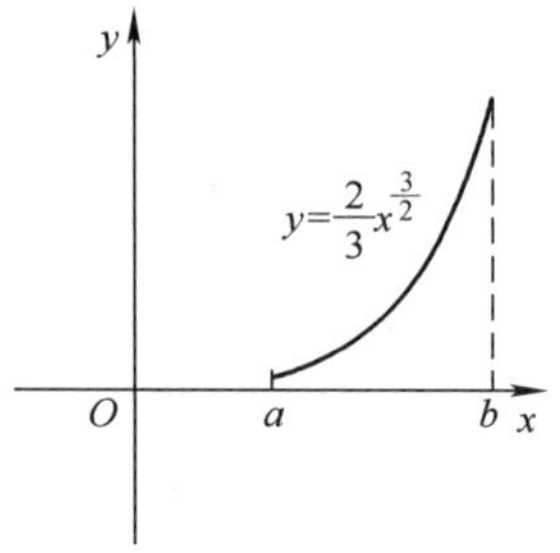

图　5-33

2. 参数方程情形

设曲线弧由参数方程 $\begin{cases}x=\varphi(t),\\y=\psi(t)\end{cases}$ $(\alpha\leqslant t\leqslant\beta)$ 给出，其中 $\varphi(t)$，$\psi(t)$ 在 $[\alpha,\beta]$ 上具有连续导数. 现在来计算这曲线弧长.

取参数 t 为积分变量，它的变化区间为 $[\alpha,\beta]$. 相应于 $[\alpha,\beta]$ 上任一小区间 $[t,t+\mathrm{d}t]$ 的小弧段的长度 Δs 近似等于对应的弦的长度 $\sqrt{(\Delta x)^2+(\Delta y)^2}$.

因为

$$\Delta x=\varphi(t+\mathrm{d}t)-\varphi(t)\approx\mathrm{d}x=\varphi'(t)\mathrm{d}t,$$
$$\Delta y=\psi(t+\mathrm{d}t)-\psi(t)\approx\mathrm{d}y=\psi'(t)\mathrm{d}t,$$

所以，Δs 的近似值（弧微分）即弧长元素为

$$\mathrm{d}s=\sqrt{(\mathrm{d}x)^2+(\mathrm{d}y)^2}=\sqrt{\varphi'^2(t)+\psi'^2(t)}\mathrm{d}t.$$

于是，在 $[\alpha,\beta]$ 上所求弧长为 $s=\int_\alpha^\beta\sqrt{\varphi'^2(t)+\psi'^2(t)}\mathrm{d}t.$

例 5-57　计算星形线 $\sqrt[3]{x^2}+\sqrt[3]{y^2}=\sqrt[3]{a^2}$ 的弧长（见图 5-34）.

解　设星形线的参数方程为 $\begin{cases}x=a\cos^3 t,\\y=a\sin^3 t\end{cases}$ $(0\leqslant t\leqslant 2\pi).$

根据对称性 $S=4\int_0^{\frac{\pi}{2}}\sqrt{(x')^2+(y')^2}\mathrm{d}t\quad(0\leqslant t\leqslant 2\pi).$

$$S=4\int_0^{\frac{\pi}{2}}3a\sin t\cos t\mathrm{d}t=6a\int_0^{\frac{\pi}{2}}\sin 2t\mathrm{d}t=3a(-\cos 2t)\Big|_0^{\frac{\pi}{2}}=6a.$$

3. 极坐标情形

当曲线弧由极坐标方程 $\rho=\rho(\theta)$ $(\alpha\leqslant\theta\leqslant\beta)$ 给出，其中 $\rho(\theta)$ 在 $[\alpha,\beta]$ 上具有连续导数，则由直角坐标与极坐标的关系可得

$$\begin{cases}x=x(\theta)=\rho(\theta)\cos\theta,\\y=y(\theta)=\rho(\theta)\sin\theta\end{cases}\quad(\alpha\leqslant\theta\leqslant\beta)$$

这就是以极角 θ 为参数的曲线弧的参数方程. 于是，弧长元素为

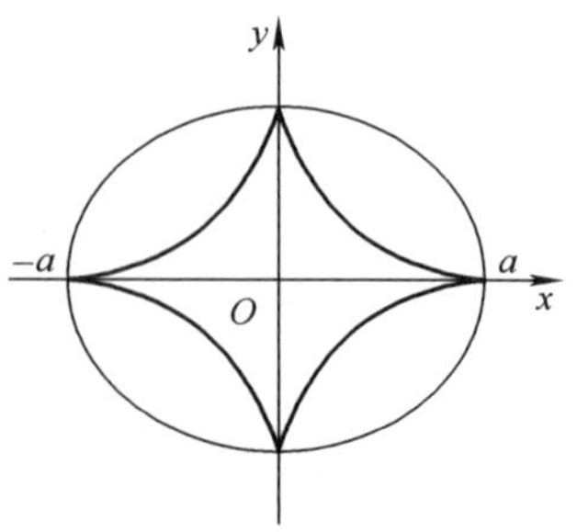

图　5-34

$$ds=\sqrt{x'^2(\theta)+y'^2(\theta)}d\theta=\sqrt{\rho^2(\theta)+\rho'^2(\theta)}d\theta.$$

从而所求弧长为 $s=\int_{\alpha}^{\beta}\sqrt{\rho^2(\theta)+\rho'^2(\theta)}d\theta.$

例 5-58　求心形线 $r=a(1+\cos\theta)$　$(a>0)$ 的全长(见图 5-35).

解　由公式

$$\begin{aligned}ds&=\sqrt{r^2+r'^2}d\theta\\&=\sqrt{a^2(1+\cos\theta)^2+a^2\sin^2\theta}d\theta\\&=a\sqrt{2(1+\cos\theta)}d\theta.\end{aligned}$$

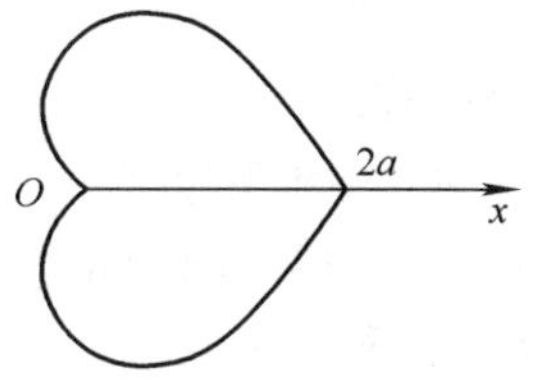

图　5-35

由对称性知 $s=2\int_0^{\pi}a\sqrt{2(1+\cos\theta)}d\theta$

$$=2a\int_0^{\pi}2\cos\frac{\theta}{2}d\theta=8a\sin\frac{\theta}{2}\Big|_0^{\pi}=8a.$$

5.5.4　直角坐标系下旋转体的体积

旋转体就是由一个平面图形绕这平面内一条直线旋转一周而成的立体.这条直线叫作**旋转轴**，圆柱、圆锥、圆台、球体可以分别看成由矩形绕它的一条边、直角三角形绕它的直角边、直角梯形绕它的直角边、半圆绕它的直径旋转一周而成的立体，所以它们都是旋转体(见图 5-36).

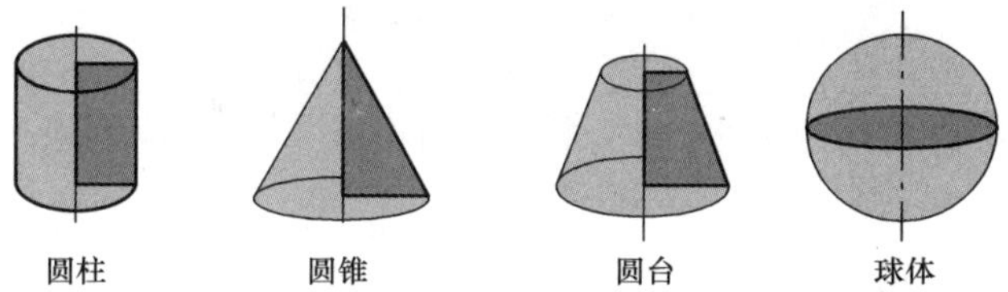

图　5-36

1. 绕 x 轴旋转

一般地，如果旋转体是由连续曲线 $y=f(x)$，直线 $x=a$，$x=b$ 及 x 轴所围成的曲边梯形绕 x 轴旋转一周而成的立体，体积为多少?

取积分变量为 x，$x\in[a,b]$. 在 $[a,b]$ 上任取小区间 $[x,x+dx]$，取以 dx 为底的窄边梯形绕 x 轴旋转而成的薄片的体积为体积元素(见图 5-37)，$dV=\pi[f(x)]^2dx$.

旋转体的体积为 $V=\int_a^b\pi[f(x)]^2dx.$

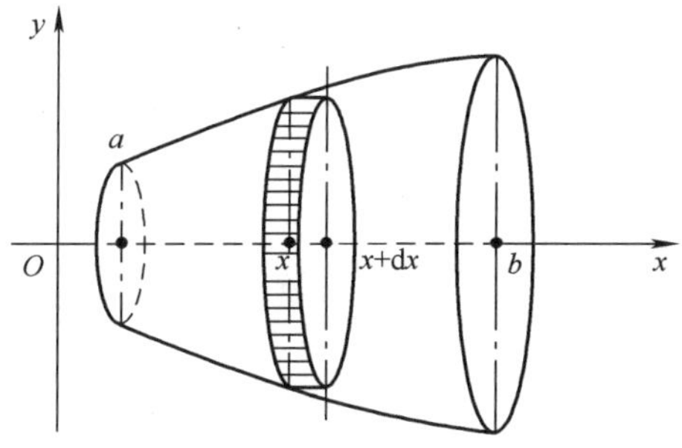

图　5-37

例 5-59　连接坐标原点 O 及点 $P(h,r)$ 的直线，直线 $x=h$ 及 x 轴围成一个直角三角形. 将它绕 x 轴旋转构成一个底半径为 r，高为 h 的圆锥体，计算圆锥体的体积.

解　直线 OP 方程为 $y=\dfrac{r}{h}x$（见图 5-38）.

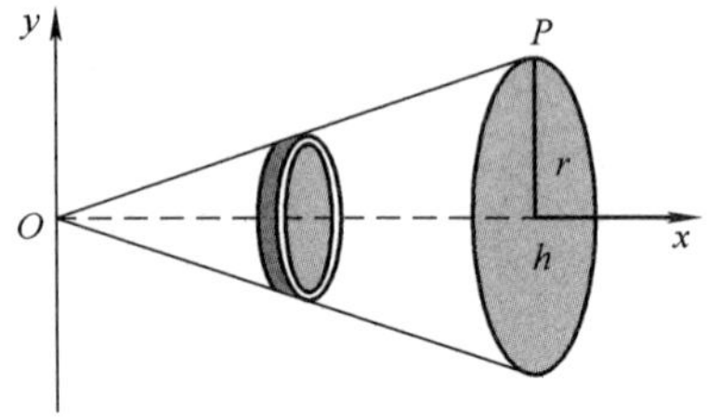

图　5-38

取积分变量为 x，$x\in[0,h]$，在 $[0,h]$ 上任取小区间 $[x,x+\mathrm{d}x]$，则以 $\mathrm{d}x$ 为底的窄边梯形绕 x 轴旋转而成的薄片的体积为

$$\mathrm{d}V=\pi\left[\frac{r}{h}x\right]^2\mathrm{d}x$$

于是圆雉体的体积为

$$V=\int_0^h\pi\left(\frac{r}{h}x\right)^2\mathrm{d}x=\frac{\pi r^2}{h^2}\left[\frac{x^3}{3}\right]_0^h=\frac{\pi hr^2}{3}.$$

2. 绕 y 轴旋转

类似地，若旋转体是由曲线 $x=\varphi(y)$，直线 $y=c$、$y=d$　$(c<d)$ 和 y 轴所围成的曲边梯形绕 y 轴旋转一周而成的，则其体积为

$$V_y=\pi\int_c^d\varphi^2(y)\,\mathrm{d}y.$$

例 5-60　求由曲线 $y=2x-x^2$ 和 x 轴所围图形绕 y 轴旋转一周所得旋转体的体积.

解　如图 5-39 所示，$y=2x-x^2$ 的反函数分为两支，$x=1-\sqrt{1-y}$ $(0\leqslant y\leqslant 1)$ 和 $x=1+\sqrt{1-y}$　$(0\leqslant y\leqslant 1)$. 因此，所求的旋转体的体积为

$$\begin{aligned}V_y&=\pi\int_0^1(1+\sqrt{1-y})^2\mathrm{d}y-\pi\int_0^1(1-\sqrt{1-y})^2\mathrm{d}y\\&=\pi\int_0^1[(1+\sqrt{1-y})^2-(1-\sqrt{1-y})^2]\mathrm{d}y\\&=4\pi\int_0^1\sqrt{1-y}\,\mathrm{d}y=-4\pi\cdot\frac{2}{3}(1-y)^{\frac{3}{2}}\Big|_0^1=\frac{8}{3}\pi.\end{aligned}$$

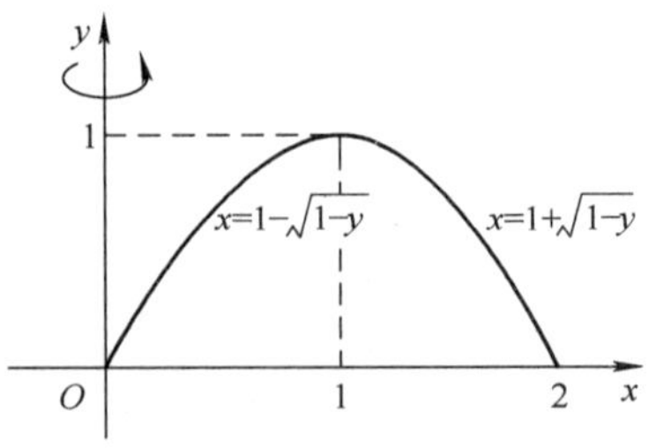

图　5-39

习题 5-5

1. 求由下列曲线所围成的平面图形的面积.

(1) $y=(1-x)^2$ 与 $y=x^2$;

(2) $y=e^x$、$x=0$ 及 $y=e$;

(3) $y=\frac{1}{x}$、$y=x$ 及 $x=2$;

(4) $y=\ln x$、$y=\ln 2$、$y=\ln 4$ 与 $x=0$;

(5) $y=\cos x$ 与 $x=0$、$x=\frac{\pi}{2}$、$y=0$;

(6) $y=\frac{x^2}{2}$、$y=\frac{1}{1+x^2}$与 $x=-\sqrt{3}$、$x=\sqrt{3}$;

(7) $y=-x^2+1$ 与 $y=x^2-x$;

(8) $y=4-x^2$ 与 $y=0$;

(9) $y=x^2$ 与 $y=x$ 及 $y=2x$.

2. 用极坐标系下平面图形面积公式，证明：圆 $x^2+y^2=r^2$ 的面积为 πr^2.

3. 求下列曲线段的弧长：

(参考不定积分公式：$\int \sqrt{a^2+x^2}\mathrm{d}x = \frac{x}{2}\sqrt{a^2+x^2}+\frac{a^2}{2}\ln(x+\sqrt{a^2+x^2})+C$)

(1) 曲线 $y=\int_0^x \tan t\mathrm{d}t \quad \left(0\leqslant x\leqslant \frac{\pi}{4}\right)$的弧长；

(2) $y^2=2x \quad (0\leqslant x\leqslant 2)$

(3) 曲线 $x=\arctan t$、$y=\frac{1}{2}\ln(1+t^2)$上，自 $t=0$ 至 $t=1$ 的一段弧长；

(4) 求对数螺线 $r=e^{a\theta}$ 自 $\theta=0$ 至 $\theta=\varphi$ 的一段弧长.

4. 计算由椭圆 $\frac{x^2}{a^2}+\frac{y^2}{b^2}=1$ 所围图形绕 x 轴旋转而成的旋转体的体积.

5. 求直线 $y=2x$ 与抛物线 $y=x^2$ 所围的图形分别绕 x 轴和 y 轴旋转一周所成的旋转体体积.

本 章 小 结

知识导航

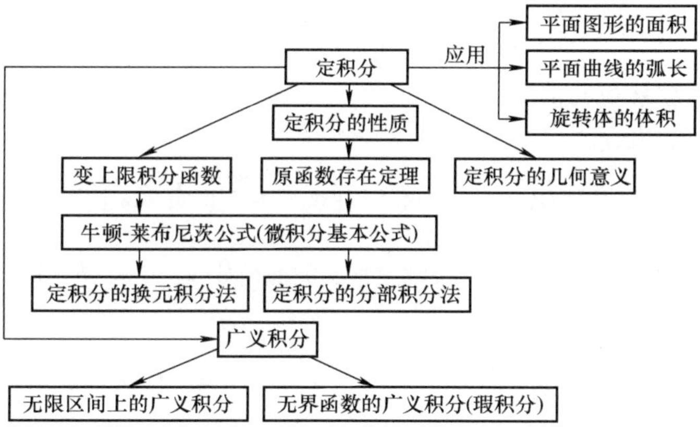

本章主要知识汇总

本章围绕定积分展开，涵盖定积分的概念、性质、计算方法、特殊积分类型以及应用，具体如下：

一、定积分的概念与性质

1. 定义：定积分是从曲边梯形面积、变速直线运动路程等实际问题中抽象而来，是特定乘积和式的极限，即 $\int_a^b f(x)\mathrm{d}x = \lim\limits_{\lambda\to 0}\sum\limits_{i=1}^{n} f(\xi_i)\Delta x_i$. 连续函数或有界且只有有限个间断点的函数在闭区间上可积.

2. 几何意义：当 $f(x)\geqslant 0$ 时，$\int_a^b f(x)\mathrm{d}x$ 表示曲边梯形的面积；当 $f(x)$ 在区间上有正有负时，它表示各部分面积的代数和.

3. 性质：包括线性性质，积分区间可加性 $\int_a^b f(x)\mathrm{d}x = \int_a^c f(x)\mathrm{d}x + \int_c^b f(x)\mathrm{d}x$，以及比较性质、积分中值定理 $\int_a^b f(x)\mathrm{d}x = f(\xi)(b-a)$ $(\xi\in[a,b])$ 等.

二、微积分基本公式

1. 积分上限函数及其导数：若 $f(x)$ 在 $[a,b]$ 上连续，则积分上限函数 $\Phi(x)=\int_a^x f(t)\mathrm{d}t$ 在 $[a,b]$ 上可导，且 $\Phi'(x)=f(x)$，由此可知连续函数必有原函数.

2. 牛顿-莱布尼茨公式：若 $f(x)$ 在 $[a,b]$ 上连续，$F(x)$ 是 $f(x)$ 的一个原函数，则 $\int_a^b f(x)\mathrm{d}x = F(b)-F(a)$，该公式将定积分计算转化为求原函数的增量.

三、定积分的换元积分法和分部积分法

1. 换元积分法：第一类换元通过凑微分实现心中换元；第二类换元公式 $\int_a^b f(x)\mathrm{d}x = \int_\alpha^\beta f(\varphi(t))\varphi'(t)\mathrm{d}t$，常用于根式代换或三角代换. 换元时要注意积分限的变换.

2. 分部积分法：由不定积分分部积分公式和牛顿-莱布尼茨公式可得 $\int_a^b u(x)v'(x)\mathrm{d}x = [u(x)v(x)]_a^b - \int_a^b u'(x)v(x)\mathrm{d}x$，适用于被积函数为两类基本初等函数乘积的情况.

四、反常积分

1. 无穷限的反常积分：设 $f(x)$ 在 $[a,+\infty)$ 上连续，$\int_a^{+\infty} f(x)\mathrm{d}x = \lim\limits_{b\to+\infty}\int_a^b f(x)\mathrm{d}x$，极限存在则收敛，否则发散；类似可定义 $(-\infty,b]$ 和 $(-\infty,+\infty)$ 上的反常积分.

2. 无界函数的反常积分：若 $f(x)$ 在 $(a,b]$ 上连续，a 为瑕点，则 $\int_a^b f(x)\mathrm{d}x = \lim\limits_{\varepsilon\to 0^+}\int_{a+\varepsilon}^b f(x)\mathrm{d}x$，极限存在则收敛，否则发散；类似可定义其他瑕点情况的反常积分.

五、定积分的应用

1. 微元法：若所求量 Q 与区间有关且具有可加性，部分量可近似表示为 $f(\xi)\Delta x$，则 $Q=\int_a^b f(x)\mathrm{d}x$.

2. 平面图形的面积：直角坐标系下，由 $y=f(x)$，$y=g(x)$ 与 $x=a$，$x=b$ $(g(x)\leqslant f(x))$ 围成图形面积 $A=\int_a^b[f(x)-g(x)]\mathrm{d}x$；极坐标系下，由

$\rho=\rho(\theta)$ 与 $\theta=\alpha$、$\theta=\beta$ 围成曲边扇形面积 $A=\frac{1}{2}\int_{\alpha}^{\beta}\rho^2(\theta)\mathrm{d}\theta$. 定积分在数学、物理、经济等领域应用广泛，理解其概念、掌握计算方法和应用技巧是关键，同时要注意反常积分敛散性的判断.

自测题 5

1. 选择题.

(1) 函数 $f(x)$ 在 $[a,b]$ 上连续是 $f(x)$ 在 $[a,b]$ 上可积的(　　).

A. 充分条件　　B. 必要条件

C. 充要条件

D. 既非充分条件也非必要条件

(2) 设函数 $f(x)$ 在闭区间 $[a,b]$ 上连续，则曲线 $y=f(x)$，$x=a$，$x=b$ 及 x 轴所围成的图形的面积 $S=$(　　).

A. $\int_a^b|f(x)|\mathrm{d}x$　　B. $-\int_a^b f(x)\mathrm{d}x$

C. $\int_a^b f(x)\mathrm{d}x$　　D. $\left|\int_a^b f(x)\mathrm{d}x\right|$

(3) 设函数 $f(x)=\int_0^x(t-1)\mathrm{d}t$，则 $f(x)$ 有(　　).

A. 极小值 $\frac{1}{2}$　　B. 极小值 $-\frac{1}{2}$

C. 极大值 $\frac{1}{2}$　　D. 极大值 $-\frac{1}{2}$

(4) 设 $f(x)=\int_0^x\sin t^2\mathrm{d}t$，$\varphi(x)=x^3$，当 $x\to 0$ 时，$f(x)$ 是 $\varphi(x)$ 的(　　).

A. 高阶无穷小　　B. 低阶无穷小

C. 同阶但不等价的无穷小

D. 等价无穷小

(5) 下列广义积分中(　　)是收敛的.

A. $\int_0^1\frac{\mathrm{d}x}{x}$　　B. $\int_0^1\frac{\mathrm{d}x}{\sqrt{x}}$

C. $\int_0^1\frac{\mathrm{d}x}{x\sqrt{x}}$　　D. $\int_0^1\frac{\mathrm{d}x}{x^2}$

2. 填空题.

(1) 设 $f(x)$ 连续，$F(x)=\int_0^{x^2}xf(t^2)\mathrm{d}t$，则 $F'(x)=$________.

(2) 设 $f(x)=\int_0^x\frac{\cos t}{1+\sin^2 t}\mathrm{d}t$，则 $\int_0^{\frac{\pi}{2}}\frac{f'(x)}{1+f^2(x)}\mathrm{d}x=$________.

(3) 设 $f(x)$ 连续，且 $f(x)=x+2\int_0^1 f(x)\mathrm{d}x$，则 $f(x)=$________.

(4) 设 $f(x)$ 连续，且 $\int_0^x tf(x-t)\mathrm{d}t=1-\cos x$，则 $\int_0^{\frac{\pi}{2}}f(x)\mathrm{d}x=$________.

(5) $\int_2^{+\infty}\frac{\mathrm{d}x}{(x+7)\sqrt{x-2}}=$________.

3. 计算题.

(1) $\int_{-1}^1\frac{\tan x}{\sin^2 x+1}\mathrm{d}x$；　(2) $\int_0^1\sqrt{2x-x^2}\mathrm{d}x$；

(3) $\int_0^2 x^2\sqrt{4-x^2}\mathrm{d}x$；　(4) $\int_0^{\ln 2}\sqrt{\mathrm{e}^x-1}\mathrm{d}x$；

(5) $\int_0^1\frac{x^2}{(1+x^2)^2}\mathrm{d}x$；　(6) $\int_1^2\frac{\sqrt{x^2-1}}{2}\mathrm{d}x$；

(7) $\int_0^1 x^2\mathrm{e}^{-x}\mathrm{d}x$；　(8) $\int_1^{\mathrm{e}}(\ln x)^2\mathrm{d}x$；

(9) $\int_0^{\frac{\pi}{4}}\frac{x}{1+\cos 2x}\mathrm{d}x$；　(10) $\int_0^{\frac{\pi}{2}}\mathrm{e}^{-x}\cos x\mathrm{d}x$；

(11) $\int_0^{\frac{\pi}{2}}\frac{x+\sin x}{1+\cos x}\mathrm{d}x$；　(12) $\int_0^{\frac{\pi}{4}}\ln(1+\tan x)\mathrm{d}x$.

4. 综合题.

(1) 设 $f(x)$ 在 $[a,b]$ 上连续，且 $\int_a^b f(x)\mathrm{d}x=1$，求 $\int_a^b f(a+b+x)\mathrm{d}x$.

(2) 计算下列反常积分：

1) $\int_0^{+\infty}\frac{\mathrm{d}x}{x^2+4x+8}$；　2) $\int_1^{+\infty}\frac{\arctan x}{x^2}\mathrm{d}x$；

3) $\int_0^{\frac{\pi}{2}}\ln\sin x\mathrm{d}x$；　4) $\int_1^{\mathrm{e}}\frac{\mathrm{d}x}{x\sqrt{\ln x}}$.

5. 求抛物线 $y^2=2px$ 及其在点 $\left(\frac{p}{2},p\right)$ 处的法线所围成的平面图形的面积.

6. 设函数 $y=y(x)$ 由方程 $\int_1^{y^2}\ln t\mathrm{d}t+\int_x^0\cos t\mathrm{d}t=0$ 所确定，求 $\frac{\mathrm{d}y}{\mathrm{d}x}$.

考研真题解析

1.(2016，数二、三)计算$\lim\limits_{n\to\infty}\frac{1}{n^2}\left(\sin\frac{1}{n}+2\sin\frac{2}{n}+\cdots+n\sin\frac{n}{n}\right)$.

解　原式

$$=\lim_{n\to\infty}\frac{1}{n}\left(\frac{1}{n}\sin\frac{1}{n}+\frac{2}{n}\sin\frac{2}{n}+\cdots+\frac{n}{n}\sin\frac{n}{n}\right)$$

$$=\int_0^1 x\sin x\mathrm{d}x$$

$$=-\int_0^1 x\mathrm{d}(\cos x)=-x\cos x\Big|_0^1+\int_0^1\cos x\mathrm{d}x$$

$$=-\cos 1+\sin x\Big|_0^1=\sin 1-\cos 1.$$

2.(2017，数二、三)求极限$\lim\limits_{x\to0^+}\frac{\int_0^x\sqrt{x-t}\mathrm{e}^t\mathrm{d}t}{\sqrt{x^3}}$.

解　方法1　令$x-t=u$，则$t=x-u$，$\mathrm{d}t=-\mathrm{d}u$. 当$t=0$时，$u=x$；当$t=x$时，$u=0$. $\int_0^x\sqrt{x-t}\mathrm{e}^t\mathrm{d}t=\int_x^0\sqrt{u}\mathrm{e}^{x-u}(-\mathrm{d}u)=\mathrm{e}^x\int_0^x\sqrt{u}\mathrm{e}^{-u}\mathrm{d}u$. 则

$$\lim_{x\to0^+}\frac{\int_0^x\sqrt{x-t}\mathrm{e}^t\mathrm{d}t}{\sqrt{x^3}}=\lim_{x\to0^+}\frac{\mathrm{e}^x\int_0^x\sqrt{u}\mathrm{e}^{-u}\mathrm{d}u}{\sqrt{x^3}},$$

因为$\lim\limits_{x\to0^+}\mathrm{e}^x=1$，所以原式$=\lim\limits_{x\to0^+}\frac{\int_0^x\sqrt{u}\mathrm{e}^{-u}\mathrm{d}u}{\sqrt{x^3}}$.

由洛必达法则，$\lim\limits_{x\to0^+}\frac{\int_0^x\sqrt{u}\mathrm{e}^{-u}\mathrm{d}u}{\sqrt{x^3}}=\lim\limits_{x\to0^+}\frac{\sqrt{x}\mathrm{e}^{-x}}{\frac{3}{2}\sqrt{x}}=\frac{2}{3}$.

解　方法2　由积分中值定理，$\int_0^x\sqrt{x-t}\mathrm{e}^t\mathrm{d}t=\sqrt{x-\xi}\mathrm{e}^\xi\int_0^x\mathrm{d}t=x\sqrt{x-\xi}\mathrm{e}^\xi\quad(0\leqslant\xi\leqslant x)$. 则

$$\lim_{x\to0^+}\frac{\int_0^x\sqrt{x-t}\mathrm{e}^t\mathrm{d}t}{\sqrt{x^3}}=\lim_{x\to0^+}\frac{x\sqrt{x-\xi}\mathrm{e}^\xi}{\sqrt{x^3}},$$

当$x\to0^+$时，$\xi\to0^+$，

$$\lim_{x\to0^+}\frac{x\sqrt{x-\xi}\mathrm{e}^\xi}{\sqrt{x^3}}=\lim_{x\to0^+}\mathrm{e}^\xi\sqrt{1-\frac{\xi}{x}}=\frac{2}{3},$$

这里$\mathrm{e}^\xi\to1$，$\sqrt{1-\frac{\xi}{x}}$在极限过程中与洛必达法则结果一致. 综上，极限值为$\frac{2}{3}$.

竞赛真题赏析

1.(第六届)计算$I=\int_{\mathrm{e}^{-2n\pi}}^1\left|\frac{\mathrm{d}}{\mathrm{d}x}\left(\cos\ln\frac{1}{x}\right)\right|\mathrm{d}x$，其中$n$为正整数.

解　被积函数与周期函数有关. 先做变量代换：$u=\ln x$.

$$I=\int_{\mathrm{e}^{-2n\pi}}^1\left|\frac{\mathrm{d}}{\mathrm{d}x}(\cos\ln x)\right|\mathrm{d}x$$

$$=\int_{\mathrm{e}^{-2n\pi}}^1\left|(\sin\ln x)\frac{1}{x}\right|\mathrm{d}x$$

$$=\int_{-2n\pi}^0|\sin u|\mathrm{d}u=\int_0^{2n\pi}|\sin t|\mathrm{d}t$$

$$=\sum_{k=1}^{2n}\int_{(k-1)\pi}^{k\pi}|\sin t|\mathrm{d}t=\sum_{k=1}^{2n}\int_0^{\pi}|\sin t|\mathrm{d}t$$

$$=2n\int_0^{\pi}\sin t\mathrm{d}t=4n.$$

2.(第四届)设函数$f(x)$在区间$[1,+\infty)$上连续可导，且

$$f'(x)=\frac{1}{1+f^2(x)}\left[\sqrt{\frac{1}{x}}-\sqrt{\ln\left(1+\frac{1}{x}\right)}\right].$$

证明：$\lim\limits_{x\to+\infty}f(x)$存在

证　利用不等式：$\frac{x}{1+x}<\ln(1+x)<x\quad(x>0)$. 易知，当$x\geqslant1$时，$f'(x)>0$. 所以$f(x)$在$[1,+\infty)$上单调增加. 因为

$$f'(x)\leqslant\sqrt{\frac{1}{x}}-\sqrt{\ln\left(1+\frac{1}{x}\right)}<\sqrt{\frac{1}{x}}-\sqrt{\frac{\frac{1}{x}}{1+\frac{1}{x}}}$$

$$=\frac{1}{\sqrt{x}}-\frac{1}{\sqrt{1+x}}=\frac{\sqrt{1+x}-\sqrt{x}}{\sqrt{x(1+x)}}$$

$= \frac{1}{(\sqrt{1+x}+\sqrt{x})\sqrt{x(1+x)}} \leqslant \frac{1}{2\sqrt{x^3}}$，所以，当 $x \geqslant 1$ 时，有

$$f(x) = f(1) + \int_1^x f'(t)\,\mathrm{d}t \leqslant f(1) + \frac{1}{2}\int_1^x \frac{1}{\sqrt{t^3}}\,\mathrm{d}t \leqslant f(1) + \frac{1}{2}\int_1^{+\infty} \frac{1}{\sqrt{t^3}}\,\mathrm{d}t = f(1) + 1,$$

即 $f(x)$ 在 $[1,+\infty)$ 上有上界. 根据单调有界准则，可知 $\lim\limits_{x\to+\infty} f(x)$ 存在.

第6章 微分方程

函数揭示了客观事物内在的数量关联，是研究事物规律性的重要工具. 然而，在许多实际问题中，直接确定函数关系并非易事. 这时，我们可能依据问题背景，构建包含待求函数及其导数的等式，即微分方程. 解微分方程就是求解这个等式以找出未知函数. 本章将介绍微分方程的基本概念及常用解法.

6.1 微分方程的基本概念

6.1.1 引例

从以下几个典型的实例中可了解微分方程的概念及应用.

引例1 如果一条曲线通过点(1,0)，且在该曲线上任一点 $M(x,y)$ 处的切线的斜率恰好与其横坐标相等，求这条曲线的方程.

解 设所求的曲线为 $y=y(x)$，则根据已知条件，有

$$y'=x,$$

这就是一个微分方程. 显然，函数

$$y=\frac{1}{2}x^2+C \quad (\text{其中 } C \text{ 为任意常数})$$

满足方程 $y'=x$. 由于曲线通过点(1,0)，故将 $x=1$，$y=0$ 代入上式可得

$$c=-\frac{1}{2}.$$

因此所求曲线为

$$y=\frac{1}{2}x^2-\frac{1}{2}.$$

引例2 列车在直线轨道上以20m/s的速度行驶，列车制动时，其获得的加速度为 -4m/s^2 求列车开始制动后行驶路程 $s(t)$ 与时间 t 的关系.

$$s''(t)=-4,$$

这也是一个微分方程. 显然，函数

$$s(t)=-2t^2+C_1t+C_2(\text{其中 } C_1,\ C_2 \text{ 为任意常数})$$

满足方程 $s''(t)=-4$. 由于初速度为20m/s，加速度为 -4m/s^2

$$C_1=20,\ C_2=0.$$

故路程 $s(t)$ 与时间 t 的关系为 $s(t)=-2t^2+20t$.

6.1.2　基本概念

在上述典型实例中，都涉及了微分方程.

定义 6-1　含有未知函数的导数（或微分）的方程叫作**微分方程**. 未知函数为一元函数的微分方程称为**常微分方程**，简称为**微分方程**. 如

$$y' = x,$$

$$\frac{\mathrm{d}p}{\mathrm{d}t} = kp(N-p),$$

$$s''(t) = -4$$

$$xy''' + 2y'' + x^2 y = 0$$

等都是微分方程.

微分方程中未知函数的导数的最高阶数称为**微分方程的阶**. 例如，上述四个方程中，第一至第二个是一阶方程，第三个是二阶方程，第四个是三阶方程. n 阶微分方程有下面两种一般形式：

$$F(x,y,y',\cdots,y^{(n)}) = 0,$$

$$y^{(n)} = f(x,y,y',\cdots,y^{(n-1)}),$$

其中，x 是自变量，y 为未知函数，F 和 f 是已知函数，且 $y^{(n)}$ 必须出现.

例 6-1　判断下列方程是否是微分方程，如果是，并说明其阶数.

（1）$y' = kx$，k 为常数.

解　是一阶微分方程.

（2）$y'' = \frac{1}{a}\sqrt{1+y'^2}$.

解　是二阶微分方程.

（3）$\frac{\mathrm{d}^3 y}{\mathrm{d}x^3} + 3\frac{\mathrm{d}^2 y}{\mathrm{d}x^2} - 4\frac{\mathrm{d}y}{\mathrm{d}x} - y = \sin x$.

解　是三阶微分方程.

（4）$(y')^2 + (y'')^3 y + x(y''')^4 = 0$.

解　是三阶微分方程.

定义 6-2　如果将函数 $y = y(x)$ 代入微分方程能使两端恒等，则称函数 $y = y(x)$ 为该微分方程的**解**.

从例 6-1 中知道，微分方程的解可能含有任意常数，也可能不含任意常数.

定义 6-3　若微分方程的解中含有相互独立的任意常数，且任意常数的个数与微分方程的阶数相等，则称这样的解为微分方程的**通解**（或**一般解**）. 而称不含任意常数的解为方程的**特解**.

用于确定通解中常数值的条件称为**初始条件**. 求微分方程满足初始条件的解的问题称为**初值问题**.

微分方程的解的图形是一条曲线，叫作微分方程的**积分曲线**.

注：这里所说的相互独立的任意常数，是指它们不能通过合并而使得通解中的任意常数的个数减少. 所谓通解的意思是指，当其中的任意常数取遍所有实数时，就可以得到微分方程的所有解.

在引例 1 中，$y=\frac{1}{2}x^2+C$ 是方程的通解. 一般地，方程 $y'=f(x)$ 的通解为 $y=\int f(x)\mathrm{d}x$.

$y=\frac{1}{2}x^2-\frac{1}{2}$ 是由初始条件 $y(1)=0$ 确定的特解. 一般地，为了确定方程的特解，先要求出方程的通解，再由初始条件求出任意常数的值，从而得到特解.

$y=\frac{1}{2}x^2+C$ 是一族积分曲线，$y=\frac{1}{2}x^2-\frac{1}{2}$ 是其中的一条积分曲线.

例 6-2　判断下列右侧函数是否是左侧对应微分方程的解?

提示：将右边函数代入微分方程，检查等式是否成立.

$$y'=2x \quad y=x^2$$

$$xy'=2y \quad y=5x^2$$

$$y''-2y'+y=0 \quad y=x^2\mathrm{e}^x$$

解　前两个是，最后一个不是.

例 6-3　验证函数 $x(t)=C_1\cos t+C_2\sin t$ 是微分方程 $x''(t)+x(t)=0$ 的通解. 并求满足初始条件 $x(t)|_{t=0}=1$，$x'(t)|_{t=0}=3$ 的特解.

解　要验证一个函数是否是方程的通解，只要将函数代入方程，判断是否恒等，再看函数式中所含的独立的任意常数的个数是否与方程的阶数相同即可.

对 $x(t)$ 求导得：$x'(t)=-C_1\sin t+C_2\cos t$，$x''(t)=-C_1\cos t-C_2\sin t$.

将 $x(t)=C_1\cos t+C_2\sin t$ 和 $x''(t)=-C_1\cos t-C_2\sin t$ 代入到原方程得：

$$x''(t)+x(t)=-(C_1\cos t+C_2\sin t)+(C_1\cos t+C_2\sin t)=0.$$

故含有两个独立的任意常数的函数 $x(t)=C_1\cos t+C_2\sin t$ 是原方程的通解.

把　$x(t)|_{t=0}=1$，$x'(t)|_{t=0}=3$ 代入 $x(t)=C_1\cos t+C_2\sin t$ 和 $x'(t)=-C_1\sin t+C_2\cos t$ 得

$$C_1=1,\ C_2=3.$$

故所求的解为

$$x(t)=\cos t+3\sin t.$$

习题 6-1

1. 指出下列微分方程的阶数：

(1) $x(y')^2-2yy'+x=0$；

(2) $x^2y''-xy'+y=0$；

(3) $xy'''+2y''+x^2y=0$；

(4) $(7x-6y)\mathrm{d}x+(x+y)\mathrm{d}y=0$.

2. 指出下列函数是否为所给微分方程的解：

(1) $xy' = 2y$，$y = 5x^2$；

(2) $y'' + y = 0$，$y = 3\sin x - 4\cos x$；

(3) $y'' - 2y' + y = 0$，$y = x^2 e^x$；

(4) $y'' - (\lambda_1 + \lambda_2) y' + \lambda_1\lambda_2 y = 0$，$y = C_1 e^{\lambda_1 x} + C_2 e^{\lambda_2 x}$.

3. 验证下列函数（隐函数）为所给微分方程的解：

(1) $(x-2y)y' = 2x - y$，$x^2 - xy + y^2 = C$；

(2) $(xy - x)y'' + xy'^2 + yy' - 2y' = 0$，$y = \ln(xy)$.

6.2 可分离变量的微分方程

6.2.1 可分离变量的微分方程的概念

本节至 6.4 节，我们讨论一阶微分方程

$$F(x,y,y') = 0$$

或

$$y' = f(x,y)$$

的一些解法.

其中 $F(x,y,y')$ 是 x，y，y' 的已知函数，$f(x,y)$ 是 x，y 的已知函数. 本节介绍求解特殊形式的一阶微分方程的一种有效方法——**分离变量法**.

如果要求微分方程 $y' = 2xy^2$ 的通解. 因为 y 是未知的，所以积分 $\int 2xy^2 \mathrm{d}x$ 无法进行，方程两边直接积分不能求出通解.

为求通解，若 $y \neq 0$ 时可将方程变为 $\frac{1}{y^2}\mathrm{d}y = 2x\mathrm{d}x$，两边积分，得

$$-\frac{1}{y} = x^2 + C，或 y = -\frac{1}{x^2 + C},$$

可以验证函数 $y = -\frac{1}{x^2 + C}$ 是原方程的通解. 显然，$y = 0$ 也为方程的解.

定义 6-4　如果一个一阶微分方程能写成

$$\varphi(y)\mathrm{d}y = f(x)\mathrm{d}x \quad （或写成 y' = f(x) \cdot g(y)）$$

的形式，那么原方程就称为**可分离变量的微分方程**.

注：可分离变量的微分方程意味着能把微分方程写成一端只含 y 的函数和 $\mathrm{d}y$，另一端只含 x 的函数和 $\mathrm{d}x$.

例 6-4　下列方程中哪些是可分离变量的微分方程?

(1) $y' = (\sin x - \cos x)\sqrt{1 - y^2}$；　(2) $(x^2 + y^2)\mathrm{d}x - xy\mathrm{d}y = 0$；

(3) $\frac{\mathrm{d}y}{\mathrm{d}x} = \frac{\sqrt{1 - y^2}}{\sqrt{1 - x^2}}$.

解　(1) 是；(2) 不是；(3) 是.

可分离变量的微分方程视频

6.2.2 可分离变量的微分方程的解法

分离变量法是解可分离变量方程的有效方法，其求解方法是先分离变

量，使方程的一端只含 y 及 $\mathrm{d}y$，另一端只含 x 及 $\mathrm{d}x$，然后两端积分，即可求得方程的通解.

具体的求解微分方程 $y'=f(x)\cdot g(y)$ 步骤如下：

（1）分离变量

当 $g(y)\neq 0$，将方程整理为 $\frac{1}{g(y)}\mathrm{d}y=f(x)\mathrm{d}x$ 的形式，使方程各边都只含有一个变量.

（2）两边积分 左边 $=\underbrace{\int\frac{1}{g(y)}\mathrm{d}y}_{G(y)}$，右边 $=\underbrace{\int f(x)\mathrm{d}x}_{F(x)}$.

则 $G(y)=F(x)+C$ 为微分方程的通解，也称为隐式通解.

例 6-5 求方程 $\frac{\mathrm{d}y}{\mathrm{d}x}=2x\sqrt{y}$ 的所有解.

解 当 $y\neq 0$ 时，分离变量得 $\frac{1}{2\sqrt{y}}\mathrm{d}y=x\mathrm{d}x$.

两边积分，得 $\sqrt{y}=\frac{1}{2}x^2+C$.

$y=\left(\frac{1}{2}x^2+C\right)^2$ 即为通解.

此外，还有解 $y=0$ 为奇解.

这个奇解不能通过对任意常数 C 的取值得到，一般只求通解，此时直接分离变量即可.

例 6-6 求方程 $y'=2xy$ 的通解.

解 方程两边同除以 y，再乘 $\mathrm{d}x$，得

$$\frac{1}{y}\mathrm{d}y=2x\mathrm{d}x$$

两端分别积分

$$\int\frac{1}{y}\mathrm{d}y=\int 2x\mathrm{d}x,$$

$$\ln|y|=x^2+C_1.$$

由上式可得

$$y=\pm \mathrm{e}^{x^2+C_1}=\pm \mathrm{e}^{C_1}\cdot \mathrm{e}^{x^2}.$$

记常数 $C=\pm \mathrm{e}^{C_1}$，原方程的通解为

$$y=C\mathrm{e}^{x^2}.$$

又 $y=0$ 显然是方程的解，且它已包含在通解中（当 $C=0$ 时），故原方程的通解为 $y=C\mathrm{e}^{x^2}$.

需要指出的是，$\ln|y|=x^2+C_1$ 也是方程的通解，是其**隐式通解**，而 $y=C\mathrm{e}^{x^2}$ 是**显式通解**（并不是每个方程都能求出显式通解，如果在这种情况下，则只需写出隐式通解）.

例 6-7　求微分方程$\frac{dy}{dx}=1+x+y^2+xy^2$的通解.

解　方程可化为

$$\frac{dy}{dx}=(1+x)(1+y^2),$$

分离变量得

$$\frac{1}{1+y^2}dy=(1+x)dx,$$

两边积分得

$$\int\frac{1}{1+y^2}dy=\int(1+x)dx，即 \arctan y=\frac{1}{2}x^2+x+C.$$

于是原方程的通解为$y=\tan\left(\frac{1}{2}x^2+x+C\right)$.

例 6-8　求解初值问题$\begin{cases}y'=3(x-1)^2(1+y^2),\\ y|_{x=0}=1.\end{cases}$

解　分离变量，得$\frac{1}{1+y^2}dy=3(x-1)^2dx$.

两边同时积分，得$\arctan y=(x-1)^3+C$.

将条件$y|_{x=0}=1$代入，得$\frac{\pi}{4}=-1+C$.

即$C=\frac{\pi}{4}+1$.

所求初值问题的解为$\arctan y=(x-1)^3+\frac{\pi}{4}+1$.

习题 6-2

1. 求下列微分方程的通解：

(1) $y'=(\sin x-\cos x)\sqrt{1-y^2}$；

(2) $\frac{dy}{dx}=\frac{\sqrt{1-y^2}}{\sqrt{1-x^2}}$；

(3) $y'=-\frac{y}{x}$；　　(4) $y'=xy$.

2. 求下列微分方程满足所给初始条件的特解：

(1) $y'=e^{2x-y}$，$y|_{x=0}=0$；

(2) $y'\sin x=y\ln y$，$y|_{x=\frac{\pi}{2}}=e$.

6.3 齐次方程

6.3.1 齐次方程的定义

如果函数$f(x,y)$满足

$$f(\lambda x,\lambda y)=\lambda^n f(x,y),$$

就称之为 n 次齐次函数.

形如

$$\frac{\mathrm{d}y}{\mathrm{d}x}=f\left(\frac{y}{x}\right)$$

的方程称为**零次齐次微分方程**，简称**齐次方程**.

求齐次微分方程 $\frac{\mathrm{d}y}{\mathrm{d}x}=f\left(\frac{y}{x}\right)$ 的通解方法如下：

（1）变量代换 令 $u=\frac{y}{x}$ 即 $y=xu$，代入原方程 $\frac{\mathrm{d}y}{\mathrm{d}x}=f\left(\frac{y}{x}\right)$，消去 y，得

$$\frac{\mathrm{d}y}{\mathrm{d}x}=u+x\frac{\mathrm{d}u}{\mathrm{d}x}=f(u)=f\left(\frac{y}{x}\right);$$

（2）分离变量 $\frac{\mathrm{d}u}{f(u)-u}=\frac{\mathrm{d}x}{x}$；

（3）两边积分 $\int\frac{1}{f(u)-u}\mathrm{d}u=\int\frac{1}{x}\mathrm{d}x$；

（4）回代.

将 $u=\frac{y}{x}$，代入上式便得齐次方程的通解.

例 6-9 求微分方程 $y^2\mathrm{d}x+(x^2-xy)\mathrm{d}y=0$ 的通解.

解 （0）变形得 $\frac{\mathrm{d}y}{\mathrm{d}x}=\frac{\left(\frac{y}{x}\right)^2}{\left(\frac{y}{x}\right)-1}$；

（1）变量代换 令 $u=\frac{y}{x}$，则 $y=ux$.

代入原方程消去 y，得 $u+x\frac{\mathrm{d}u}{\mathrm{d}x}=\frac{u^2}{u-1}$；

（2）分离变量得 $\frac{u-1}{u}\mathrm{d}u=\frac{\mathrm{d}x}{x}$；

（3）两边积分 $\int\frac{u-1}{u}\mathrm{d}u=\int\frac{\mathrm{d}x}{x}$，得 $u-\ln|u|=\ln x+\ln C$；

（4）回代 $u=\frac{y}{x}$，得微分方程的通解为 $\frac{y}{x}-\ln\left|\frac{y}{x}\right|=\ln Cx$.

例 6-10 求解微分方程 $\left(x-y\cos\frac{y}{x}\right)\mathrm{d}x+x\cos\frac{y}{x}\mathrm{d}y=0$.

解 （0）变形得 $\left(1-\frac{y}{x}\cos\frac{y}{x}\right)\mathrm{d}x+\cos\frac{y}{x}\mathrm{d}y=0$，即 $\frac{\mathrm{d}y}{\mathrm{d}x}=\frac{\frac{y}{x}\cos\frac{y}{x}-1}{\cos\frac{y}{x}}$；

（1）变量代换 令 $u=\frac{y}{x}$，则 $y=ux$.

代入原方程消去 y，得 $u+x\frac{\mathrm{d}u}{\mathrm{d}x}=\frac{u\cos u-1}{\cos u}$；

（2）分离变量得 $\cos u\mathrm{d}u=-\frac{\mathrm{d}x}{x}$；

（3）两边积分 $\int \cos u\mathrm{d}u = \int -\frac{\mathrm{d}x}{x}$，得 $\sin u = -\ln x + \ln C$；

（4）回代　微分方程的通解为 $x\mathrm{e}^{\sin\frac{y}{x}} = C$.

例 6-11　求微分方程 $(y^2 - x^2)\mathrm{d}y + 2xy\mathrm{d}x = 0$ 的通解.

解　(0)变形得 $\frac{\mathrm{d}x}{\mathrm{d}y} = \frac{1-\left(\frac{x}{y}\right)^2}{-2\frac{x}{y}}$.

（1）变量代换　令 $u = \frac{x}{y}$，则 $x = uy$.

代入原方程消去 x，得 $y\frac{\mathrm{d}u}{\mathrm{d}y} = \frac{1+u^2}{-2u}$；

（2）分离变量得 $\frac{-2u}{1+u^2}\mathrm{d}u = \frac{\mathrm{d}y}{y}$；

（3）两边积分 $\int \frac{-2u}{1+u^2}\mathrm{d}u = \int \frac{\mathrm{d}y}{y}$，得 $\frac{u}{1+u^2} = Cx$；

（4）回代　微分方程的通解为 $xy = Cx(x^2 + y^2)$.

6.3.2　可化为齐次方程的方程*

对于形如

$$\frac{\mathrm{d}y}{\mathrm{d}x} = f\left(\frac{a_1x + b_1y + c_1}{a_2x + b_2y + c_2}\right)$$

的方程，可化为齐次方程. 其做法是先求出平面直角坐标系中两条直线

$$a_1x + b_1y + c_1 = 0,\quad a_2x + b_2y + c_2 = 0$$

的交点 (x_0, y_0) 然后做平移变换

$$\begin{cases} X = x - x_0, \\ Y = y - y_0, \end{cases} \quad \text{即} \quad \begin{cases} x = X + x_0, \\ y = Y + y_0, \end{cases}$$

这时，$\frac{\mathrm{d}y}{\mathrm{d}x} = \frac{\mathrm{d}Y}{\mathrm{d}X}$，于是，原方程就化为齐次方程

$$\frac{\mathrm{d}Y}{\mathrm{d}X} = f\left(\frac{a_1X + b_1Y}{a_2X + b_2Y}\right).$$

例 6-12　求 $\frac{\mathrm{d}y}{\mathrm{d}x} = \frac{x - y + 1}{x + y - 3}$ 的通解.

解　直线 $x - y + 1 = 0$ 和直线 $x + y - 3 = 0$ 的交点是 $(1,2)$，因此做变换 $x = X + 1$，$y = Y + 2$. 代入原方程，得

$$\frac{\mathrm{d}Y}{\mathrm{d}X} = \frac{X - Y}{X + Y} = \left(1 - \frac{Y}{X}\right)\bigg/\left(1 + \frac{Y}{X}\right).$$

令 $u = \frac{Y}{X}$，则 $Y = uX$，$\frac{\mathrm{d}Y}{\mathrm{d}X} = u + X\frac{\mathrm{d}u}{\mathrm{d}X}$，代入上式，得

$$u + X\frac{\mathrm{d}u}{\mathrm{d}X} = \frac{1-u}{1+u}.$$

分离变量，得

$$\frac{1+u}{1-2u-u^2}\mathrm{d}u=\ln|X|+\ln C_1.$$

两边积分，得

$$-\frac{1}{2}\ln|1-2u-u^2|=\ln|X|+\ln C_1.$$

用 $u=\frac{Y}{X}$回代得 $X^2-2XY-Y^2=C$，

再将 $X=x-1$，$Y=y-2$ 回代，并整理得到所求题设方程的通解

$$x^2-2xy-y^2+2x+6y=C.$$

注：由此可见，将一个方程化为齐次方程的做法是通过变量代换进行转化.

例 6-13　利用变量代换法求方程$\frac{\mathrm{d}y}{\mathrm{d}x}=(y+x)^2$ 的通解.

解　令 $y+x=u$，则$\frac{\mathrm{d}y}{\mathrm{d}x}=\frac{\mathrm{d}u}{\mathrm{d}x}-1$，代入原方程得

$$\frac{\mathrm{d}u}{\mathrm{d}x}=1+u^2,$$

分离变量得

$$\frac{\mathrm{d}u}{1+u^2}=\mathrm{d}x,$$

两边积分得

$$\arctan u=x+C.$$

回代得

$$\arctan(x+y)=x+C.$$

故原方程的通解为

$$y=\tan(x+C)-x.$$

例 6-14　解方程 $\frac{\mathrm{d}y}{\mathrm{d}x}=\frac{1}{x+y}$.

解　若把所给方程变形为

$$\frac{\mathrm{d}x}{\mathrm{d}y}=x+y,$$

即为一阶线性方程，则可按一阶线性方程的解法求得通解(解法见 6.4 节).

这里用变量代换法来求解所给方程. 令 $x+y=u$ 则原方程化为

$$\frac{\mathrm{d}u}{\mathrm{d}x}-1=\frac{1}{u}，即\frac{\mathrm{d}u}{\mathrm{d}x}=\frac{u+1}{u}.$$

分离变量，得

$$\frac{u}{u+1}\mathrm{d}u=\mathrm{d}x,$$

两端积分，得

$$u-\ln|u+1|=x-\ln|C|.$$

以 $u=x+y$ 代入上式，得通解 $y-\ln|x+y+1|=-\ln|C|$ 或 $x=Ce^y-y-1$.

习题 6-3

1. 求微分方程 $\frac{dy}{dx}=\frac{xy-y^2}{x^2-2xy}$ 的通解.

2. 求微分方程 $y'=\frac{y}{x+y}$ 的通解.

3. 求微分方程 $x(\ln x-\ln y)dy-ydx=0$ 的通解，并解其初值问题 $y(1)=1$.

4. 求解微分方程 $\begin{cases}\frac{dy}{dx}=\frac{y}{x}+3\tan\frac{y}{x},\\ y|_{x=1}=\frac{\pi}{4}.\end{cases}$

5. 求解微分方程 $(y^2-3x^2)dy+2xydx=0$，$y|_{x=0}=1$.

6.4 一阶线性微分方程

6.4.1 一阶线性微分方程及其解法

形如

$$\frac{dy}{dx}+P(x)y=Q(x) \tag{6-1}$$

的方程称为一阶线性微分方程，其中函数 $P(x)$，$Q(x)$ 是某一区间 I 上的连续函数. 当 $Q(x)$ 不恒为 0 时，方程(6-1)称为一阶非齐次微分线性方程.

当 $Q(x)\equiv0$，方程(6-1)变成

$$\frac{dy}{dx}+P(x)y=0, \tag{6-2}$$

这个方程称为一阶齐次线性微分方程.

注：这里所说的齐次方程与 6.3 节中所说的齐次方程完全不同!

显然，一阶线性齐次微分方程是可分离变量的方程. 分离变量后得

$$\frac{dy}{y}=-P(x)dx.$$

两边积分，得

$$\ln|y|=-\int P(x)dx+C_1,$$

即

$$y=Ce^{-\int P(x)dx},$$

这就是齐次线性方程(6-2)的通解($C=\pm e^{C_1}$，积分中不再加任意常数).

例 6-15　求方程 $y'+(\sin x)y=0$ 的通解.

解　方法 1　显然，$y=0$ 是它的解.

当 $y\neq0$ 时，分离变量，得 $\frac{dy}{y}=-\sin x dx$，

两边积分，得 $\ln y=-\int\sin x dx=\cos x+\ln C$.

$$y=e^{\cos x+\ln C}=e^{\ln C}e^{\cos x}=Ce^{\cos x}.$$

所以，方程的通解为 $y=Ce^{\cos x}$.

方法 2(套公式) 此微分方程是一阶线性齐次微分方程. 令 $P(x)=\sin x$,

$$y=Ce^{-\int P(x)\mathrm{d}x}=Ce^{-\int \sin x\mathrm{d}x}=Ce^{\cos x}.$$

套公式步骤为

1. 定性微分方程为一阶线性齐次微分方程；
2. 指出 $p(x)$；
3. 代入公式.

求解一阶非齐次线性微分方程 $y'+P(x)y=Q(x)$ 可采用巧妙的常数变易法，其方法步骤如下：

(1) 对应齐线性微分方程 $y'+P(x)y=0$ 的通解是

$$y=Ce^{-\int P(x)\mathrm{d}x};$$

(2) 采用“常数变易法”将上式中的 C 换成 x 的待定函数 $C(x)$，即令

$$y=C(x)e^{-\int P(x)\mathrm{d}x}$$

(3) 代入原方程 $[C(x)e^{-\int P(x)\mathrm{d}x}]'+P(x)C(x)e^{-\int P(x)\mathrm{d}x}=Q(x)$,

$$C'(x)e^{-\int P(x)\mathrm{d}x}+C(x)e^{-\int P(x)\mathrm{d}x}[-P(x)]+P(x)C(x)e^{-\int P(x)\mathrm{d}x}=Q(x);$$

(4) 化简后，得 $C'(x)=Q(x)e^{\int P(x)\mathrm{d}x}$；

(5) 积分后，得 $C(x)=\int Q(x)e^{\int P(x)\mathrm{d}x}\mathrm{d}x+C$；

(6) 将上式代入 $y=C(x)e^{-\int P(x)\mathrm{d}x}$.

便得 $y'+P(x)y=Q(x)$ 的通解为

$$y=e^{-\int P(x)\mathrm{d}x}\left(\int Q(x)e^{\int P(x)\mathrm{d}x}\mathrm{d}x+C\right).$$

因此 $y'+P(x)y=0$ 的通解公式为

$$y=Ce^{-\int P(x)\mathrm{d}x}.$$

$y'+P(x)y=Q(x)$ 的通解公式为

$$\begin{aligned}y&=e^{-\int P(x)\mathrm{d}x}\left[\int Q(x)e^{\int P(x)\mathrm{d}x}\mathrm{d}x+C\right]\\&=Ce^{-\int P(x)\mathrm{d}x}+e^{-\int P(x)\mathrm{d}x}\int Q(x)e^{\int P(x)\mathrm{d}x}\mathrm{d}x.\end{aligned}$$

定理 6-1(结构定理) 一阶线性非齐次微分方程 $y'+P(x)y=Q(x)$ 的通解有如下的结构特征：

非齐次通解 = 对应齐次方程的通解 + 非齐次的一个特解.

例 6-16 求方程 $\frac{\mathrm{d}y}{\mathrm{d}x}-\frac{2y}{x+1}=(x+1)^{\frac{3}{2}}$ 的通解.

解 方法 1 这是一阶非齐次线性方程. 先求对应的齐次方程 $\frac{\mathrm{d}y}{\mathrm{d}x}-$

$\frac{2y}{x+1}=0$ 的通解，得 $y=C(x+1)^2$.

用常数变易法，把 C 换成 $C(x)$，即 $y=C(x)(x+1)^2$，

$$\frac{dy}{dx}=C'(x)(x+1)^2+2C(x)(x+1).$$

代入原方程，化简得 $C'(x)=\frac{1}{\sqrt{1+x}}$.

故 $C(x)=2\sqrt{1+x}+C$.

于是方程的通解为 $y=(x+1)^2(2\sqrt{1+x}+C)$.

方法 2　套公式 $y=e^{-\int P(x)dx}\left[\int Q(x)e^{\int P(x)dx}dx+C\right]$.

1. 定性　一阶非齐线性微分方程；

2. 指出 $p(x)$，$q(x)$，$P(x)=-\frac{2}{x+1}$，$Q(x)=(x+1)^{\frac{3}{2}}$；

3. 代入公式.

$$y=e^{-\int P(x)dx}\left[\int Q(x)e^{\int P(x)dx}dx+C\right]=$$

$$(1+x)^2\left[\int (x+1)^{\frac{3}{2}}\cdot\frac{1}{(1+x)^2}dx+C\right]=(1+x)^2(2\sqrt{1+x}+C).$$

6.4.2　伯努利方程及其解法

形如

$$\frac{dy}{dx}+P(x)y=Q(x)y^n \tag{6-3}$$

的方程称为伯努利方程，其中 n 为常数，且 $n\neq0$，1.

伯努利方程是一类非线性方程，但是通过适当的变换，就可以把它化为线性方程. 事实上，在方程(6-3)两端除以 y^n，得

$$y^{-n}\frac{dy}{dx}+P(x)y^{1-n}=Q(x),$$

或

$$\frac{1}{1-n}\cdot(y^{1-n})'+P(x)y^{1-n}=Q(x).$$

于是，令 $z=y^{1-n}$，就得到关于变量 z 的一阶线性方程

$$\frac{dz}{dx}+(1-n)P(x)z=(1-n)Q(x).$$

利用线性方程的求解方法求出通解后，再回代原变量，便可得到伯努利方程(6-3)的通解

$$y^{1-n}=e^{-\int(1-n)P(x)dx}\left(\int Q(x)(1-n)e^{\int(1-n)P(x)dx}dx+C\right).$$

例 6-17　求方程 $\frac{dy}{dx}+\frac{y}{x}=y^2\ln x$ 的通解.

解　以 y^2 除方程的两端，得

$$y^{-2}\frac{\mathrm{d}y}{\mathrm{d}x}+\frac{1}{x}y^{-1}=\ln x\text{，即}-\frac{\mathrm{d}(y^{-1})}{\mathrm{d}x}+\frac{1}{x}y^{-1}=\ln x,$$

令 $z=y^{-1}$，则上述方程变为$\frac{\mathrm{d}z}{\mathrm{d}x}-\frac{1}{x}z=-\ln x$.

解此线性微分方程(过程略)，可得 $z=x\left[C-\frac{1}{2}(\ln x)^2\right]$.

以 y^{-1}代 z，得所求通解为 $yx\left[C-\frac{1}{2}(\ln x)^2\right]=1$.

注：经过变量代换，某些方程可以化为已知其求解方法的方程.

例 6-18 求方程 $\frac{\mathrm{d}y}{\mathrm{d}x}+x(y-x)+x^3(y-x)^2=1$ 的通解.

解 令 $y-x=u$，则$\frac{\mathrm{d}y}{\mathrm{d}x}=\frac{\mathrm{d}u}{\mathrm{d}x}+1$，于是得到伯努利方程

$$\frac{\mathrm{d}u}{\mathrm{d}x}+xu=-x^3u^2.$$

再令 $z=u^{1-2}=\frac{1}{u}$，上式即变为一阶线性方程

$$\frac{\mathrm{d}z}{\mathrm{d}x}-xz=x^3.$$

其通解为 $z=\mathrm{e}^{\frac{x^2}{2}}\left(\int x^3\mathrm{e}^{-\frac{x^2}{2}}\mathrm{d}x+C\right)=C\mathrm{e}^{\frac{x^2}{2}}-x^2-2$.

回代原变量，即得到方程的通解

$$y=x+\frac{1}{z}=x+\frac{1}{C\mathrm{e}^{\frac{x^2}{2}}-x^2-2}.$$

习题 6-4

1. 求方程 $2y'-y=\mathrm{e}^x$ 的通解.

2. 求解初值问题 $\begin{cases}(x-\ln y)\mathrm{d}y+y\ln y\mathrm{d}x=0,\\ y|_{x=1}=\mathrm{e}.\end{cases}$

3. 解方程$\begin{cases}(y^2-6x)y'+2y=0,\\ y(2)=1.\end{cases}$

4. 求方程$\frac{\mathrm{d}y}{\mathrm{d}x}-\frac{2y}{x+1}=(x+1)^{\frac{5}{2}}$的通解.

5. 求微分方程 $xy'+y=\cos x$ 的通解及满足初始条件 $y(\pi)=1$ 的特解.

6. 求微分方程 $y'=\frac{y}{x-y^3}$的通解及满足初始条件 $y(2)=1$ 的特解.

7. 设某企业在 t 时刻产值 $y(t)$ 的增长率与产值以及新增投资 $2bt$ 有关，并有如下关系：

$$y'=-2aty+2bt,$$

其中 a，b 均为正常数，$y(0)=y_0<b$，求产值函数 $y(t)$.

6.5 可降阶的高阶微分方程

6.5.1 类型 I $y^{(n)}=f(x)$型的微分方程

特点 微分方程右端仅含有变量 x 的函数.

解法 逐次积分，阶数递减.

对方程 $y^{(n)}=f(x)$ 两端同时积分求得 $y^{(n-1)}=\int f(x)\mathrm{d}x=F_1(x)+C_1$.

再积分可得 $y^{(n-2)}=\int(F_1(x)+C_1)\mathrm{d}x=F_2(x)+C_1x+C_2$.

再积分可得 $y^{(n-3)}=\int(F_2(x)+C_1x+C_2)\mathrm{d}x=F_3(x)+\frac{C_1}{2}x^2+C_2x+C_3$.

依此法继续进行积分 n 次，阶数减为0，即可得原方程的通解.

例 6-19　求 $y'''=\sin x+\cos x$ 的通解.

解　积分求得 $y''=\int(\sin x+\cos x)\mathrm{d}x=-\cos x+\sin x+C_1$.

同理可得

$$y'=\int(\sin x-\cos x+C_1)\mathrm{d}x=-\cos x-\sin x+C_1x+C_2.$$

$$y=\int(-\sin x-\cos x+C_1x+C_2)\mathrm{d}x=\cos x-\sin x+C_1\frac{x^2}{2}+C_2x+C_3.$$

所以原方程的通解为 $y=\cos x-\sin x+C_1\frac{x^2}{2}+C_2x+C_3$.

6.5.2　类型Ⅱ $y''=f(x,y')$ 型的微分方程

特点　不显含未知函数 y 的方程.

解法　设 $y'=p$ 则 $y''=p'=\frac{\mathrm{d}p}{\mathrm{d}x}$.

代入原方程，得 $\frac{\mathrm{d}p}{\mathrm{d}x}=f(x,p)$.

设其通解为 $p=\varphi(x,C_1)$.

于是 $\frac{\mathrm{d}y}{\mathrm{d}x}=\varphi(x,C_1)$. 即 $\mathrm{d}y=\varphi(x,C_1)\mathrm{d}x$. 积分得原方程通解为

$$y=\int\varphi(x,C_1)\mathrm{d}x+C_2.$$

例 6-20　求方程 $(1+x^2)y''=2xy'$ 满足初始条件 $y_{x=0}=1$，$y'|_{x=0}=3$ 的特解.

解　设 $y'=p$，则 $y''=p'=\frac{\mathrm{d}p}{\mathrm{d}x}$,

代入原方程，得 $(1+x^2)\frac{\mathrm{d}p}{\mathrm{d}x}=2xp$(可分离变量).

计算得通解为 $p=C_1(1+x^2)$.

于是 $\frac{\mathrm{d}y}{\mathrm{d}x}=C_1(1+x^2)$，即 $\mathrm{d}y=C_1(1+x^2)\mathrm{d}x$ 积分得原方程通解为 $y=C_1\left(x+\frac{x^3}{3}+C_2\right)$. 代入初始条件得 $C_1=3$，$C_2=\frac{1}{3}$ 特解为 $y=3x+x^3+1$.

例 6-21　求方程 $xy''=y'+x^2$ 的通解.

解 设 $y'=p$ 则 $y''=p'=\frac{\mathrm{d}p}{\mathrm{d}x}$,

代入原方程，得 $x\frac{\mathrm{d}p}{\mathrm{d}x}=p+x^2$.

化简，得 $\frac{\mathrm{d}p}{\mathrm{d}x}-\frac{1}{x}p=x$ （一阶线性非齐方程）.

计算得通解为 $p=x(x+C_1)$.

于是 $\frac{\mathrm{d}y}{\mathrm{d}x}=x(x+C_1)$，即 $\mathrm{d}y=(x^2+C_1x)\mathrm{d}x$ 积分得原方程通解为

$$y=\frac{x^3}{3}+\frac{C_1x^2}{2}+C_2.$$

6.5.3 类型Ⅲ $y''=f(y,y')$ 型的微分方程

特点 方程右端不显含自变量 x.

解法 设 $y'=p$，则 $y''=\frac{\mathrm{d}p}{\mathrm{d}y}\cdot\frac{\mathrm{d}y}{\mathrm{d}x}=p\frac{\mathrm{d}p}{\mathrm{d}y}$.

代入原方程，得 $p\frac{\mathrm{d}p}{\mathrm{d}y}=f(y,p)$.

设其通解为$\frac{\mathrm{d}y}{\mathrm{d}x}=p=\varphi(y,C_1)$.

分离变量并积分，得 $\int\frac{\mathrm{d}y}{\varphi(y,C_1)}=\int\mathrm{d}x$

原方程的通解为

$$\int\frac{\mathrm{d}y}{\varphi(y,C_1)}=x+C_2.$$

例 6-22 求方程 $yy''-(y')^2+(y')^3=0$ 的通解

解 此方程不显含自变量，令 $y'=p$，则 $y''=\frac{\mathrm{d}p}{\mathrm{d}y}\cdot\frac{\mathrm{d}y}{\mathrm{d}x}=p\frac{\mathrm{d}p}{\mathrm{d}y}$，则原方程可化为

$$yp\frac{\mathrm{d}p}{\mathrm{d}y}-p^2+p^3=p\left(y\frac{\mathrm{d}p}{\mathrm{d}y}-p+p^2\right)=0.$$

从而 $p=0$，或 $y\frac{\mathrm{d}p}{\mathrm{d}y}-p+p^2=0$.

前者对应解 $y=C$，后者对应方程 $\frac{\mathrm{d}p}{p(1-p)}=\frac{\mathrm{d}y}{y}$.

两边积分，得 $\frac{p}{1-p}=C_1y$，即 $\frac{\mathrm{d}y}{\mathrm{d}x}=p=\frac{C_1y}{1+C_1y}$.

再分离变量后积分，得 $y+C_1\ln|y|=x+C_2$.

因此，原方程的解为

$$y=C\text{ 及 }y+C_1\ln|y|=x+C_2.$$

例 6-23 求微分方程 $yy''=2(y'^2-y')$满足初始条件 $y(0)=1$，$y'(0)=2$ 的特解.

解　令 $y'=p$，由 $y''=p\dfrac{\mathrm{d}p}{\mathrm{d}y}$代入方程并化简得

$$y\frac{\mathrm{d}p}{\mathrm{d}y}=2(p-1).$$

上式为可分离变量的一阶微分方程，解得 $p=y'=Cy^2+1$.
再分离变量，得

$$\frac{\mathrm{d}y}{Cy^2+1}=\mathrm{d}x.$$

由初始条件 $y(0)=1$，$y'(0)=2$ 得出 $C=1$.
从而得

$$\frac{\mathrm{d}y}{1+y^2}=\mathrm{d}x.$$

再两边积分，得 $\arctan y=x+C_1$ 或 $y=\tan(x+C_1)$.

由 $y(0)=1$ 得出 $C_1=\arctan 1=\dfrac{\pi}{4}$，从而所求特解为

$$y=\tan\left(x+\frac{\pi}{4}\right).$$

习题 6-5

1. 求方程 $y''=\mathrm{e}^{2x}-\cos x$ 的通解.
2. 求解下列微分方程的初值问题：

(1) $y^3y''+1=0$，$y|_{x=1}=1$，$y'|_{x=1}=0$；

(2) $x^2y''+xy'=1$，$y|_{x=1}=0$，$y'|_{x=1}=1$；

(3) $y''=\dfrac{1}{x^2+1}$，$y|_{x=0}=y'|_{x=0}=0$；

(4) $(1+x^2)y''=2xy'$，$y|_{x=0}=1$，$y'|_{x=0}=3$.

6.6　二阶常系数线性微分方程

在多数实际问题中，应用得较多的高阶微分方程是**二阶常系数线性微分方程**，它的一般形式是

$$y''+py'+qy=f(x),\tag{6-4}$$

其中 p，q 为常数，$f(x)$为已知函数. 当方程右端 $f(x)\equiv 0$ 时，方程称为**齐次的**，否则称为**非齐次的**.

6.6.1　二阶常系数齐次线性微分方程解的结构

二阶常系数齐次线性微分方程的形式是

$$y''+py'+qy=0.\tag{6-5}$$

在 6.4 节中我们学习了一阶线性微分方程，知道其解有很特殊的结构，这是由其线性的特点决定的. 二阶线性微分方程也有类似的结论.

定理 6-2（解的叠加原理）　如果函数 $y_1(x)$ 与 $y_2(x)$ 都是二阶常系数线性齐次方程(6-5)的解，则其线性组合

$$y=C_1y_1(x)+C_2y_2(x)$$

也是方程(6-5)的解，其中 C_1，C_2 是任意常数.

证 将 $y=C_1y_1(x)+C_2y_2(x)$ 代入方程(6-5)的左边，得

$$\begin{aligned}&(C_1y_1+C_2y_2)''+p(C_1y_1+C_2y_2)'+q(C_1y_1+C_2y_2)\\=&C_1(y_1''+py_1'+qy_1)+C_2(y_2''+py_2'+q(x)y_2)\\=&C_1\cdot 0+C_2\cdot 0=0.\end{aligned}$$

所以 $y=C_1y_1(x)+C_2y_2(x)$ 是方程(6-5)的解.

由此提出问题：既然 $y=C_1y_1(x)+C_2y_2(x)$ 是方程(6-5)的解又含有两个任意常数，那么它是否就是方程的通解呢？我们看一个简单例子.

例 6-24 证明：$y_1=e^x$，$y_2=2e^x$ 是方程 $y''-y=0$ 的解，但 $y=C_1y_1+C_2y_2$ 不是方程的通解.

证 将 $y_1=e^x$，$y_2=2e^x$ 代入方程，易知其均为方程的解，从而 $y=C_1y_1+C_2y_2$ 也是方程的解. 但由于

$$C_1y_1+C_2y_2=C_1e^x+2C_2e^x=(C_1+2C_2)e^x=Ce^x(C=C_1+2C_2).$$

这里的 $y=C_1y_1+C_2y_2$ 实质上只有一个任意常数，因此不能作为方程的通解.

这个例子表明，不能将方程任意两个解的组合 $y=C_1y_1+C_2y_2$ 作为通解，但在一定条件下，这种组合确实是方程的通解.

定义 6-5(函数的线性相关性) 如果存在不全为零的常数 a_1，a_2 使得

$$a_1y_1(x)+a_2y_2(x)=0,$$

则称 y_1 与 y_2 **线性相关**.

当且仅当 $a_1=a_2=0$ 时，$a_1y_1(x)+a_2y_2(x)=0$ 才成立，则称 y_1 与 y_2 **线性无关**.

注：判断两个函数是线性相关还是线性无关，只要看它们的比是否为一个常数.

在例 6-24 中，$y_1=e^x$ 与 $y_2=2e^x$ 是线性相关的，因为 $2y_1-y_2=0$. 可以验证 $y_1=e^x$ 与 $y_2=e^{-x}$ 是方程 $y''-y=0$ 的两个线性无关的特解，此时 $y=C_1y_1+C_2y_2$ 就是方程的通解.

定理 6-3 如果函数 $y_1(x)$ 与 $y_2(x)$ 是二阶常系数线性齐次方程(6-5)的两个线性无关的特解，则 $y=C_1y_1+C_2y_2$ 是此方程的通解.

注：定理 6-2 和定理 6-3 对于一般的二阶线性齐次方程(系数不一定是常数)的情形也成立.

6.6.2 二阶常系数齐次线性微分方程的通解求法

由定理 6-3 可知，要求二阶常系数线性齐次方程

$$y''+py'+qy=0$$

的通解，即为求方程的两个线性无关的特解.

因为方程左端的系数都是常数，y'' 和 y' 都应该是 y 的同类项，而 $y=e^{rx}$

的一阶和二阶导数恰有此性质，所以，可猜想方程有形如 $y=e^{rx}$ 的特解，其中 r 是待定系数.

将 $y=e^{rx}$，$y'=re^{rx}$，$y''=r^2e^{rx}$ 代入方程(6-5)，得

$$e^{rx}(r^2+pr+q)=0.$$

因为 $e^{rx}\neq 0$，所以有

$$r^2+pr+q=0. \tag{6-6}$$

一元二次方程(6-6)称为方程 $r^2+pr+q=0$ 的**特征方程**. 特征方程的解称为**特征根**.

特征根可以用一元二次方程的求根公式 $r_{1,2}=\frac{1}{2}(-p\pm\sqrt{p^2-4q})$ 求出. 它们有三种不同的情形：

二阶常系数齐次线性微分方程视频

(1) 当 $p^2-4q>0$ 时，r_1，r_2 是特征方程两个不相等的实根

$$r_1=\frac{1}{2}(-p+\sqrt{p^2-4q}),\ r_2=\frac{1}{2}(-p-\sqrt{p^2-4q});$$

(2) 当 $p^2-4q=0$ 时，r_1，r_2 是特征方程两个相等的实根

$$r_1=r_2=-\frac{p}{2};$$

(3) 当 $p^2-4q<0$ 时，r_1，r_2 是特征方程一对共轭复根

$$r_1=\alpha+i\beta,\ r_2=\alpha-i\beta,$$

其中 $\alpha=-\frac{p}{2}$，$\beta=\frac{1}{2}\sqrt{4q-p^2}$.

相应地，微分方程(6-5)的通解也就有三种不同的情形，现在分别讨论如下：

(1) 特征方程有两个不相等的实根 $r_1\neq r_2$.

由上面的讨论知道，$y_1=e^{r_1x}$，$y_2=e^{r_2x}$ 是微分方程(6-5)的两个解，且 $\frac{y_1}{y_2}=\frac{e^{r_1x}}{e^{r_2}x}=e^{(r_1-r_2)x}$ 不是常数，因此方程(6-5)的通解为

$$y=C_1e^{r_1x}+C_2e^{r_2x}.$$

例 6-25　求方程 $y''-5y'+6y=0$ 的通解.

解　特征方程为

$$r^2-5r+6=0,$$

$$(r-2)(r-3)=0.$$

特征根为 $r_1=2$，$r_2=3$.

故所求微分方程的通解为

$$y=C_1e^{2x}+C_2e^{3x}.$$

(2) 特征方程有两个相等的实根 $r_1=r_2$.

这时，只能得到微分方程(6-5)的一个特解 $y_1=e^{r_1x}$. 还需求出另外一个特解 y_2，且要求 $\frac{y_2}{y_1}$ 不是常数. 为此，设 $\frac{y_2}{y_1}=u(x)\neq C$，即 $y_2=e^{r_1x}u(x)$. 下面求 $u(x)$，使 $y_2=e^{r_1x}u(x)$ 满足方程.

将 y_2 求导，得

$$y_2' = e^{r_1x}(u' + r_1u),$$
$$y_2'' = e^{r_1x}(u'' + 2r_1u' + r_1^2u),$$

代入方程(6-5)，得

$$e^{r_1x}[(u'' + 2r_1u' + r_1^2u) + p(u' + r_1u) + qu] = 0,$$

约去 e^{r_1x}，并按 u''，u'及 u 合并同类项，得

$$u'' + (2r_1 + p)u' + (r_1^2 + pr_1 + q)u = 0.$$

由于 r_1 是特征方程(6-6)的重根，故 $r_1^2 + pr_1 + q = 0$，$2r_1 + p = 0$，于是有

$$u'' = 0,$$

解得 $u = C_1 + C_2x$. 由于我们只要得到一个不为常数的解，所以不妨选取$u = x$，

由此得微分方程的另外一个解

$$y_2 = xe^{r_1x},$$

从而微分方程(6-5)的通解为 $y = C_1e^{r_1x} + C_2xe^{r_1x} = (C_1 + C_2x)e^{r_1x}$.

例 6-26 求方程 $y'' - 4y' + 4y = 0$ 的通解及满足条件 $y(0) = y'(0) = 1$ 的特解.

解 特征方程为

$$r^2 - 4r + 4 = 0.$$

特征根为重根 $r_1 = r_2 = 2$.

故所求微分方程的通解为

$$y = (C_1 + C_2x)e^{2x}.$$

由 $y'(0) = 1$ 代入上式得 $C_1 = 1$，从而 $y = (1 + C_2x)e^{2x}$. 方程两边求导得

$$y' = (C_2 + 2 + 2C_2x)e^{2x}.$$

将 $y'(0) = 1$ 代入上式得 $C_2 = -1$.

故所求特解为 $y = (1 - x)e^{2x}$.

(3) 特征方程有一对共轭复根

$$r_1 = \alpha + i\beta,\ r_2 = \alpha - i\beta \quad (\beta \neq 0).$$

这时，我们得到微分方程的两个复数形式的解 $y_1 = e^{(\alpha + i\beta)x}$，$y_2 = e^{(\alpha - i\beta)x}$. 为了便于应用，我们来导找方程的两个实函数形式的解，利用欧拉方式 $e^{i\varphi} = \cos\varphi + i\sin\varphi$(此公式的推导从略)，有

$$y_1 = e^{(\alpha + i\beta)x} = e^{\alpha x}e^{i\beta x} = e^{\alpha x}(\cos\beta x + i\sin\beta x),$$
$$y_2 = e^{(\alpha - i\beta)x} = e^{\alpha x}e^{-i\beta x} = e^{\alpha x}(\cos\beta x - i\sin\beta x).$$

取

$$\bar{y}_1 = \frac{1}{2}(y_1 + y_2) = e^{\alpha x}\cos\beta x,$$

$$\bar{y}_2 = \frac{1}{2i}(y_1 - y_2) = e^{\alpha x}\sin\beta x,$$

则 $\bar{y}_1$，$\bar{y}_2$ 是两个实函数且是方程(6-5)的解，而且

$$\frac{\bar{y}_1}{\bar{y}_2}=\frac{e^{\alpha x}\cos\beta x}{e^{\alpha x}\sin\beta x}=\cot\beta x\neq C,$$

故方程(6-5)的通解为

$$y=e^{\alpha x}(C_1\cos\beta x+C_2\sin\beta x).$$

例 6-27　求方程 $y''-4y'+13y=0$ 的通解.

解　从特征方程 $r^2-4r+13=0$ 得出 $r_{1,2}=2\pm 3\mathrm{i}$.

故所求通解为

$$y=e^{2x}(C_1\cos 3x+C_2\sin 3x).$$

6.6.3　二阶常系数非齐次线性微分方程解的结构

二阶常系数非齐次线性微分方程的一般形式是

$$y''+py'+qy=f(x),\tag{6-7}$$

其中 p，q 为常数，且 $f(x)$ 不恒为 0. 通常，称方程 $y''+py'+qy=0$ 为方程(6-7)对应的齐次方程.

与一阶线性微分方程解的结构类似，方程(6-7)的通解也由两部分构成：一部分是对应的齐次方程的通解，另一部分是非齐次方程本身的一个特解.

定理 6-4　设 y^* 是方程(6-7)的一个特解，Y 是方程(6-7)对应的齐次方程的通解，则方程(6-7)的通解为

$$y=Y+y^*.$$

证　因为 y^* 是方程(6-7)的一个特解，所以

$$(y^*)''+p(y^*)'+qy^*=f(x).$$

又 Y 是相应的齐次方程的通解，因此

$$Y''+pY'+qY=0.$$

将 $y=Y+y^*$ 代入方程(6-7)的左端，得

$$\begin{aligned}&(Y+y^*)''+p(Y+y^*)'+q(Y+y^*)\\&=(Y''+pY'+qY)+((y^*)''+p(y^*)'+qy^*)=f(x).\end{aligned}$$

所以 $y=Y+y^*$ 是方程(6-7)的通解.

定理 6-5(叠加原理)　设 y_1，y_2 分别是方程

$$y''+py'+qy=f_1(x),\ y''+py'+qy=f_2(x)$$

的解，则 $y=y_1+y_2$ 是方程

$$y''+py'+qy=f_1(x)+f_2(x)$$

的解.

证　由 $y_1''+py_1'+qy_1=f_1(x)$ 与 $y_2''+py_2'+qy_2=f_2(x)$ 相加即得

$$(y_1+y_2)''+p(y_1+y_2)'+q(y_1+y_2)=f_1(x)+f_2(x).$$

所以定理的结论成立.

6.6.4 四种特殊形式的非齐次方程的解

下面介绍当$f(x)$为四种特殊形式时特解的求法.

1. 多项式的情形$f(x)=P_n(x)$

此时，二阶常系数线性非齐次方程为

$$y''+py'+qy=P_n(x),$$

其中$P_n(x)$为一个n次多项式

$$P_n(x)=a_0x^n+a_1x^{n-1}+\cdots+a_{n-1}x+a_n.$$

因为方程中p，q均为常数且多项式的导数仍为多项式，所以可以推测，$y''+py'+qy=P_n(x)$的特解的形式为

$$y^*=x^kQ_n(x),$$

其中$Q_n(x)$与$P_n(x)$是同次多项式，$k\in\{0,1,2\}$. k的取值原则是使得等式两边x的最高阶的幂次相同，具体做法如下：

（1）当$q\neq0$时，取$k=0$；

（2）当$q=0$，但$p\neq0$时，取$k=1$；

（3）当$q=0$，且$p=0$时，取$k=2$.

将所设的特解代入原方程，使等式两边x同次幂的系数相等，从而确定$Q_n(x)$的各项系数，便得到所求之特解.

例 6-28 求方程$y''-2y'+y=x^2$的一个特解.

解 因为$f(x)=x^2$是x的二次式，且y的系数$q=1\neq0$，所以取$k=0$. 设特解为

$$y^*=Ax^2+Bx+C.$$

则$(y^*)'=2Ax+B$，$(y^*)''=2A$，代入原方程，得

$$Ax^2+(-4A+B)x+(2A-2B+C)=x^2,$$

使两端x同次幂的系数相等

$$\begin{cases}A=1,\\-4A+B=0,\\2A-2B+C=0.\end{cases}$$

解之得$A=1$，$B=4$，$C=6$. 故所求的特解为

$$y^*=x^2+4x+6.$$

例 6-29 求方程$y''+y'=x^3-x+1$的一个特解.

解 因为$f(x)=x^3-x+1$是x的三次多项式，且$q=0$，$p=1\neq0$，所以取$k=1$. 设方程的特解为

$$y^*=x(Ax^3+Bx^2+Cx+D).$$

按例 6-28 的方法进行求导、代入、比较系数等环节（此处省略，请读者自己完成）. 最后求得特解为

$$y^*=x\left(\frac{1}{4}x^3-x^2+\frac{5}{2}x-4\right).$$

2. 指数函数的情形 $f(x)=Ae^{\alpha x}$

这时二阶常系数线性非齐次方程为

$$y''+py'+qy=Ae^{\alpha x},$$

其中 α，A 为常数. 因为方程中 p，q 均为常数，且指数函数的导数仍为指数函数，因此，可以推测 $y''+py'+qy=Ae^{\alpha x}$ 的特解具有形式

$$y^*=Bx^k e^{\alpha x},$$

其中 B 为待定常数. k 的取值由 α 是否为特征方程的根的情况而定，具体方法如下：

（1）当 α 不是特征方程的根时，取 $k=0$.

（2）当 α 是特征方程的单根时，取 $k=1$.

（3）当 α 是特征方程的重根时，取 $k=2$.

例 6-30　求方程 $y''+y'+y=2e^{2x}$ 的一个特解.

解　$\alpha=2$ 不是特征方程 $r^2+r+1=0$ 的根，取 $k=0$，所以可设原方程的特解为 $y^*=Bx^k e^{\alpha x}$，则

$(y^*)'=2Be^{2x}$，$(y^*)''=4Be^{2x}$，代入原方程得

$$7Be^{2x}=2e^{2x}.$$

解得 $B=\dfrac{2}{7}$，故方程有一特解为

$$y^*=\frac{2}{7}e^{2x}.$$

例 6-31　求方程 $y''+2y'-3y=e^x$ 的通解.

解　特征方程 $r^2+2r-3=0$ 的根为 $r_1=1$，$r_2=-3$.

因为 $\alpha=1$ 是特征方程 $r^2+2r-3=0$ 的单根，所以取 $k=1$. 设特解为 $y^*=Bxe^x$，代入原方程后，解得 $B=\dfrac{1}{4}$，故方程的一个特解为 $y^*=\dfrac{1}{4}xe^x$. 所求的通解为

$$y=C_1e^x+C_2e^{-3x}+\frac{1}{4}xe^x.$$

3. 指数函数与幂函数乘积的情形 $f(x)=e^{\lambda x}P_m(x)$

此时，二阶常系数线性非齐次方程为

$$y''+py'+qy=e^{\lambda x}P_m(x), \tag{6-8}$$

这里 λ 是常数，$P_m(x)$ 是 m 次多项式.

由于指数函数与多项式之积的导数仍是同类型的函数，设方程(6-8)的特解为

$$y^*=Q(x)e^{\lambda x},$$

其中 $Q(x)$ 是 x 的多项式，代入方程(6-8)得

$$Q''+(2\lambda+p)Q'+(\lambda^2+p\lambda+q)Q\equiv P_m(x).$$

（1）若 λ 不是特征方程 $r^2+pr+q=0$ 的根，那么 $\lambda^2+p\lambda+q\neq0$，这时 $Q(x)$ 与 $P_m(x)$ 应同次幂，于是可令 $Q(x)=Q_m(x)=a_0x^m+a_1x^{m-1}+\cdots+$

$a_{m-1}x+a_m$.

将 $Q(x)$ 代入方程(6-8)，比较等式两端 x 同次幂的系数.

(2) 若 λ 是特征方程 $r^2+pr+q=0$ 的单根，那么有 $\lambda^2+p\lambda+q=0$，而 $2\lambda+p\neq0$，此时，$Q'(x)$ 应是 m 次多项式，可令 $Q(x)=xQ_m(x)$.

(3) 若 λ 是特征方程 $r^2+pr+q=0$ 的重根，即有 $\lambda^2+p\lambda+q=0$，且 $2\lambda+p=0$，$Q''(x)$ 应是 m 次多项式，可令 $Q(x)=x^2Q_m(x)$.

例 6-32 求方程 $y''+3y'+2y=3xe^{-x}$ 的通解.

解 特征方程 $r^2+3r+2=0$ 的根为 $r_1=-1$，$r_2=-2$.

对应齐次方程通解为 $\bar{y}=C_1e^{-x}+C_2e^{-2x}$.

令 $y^*=x(Ax+B)e^{-x}$ 代入原方程得

$$(2Ax+B+2A)e^{-x}=3xe^{-x}.$$

解得 $A=\dfrac{3}{2}$，$B=-3$.

则 $y^*=\left(\dfrac{3}{2}x^2-3x\right)e^{-x}$.

故所求通解为 $y=C_1e^{-x}+C_2e^{-2x}+\left(\dfrac{3}{2}x^2-3x\right)e^{-x}$.

4. $f(x)=e^{\alpha x}(A\cos\omega x+B\sin\omega x)$ 的情形.

此时二阶常系数线性非齐次方程为

$$y''+py'+qy=e^{\alpha x}(A\cos\omega x+B\sin\omega x),$$

其中 α，ω，A，B 均为常数.

因为方程中 p，q 均为常数，且指数函数的导数仍为指数函数，正弦函数与余弦函数的导数仍是正弦函数与余弦函数，因此可推断原方程具有如下形式的特解：

$$y^*=x^ke^{\alpha x}(C\cos\omega x+D\sin\omega x),$$

其中 C，D 为待定常数. k 取值 0 或 1. 具体方法如下：

(1) 当 $\alpha+i\omega$ 不是特征方程的根时，取 $k=0$.

(2) 当 $\alpha+i\omega$ 是特征方程的根时，取 $k=1$.

例 6-33 求方程 $y''+y=\sin x$ 的通解.

解 $f(x)=\sin x$ 为 $e^{\alpha x}(A\cos\omega x+B\sin\omega x)$ 型的函数，且 $\alpha=0$，$\omega=1$，$\alpha+i\omega=i$ 是特征方程 $r^2+1=0$ 的根，所以取 $k=1$. 设特解为

$$y^*=x(C\cos x+D\sin x),$$

$$(y^*)'=C\cos x+D\sin x+x(D\cos x-C\sin x),$$

$$(y^*)''=2D\cos x-2C\sin x-x(C\cos x+D\sin x).$$

代入原方程，得

$$2D\cos x-2C\sin x=\sin x.$$

比较两端 $\sin x$ 与 $\cos x$ 的系数，得

$$C=-\frac{1}{2},\ D=0.$$

故原方程的特解为

$$y^* = -\frac{1}{2}x\cos x.$$

而对应齐次方程 $y''+y=0$ 的通解为

$$Y = C_1\cos x + C_2\sin x.$$

于是原方程的通解为

$$y = y^* + Y = -\frac{1}{2}x\cos x + C_1\cos x + C_2\sin x.$$

例 6-34　求方程 $y''+4y=3x+2+\sin x$ 的通解.

解　$f(x)=3x+2+\sin x$ 可以看成 $f_1(x)=3x+2$ 与 $f_2(x)=\sin x$ 之和. 所以分别考察方程 $y''+4y=3x+2$ 与方程 $y''+4y=\sin x$ 的特解.

容易求得方程 $y''+4y=3x+2$ 的一个特解为 $y_1^*=\frac{3}{4}x+\frac{1}{2}$.

代入原方程可求得方程 $y''+4y=\sin x$ 的一个特解为 $y_2^*=\frac{1}{3}\sin x$.

于是原方程的一个特解为

$$y^* = y_1^* + y_2^* = \frac{3}{4}x + \frac{1}{2} + \frac{1}{3}\sin x.$$

又原方程所对应的齐次方程 $y''+4y=0$ 的通解为

$$Y = C_1\cos 2x + C_2\sin 2x.$$

故原方程的通解为

$$y = y^* + Y = \frac{3}{4}x + \frac{1}{2} + \frac{1}{3}\sin x + C_1\cos 2x + C_2\sin 2x.$$

习题 6-6

1. 设微分方程 $y''+2y'+y=0$，则 $y=Cxe^{-x}$（其中 C 为任意常数）(　　).

A. 是这个方程的通解

B. 是这个方程的特解

C. 不是这个方程的解

D. 是这个方程的解，但既非它的通解也非它的特解

2. 设线性无关的函数 y_1，y_2，y_3 都是二阶非齐次线性微分方程 $y''+P(x)y'+Q(x)y=f(x)$ 的解，C_1，C_2 是任意常数，则该非齐次方程的通解是(　　).

A. $C_1y_1+C_2y_2+y_3$

B. $C_1y_1+C_2y_2-(C_1+C_2)y_3$

C. $C_1y_1+C_2y_2-(1-C_1-C_2)y_3$

D. $C_1y_1+C_2y_2+(1-C_1-C_2)y_3$

3. 下列函数组在其定义区间内是线性无关的为(　　).

A. e^{x^2}，xe^{x^2}　　B. e^{ax}，e^{bx}　$(a\neq b)$

C. $1-\cos 2x$，$\sin^2 x$　D. $\cos x$，$\sin x$

4. 证明：$y_1=x$ 与 $y_2=e^x$ 是方程 $(x-1)y''-xy'+y=0$ 的线性无关解，并写出其通解.

5. 求方程 $y''-5y'+6y=0$ 的通解.

6. 求方程 $y''-4y'+4y=0$ 的通解及满足条件 $y(0)=y'(0)=1$ 的特解.

7. 求方程 $y''-4y'+13y=0$ 的通解.

8. 求方程 $y''+y'=x^3-x+1$ 的一个特解.

9. 求方程 $y''+y'+y=2e^{2x}$ 的一个特解.

10. 求方程 $y''+4y=3x+2+\sin x$ 的通解.

本章小结

知识导航

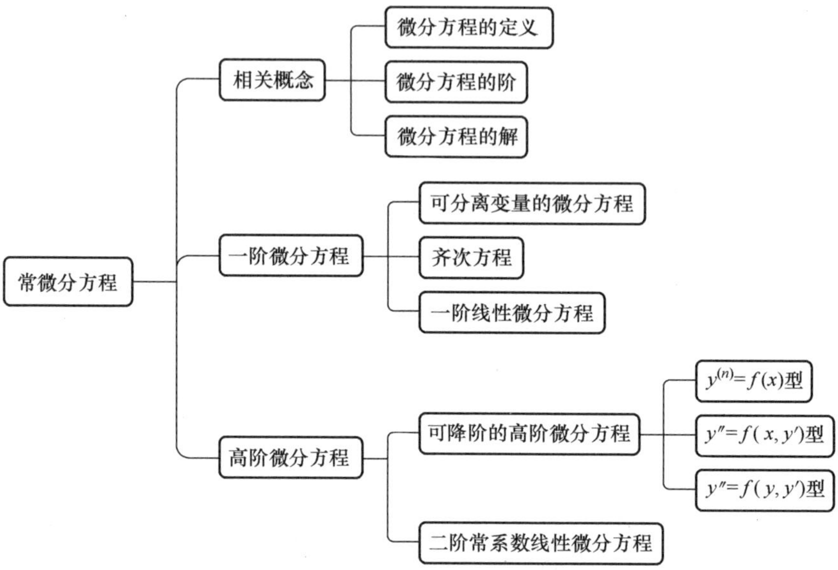

本章主要知识汇总

一、基本概念与一阶微分方程

1. 基本概念

(1) 微分方程：含有未知函数的导数(或微分)的方程.

(2) 微分方程的阶：微分方程中未知函数的导数的最高阶数.

(3) 微分方程的解：满足微分方程的函数.

(4) 微分方程的通解和特解：通解是含有独立任意常数的个数与阶数相同的解. 注意通解并非全部解. 特解是不含任意常数的解.

(5) 初始条件与初值问题：用于确定通解中常数值的条件称为初始条件. 求微分方程满足初始条件的解的问题称为初值问题.

2. 可分离变量方程 $y'=f(x)g(y)$ 的求解方法：分离变量后积分；根据定解条件定常数.

3. 齐次方程 $\frac{dy}{dx}=f\left(\frac{y}{x}\right)$ 的求解方法：令 $u=\frac{y}{x}$.

4. 一阶线性方程 $\frac{dy}{dx}+P(x)y=Q(x)$ 的求解方法：

方法 1　先解齐次方程，再用常数变易法.

方法 2　用通解公式 $y=e^{-\int P(x)dx}\left[\int Q(x)e^{\int P(x)dx}dx+C\right]$.

二、可降阶的高阶微分方程

1. 类型Ⅰ　$y^{(n)}=f(x)$.

解法　相继积分 n 次即可求出通解.

2. 类型Ⅱ(不显含 y 的方程) $y''=f(x,y')$.

解法　令 $y'=p$，则 $y''=\frac{dp}{dx}$，将原方程化为关于 p 的一阶方程 $p'=f(x,p)$.

3. 类型Ⅲ(不显含 x 的方程) $y''=f(y,y')$.

解法　做变换 $y'=p(y)$，$y''=p\frac{dp}{dy}$. 化为关于 p 的一阶方程 $p\frac{dp}{dy}=f(y,p)$.

三、二阶常系数线性微分方程

1. 二阶常系数齐次线性微分方程 $y''+py'+qy=0$.

由特征方程 $r^2+pr+q=0$ 的特征根的三种不同情形，得出方程 $y''+py'+qy=0$ 的通解.

2. 二阶常系数非齐次线性微分方程 $y''+py'+qy=f(x)$

通解结构为 $y=Y+y^*$，其中 y^* 是方程的一个特解，Y 是方程对应的齐次方程的通解.

$f(x)$ 为三种特殊形式时特解的求法如下：

(1) $f(x)=P_n(x)$ 的特解形式为 $y^*=x^kQ_n(x)$. k 的取值原则是使得等式两边 x 的最高阶的幂次相同：①当 $q\neq0$ 时，取 $k=0$；②当 $q=0$ 且 $p\neq0$ 时，取 $k=1$；③当 $q=0$ 且 $p=0$ 时，取 $k=2$.

(2) $f(x)=Ae^{\alpha x}$ 的特解形式为 $y^*=Bx^ke^{\alpha x}$. B 为待定常数，k 的取值是当 α 不是特征方程的根、是特征方程的单根、是特征方程的重根时分别取 0,1,2.

(3) $f(x)=e^{\alpha x}P_m(x)$ 的特解形式为 $y^*=x^ke^{\alpha x}Q_m(x)$，$k$ 的取值是当 α 不是特征方程的根、是特征方程的单根、是特征方程的重根时分别取 0,1,2.

自 测 题 6

1. 选择题

(1) 函数 $y=\frac{x^3}{6}+cx$(其中 c 是任意常数)是微分方程 $\frac{d^2y}{dx^2}=x$ 的(　　).

A. 通解　　B. 特解

C. 是解，但既非通解，也非特解

D. 不是解

(2) 微分方程 $(y''')^3-3(y'')^2+(y')^4+x^5=0$ 的阶数是(　　).

A. 4 阶　　B. 3 阶

C. 2 阶　　D. 1 阶

(3) 在下列微分方程中，通解为 $y=C_1\cos x+C_2\sin x$ 的是(　　).

A. $y''-y'=0$　　B. $y''+y'=0$

C. $y''-y=0$　　D. $y''+y=0$

(4) 设非齐次线性微分方程 $y'+P(x)y=Q(x)$ 有两个不同的解 $y_1(x)$ 与 $y_2(x)$，C 是任意常数，则该方程的通解是(　　).

A. $C[y_1(x)+y_2(x)]$

B. $C[y_1(x)-y_2(x)]$

C. $y_1(x)+C[y_1(x)-y_2(x)]$

D. $y_1(x)+C[y_1(x)+y_2(x)]$

(5) 微分方程 $y''+4y=\sin2x$ 的一个特解形式是(　　).

A. $C\cos2x+D\sin2x$

B. $D\sin2x$

C. $x[C\cos2x+D\sin2x]$

D. $x\cdot D\sin2x$

2. 填空题

(1) 微分方程 $y'''-x^2y''-x^5=1$ 的通解中应含的独立常数的个数为(　　).

(2) 微分方程 $y'=e^{x-2y}$ 的通解是________.

(3) 微分方程 $xdy-(x^2e^{-x}+y)dx=0$ 的通解是________.

(4) 微分方程 $xy'+y=0$ 满足初始条件 $y(1)=1$ 的特解是________.

(5) 通解为 $y=C_1e^x+C_2e^{2x}$ 的微分方程是________.

3. 解下列一阶微分方程:

(1) $(1+y^2)dx=xy(x+1)dy$;

(2) $x(y'+1)+\sin(x+y)=0$;

(3) $\left(x+y\cos\frac{y}{x}\right)dx=x\cos\frac{y}{x}dy$;

(4) $xy'+2y=\sin x$;

(5) $\tan y dx=(\sin y-x)dy$;

(6) $(y-2xy^2)dx=xdy$.

4. 解下列二阶微分方程:

(1) $(1+x)y''+y'=\ln(1+x)$;

(2) $y''+3y'+2y=2x^2+x+1$;

(3) $y''+2y'-3y=2e^x$;

(4) $y''+y=x+\cos x$.

考研真题解析

1. (2006, 数一、二) 微分方程 $y'=\frac{y(1-x)}{x}$ 的通解是________.

解　原方程可化为

$$\frac{dy}{dx}=\frac{y(1-x)}{x}.$$

分离变量为

$$\frac{dy}{y}=\frac{1-x}{x}dx.$$

两边积分得

$$\int\frac{dy}{y}=\int\frac{1-x}{x}dx,\ \ln|y|=\ln|x|-x+C_1,$$

$$\ln\left|\frac{y}{x}\right|=-x+C_1,$$

$$\left|\frac{y}{x}\right|=e^{C_1}e^{-x},\ \frac{y}{x}=\pm e^{C_1}e^{-x}=Ce^{-x}.$$

故通解为

$$y=Cxe^{-x}.$$

2. (2008, 数二、四) 微分方程 $(y+x^2e^{-x})dx-xdy=0$ 的通解是________.

解　$(y+x^2e^{-x})-x\frac{dy}{dx}=0$ 可化为 $\frac{dy}{dx}-\frac{1}{x}y=xe^{-x}$.

由线性方程的通解公式得

$$y=e^{-\int-\frac{1}{x}dx}\left(\int xe^{-x}e^{-\frac{1}{x}dx}dx+C\right)$$

$$=x\left(\int e^{-x}dx+C\right)=x(-e^{-x}+C)=x(C-e^{-x})$$

于是得通解为

$$y=x(C-e^{-x}),$$

其中 C 为任意常数

3. (2010, 数二) 三阶常系数线性齐次微分方程 $y'''-2y''+y'-2y=0$ 的通解为________.

解　特征方程为 $r^3-2r^2+r-2=0$.

分解因式为 $(r-2)(r^2+1)=0$.

于是得 $r_1=2$, $r_{2,3}=\pm i$ 则该方程通解为

$$y=C_1e^{2x}+C_2\cos x+C_3\sin x.$$

4. (2007, 数一、二) 二阶常系数非齐次线性微分方程 $y''-4y'+3y=2e^{2x}$ 的通解为________.

解　齐次微分方程的特征方程为 $r^2-4r+3=(r-3)(r-1)=0$.

特征解为 $r_1=3$, $r_2=1$.

则齐次方程通解为 $y=C_1e^{3x}+C_2e^x$.

令非齐次方程特解为 $y^*=ae^{2x}$ 代入原方程得

$$a(4-8+3)e^{2x}=2e^{2x},$$

则 $a=-2$, 则原方程通解为 $y=C_1e^{3x}+C_2e^x-2e^{2x}$.

竞赛真题赏析

1. (第六届) 已知 $y_1=e^x$ 和 $y_2=xe^x$ 是齐次二阶常系数线性微分方程的解, 则该方程为________